Die Kraft der Himmelszeichen

AF290218

Richard Anthony Proctor war ein berühmter englischer Astronom, der vor allem dafür bekannt ist, aus 27 Zeichnungen des englischen Beobachters William Rutter Dawes eine der frühesten Karten des Mars erstellt zu haben. Später wurde seine Karte von Giovanni Schiaparelli und Eugène Antoniadi überarbeitet und verbessert. Einige der Nomenklaturelemente, die Proctor erschaffen hat, wurden jedoch fallen gelassen. Der Krater Proctor auf dem Mars ist nach ihm benannt.

Über das Buch:

Die Mythen und Wunder der Astronomie sind eine faszinierende Kraft, die uns in unergründliche Welten eintauchen lässt. Dieses Buch befasst sich mit einigen der bemerkenswertesten Aspekte der Astronomie, von den alten Mythen über die Kraft der Himmelszeichen bis hin zu den Theorien über die Existenz anderer Welten und anderer Universen. In jedem Kapitel werden die interessantesten und wunderbarsten Aspekte der Astronomie mit wissenschaftlichen Erkenntnissen verknüpft und jedes der Kapitel hat seine eigene Besonderheit, seine eigene Magie, die uns alle auf eine Reise in das Universum mitnimmt und uns einmalige Einblicke in andere Welten ermöglicht.

DIE KRAFT DER HIMMELSZEICHEN

Fantastische Einblicke in andere Welten

Von
RICHARD A. PROCTOR

Neu-Übersetzung 2022

Die Blaue Edition Bd. 31

FSC
www.fsc.org
MIX
Papier aus ver-
antwortungsvollen
Quellen
Paper from
responsible sources
FSC® C105338

Bibliografische Information der Deutschen Nationalbibliothek:
Die Deutsche Nationalbibliothek verzeichnet diese Publikation in der
Deutschen Nationalbibliografie; detaillierte bibliografische Daten
sind im Internet über dnb.dnb.de abrufbar

Neuübersetzung 2022
Alle Rechte vorbehalten

Herstellung und Verlag: BoD – Books on Demand, Norderstedt
ISBN: 978-3-7568-9139-9

Inhaltsverzeichnis

I. ASTROLOGIE..7
II. DIE RELIGION DER GROSSEN PYRAMIDE........................40
III. DAS GEHEIMNIS DER PYRAMIDEN.................................55
IV. SWEDENBORGS VISIONEN VON ANDEREN WELTEN.............73
V. ANDERE WELTEN UND ANDERE UNIVERSEN.................91
VI. SONNEN IN FLAMMEN...108
VII. DIE RINGE DES SATURN..128
VIII. KOMETEN ALS VORZEICHEN..142
IX. DER MONDSCHWINDEL..161
X. ÜBER EINIGE ASTRONOMISCHE PARADOXA................177
XI. ÜBER EINIGE ASTRONOMISCHE MYTHEN...................197
XII. DER URSPRUNG DER KONSTELLATIONSFIGUREN......219
FUSSNOTEN:..242
BUCHTIPPS...261

Die Kraft der Himmelszeichen

I. ASTROLOGIE.

Zeichen und Planeten in den Aspekten Sextil, Quartil, Trigon, Konjunktion oder Opposition; die Häuser des Himmels mit ihren Scheitelpunkten, Stunden und Minuten; Almuten, Almochoden, Anahibazon, Catahibazon; tausend Begriffe von gleichem Klang und gleicher Bedeutung -Guy Mannering.

... KOMM UND SIEH! VERTRAUE DEINEN EIGENEN AUGEN.
EIN FURCHTERREGENDES ZEICHEN STEHT IM HAUS DES LEBENS,
EIN FEIND: EIN UNHOLD LAUERT DICHT HINTER
DER GLANZ DEINES PLANETEN - OH, SEI GEWARNT!

DIE ASTROLOGIE STÖSST auch heute noch auf großes Interesse. Es ist wahr, dass die Diskussion über die Überlegungen, die zur Ablehnung der gerichtlichen Astrologie geführt haben, heute keine Bedeutung mehr hat. Nur die unwissendsten und daher abergläubischsten Menschen glauben heute noch an Wahrsagerei, gleich welcher Art und Weise. Die Wahrsagung durch die Sterne hat keinen höheren Stellenwert als die Handlesekunst, die Wahrsagerei durch Karten oder die Hinweise auf die Zukunft, die törichte Menschen in Träumen, Teerosen, Salzstreuern und anderen Absurditäten finden. Es gibt jedoch zwei Gründe, die die Geschichte der Astrologie interessant machen. Erstens war der Glaube an stellare Einflüsse einst so weit verbreitet, dass die astrologische Terminologie Teil des allgemeinen Sprachgebrauchs wurde, so dass es unmöglich ist, viele Passagen der antiken und mittelalterlichen Literatur richtig zu verstehen oder die Bedeutung vieler Anspielungen und Ausdrücke richtig zu erfassen, wenn man nicht die Bedeutung der astrologischen Lehren für die Menschen jener Zeit erkennt. Zweitens ist es interessant zu untersuchen, wie die falschen Lehren der Astrologie allmählich aufgegeben wurden, wie verschiedene Geisteshaltungen diese falschen Lehren ablehnten oder darum kämpften, sie beizubehalten, und zu erkennen, wie bei einem großen Teil selbst der zivilisiertesten Rassen der Aberglaube der gerichtlichen Astrologie lange Zeit beibehalten wurde oder sogar bis zum heutigen Tag beibehalten wird. Die Welt muss noch erleben, wie einige Aberglauben zerstört werden, die so weit verbreitet sind, wie es die Astrologie je war, und die wahrscheinlich ihren Einfluss auf viele Köpfe behalten werden, lange nachdem der denkende Teil der Gemeinschaft sie abgelehnt hat.

Schon zur Zeit des Eudoxus wurden die Anmaßungen der Astrologen abgelehnt, wie Cicero berichtet ("De Div." ii. 42). Und obwohl die Römer in solchen Dingen seltsam abergläubisch waren, argumentiert Cicero mit ausgezeichnetem Urteilsvermögen gegen den Glauben an die Astrologie. Gassendi zitiert das Argument, das Cicero gegen die Astrologie anführt, aus den Vorhersagen der Chaldäer, dass Cæsar, Crassus und Pompejus "im hohen Alter, in ihren eigenen Häusern, in Frieden und

Ehre" sterben würden, deren Tod jedoch "gewaltsam, unreif und tragisch" war. Cicero benutzte auch ein Argument, dessen ganze Tragweite erst in der Neuzeit erkannt wurde. Welche Ansteckung", fragte er, "kann uns von den Planeten erreichen, deren Entfernung fast unendlich ist?" Es ist merkwürdig, dass Seneca, der den gleichmäßigen Charakter der Planetenbewegungen gut kannte, keinen Zweifel an ihrem Einfluss gehabt zu haben scheint. Tacitus äußert einige Zweifel, war aber im Großen und Ganzen geneigt, an die Astrologie zu glauben. Gewiss", sagt er, "die Mehrheit der Menschheit lässt sich nicht von der Meinung abbringen, dass bei der Geburt eines jeden Menschen sein künftiges Schicksal feststeht; wenn auch manches durch die Unwissenheit derer, die sich zu dieser Kunst bekennen, anders ausfallen mag als vorhergesagt; und so wird die Kunst zu Unrecht getadelt, obwohl sie durch bekannte Beispiele in allen Zeitaltern bestätigt wird." [1]

Der Zweifel, der durch die unterschiedlichen Schicksale und Charaktere von Menschen, die zur gleichen Zeit geboren wurden, nahegelegt wird, muss vielen in den Sinn gekommen sein, bevor Cicero darauf einging. Plinius, der Cicero in diesem Punkt folgte, wendet das Argument nicht ganz korrekt an, denn er sagt, dass "in jeder Stunde, in jedem Teil der Welt, Herren und Sklaven, Könige und Bettler geboren werden". Aber nach astrologischen Grundsätzen wäre es natürlich notwendig, dass zwei Personen, deren Schicksal gleich sein sollte, nicht nur zur gleichen Stunde, sondern auch am gleichen Ort geboren werden. Das Schicksal und der Charakter von Jakob und Esau hätten jedoch offensichtlich ähnlich sein müssen, was jedoch nicht der Fall war, wenn die Geschichte der beiden korrekt überliefert wurde. Ein Astrologe aus der Zeit von Julius Cæsar, namens Publius Nigidius Figulus, benutzte ein einzigartiges Argument gegen eine solche Argumentation. Als ein Gegner auf das unterschiedliche Schicksal von Menschen hinwies, die fast zum selben Zeitpunkt geboren wurden, forderte Nigidius ihn auf, auf einer sich schnell drehenden Töpferscheibe zwei zusammenhängende Markierungen zu machen. Als die Scheibe angehalten wurde, stellte sich heraus, dass die beiden Markierungen weit voneinander entfernt waren. Nigidius soll in Erinnerung an diese Geschichte den Namen Figulus (der Töpfer) erhalten haben. Wahrscheinlicher ist jedoch, dass er von Beruf Töpfer war und nur in den Stunden, die er der Scharlatanerie widmen konnte, als Astrologe arbeitete. Der heilige Augustinus, der die Geschichte erzählt (die ich Whewells "History of the Inductive Sciences" entnehme), sagt zu Recht, dass die Argumente des Nigidius so zerbrechlich waren wie die auf der Töpferscheibe hergestellten Waren.

In jenen Tagen muss der Glaube fast überall verbreitet gewesen sein, dass bei der Geburt einer Person, die einen wichtigen Platz in der Weltgeschichte einnehmen sollte, entweder die Sterne auf unheilvolle Weise zusammenkommen oder ein glühender Komet oder ein neuer Stern in Erscheinung treten würde. Wir wissen, dass ein solches Objekt oder eine ungewöhnliche Konjunktion von Planeten nahe genug an der Zeit von Christi Geburt auftauchte, um in den Köpfen der Menschen mit diesem Ereignis in Verbindung gebracht zu werden, und schließlich als Teil seines Horoskops angesehen wurde und den Weisen aus dem Osten (zweifellos chaldäische Astrologen) die zukünftige Größe des damals geborenen Kindes anzeigte. Es ist sicher, dass die Geschichte vom Stern im Morgenland in ihrer jetzigen Form genau das bedeutet. Die Theologen sind sich nicht einig, wie sie im Einzelnen zu deuten ist. Einige glauben, dass es sich um ein meteorisches Phänomen handelte, andere, dass ein Komet erschien, wieder andere, dass ein neuer Stern aufleuchtete, und wieder andere, dass sich die Erzählung auf eine Konjunktion von Jupiter, Saturn und Mars bezog, die etwa zu dieser Zeit stattfand. Als Detailfrage sei erwähnt, dass keine dieser Erklärungen auch nur im Geringsten mit dem Bericht übereinstimmt, denn weder Meteor, noch Komet, noch neuer Stern, noch vereinigte Planeten würden vor Reisenden aus dem Osten erscheinen, um ihnen den Weg zu irgendeinem Ort zu zeigen. Dennoch betrachteten die Alten manchmal Kometen als Wegweiser. Welcher Ansicht wir auch immer folgen, es ist mehr als deutlich, dass der Erzähler dem Ereignis eine astrologische Bedeutung beimaß. Und vor nicht allzu langer Zeit, als die Astrologen zum ersten Mal zu sehen begannen, dass ihr Beruf ihnen entgleitet, wurden die Weisen des Ostens gegen die Feinde der Astrologie angerufen, [2] - ganz ähnlich wie Moses gegen Kopernikus und Galilei angerufen wurde, und in jüngerer Zeit, um uns vor bestimmten Beziehungen zu schützen, die Darwin, Wallace und Huxley unfreundlich für die göttliche Rasse der Menschen andeuten.

Obwohl die Astronomen heute die Lehren der gerichtlichen Astrologie gänzlich ablehnen, ist es für den wahren Liebhaber dieser Wissenschaft unmöglich, die Astrologie gänzlich mit Verachtung zu betrachten. In der Tat verdankt die Astronomie den Vorstellungen der Astrologiegläubigen viel mehr, als man gemeinhin annimmt. Die Astrologie steht zur modernen Astronomie in der gleichen Beziehung wie die Alchemie zur modernen Chemie. So wie wahrscheinlich nichts anderes als die Hoffnung auf Gewinn, in diesem Fall buchstäblich *auri sacra fames*, zu jenen mühsamen Forschungen der Alchimisten geführt hat, die den Menschen zunächst lehrten, die Materie in ihre elementaren Bestandteile zu zerlegen und diese Bestandteile anschließend neu zu kombinieren, so lenkte der Glaube, dass die Menschen durch sorgfältiges Studium der Sterne die Macht erlangen könnten, zukünftige Ereignisse vorherzusagen, die Aufmerksamkeit zunächst auf die Bewegungen der Himmelskörper. Keplers Ausspruch, dass die Astrologie zwar eine Närrin, aber die Tochter einer weisen Mutter sei, [3] gibt die Beziehung zwischen Astrologie und Astronomie keineswegs richtig wieder. Vielmehr kann man sagen, dass Astrologie und Alchemie, obwohl sie törichte Mütter waren, diese weisen Töchter, Astronomie und Chemie, geboren haben. Selbst diese Redeweise wird den Astrologen und Alchemisten der alten Zeit kaum gerecht. Ihre Ansichten erscheinen im Lichte moderner wissenschaftlicher Erkenntnisse töricht, aber sie waren nicht töricht in Bezug auf das, was bekannt war, als sie vertreten wurden. Die moderne

Analyse geht weit, um die Unveränderlichkeit und folglich die Unveränderlichkeit der Metalle zu beweisen, obwohl es keineswegs so sicher ist, wie viele annehmen, dass die gegenwärtige Position der Metalle in der Liste der *Elemente* wirklich korrekt ist. Sicherlich wäre es für einen Chemiker unserer Tage sehr unklug, eine Reihe von Forschungen mit dem Ziel zu unternehmen, ein Mineral mit solchen Eigenschaften zu entdecken, wie sie die Alchemisten dem Stein der Weisen zuschrieben. Aber als die Fakten, auf denen die Wissenschaft der Chemie beruht, noch unbekannt waren, war es nicht unvernünftig anzunehmen, dass ein solches Mineral existieren oder die Mittel zu seiner Herstellung entdeckt werden könnten. Es ließen sich sogar zahlreiche Analogieargumente anführen, um zu zeigen, dass diese Annahme durchaus wahrscheinlich war. Ebenso war es, obwohl die bekannten Tatsachen der Astronomie sich unwiderstehlich gegen jeden Glauben an planetarische Einflüsse auf das Schicksal von Menschen und Völkern wenden, nicht nur nicht unvernünftig, sondern in der Tat höchst vernünftig, an solche Einflüsse zu glauben, oder zumindest daran, dass Sonne, Mond und Sterne sich am Himmel in einer Weise bewegten, die auf das Geschehen hinwies, bevor diese Fakten entdeckt wurden. Wenn die Weisen der alten Zeit auch den Glauben ablehnten, dass "die Sterne in ihrem Lauf für oder gegen die Menschen kämpften", so konnten sie doch nicht so leicht den Glauben aufgeben, dass die Sterne am Himmel Zeichen für das waren, was der Menschheit bevorstand.

Betrachtet man die Argumentation, die heute allgemein für die Lehre von der Bewohnbarkeit anderer Himmelskörper außer unserer Erde gehalten wird, und vergleicht sie mit der Argumentation auf , auf die sich die juristische Astrologie stützte, so wird man nicht viel finden, was die logische Gewichtung betrifft, die zwischen beiden liegt. Da das einzige Mitglied des Sonnensystems, das wir genau untersuchen können, bewohnt ist, leiten die Astronomen eine gewisse Wahrscheinlichkeit für die Annahme ab, dass auch die anderen Planeten des Systems bewohnt sind. Und weil die einzige Sonne, über die wir viel wissen, das Zentrum eines Planetensystems ist, schließen die Astronomen daraus, dass wahrscheinlich auch die Sterne, die anderen Sonnen, die den Raum bevölkern, die Zentren von Systemen sind; obwohl kein Teleskop, das der Mensch herstellen kann, die Mitglieder eines Systems wie das unsrige zeigen würde, wenn man auch nur den nächstgelegenen aller Sterne besucht. Der Astrologe hatte ein ähnliches Argument für seinen Glauben. Der Mond, der die Erde umkreist, übt einen offensichtlichen Einfluss auf die irdische Materie aus - die Flutwelle steigt und sinkt synchron mit den Bewegungen des Mondes, und andere Folgen hängen direkt oder indirekt von seinem Umlauf um die Erde ab. Der Einfluss der Sonne ist noch offensichtlicher; und obwohl es vielleicht des Genies eines Herschel oder eines Stephenson bedurfte, um zu erkennen, dass fast jede Form der irdischen Energie von der Sonne abgeleitet ist, muss es doch von den frühesten Zeiten an offensichtlich gewesen sein, dass das größere Licht, das den Tag regiert, auch die Jahreszeiten regiert und, indem es sie regiert, die jährlichen Vorräte an pflanzlicher Nahrung liefert, von denen die Existenz von Menschen und Tieren abhängt. Wenn diese beiden Körper, die Sonne und der Mond, so mächtig sind, muss man dann nicht annehmen, so dachten die alten Astronomen, dass auch die anderen Himmelskörper entsprechende Einflüsse ausüben? *Wir* wissen, aber sie wussten nicht, dass der Mond die Gezeiten wirksam beherrscht, weil er uns nahe ist, und dass die Sonne aufgrund ihrer enormen Masse und Anziehungskraft dem Mond in Bezug auf die Gezeiten an zweiter Stelle steht. Wir wissen auch, dass seine Stellung als Feuer, Licht und Leben der Erde und ihrer Bewohner direkt auf die ungeheure Hitze zurückzuführen ist, mit der sein ganzer mächtiger Körper beseelt ist. Da die Astronomen der alten Zeit dies nicht wussten, hatten sie keinen ausreichenden Grund, Sonne und Mond von den anderen Himmelskörpern zu unterscheiden, zumindest was die allgemeine Frage der himmlischen Einflüsse betraf.

Was die Einzelheiten anbelangt, so war es für sie nicht ganz so klar wie für uns, dass der Einfluss der Sonne in jeder Hinsicht außer der Gezeitenwirkung überragend sein muss und der des Mondes dem der Sonne in anderer Hinsicht nur nachsteht und ihm allein in der Gezeitenwirkung überlegen ist. Viele Autoren, die sich mit dem Leben in anderen Welten befassen, sind bereit zu zeigen (wie es zum Beispiel Brewster versucht), dass Jupiter und Saturn viel edlere Welten als die Erde sind, weil sie in diesem oder jenem Punkt überlegen sind. So fanden die alten Astronomen in ihrer Unkenntnis der tatsächlichen Bedingungen, von denen die himmlischen Einflüsse abhängen, reichlich Gründe, die schwachen Einflüsse von Saturn, Jupiter und Mars als wirklich stärker zu betrachten als die von der Sonne selbst auf die Erde ausgeübten. Sie schlussfolgerten, wie Milton später Raphaël zu bedenken gab, dass "groß oder hell nicht auf Vorzüglichkeit schließen lässt", dass Saturn oder Jupiter, obwohl sie "im Vergleich so klein sind und nicht in gleichem Maße glänzen", dennoch "an festem Gut mehr enthalten als die Sonne". Wenn man annimmt, dass der Einfluss eines Himmelskörpers von der Größe seiner Sphäre abhängt, im Sinne der alten Astronomie (nach der jeder Planet seine eigene Sphäre um die Erde als Zentrum hatte), dann würde man den Einfluss der Sonne als geringer einschätzen als den von Saturn, Jupiter oder Mars, während die Einflüsse von Venus und Merkur, obwohl sie geringer sind als der Einfluss der Sonne, dem des Mondes immer noch überlegen wären. Denn die Alten maßen die Sphären der sieben Planeten ihres Systems nach den Perioden der scheinbaren Umdrehungen dieser Körper um die Himmelskuppel und setzten so die Sphäre des Mondes in das Innere, umschlossen von der Sphäre des Merkurs, um die sich wiederum die Sphäre der Venus, dann die der Sonne und dann, in dieser Reihenfolge, die des Mars, Jupiters und Saturns befand. Wir können leicht verstehen, wie sie die langsamen Bewegungen der Sphären von Saturn und Jupiter, die etwa dreißig bzw. zwölf Jahre für eine Umdrehung brauchten, als Hinweis auf eine der Sonne überlegene Kraft ansahen, deren Sphäre sich in einem einzigen Jahr einmal zu drehen schien. Man hätte noch viele andere Überlegungen anstellen können, bevor sich die kopernikanische Theorie durchsetzte, um zu zeigen, dass einige der Planeten möglicherweise wirksamere Einflüsse ausüben als Sonne und Mond.

Es ist in der Tat klar, dass der erste wirkliche Schock, den die Astrologie erlitt, von den Argumenten des Kopernikus ausging. Solange die Erde als das Zentrum betrachtet wurde, um das sich alle Himmelskörper bewegen, war es hoffnungslos, den Glauben der Menschen an die Einflüsse der Sterne zu erschüttern. Soweit ich weiß, gibt es kein einziges Beispiel für einen Anhänger des alten ptolemäischen Systems, der die Astrologie absolut ablehnte. Die Ansichten von Bacon - dem letzten nennenswerten Gegner des Systems von Kopernikus [4] - zeigen, wie weit ein Ptolemäer in seinem Widerstand gegen die Astrologie gehen konnte . Es mag sich lohnen, Bacons Meinung an dieser Stelle zu zitieren, denn sie zeigt sehr genau, welche Position die Anhänger der Astrologie zu seiner Zeit einnahmen und welchen Einfluss der Glaube an eine zentrale, feste Erde selbst auf die Gemüter der philosophischsten Denker ausüben konnte.

Die Astrologie", so beginnt er, "ist so voller Aberglauben, dass man in ihr kaum etwas Vernünftiges entdecken kann, obwohl wir meinen, dass sie eher gereinigt als völlig verworfen werden sollte. Wer aber behauptet, diese Wissenschaft beruhe nicht auf Vernunft und physikalischen Betrachtungen, sondern auf unmittelbarer Erfahrung und Beobachtung vergangener Zeitalter und sei daher nicht durch physikalische Gründe zu prüfen, wie die Chaldäer sich rühmten, der kann zugleich Wahrsagerei, Prophezeiungen, Wahrsagerei und alle Arten von Fabeln anführen; denn auch diese sollen aus langer Erfahrung stammen. Aber wir nehmen die Astrologie als einen Teil der Physik an, ohne ihr mehr zuzuschreiben, als die Vernunft und die Beweise der Dinge erlauben, und entledigen sie ihres Aberglaubens und ihrer Einbildungen. So verbannen wir die leere Vorstellung von der horoskopischen Herrschaft der Planeten, als ob jeder von ihnen in vierundzwanzig Stunden dreimal den Thron bestiegen hätte, so dass drei Stunden überzählig blieben; und doch hat diese Fiktion die Teilung der Woche hervorgebracht, [5] eine Sache, die so alt und so allgemein angenommen ist. So verwerfen wir auch die Lehre von den Horoskopen und der Verteilung der Häuser als eine müßige Einbildung, obwohl dies die liebsten Erfindungen der Astrologie sind, die gleichsam im Himmel die Offenbarung aufrechterhalten haben. Und schliesslich sind die Berechnungen der Geburtsdaten, des Schicksals, der guten oder schlechten Geschäftszeiten und ähnlicher Unglücksfälle blosse Levitäten, die wenig Gewissheit und Festigkeit in sich tragen und durch physikalische Gründe eindeutig widerlegt werden können. Wir halten es aber für richtig, hier einige Regeln für die Untersuchung astrologischer Dinge aufzustellen, um das Nützliche darin zu bewahren und das Unwichtige zu verwerfen. So sollen 1. die größeren Umdrehungen beibehalten, die kleineren, die der Horoskope und Häuser, aber verworfen werden; denn die ersteren sind wie Geschütze, die weit schießen, während die anderen nur wie kleine Bögen sind, die nichts ausrichten. 2. Die himmlischen Operationen betreffen nicht alle Arten von Körpern, sondern nur die empfindlicheren, wie Säfte, Luft und Geister. 3. Alle himmlischen Wirkungen erstrecken sich eher auf Massen von Dingen als auf Einzelne, obwohl sie auch einige Einzelne, die empfindlicher sind als die übrigen, schräg erreichen können, wie eine pestartige Beschaffenheit der Luft diejenigen Körper betrifft, die ihr am wenigsten widerstehen können. 4. Alle himmlischen Vorgänge entfalten ihre Wirkung nicht augenblicklich und in einem engen Umkreis, sondern in großen Zeit- und Raumabschnitten. So mögen Vorhersagen über die Temperatur eines Jahres zutreffen, nicht aber über einzelne Tage. 5. Es gibt keine verhängnisvolle Notwendigkeit in den Sternen, und das haben die klügeren Astrologen stets zugegeben. 6. Wir fügen noch eine Sache hinzu, die, wenn sie geändert und verbessert wird, für die Astrologie von Nutzen sein könnte, nämlich, dass wir sicher sind, dass die Himmelskörper außer Wärme und Licht noch andere Einflüsse haben, die aber nicht anders wirken als nach den vorstehenden Regeln, obwohl sie so tief in der Physik liegen, dass sie eine ausführlichere Erklärung erfordern. Im Großen und Ganzen müssen wir also eine Astrologie [6] registrieren, die in Übereinstimmung mit diesen Prinzipien unter dem Namen *Astrologia Sana* geschrieben wurde.

Dann fährt er fort zu zeigen, was diese gerechte Astrologie umfassen sollte: 1. die Lehre von der Vermischung der Strahlen; 2. die Wirkung der Annäherung und Entfernung der Planeten zum und vom Himmelspunkt (die Planeten haben, wie die Sonne, ihren Sommer und Winter); 3, die Wirkungen der Entfernung, "mit einer gehörigen Untersuchung darüber, was die Kraft der Planeten von sich aus und was durch ihre Nähe zu uns bewirken kann; denn", fügt er hinzu, leider ohne irgendeinen Grund dafür anzugeben, "ein Planet ist lebhafter, wenn er am weitesten entfernt ist, aber kommunikativer, wenn er am nächsten ist;" 4, die anderen Unfälle der Planetenbewegungen, während sie

> Ihr Zauberstabkurs, mal hoch, mal tief, dann wieder versteckt,
> Fortschreitend, rückläufig oder stillstehend;

5, alles, was von der allgemeinen Natur der Planeten und Fixsterne entdeckt werden kann, wenn man sie in ihrem eigenen Wesen und ihrer Tätigkeit betrachtet; 6, schließlich soll diese gerechte Astrologie, wie er sagt, "aus der Überlieferung die besonderen Naturen und Veränderungen der Planeten und Fixsterne enthalten; denn" (hier ist in der Tat ein Grund) "da diese mit allgemeinem Einverständnis überliefert werden, sind sie nicht leichtfertig zu verwerfen, es sei denn, sie widersprechen direkt physikalischen Überlegungen. Aus solchen Beobachtungen soll eine gerechte Astrologie gebildet werden; und nach diesen allein sollen Schemata des Himmels gemacht und gedeutet werden.

Die Astrologie, die Bacon als gesund und gerecht ansah, unterschied sich in ihrem Hauptziel nicht von den falschen Systemen, die uns heute so absurd erscheinen. Diese Astrologie soll mit größerer Zuversicht bei der Vorhersage verwendet werden", sagt Bacon, "aber vorsichtiger bei der Wahl, und in beiden Fällen mit der gebotenen Mäßigung. So können Vorhersagen gemacht werden von Kometen und allen Arten von Meteoren, Überschwemmungen, Dürren, Hitze, Frost, Erdbeben, feurigen Eruptionen, Winden, großen Regenfällen, den Jahreszeiten, Seuchen, epidemischen Krankheiten, Überfluss, Hungersnöten, Kriegen, Aufruhr, Sekten, Völkerwanderungen und allen Unruhen oder großen Neuerungen der Dinge, natürlichen und zivilen. Die Vorhersagen können möglicherweise genauer, wenn auch mit weniger Sicherheit gemacht werden, wenn ein gutes philosophisches oder politisches Urteil, wenn die allgemeinen Tendenzen der Zeit gefunden sind, sie auf solche Dinge anwendet, die am meisten für Unfälle dieser Art anfällig sind. So könnte man z. B. aus der Voraussicht der Jahreszeiten annehmen, dass sie den Oliven mehr schaden als den Trauben, dass sie bei Lungenleiden schädlicher sind als bei Leberleiden, dass sie den Bewohnern der Berge mehr schaden als den Bewohnern der Täler, dass sie aus Mangel an Vorräten den Mönchen mehr schaden als den Höflingen usw. Oder wenn jemand aus der Kenntnis des Einflusses, den die Gestirne auf die Geister der Menschen haben, herausfände, dass es das Volk mehr treffen würde als seine Herrscher, die Gelehrten und Wissbegierigen mehr als die Militärs, usw. Denn es gibt zahllose Dinge dieser Art, die nicht nur ein allgemeines Wissen von den Gestirnen, die die Wirkenden sind, erfordern, sondern auch ein besonderes von den passiven Subjekten. Auch die Wahlen sind nicht gänzlich zu verwerfen, obwohl man ihnen nicht so sehr trauen kann wie den Voraussagen; denn wir finden, dass beim Pflanzen, Säen und Pfropfen die Beobachtung des Mondes nicht ganz unbedeutend ist, und es gibt viele Einzelheiten dieser Art. Aber die Wahlen sind durch unsere Regeln mehr zu zügeln als die Vorhersagen; und das muß man immer bedenken, daß die Wahl nur in solchen Fällen gilt, wo die Tugend der Himmelskörper und auch die Wirkung der niederen Körper nicht vergänglich ist, wie in den eben erwähnten Beispielen; denn die Zunahmen des Mondes und der Planeten sind keine plötzlichen Dinge. Aber die Pünktlichkeit der Zeit sollte hier absolut abgelehnt werden. Und vielleicht gibt es mehr solcher Beispiele in zivilen Angelegenheiten, als sich manche vorstellen können.'

Die von Bacon vorgeschlagene Untersuchungsmethode, mit der die Regeln der von ihm vertretenen Astrologie ermittelt werden sollten, war, wie zu erwarten, hauptsächlich induktiv. Es gibt, wie er sagte, "nur vier Wege, um zu dieser Wissenschaft zu gelangen, nämlich: 1) durch zukünftige Experimente; 2) durch vergangene Experimente; 3) durch Traditionen; 4) durch physikalische Gründe". Aber er war nicht sehr hoffnungsvoll, was den Fortschritt der vorgeschlagenen Forschungen anging. Es sei vergeblich, gegenwärtig an künftige Experimente zu denken, da viele Zeitalter erforderlich seien, um einen kompetenten Bestand an solchen zu beschaffen. Was die Vergangenheit anbelangt, so sind zwar Experimente aus der Vergangenheit in unserer Reichweite, "aber es ist eine mühsame Arbeit und viel Zeit, sie zu beschaffen. So können die Astrologen, wenn sie wollen, aus der wirklichen Geschichte alle größeren Unglücksfälle, wie Überschwemmungen, Seuchen, Kriege,

Aufstände, Tod von Königen usw., wie auch die Stellungen der Himmelskörper, nicht nach fiktiven Horoskopen, sondern nach den oben erwähnten Regeln ihrer Umdrehungen, oder wie sie zu der Zeit wirklich waren, entnehmen und, wenn das Ereignis sich zusammentut, eine wahrscheinliche Regel der Vorhersage aufstellen. Die Überlieferungen müssten sorgfältig gesichtet und diejenigen verworfen werden, die offenkundig mit den physikalischen Überlegungen in Konflikt stehen, während diejenigen, die mit diesen Überlegungen übereinstimmen, in vollem Umfang in Kraft bleiben. Schließlich sind die physikalischen Gründe, die es am meisten wert sind, untersucht zu werden, diejenigen, sagte Bacon, "die die universellen Begierden und Leidenschaften der Materie und die einfachen, echten Bewegungen der Himmelskörper erforschen".

Es ist offensichtlich, dass die von Bacon vertretene "gesunde und gerechte Astrologie" vieles enthielt, was zumindest in unserer Zeit als wild und phantasievoll angesehen werden würde. Doch am Rande sei bemerkt, dass selbst in unserer Zeit ähnliche Ideen verkündet wurden, und zwar nicht von gewöhnlichen Astrologen und Wahrsagern (die in der Tat nichts über solche Dinge wissen), sondern von Personen, die angeblich in wissenschaftlichen Angelegenheiten gut informiert sind. Auf Umwegen wurde eine neue Astrologie vorgeschlagen, die Bacons "astrologia sana" gar nicht so unähnlich ist, auch wenn sie nicht, wie er es vorschlug, auf Experimenten, Traditionen oder physikalischen Gründen beruht. Erstens wurde vorgeschlagen, dass die Jahreszeiten unserer Erde durch den Zustand der Sonne in Bezug auf die Flecken beeinflusst werden, und es wurden sehr eindrucksvolle Beweise gesammelt, die zeigen, dass dies der Fall sein muss. So hat man zum Beispiel festgestellt, dass die Jahre, in denen die Sonne frei von Flecken war, wärmer waren als der Durchschnitt; und man hat auch festgestellt, dass solche Jahre kühler waren als der Durchschnitt: ein doppeltes Argument, das völlig unwiderstehlich ist, besonders wenn man auch feststellt, dass das Wetter manchmal außergewöhnlich warm und manchmal außergewöhnlich kalt war, wenn die Sonne viele Flecken hatte. Sollte dies nicht ausreichen, so ist zu beachten, dass in einem Land oder Kontinent oder auf einer Hemisphäre das Wetter, wenn die Sonne am meisten Flecken hat (oder am wenigsten, je nachdem), besonders heiß sein kann, während in einem anderen Land, Kontinent oder auf einer anderen Hemisphäre das Wetter besonders kalt sein kann. Ebenso verhält es sich mit Wind und Windstille, Regen und Trockenheit usw. Unabhängig davon, ob die Sonne sehr fleckig oder völlig frei von Flecken ist, muss immer irgendwo etwas Ungewöhnliches in Bezug auf das Wetter geschehen, was den Einfluss der Sonnenflecken oder des Fehlens von Sonnenflecken auf das Wetter auf die deutlichste Weise zeigt. Es ist wahr, dass scharfsinnige Geister sagen könnten, dass diese Methode der Argumentation in vielerlei Hinsicht zu viel bewiesen hat, wie zum Beispiel so-immer, ob die Sonne sehr fleckig oder ganz frei von Flecken ist, kann irgendein bemerkenswertes Ereignis, wie eine Schlacht, ein Massaker, eine häusliche Tragödie in großem Ausmaß oder ähnliches, vor sich gehen, was in der bedeutendsten Weise den Einfluss der Sonnenflecken oder des Fehlens von Sonnenflecken auf die Leidenschaften der Menschen demonstriert - was absurd klingt. Aber die Antwort ist eine zweifache. Erstens ist eine solche Argumentation verfänglich, und zweitens ist es nicht sicher, dass Sonnenflecken oder das Fehlen von Sonnenflecken die menschlichen Leidenschaften nicht beeinflussen können; es kann sich lohnen, diesen möglichen solaren Einfluss ebenso wie den anderen zu untersuchen, was man tun kann, indem man die Hände der neuen Wahrsager mit einer ausreichenden Menge jenes Edelmetalls kreuzt, das die Astrologen in allen Zeitaltern der Sonne gewidmet haben.

Dass das neue System der Weissagung nicht nur auf der Sonne, sondern auch auf den Planeten beruht, wird deutlich, wenn wir uns daran erinnern, dass die Sonnenflecken in Zeiträumen zu- und abnehmen, die sich offensichtlich auf die Planetenbewegungen beziehen. So dauert die große Sonnenfleckenperiode etwa elf Jahre, wobei die aufeinanderfolgenden fleckenlosen Epochen im Durchschnitt etwa durch diese Zeitspanne voneinander getrennt sind; und diese Periode stimmt so sehr mit der Periode des Umlaufs des Planeten Jupiter um die Sonne überein, dass während acht aufeinanderfolgender Fleckenperioden die Flecken am zahlreichsten waren, wenn Jupiter am weitesten von der Sonne entfernt war, und nur wenn man zu den Perioden zurückgeht, die diesen acht Perioden vorausgingen, findet man eine Zeit, in der das Gegenteil der Fall war und die Flecken am zahlreichsten waren, wenn Jupiter der Sonne am nächsten war. Ebenso verhält es sich mit verschiedenen anderen Perioden, die der Einfallsreichtum der Herren De la Rue und Balfour Stewart aufgedeckt hat und die bei genauester Betrachtung eine fast exakte Übereinstimmung für viele aufeinanderfolgende Perioden aufweisen, denen eine fast exakte Nichtübereinstimmung vorausgeht und folgt. Auch hier mag der Unbefangene einwenden, dass solche abwechselnden Übereinstimmungen und Unstimmigkeiten in jedem Fall festgestellt werden können, in dem zwei Perioden nicht sehr ungleich sind, unabhängig davon, ob eine Verbindung zwischen ihnen besteht oder nicht; aber viel häufiger, wenn es keine Verbindung gibt: und dass der einzige Beweis, der wirklich eine Verbindung zwischen den Planetenbewegungen und den Sonnenflecken beweist, eine konstante Übereinstimmung zwischen den Perioden der Sonnenflecken und bestimmten Planetenperioden wäre. Aber der Fortschritt der Wissenschaft und besonders die mögliche Errichtung eines neuen Observatoriums, um herauszufinden ("für eine Überlegung"), wie die Sonnenflecken das Wetter beeinflussen usw., sollte nicht durch verfängliche Denker in dieser verwerflichen Weise gestört werden. Man braucht ihnen auch keine andere Antwort zu geben. Wenn man also sieht, dass die Sonnenflecken offensichtlich das Wetter und die Jahreszeiten beeinflussen, während die Planeten die Sonnenflecken beherrschen, ist es klar, dass die Planeten wirklich die Jahreszeiten beherrschen. Und da die Planeten die Jahreszeiten beherrschen, während die Jahreszeiten das Wohlergehen der Menschen und Völker (ganz zu schweigen von den Tieren) weitgehend beeinflussen, folgt daraus, dass die Planeten das Schicksal der Menschen und Völker (und der Tiere) beeinflussen. *Quod erat demonstrandum.*

Kehren wir jedoch zu der vernünftigeren Astrologie der Alten zurück und untersuchen wir einige der Traditionen, die Bacon bei der Ausarbeitung der Regeln einer gesunden und gerechten Astrologie für beachtenswert hielt.

Es lag auf der Hand, dass die Astrologen der Antike die planetarischen Einflüsse in erster Linie von der Stellung der Himmelskörper am Himmel über der Person oder dem Ort, um deren Schicksal es ging, abhängig machten. So würden zwei Männer, die sich zum gleichen Zeitpunkt in Rom und in Persien aufhalten, keineswegs das gleiche Geburtshoroskop haben, so dass ihr Schicksal nach den Grundsätzen der juristischen Astrologie ganz unterschiedlich ausfallen würde. Es kann sogar vorkommen, dass bei zwei Menschen, die zum selben Zeitpunkt geboren wurden, alle wichtigen Umstände ihres Lebens gegensätzlich sind - die Planeten, die bei dem einen hoch am Himmel stehen, liegen bei dem anderen unter dem Horizont, und *umgekehrt.*

Die Himmelskugel, die sich zum Zeitpunkt der Geburt des Eingeborenen befand, wurde durch Großkreise in zwölf Teile geteilt, wobei angenommen wurde, dass sie durch den Punkt über dem Kopf und seinen Gegenpol, den Punkt senkrecht unter den Füßen, verläuft. Diese zwölf Unterteilungen wurden "Häuser" genannt.

Ihre Position ist in der folgenden Abbildung aus der Astrologie von Raphaël dargestellt.

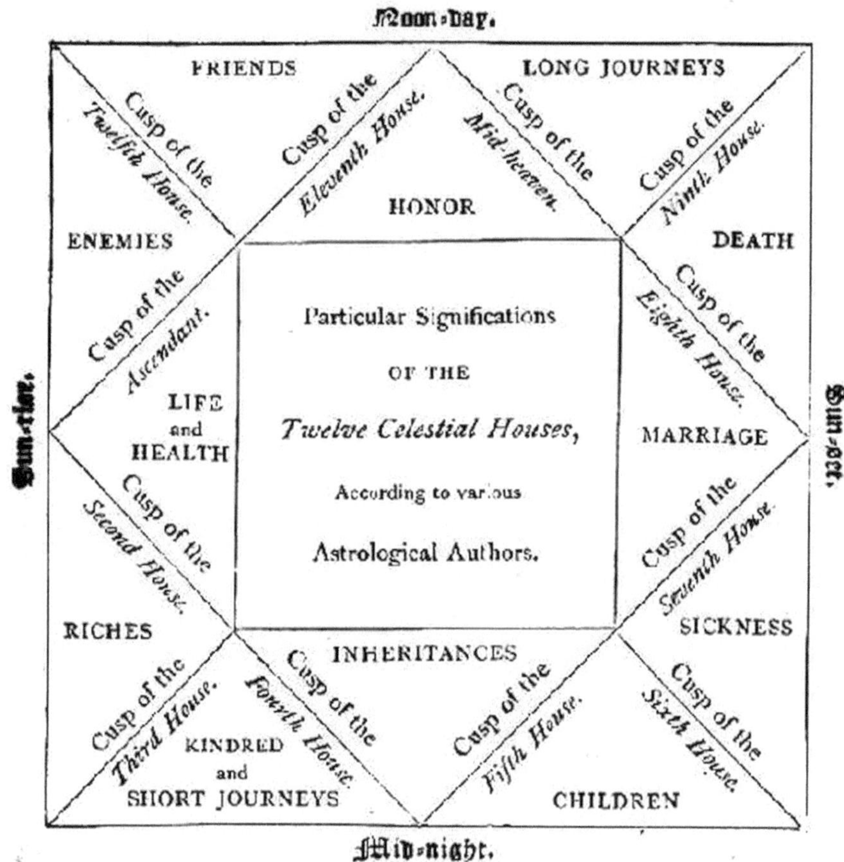

Das erste, das so genannte Aszendentenhaus, war der Teil, der im Osten über den Horizont ragt. Es wurde als das Haus des Lebens angesehen, da die Planeten, die sich zum Zeitpunkt der Geburt darin befanden, den stärksten Einfluss auf das Leben und das Schicksal des Eingeborenen hatten. Von diesen Planeten sagte man, dass sie den Aszendenten beherrschten, da sie sich im aufsteigenden Haus befanden; von diesem Sprachgebrauch leitet sich unsere bekannte Redewendung ab, dass ein solcher Einfluss "im Aszendenten" liegt. Das nächste Haus war das Haus des Reichtums und befand sich ein Drittel des Weges vom Osten unterhalb des Horizonts in Richtung des Ortes, an dem die Sonne um Mitternacht steht. Das dritte Haus war das Haus der Verwandtschaft, kurze Reisen, Briefe, Nachrichten usw. Es lag zwei Drittel des Weges in Richtung des Ortes der Mitternachtssonne. Das vierte Haus war das Haus der Eltern und das Haus, das die Sonne um Mitternacht erreichte. Das fünfte war das Haus der Kinder und der Frauen, das Haus der Vergnügungen aller Art, der Theater, der Bankette und des Vergnügens. Das sechste war das Haus der Krankheit. Das siebte war das Haus der Liebe und der Ehe. Diese drei Häuser (das fünfte, sechste und siebte) folgten in der Reihenfolge auf das vierte, so dass sie dem Teil des Sonnenweges unter dem Horizont entsprachen, der zwischen dem Platz um Mitternacht und dem Platz beim Untergang im Westen lag. Das siebte Haus, das dem ersten Haus gegenüberliegt, ist der Deszendent. Das achte Haus war das erste Haus oberhalb des Horizonts, das im Westen lag, und war das Haus des Todes. Das neunte Haus, das sich im Westen neben der Himmelsmitte befand, war das Haus der Religion, der Wissenschaft, des Lernens, der Bücher und der langen Reisen. Das zehnte Haus, das sich in der Mitte des Himmels befand, oder in der Region, die von der Sonne zur Mittagszeit eingenommen wurde, war das Haus der Ehre und bezeichnete Ansehen, Ruhm, Beruf oder Berufung, Handel, Bevorzugung, usw. Das elfte Haus, das sich im Osten neben dem Mittelhimmel befindet, ist das Haus der Freunde. Das zwölfte Haus schließlich war das Haus der Feinde.

Die Häuser waren nicht alle von gleicher Kraft. Die *winkelförmigen* Häuser, das erste, vierte, siebte und zehnte, die im Osten, Norden, Westen und Süden liegen, hatten die größte Macht, ob zum Guten oder zum Bösen. Das zweite, das fünfte, das achte und das elfte Haus wurden als *Nachfolger* bezeichnet, da sie den eckigen Häusern folgten und ihnen an Macht am nächsten standen. Die übrigen vier Häuser - das dritte, sechste, neunte und zwölfte Haus - wurden als *Kadente bezeichnet* und galten als die Häuser mit dem geringsten Einfluss. Die Häuser wurden abwechselnd als männlich und weiblich angesehen: Das erste, dritte, fünfte usw. Haus war männlich, während das zweite, vierte, sechste usw. Haus weiblich war.

Die genaueren Bedeutungen der verschiedenen Häuser sind in der nebenstehenden Abbildung aus demselben Buch dargestellt.

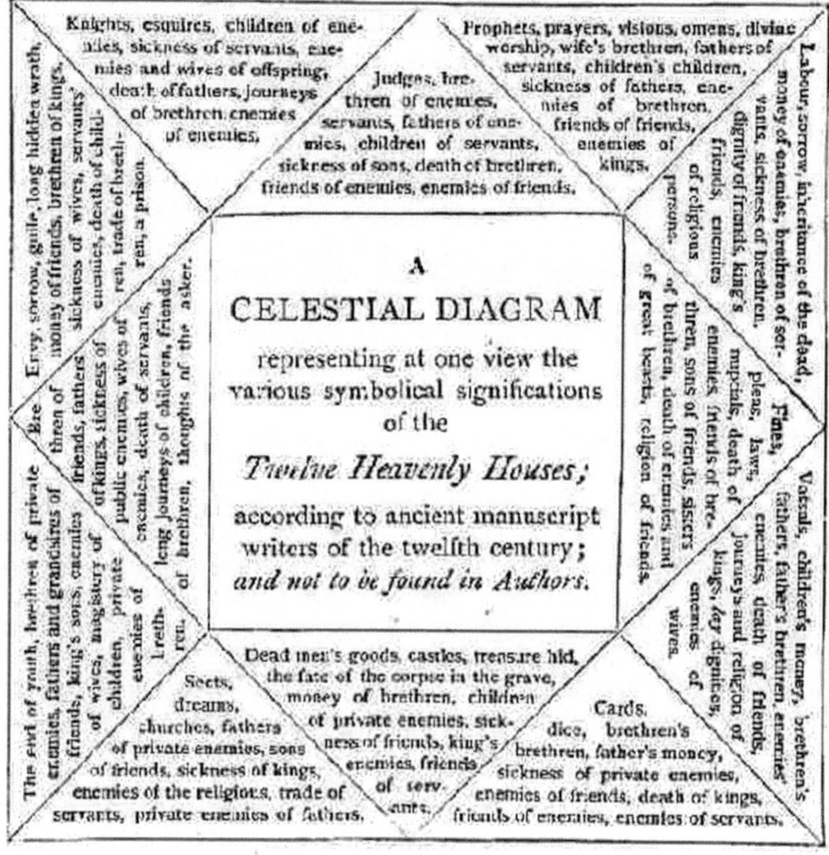

Es ist leicht zu verstehen, wie diese Häuser bei der Erstellung eines Geburtsschemas behandelt wurden. Die Stellung der Planeten in den verschiedenen Häusern zum Zeitpunkt der Geburt eines Menschen bestimmt sein Schicksal in Bezug auf die verschiedenen Angelegenheiten, die mit diesen Häusern verbunden sind. So bedeuteten Planeten mit gutem Einfluss im Aszendenten oder im ersten Haus des Eingeborenen im Allgemeinen ein wohlhabendes Leben; befand sich jedoch zur gleichen Zeit ein Planet mit bösem Einfluss im siebten Haus, dann war der Eingeborene zwar im Großen und Ganzen wohlhabend, aber unglücklich in der Ehe. Ein guter Planet im zehnten Haus bedeutet Glück und Ehre im Amt oder Geschäft und im Allgemeinen eine erfolgreiche Karriere, die sich von einem glücklichen Leben abhebt; aber böse Planeten im neunten Haus würden den Native zur Vorsicht raten, wenn er lange Reisen unternimmt oder sich auf religiöse oder wissenschaftliche Kontroversen einlässt.

Ähnliche Überlegungen galten für Fragen der Horoskopastronomie, bei denen die Stellung der Planeten in den verschiedenen Häusern zu einer bestimmten Zeit die Meinung des Astrologen über das Schicksal dieser Stunde, sei es im Leben eines Menschen oder in der Laufbahn eines Staates, bestimmte. Bei solchen Untersuchungen musste jedoch nicht nur die Stellung der Planeten usw. zu der betreffenden Zeit berücksichtigt werden, sondern auch das ursprüngliche Horoskop der Person oder die besonderen Planeten und Zeichen, die mit bestimmten Staaten verbunden waren. Wenn also Jupiter, der glücklichste aller Planeten, zum Zeitpunkt der Geburt des Eingeborenen im Aszendenten oder im Haus der Ehre stand und dieser Planet zu irgendeinem Zeitpunkt im Horoskop des Eingeborenen schlecht aspektiert war oder von anderen Planeten, die für das Böse verantwortlich waren, heimgesucht wurde, dann würde diese Epoche in der Karriere des Eingeborenen eine bedrohliche sein.

Das Zeichen Zwillinge wurde von den Astrologen als besonders mit den Geschicken Londons in Verbindung gebracht, und dementsprechend heißt es, dass der große Brand von London, die Pest, der Bau der London Bridge und andere für London interessante Ereignisse sich alle ereigneten, als dieses Zeichen im Aszendenten stand oder als besondere Planeten in diesem Zeichen waren. [7]

In erster Linie sollten die Tierkreiszeichen in den verschiedenen Häusern beachtet werden, denn nicht nur hatten diese Zeichen in bestimmten Häusern besondere Kräfte, sondern auch die Wirkungen der Planeten in bestimmten Häusern variierten je nach den Zeichen, in denen sich die Planeten befanden. Würden wir den Beschreibungen der Astrologen selbst folgen, würde dies nicht viel Aufschluss über die Bedeutung der Tierkreiszeichen geben. Zum Beispiel sagen die Astrologen, dass Widder ein frühlingshaftes, trockenes, feuriges, männliches, kardinales, äquinoktiales, tagaktives, bewegliches, befehlshaberisches, östliches, cholerisches, gewalttätiges und vierfüßiges Zeichen ist. Wir können jedoch allgemein aus ihren Berichten die Einflüsse ableiten, die sie den Tierkreiszeichen zuschreiben.

Widder ist das Haus und die Freude des Mars und steht für eine trockene Konstitution, ein langes Gesicht und einen langen Hals, dicke Schultern, einen bräunlichen Teint und ein hastiges, leidenschaftliches Temperament. Es regiert den Kopf und das Gesicht und alle damit verbundenen Krankheiten. Es regiert über England, Frankreich, die Schweiz, Deutschland, Dänemark, Kleinpolen, Syrien, Neapel, Capua, Verona usw. Es ist ein männliches Zeichen und gilt als glücksbringend.

Der Stier verleiht dem unter seinen Vorzeichen Geborenen einen kräftigen, athletischen Körperbau, eine breite, stierartige Stirn, dunkles, lockiges Haar, einen kurzen Hals usw. und ein stumpfes, apathisches Temperament, das äußerst grausam und bösartig ist, wenn es einmal erregt wird. Es regiert den Hals und die Kehle und herrscht über Irland, Großpolen, einen Teil Russlands, Holland, Persien, Kleinasien, den Archipel, Mantua, Leipzig, usw. Es ist ein weibliches Zeichen, das unglücklich ist.

Zwillinge ist das Haus des Merkur. Der Geborene des Hauses Zwillinge hat einen blutroten Teint und eine große, gerade Figur, dunkle Augen, die schnell und durchdringend sind, braunes Haar, eine aktive Lebensweise und einen äußerst genialen Intellekt. Es regiert die Arme und Schultern und herrscht über die südwestlichen Teile Englands, Amerikas, Flanderns, der Lombardei, Sardiniens, Armeniens, Unterägyptens, Londons, Versailles, Brabants, usw. Es ist ein männliches Zeichen und ein Glückszeichen.

Krebs ist das Haus des Mondes und die Erhöhung des Jupiters, und der Geborene hat einen hellen, aber blassen Teint, ein rundes Gesicht, graue oder leicht blaue Augen, eine schwache Stimme, einen großen Oberkörper, schlanke Arme, kleine Füße und eine verweichlichte Konstitution. Es beherrscht die Brust und den Magen und regiert über Schottland, Holland, Seeland, Burgund, Afrika, Algier, Tunis, Tripolis, Konstantinopel, New York usw. Es ist ein weibliches Zeichen, das unglücklich ist.

Der unter Löwe geborene Mensch hat einen großen Körper, breite Schultern, ein strenges Gesicht, dunkle Augen und gelbbraunes Haar, eine kräftige Stimme und einen leoninischen Charakter, ist entschlossen und ehrgeizig, aber großzügig, frei und höflich. Löwe regiert das Herz und den Rücken und herrscht über Italien, Böhmen, Frankreich, Sizilien, Rom, Bristol, Bath, Taunton, Philadelphia usw. Es ist ein männliches Zeichen und ein Glückszeichen.

Die Jungfrau ist die Freude des Merkur. Seine Eingeborenen sind von mäßiger Statur, selten hübsch, schlank, aber kompakt, sparsam und erfinderisch. Es regiert den Unterleib und herrscht über die Türkei in Europa und Asien, Griechenland und Mesopotamien, Kreta, Jerusalem, Paris, Lyon usw. Es ist ein weibliches Zeichen, das im Allgemeinen unglücklich ist.

Die Waage ist das Haus der Venus. Die Eingeborenen der Waage sind groß und gut gebaut, von eleganter Gestalt, rundlich und rötlich, aber mit schlichten Zügen und "neigen zu Ausbrüchen, die das Gesicht im Alter entstellen; sie" (die Eingeborenen) "sind von liebenswürdigem Gemüt, gerecht und aufrichtig im Umgang. Es regiert die Lendenregionen und herrscht über Österreich, Elsass, Savoyen, Portugal, Livland, Indien, Äthiopien, Lissabon, Wien, Frankfurt, Antwerpen, Charleston, etc. Es ist ein männliches Zeichen, das Glück bringt.

Skorpion ist wie Widder das Haus des Mars, "und auch seine Freude". Seine Eingeborenen sind stark, korpulent und robust, mit großen Knochen, "dunklem lockigem Haar und Augen" (vermutlich sind nur die Augen dunkel, nicht lockig), mittlerer Statur, dunklem Teint, aktivem Körper; sie sind gewöhnlich zurückhaltend in der Sprache. Es regiert die Leistengegend und herrscht über Judäa, Mauretanien, Katalonien, Norwegen, Westschlesien, Oberbatavien, Barbary, Marokko, Valentia, Messina, etc. Es ist weiblich und unglücklich. (Es scheint übrigens wahrscheinlich, dass die Astrologie eine rein männliche Wissenschaft war).

Schütze ist das Haus und die Freude des Jupiters. Seine Eingeborenen sind wohlgeformt und groß, rötlich, gutaussehend und jovial, mit feinen klaren Augen, kastanienbraunem Haar und einem ovalen, fleischigen Gesicht. Sie sind "im Allgemeinen fröhliche Burschen, sei es an der Theke oder an der Tafel", aktiv, unerschrocken, großzügig und zuvorkommend. Es regiert die Beine und Oberschenkel, [8] und herrscht über Arabia Felix, Spanien, Ungarn, Mähren, Ligurien, Narbonne, Köln, Avignon, etc. Es ist männlich und hat natürlich auch Glück.

Steinbock ist das Haus des Saturn und die Exaltation des Mars. Dieses Zeichen verleiht seinen Eingeborenen eine trockene Konstitution und eine schlanke Gestalt, mit einem langen, dünnen Gesicht, einem dünnen Bart (in der Tat ein allgemeines Ziegengesicht), dunklem Haar, langem Hals, schmalem Kinn und schwachen Knien. Es regiert jedoch die Knie und Schenkel und herrscht über Indien, Mazedonien, Thrakien und Griechenland, Mexiko, Sachsen, Wilna, Mecklenburg, Brandenburg und Oxford. Es ist weiblich und unglücklich.

Wassermann ist auch das Haus des Saturn. Seine Eingeborenen sind robust, beständig, stark, gesund und von mittlerer Statur; sie haben einen zarten Teint, klares, aber nicht blasses, sandfarbenes Haar, haselnussbraune Augen und im Allgemeinen ein ehrliches Gemüt. Es regiert die Beine und Knöchel und herrscht über Arabien, Petræa, Tartaren, Russland, Dänemark, Niederschweden, Westfalen, Hamburg und Bremen. Es ist männlich und glücksbringend.

Fische ist das Haus des Jupiters und die Erhöhung der Venus. Seine Eingeborenen sind klein, blass, dicklich und rundschultrig (wie Fische), sein Charakter phlegmatisch und verweichlicht. Es regiert die Füße und Zehen und herrscht über Portugal, Spanien, Ägypten, die Normandie, Galizien, Regensburg, Kalabrien usw. Es ist weiblich und daher natürlich unglücklich.

Betrachten wir nun die Einflüsse, die den verschiedenen Planeten und Sternbildern zugeordnet sind.

Obwohl wir verstehen können, dass in alten Zeiten den Planeten und Sternen ein sehr starker Einfluss auf das Schicksal von Menschen und Völkern zugeschrieben wurde, [9] ist es keineswegs leicht zu verstehen, wie die Astrologen dazu kamen, jedem Planeten seinen besonderen Einfluss zuzuordnen. Das heißt, es ist nicht leicht zu verstehen, wie sie durch tatsächliche Überlegungen und noch weniger durch Beobachtungen zu einem solchen Ergebnis gekommen sein könnten. [10] Der Glaube an die Möglichkeit, die besonderen Einflüsse der Sterne zu bestimmen, hatte eine gewisse wissenschaftliche Grundlage ( ), und man hätte erwarten sollen, dass zu diesem Zweck ein wissenschaftliches Verfahren angewandt wird. Doch soweit man es beurteilen kann, beruhten die Einflüsse, die den Planeten zugeschrieben wurden, auf völlig phantasievollen Überlegungen. In einigen Fällen scheinen wir fast zu sehen, wohin die Phantasie der alten Astrologen sie führte, ebenso wie wir in einigen Fällen erkennen können, wie der mythologische Aberglaube (der eng mit astrologischen Ideen verwandt ist) seinen Ursprung hatte; obwohl es nicht ganz klar ist, ob die Planeten zuerst als Gottheiten mit besonderen Eigenschaften angesehen wurden und diese Eigenschaften später den Planeteneinflüssen zugeordnet wurden, oder ob die Planeteneinflüsse zuerst zugeordnet wurden und schließlich als die Eigenschaften der mit den verschiedenen Planeten verbundenen Gottheiten angesehen wurden.

Es ist zum Beispiel leicht zu verstehen, warum die Astrologen die Sonne als Symbol königlicher Macht und Würde betrachteten, und ebenso leicht zu verstehen, warum der Sonne, die als Gottheit betrachtet wurde, entsprechende Eigenschaften zugeschrieben wurden; aber es ist nicht leicht zu bestimmen, ob der astrologische oder der sabäische Aberglaube der frühere war. Ähnlich verhält es sich mit dem Mond und den Planeten. Es scheint mir keine ausreichenden Beweise für Whewells Meinung zu geben, dass "auf welche Weise auch immer Sonne, Mond und Planeten mit Göttern und Göttinnen identifiziert wurden, die Charaktere, die diesen Göttern und Göttinnen zugeschrieben wurden, die Tugenden und Kräfte der Sterne, die ihre Namen tragen, regulierten. Wie er selbst sehr treffend bemerkt, "besitzen wir keine der Spekulationen der früheren Astrologen; und wir können daher nicht sicher sein, dass die Vorstellungen, die in den Köpfen der Menschen wirkten, als die Kunst ihre Geburt erlebte, mit den Ansichten übereinstimmten, auf denen sie später verteidigt wurde. Er sagt nicht, warum er zu dem Schluss kommt, dass die Kunst, obwohl sie in späteren Perioden durch physikalische Analogien gestützt wurde, ursprünglich durch mythologische Überzeugungen angeregt wurde. Genauso wahrscheinlich wurden mythologische Vorstellungen durch astrologische Vorstellungen angeregt. Einige dieser Vorstellungen scheinen in der Tat auf diese Weise entstanden zu sein, wie der Charakter der Gottheit Merkur aufgrund der schnellen Bewegungen des Planeten Merkur und der Schwierigkeit, ihn zu erkennen; der Charakter des Mars aufgrund der blutroten Farbe des Planeten, wenn er sich in der Nähe des Horizonts befindet, und so weiter.

Untersuchen wir jedoch die Eigenschaften, die die Astrologen den verschiedenen Planeten zuschreiben.

Es ist bedauerlich für die Astrologie, dass trotz des behaupteten sorgfältigen Vergleichs von Ereignissen mit den ihnen vorausgehenden und sie anzeigenden Planetenstellungen nie etwas beobachtet wurde, was auf die Möglichkeit hindeutete, dass es einen unbekannten Planeten geben könnte, der die Angelegenheiten der Menschen sehr stark beherrscht. Astrologen sagen uns heute, dass Uranus ein sehr mächtiger Planet ist; dennoch scheinen die alten Astrologen sehr gut ohne ihn ausgekommen zu sein. Übrigens gibt einer der Modernen, der große Raphaël, in einem Buch, das sechzehn Jahre vor der Entdeckung des Neptun veröffentlicht wurde, einen sehr eigenartigen Bericht über die Entdeckung des Uranus, und zwar durch einen Prozess, wie ihn sich Raphaël für den Uranus vorgestellt hat. Er sagt, dass Dr. Halley, Bradley und andere, nachdem sie häufig beobachtet hatten, dass Saturn in seiner Bewegung durch irgendeine Kraft gestört wurde, die von außerhalb seiner Umlaufbahn ausgeübt wurde, und da sie nicht in der Lage waren, diese Störung mit den bekannten Prinzipien der Gravitation zu erklären, ihre Nachforschungen in dieser Angelegenheit fortsetzten, "bis schließlich die Entdeckung dieses bis dahin unbekannten Planeten ihre Arbeit mit Erfolg bedeckte und es uns ermöglicht hat, unser gegenwärtiges Sonnensystem auf fast das Doppelte seiner Grenzen zu erweitern. Daran ist natürlich nichts Wahres, denn der Uranus wurde zufällig entdeckt, lange nachdem Halley und Bradley bereits im Grab lagen. Aber der Bericht deutet an, was hätte sein können, und nimmt auf seltsame Weise die tatsächliche Art und Weise vorweg, in der Neptun entdeckt wurde.

Die Astrologen sind sich einig, dass Uranus böse Auswirkungen hat. Aber das Böse, das er anrichtet, ist immer besonders seltsam, unerklärlich und völlig unerwartet. Er bewirkt, dass der unter seinem Einfluss Geborene eine sehr exzentrische und originelle Veranlagung hat, romantisch, unbeständig, dem Wandel zugeneigt und auf der Suche nach Neuem ist; wenn jedoch Mond oder Merkur einen guten Aspekt zu Uranus haben, wird der Geborene tiefgründig in den geheimen Wissenschaften, großmütig und von erhabenem Geist sein. Aber alle sollten sich vor einer Heirat hüten, wenn Uranus im siebten Haus steht oder den Mond heimsucht. Und allgemein soll das schöne Geschlecht daran denken, dass Uranus ihnen besonders feindlich gesinnt und in der Liebe sehr böse ist.

Saturn ist der große Unglücksbringer des alten astrologischen Systems und gilt nach allgemeiner Erfahrung als der mächtigste, bösartigste und schlechteste aller Planeten. Die unter ihm Geborenen sind von dunkler und blasser Hautfarbe, mit kleinen, schwarzen, lüsternen Augen, dicken Lippen und Nasenlöchern, großen Ohren, dünnem Gesicht, gesenktem Blick, trübem Aussehen und scheinen melancholisch und unglücklich zu sein; und obwohl sie breite Schultern haben, haben sie nur kurze Lippen und einen dünnen Bart. Sie sind vom Charakter her streng und zurückhaltend, begehrlich, mühsam und rachsüchtig; beständig in Freundschaft und gute Hasser. Das bemerkenswerteste und sicherste Merkmal des saturninischen Menschen ist, dass er, wie ein alter Autor bemerkt, "dir niemals ins

Gesicht sehen wird". Wenn sie jemanden lieben müssen, dann lieben diese Saturninen", sagt ein anderer alter Autor, "sie lieben am meisten und wenn sie hassen, dann hassen sie bis zum Tod". Die Personen, für die Saturn symbolisch steht, sind Großeltern und andere alte Menschen, Tagelöhner, Arme, Bettler, Clowns, Landarbeiter der einfachen Sorte und vor allem Bestatter, Küster und Totengräber. Chaucer stellt auf diese Weise die wichtigsten Wirkungen dar, die Saturn auf das Schicksal der Menschen und der Völker ausübt - wobei Saturn selbst der Sprecher ist:-

... quod Saturne
My cours, that hath so wide for to turne,
Hath more power than wot any man.
Min ist die Ertränkung im Meer
Min ist der Kerker in derke cote,
Min ist das Würgen und Hängen am Throte,
Das Murmeln und die Cherles rebellieren,
Das Groyning und die prive Empoysoning,
Ich tue vengaunce und pleine Korrektur,
Während ich im Zeichen des Löwen wohne;
Min ist die Ruine der hohen Hallen,
Der Sturz der Türme und der Mauern
Auf den Bergmann oder den Zimmermann:
Ich erschlug Sampson, indem ich den Pfahl schüttelte.
Min ben auch die maladies colde,
The derke tresons, and the castes olde:
My loking is the fader of pestilence.

Jupiter hingegen, obwohl Saturns nächster Nachbar im Sonnensystem, erzeugt Wirkungen einer völlig entgegengesetzten Art. Er ist in der Tat der günstigste aller Planeten, und der unter seinem Einfluss geborene Mensch hat allen Grund, so fröhlich zu sein, wie er von Natur aus ist. Ein solcher Mensch ist groß und schön, gut aussehend und aufrecht, robust, rötlich und insgesamt eine gut aussehende Person, ob männlich oder weiblich. Er wird auch religiös sein oder zumindest ein guter, moralisch ehrlicher Mensch, es sei denn, Jupiter wird von den Aspekten von Saturn, Mars oder Uranus heimgesucht; in diesem Fall kann er immer noch ein fröhlicher Mensch sein, der niemandes Feind ist, außer seinem eigenen - nur wird er wahrscheinlich in erheblichem Maße sein eigener Feind sein, indem er seine Mittel vergeudet und seine Gesundheit durch Völlerei und Trunkenheit ruiniert. Die Personen, die Jupiter repräsentiert (wenn er nicht befallen ist), sind Richter, Berater, kirchliche Würdenträger, vom Kardinal bis zum Pfarrer, Gelehrte, Kanzler, Anwälte und die höchsten Juristen, Wollweber (möglicherweise hat der Wollsack eine astrale Bedeutung) und Tuchmacher. Wenn Jupiter jedoch befallen ist, steht er für Quacksalber und Scharlatane, Schurken, Betrüger und Trunkenbolde. Der Einfluss des

Planeten auf die Geschicke ist fast immer gut. Astrologen, die Würden sehr verehren, halten Großbritannien für glücklich, weil die Dame, die sie mit dem üblichen Überschwang als "unsere gnädige Königin" bezeichnen, geboren wurde, als Jupiter hoch am Himmel stand, nahe seinem Höhepunkt, und diese Stellung eine höchst glückliche und glückliche Karriere versprach. Die Zeit, in der die Geschicke dieses Landes durch solche Dinge beeinflusst werden konnten, ist vorbei; aber wir dürfen um der Dame willen hoffen, dass sich diese Vorhersage erfüllt hat. Astrologen behaupten dasselbe über den Herzog von Wellington, indem sie Mitternacht, den 1. Mai 1769, als seine Geburtsstunde angeben. Es gibt einige Zweifel sowohl hinsichtlich des Datums als auch des Ortes der Geburt des großen Soldaten; aber der Astrologe findet in den Tatsachen seines Lebens das Mittel, um alle diese Zweifel zu beseitigen. [11]

An zweiter Stelle steht Mars, der dem Saturn nur in Bezug auf den bösartigen Einfluss unterlegen ist und von den alten Astrologen als das kleinere Unglück bezeichnet wurde. Der unter dem Einfluss von Mars geborene Mensch hat gewöhnlich einen grimmigen Gesichtsausdruck, seine Augen funkeln oder sind scharf und stechend, sein Teint ist feurig oder gelblich, und sein Gesicht ist vernarbt oder zerfurcht. Sein Haar ist rötlich oder sandfarben, es sei denn, Mars steht zufällig in einem wässrigen Zeichen, dann ist das Haar flachsfarben; oder in einem irdischen Zeichen, dann ist das Haar kastanienbraun. Der Martialist ist breitschultrig, standfest und stark, aber kurz, [12] und oft knochig und mager. Vom Charakter her ist der Martialist feurig und cholerisch, von Natur aus kriegs- und streitsüchtig, aber großzügig und großmütig. Dies ist der Fall, wenn Mars gut aspektiert ist; sollte der Planet schlecht aspektiert sein, dann ist der Native verräterisch, diebisch, verräterisch, grausam und bösartig. Mars steht für Generäle, Soldaten, Seeleute (wenn er in einem wässrigen Zeichen steht), Chirurgen, Chemiker, Ärzte, Waffenschmiede, Barbiere, Kuriere, Schmiede, Zimmerleute, Maurer, Bildhauer, Köche und Schneider. Wenn er mit Merkur oder dem Mond behaftet ist, steht er für Diebe, Henker und "alle Leute, die die Kehle durchschneiden". Mit Ausnahme des Pflugjungen, der zu Saturn gehört, sind alle Mitglieder des alten Septetts "Kesselflicker, Schneider, Soldat, Matrose, Apotheker, Pflugjunge, Dieb" Mars-begünstigt. Der Einfluss des Planeten ist nicht ganz so böse wie der des Saturns, und auch die von ihm hervorgerufenen Wirkungen sind nicht so lang anhaltend. Der Einfluss des Saturn", sagt ein Astrologe, "kann mit einer langwierigen, aber tödlichen Schwindsucht verglichen werden, der des Mars mit einem brennenden Fieber". Er ist die Ursache von Zorn, Streit, Gewalt, Krieg und Gemetzel.

Als Nächstes kommt die Sonne; denn man muss sich daran erinnern, dass die Sonne nach dem alten System der Astronomie ein Planet war. Personen, die unter der Sonne als dem ihren Aszendenten beherrschenden Planeten geboren wurden, sind sich dieser Tatsache eher bewusst als Saturnine, Joviale, Martialische oder andere Völker, denn die Geburtsstunde bestimmt, wenn man sich daran erinnert, sofort, ob der Native ein solares Subjekt ist oder nicht. Der Sonnengeborene hat im Allgemeinen ein rundes Gesicht (wie die Abbildungen der Sonne in den alten Astronomiebüchern), mit einem kurzen Kinn; sein Teint ist etwas blutrot; er hat lockiges sandfarbenes Haar und eine weiße zarte Haut. Vom Charakter her ist er kühn und entschlossen, begierig nach Lob, von langsamer Rede und ruhigem Urteilsvermögen; äußerlich anständig, aber privat nicht ganz tugendhaft. In der Tat ist die Sonne nach Ansicht der Astrologen der natürliche Indikator für Ehrbarkeit, wofür ich keinen Grund entdecken kann, es sei denn, dass die Sonne, die immer in der Ekliptik wandert, keinen Spielraum hat und den Sonnenmenschen daher keiner gewährt wird. Wenn die Sonne schlecht aspektiert ist, ist der Native sowohl stolz als auch gemein, tyrannisch und kriecherisch, äußerst unliebenswürdig und im Allgemeinen wegen seiner Arroganz und ignoranten Aufgeblasenheit unbeliebt. Zu den Personen, für die die Sonne steht, gehören Kaiser, Könige und Adelige im Allgemeinen, Goldschmiede, Juweliere und Münzpräger. Wenn die Sonne "befallen" ist, steht sie für Angeber, die sich entweder Macht oder Wissen anmaßen. Der Einfluss der Sonne ist an sich weder gut noch böse, aber er ist am stärksten für das Gute, wenn er günstig aspektiert ist, und für das Böse, wenn er von anderen Planeten bedrängt wird.

Venus, die nächste in der Reihenfolge, stand zum Großen Glück Jupiter in der gleichen Beziehung wie Mars zu Saturn, dem Großen Unglück. Sie war das geringere Glück, und ihr Einfluss war in fast jeder Hinsicht wohlwollend. Die unter dem Einfluss dieses Planeten Geborenen sind gutaussehend, mit schönen, funkelnden, haselnussbraunen oder schwarzen Augen (eine andere Autorität schreibt der Venus jedoch "ein volles Auge, gewöhnlich sagen wir glotzäugig" zu, womit wir gewöhnlich nicht Schönheit meinen), rötlichen Lippen, einer kurzen Oberlippe, weichem, glattem Haar, Grübchen in Wangen und Kinn, einem verliebten Blick und einer süßen Stimme. Ein alter Astrologe drückt es so aus: "Der Venusgeborene hat ein Liebesgrübchen am Kinn, einen lieblichen Mund, kirschrote Lippen und ein recht fröhliches Gesicht". Vom Charakter her ist die Venusgeborene "bis zu einem Fehler" fröhlich, aber vom Temperament her einnehmend, süß und heiter, es sei denn, sie ist schlecht veranlagt, dann neigt sie dazu, zu sehr dem Vergnügen und der Unterhaltung zugetan zu sein. Dass ihr Einfluss gut ist, zeigt (nach Meinung von Raphaël, der 1828 schrieb) der Charakter von Georg IV, "unser gegenwärtiger geliebter Monarch und unsere gnädigste Majestät, der genau zu der Zeit geboren wurde, als dieser wohlwollende Stern" im Aufwind war; "denn es ist in ganz Europa bekannt, was für ein raffiniertes und geschliffenes Genie und was für einen exquisiten Geschmack der König von England besitzt, was daher als ein höchst illustrer Beweis für die Himmelswissenschaft angeführt werden kann; ein Beweis, der auch für den zufälligsten Beobachter offensichtlich ist, da die Zeit seiner Geburt aus den öffentlichen Journalen der damaligen Zeit entnommen wurde und nicht widerlegt werden kann.' Dieses illustre und königliche Horoskop ist voll von wunderbaren Nachweisen planetarischer Einflüsse, und England kann nur gedeihen, solange es mit der milden und wohltätigen Herrschaft dieses mächtigen Monarchen gesegnet ist. Gestärkt durch diesen überzeugenden Beweis der himmlischen Wissenschaft stellen wir fest, dass Venus die Beschützerin von Musikern, Stickern, Parfümeuren, klassischen Modellierern und allen, die in eleganter Kleidung arbeiten oder sich um den Luxus der Großen kümmern, ist; wenn sie jedoch betrübt ist, repräsentiert sie "die niederen Ordnungen der Verehrer der Wollust".

Merkur wird von Astrologen als "kalter, trockener, melancholischer Stern" betrachtet. Der Merkur ist weder dunkel noch hell, sondern zwischen beidem, hat ein langes Gesicht, eine hohe Stirn und eine dünne, spitze Nase, einen dünnen Bart (oft gar keinen), einen schlanken Körper und kleine, schwache Augen"; lange, schlanke Hände und Finger sind laut Raphaël "besondere Kennzeichen des Merkur". Vom Charakter her ist der Merkur geschäftig und geschwätzig. Aber wenn er gut beeinflusst ist, verleiht Merkur seinen Untertanen einen starken, kräftigen, aktiven, suchenden und erschöpfenden Geist, ein gutes Gedächtnis und einen natürlichen Wissensdurst. [13] Die Personen, die in Merkurs Zeichen stehen, sind Astrologen, Philosophen, Mathematiker, Politiker, Kaufleute, Reisende, Lehrer, Dichter, Kunsthandwerker, Männer der Wissenschaft und alle genialen, klugen Menschen. Wenn er jedoch krank ist, repräsentiert er Kleinwüchsige, schlaue, gemeine Personen, Diebe, Boten, Lakaien, Diener usw.

Der Mond steht in der Reihenfolge der Planeten an letzter Stelle, da er der Erde am nächsten ist . Er wird von den Astrologen als ein kalter, feuchter, wässriger, phlegmatischer Planet betrachtet, der bis zum Äußersten veränderlich ist und wie die Sonne je nach günstiger oder umgekehrter Konstellation an Gutem oder Bösem teilhat. Ihre Eingeborenen sind von guter Statur, blond und blass, haben ein Mondgesicht, graue Augen, kurze Arme, dicke Hände und Füße, einen glatten, korpulenten und phlegmatischen Körper. Wenn sie in wässrigen Zeichen steht, hat der Native Sommersprossen im Gesicht, oder, wie Lilly sagt, "er oder sie hat Pausbäckchen, keinen schönen Körper, sondern ein verworrenes Geschöpf". Wenn der Mond nicht sehr gut aspektiert ist, steht er immer für einen gewöhnlichen, vulgären Menschen. Sie steht für Seeleute (nicht wie Mars für die kämpfenden Männer auf Kriegsschiffen, sondern für die Nautiker im Allgemeinen) und für alle Personen, die mit Wasser oder irgendeiner Art von Flüssigkeit zu tun haben; auch für alle, die in niederen und gewöhnlichen Ämtern tätig sind.

Am Rande sei bemerkt, dass jedem Planeten ein bestimmtes Metall und eine bestimmte Farbe zugewiesen ist. Chaucer beschreibt in der Chanones Yemannes' Tale kurz und bündig die Verteilung der Metalle auf die Planeten.

> Sol Gold ist, und Luna Silber wir werfen;
> Mars iren, Mercurie Silber wir clepe:
> Saturnus geführt, und Jupiter ist zinn,
> Und Venus coper, durch mein [des Chanones Yemannes] faderkin.

Die Farben werden folgendermaßen zugeordnet: Saturn: schwarz; Jupiter: rot und grün gemischt; Mars: rot; Sonne: gelb oder gelb-violett; Venus: weiß oder violett; Merkur: azurblau; Mond: eine mit Weiß und anderen Mischfarben gefleckte Farbe.

Auch hier wurde den Planeten ein besonderer Einfluss auf die sieben Lebensalter der Menschen zugeschrieben. Der Säugling, der "wimmernd und kotzend in den Armen der Amme liegt", wurde sehr passend dem feuchten Mond gewidmet; der wimmernde Schuljunge (haben Schuljungen in den Tagen der guten Königin Bess gejammert?) wurde weniger passend dem Merkur zugeordnet, dem Schutzherrn derjenigen, die eifrig nach Wissen streben: dann wurde natürlich der Liebhaber, der wie ein Ofen seufzt, als der besondere Liebling der Venus angesehen. Bis jetzt war die Reihenfolge die der sieben Planeten der antiken Astrologie, in vermeintlicher Entfernung. Nun aber müssen wir die Sonne übergehen und finden, dass Mars der Schutzherr des mittleren Lebens ist, der passenderweise (in dieser Hinsicht) über den Soldaten voller seltsamer Eide usw. wacht; die "Gerechtigkeit in schönem, rundem Bauch mit gut gefüttertem Kapaun" wird von der ehrbaren Sonne bewacht; das reifere Alter von Jupiter; und schließlich das hohe Alter von Saturn.

Die Farben wurden auch den zwölf Tierkreiszeichen zugeordnet: dem Widder weiß und rot, dem Stier weiß und zitronengelb, den Zwillingen weiß und rot (wie der Widder), dem Krebs grün oder rotbraun, dem Löwen rot oder grün, der Jungfrau schwarz mit blauen Sprenkeln, der Waage schwarz oder dunkelkarminrot oder gelbbraun; Skorpion: braun; Schütze: gelb oder grün-sanguinisch (eine ebenso seltsame Farbe wie das *gris rouge* in Molières *L'Avare*); Steinbock: schwarz oder rostrot oder ein dunkles Braun; Wassermann: himmelblau; Fische: weiß-glitzernd (wie ein Fisch, der gerade aus dem Wasser gezogen wurde).

Den wichtigsten Fixsternen wurden von den Astrologen verschiedene Einflüsse zugeschrieben. Diese Einflüsse wurden meist mit den imaginären Gestalten der Sternbilder in Verbindung gebracht. So galt der helle Stern im Kopf des Widders, der von einigen als Widderhorn bezeichnet wurde, als gefährlich und böse und bezeichnete körperliche Verletzungen. Der Stern Menkar im Kiefer des Wals bezeichnete Krankheit, Schande und Unglück, verbunden mit der Gefahr durch große Tiere. Betelgeux, der helle Stern auf Orions rechter Schulter, stand für kriegerische Ehren oder Reichtum; Bellatrix, der Stern auf Orions linker Schulter, stand für militärische oder bürgerliche Ehren; Rigel, auf Orions linkem Fuß, stand für Ehren; Sirius und Procyon, der große und der kleine Hundestern, beide standen für Reichtum und Ruhm. Sternhaufen scheinen den Verlust des Augenlichts bedeutet zu haben; zumindest erfahren wir, dass die Plejaden "bedeutende Sterne" waren, die aber Unfälle des Augenlichts oder Blindheit bedeuteten, während der Sternhaufen Præsepe oder der Bienenstock in ähnlicher Weise Blindheit androhte. Der Sternhaufen im Perseus scheint von den Astrologen nicht beachtet worden zu sein. Der veränderliche Stern Algol oder Caput Medusæ, der den Kopf der Gorgone markiert, wurde als "der unglücklichste, gewalttätigste und gefährlichste Stern am Himmel" bezeichnet. Es ist ziemlich klar, dass die Veränderlichkeit dieses Sterns schon lange vor Montanari (dem die Entdeckung gemeinhin zugeschrieben wird) erkannt wurde. Der Name Algol ist nur eine Abwandlung von Al-ghúl, dem Ungeheuer oder Dämon, und es kann nicht bezweifelt werden, dass der dämonische, gorgonische Charakter, der diesem Stern zugeschrieben wird, durch seine unheilvolle Veränderung hervorgerufen wurde, als wäre er das Auge eines wilden Ungeheuers, das langsam in der Finsternis des Weltraums blinzelt. Die beiden Aselli genannten Sterne, die sich beiderseits des Sternhaufens Præsepe befinden, werden von den Astrologen als "brennend" bezeichnet und sollen auf einen gewaltsamen Tod oder heftige und schwere Unfälle durch Feuer hinweisen. Der Stern, der Cor Hydræ oder das Herz der Schlange genannt wird, bedeutet Unglück durch Frauen (habe ich nicht richtig gesagt, dass die Astrologie eine männliche Wissenschaft ist?); das Herz des Löwen, Regulus, bedeutete Ruhm und Reichtum; Deneb, der Schwanz des Löwen, Unglück und Schande. Die südliche Skala der Waage bedeutete Unglück, während die nördliche Skala für Glück stand.

Die Astrologie wurde in drei verschiedene Zweige unterteilt - die Geburtslehre, die Horoskopastrologie und die Staatsastrologie. In der ersten wurden die Regeln für die Bestimmung des allgemeinen Schicksals des Eingeborenen festgelegt, indem man sein Geburtsschema erstellte oder sein Horoskop erstellte. Es berücksichtigte die Positionen der verschiedenen Planeten, Zeichen, Sterne usw. zum Zeitpunkt der Geburt des Eingeborenen; und da der Astrologe die Bewegungen der Planeten danach berechnen konnte, konnte er herausfinden, wann die Planeten, die nach dem Horoskop am engsten mit dem Schicksal des Eingeborenen verbunden waren, in einer günstigen oder ungünstigen Position standen. Auf diese Weise konnten die glücklichen und unglücklichen Epochen im Leben des Einheimischen vorherbestimmt werden. Der Astrologe beanspruchte auch ein gewisses Maß an Macht, um die Planeten zu beherrschen, nicht indem er ihre Bewegungen in irgendeiner Weise veränderte, sondern indem er angab, auf welche Weise die durch ihre Positionen vorhergesagten schlechten Auswirkungen verhindert werden konnten. Die arabischen und persischen Astrologen, die weniger geschickt waren als die Anhänger des Ptolemäus, bedienten sich einer anderen Methode, um das Schicksal der Menschen zu bestimmen. Sie berechneten nicht die Positionen der Planeten für viele Jahre nach der Geburt eines Menschen, sondern wiesen jedem Tag nach seiner Geburt ein ganzes Lebensjahr und jeder zweistündigen Bewegung des Mondes einen Monat zu. So würden die Positionen der Sterne und Planeten einundzwanzig Tage nach der Geburt des Eingeborenen die Ereignisse anzeigen, die dem Zeitpunkt entsprechen, an dem er sein einundzwanzigstes Lebensjahr vollendet haben würde. Es gab noch ein anderes System, das Placidian genannt wurde und bei dem die Auswirkungen der Planetenpositionen allein unter Berücksichtigung der Bewegung der Erde um ihre Achse beurteilt wurden. Es ist befriedigend, dass die Astrologen in Bezug auf diese verschiedenen Methoden, von denen man annehmen würde, dass sie zu völlig unterschiedlichen Ergebnissen führen, untereinander übereinstimmen. Jede von ihnen", sagt ein moderner Astrologe, "ist nicht nur richtig und durch lang erprobte Praxis bestätigt, sondern man kann sagen, dass sie dem geringsten Widerspruch seitens derjenigen trotzt, die sich nur die Mühe machen, sie zu untersuchen (und niemand sonst sollte eine Meinung zu diesem Thema abgeben). Obwohl jede der oben genannten Methoden unterschiedlich ist, widersprechen sie sich keineswegs, sondern jede führt zu *wahren Ergebnissen*, und in vielen Fällen führen sie alle zur Vorhersage desselben Ereignisses; in dieser Hinsicht können sie mit der Besteigung eines Berges auf verschiedenen Wegen verglichen werden, wobei einige Wege zwar länger und schwieriger sind als andere, aber dennoch alle zum selben Ziel führen. All das klingt zwar plausibel, hat aber den Nachteil, dass es nicht wahr ist.

Ptolemäus weist in seinem berühmten Werk "Tetrabiblos" sorgfältig darauf hin, dass von allen Ereignissen, die sich nach der Geburt ereignen, das Fortbestehen des Lebens das wichtigste ist. Es ist sinnlos", sagt er, "darüber nachzudenken, was dem Eingeborenen in späteren Jahren widerfahren könnte, wenn sich sein Leben beispielsweise nicht über ein Jahr hinaus erstreckt. Daher hat die Frage nach der Dauer des Lebens Vorrang vor allen anderen Fragen". Um diese Frage richtig behandeln zu können, muss bestimmt werden, welcher Planet als Hyleg, Apheta oder Herr des Lebens für den Nativen betrachtet werden soll. Als nächstes muss der Anareta oder Zerstörer des Lebens bestimmt werden. Die anaretischen Planeten sind von Natur aus Saturn, Mars und Uranus, obwohl auch Sonne, Mond und Merkur mit demselben fatalen Einfluss ausgestattet sein können, wenn sie entsprechend befallen sind. Die verschiedenen Arten, in denen das Hyleg oder der Lebensspender von den Anareta heimgesucht werden kann, entsprechen den verschiedenen Todesarten. Aber die Astrologen waren bei der Erstellung ihrer Horoskope immer besonders vorsichtig, um einen eindeutigen Hinweis auf den Tod des Natives zu vermeiden. Es gibt nur wenige Fälle, in denen der tatsächliche Todestag zugewiesen worden sein soll. Einer davon wird in Clarendons "History of the Rebellion" erzählt. Er erzählt uns, dass William Earl of Pembroke im Alter von fünfzig Jahren an dem Tag starb, für den sein Tutor Sandford sein Ableben vorausgesagt hatte. Burton, der Autor der "Anatomie der Melancholie", soll nach der Erstellung seines eigenen Horoskops und der Feststellung, dass er am 23. Januar 1639 sterben würde, Selbstmord begangen haben, um die Richtigkeit seiner Berechnungen nicht in Frage zu stellen. Eine ähnliche Geschichte wird von Dr. Young (Sidrophel Vapulans) über Cardan erzählt, der sich auf die Autorität von Gassendi beruft, der jedoch ( ) nur sagt, dass Cardan sich entweder selbst verhungern ließ oder, da er sich auf seine Kunst verließ, den vorhergesagten Tag für einen tödlichen hielt und ihn durch seine Ängste dazu machte. Gassendi fügt hinzu, dass Cardan zwar vorgab, die Schicksale seiner Kinder in seinen umfangreichen Kommentaren zu beschreiben, dass er aber nach den Regeln seiner großen Kunst niemals ahnte, dass sein liebster Sohn in der Blüte seiner Jugend dazu verurteilt werden würde, von einem Scharfrichter auf einem Schafott enthauptet zu werden, weil er seine eigene Frau durch Gift getötet hatte.

Die Horoskop-Astrologie bezieht sich auf bestimmte Fragen und ist ein vergleichsweise einfacher Zweig der Wissenschaft. Die Kunst des Geburtshoroskops erfordert viele Jahre des Studiums, aber die Horoskopastrologie "kann in weniger als einem Vierteljahr gut verstanden werden", sagt Lilly. Wenn jemandem ein Vorschlag gemacht wird, über dessen Ergebnis er beunruhigt ist und deshalb nicht weiß, ob er ihm zustimmen soll oder nicht, braucht er nur die Stunde und die Minute zu notieren, in der *der* Vorschlag gemacht wurde, und ein Bild des Himmels aufzustellen, und seine Zweifel werden augenblicklich ausgeräumt. So kann er in fünf Minuten erfahren, ob die Angelegenheit gelingen wird oder nicht, und folglich, ob es klug ist, das Angebot anzunehmen oder nicht. Untersucht man das Zeichen des ersten Hauses der Figur, so wird der Planet, der darin steht, oder der Planet, der das Zeichen regiert, die Person und den Charakter des *Anbietenden genau beschreiben*, und dies kann den Fragesteller sofort von der Realität der wissenschaftlichen Grundsätze überzeugen. Außerdem wird das absteigende Zeichen usw. *seine eigene Person und seinen Charakter beschreiben - ein* weiterer Beweis für die Wahrheit der Wissenschaft.

Es gibt ein Merkmal der Horoskop-Astrologie, das wahrscheinlich fast so alt ist wie jeder andere Teil dieser Wissenschaft, das aber bis heute erhalten geblieben ist und wahrscheinlich noch viele Jahre lang erhalten bleiben wird. Ich beziehe mich auf den Einfluss, den die Planeten auf die aufeinanderfolgenden Stunden eines jeden Tages ausüben sollten - ein Glaube, aus dem die Einteilung der Zeit in Wochen von sieben Tagen zweifellos ihren Ursprung hatte - obwohl wir zugeben können, dass die Unterteilung des Mondmonats in vier gleiche Teile bei der Wahl dieses praktischen Zeitmaßes ebenfalls berücksichtigt wurde. Jede Stunde hatte ihren Planeten. Dividiert man nun 24 durch 7, so erhält man 3 und 3 darüber; daraus folgt, dass jeder Tag 24 Stunden umfasst und dass an jedem Tag die komplette Serie von sieben Planeten dreimal durchlaufen wurde und drei Planeten der nächsten Serie verwendet wurden. Die Reihenfolge der Planeten richtete sich nach ihren Entfernungen, wie oben angegeben. Saturn kam zuerst, dann Jupiter, Mars, die Sonne, Venus, Merkur und der Mond. Beginnend mit Saturn, der die erste Stunde des Saturntages (Samstag) regiert, gehen wir dreimal durch die obige Reihe und haben für die letzten drei Stunden des Tages Saturn, Jupiter und Mars. Die nächste Stunde, die erste Stunde des nächsten Tages, gehört also der Sonne - auf den Samstag folgt der Sonntag. Wir durchlaufen die Reihe erneut dreimal, und die drei verbleibenden

Stunden werden von der Sonne, der Venus und dem Merkur beherrscht, was den Mond als ersten Planeten für den nächsten Tag ergibt. Der Montag folgt also auf den Sonntag. Die letzten drei Stunden des Montags werden vom Mond, Saturn und Jupiter beherrscht, so dass Mars den nächsten Tag beherrscht - Martis stirbt, Mardi, Dienstag oder der Tag des Tuisco. Auf die gleiche Weise erhalten wir Merkur für den nächsten Tag, Mercurii stirbt, Mercredi, Mittwoch oder Wodens Tag; Jupiter für den nächsten Tag, Jovis stirbt, Jeudi, Donnerstag oder Thors Tag; Venus für den nächsten Tag, Veneris stirbt, Vendredi, Freitag oder Freyas Tag; und so kommen wir wieder zum Samstag. [14]

Die siebentägige Periode, die ihren Ursprung in astrologischen Vorstellungen hat und deren Bezeichnung sich von diesen ableitet, zeigt durch ihre weite Verbreitung, wie weit der astrologische Aberglaube einst unter den Völkern verbreitet war. Wie Whewell bemerkt (obwohl er aus verständlichen Gründen keineswegs bestrebt war, sich mit dem wahren Ursprung der Sabbatwoche zu befassen), "findet sich der Brauch im ganzen Osten; er existierte bei den Arabern, Assyrern und Ägyptern. Dieselbe Woche findet man in Indien bei den Brahmanen; auch dort sind die Tage mit den Namen der Himmelskörper bezeichnet, und man hat festgestellt, dass derselbe Tag in diesem Land den Namen hat, der seiner Bezeichnung in anderen Nationen entspricht.... Die Periode hat sich ohne Unterbrechung oder Unregelmäßigkeit von den frühesten aufgezeichneten Zeiten bis zu unseren Tagen fortgesetzt und dabei die Ausdehnung von Zeitaltern und die Umwälzungen der Reiche durchquert; die Namen der alten Gottheiten, die mit den Sternen in Verbindung gebracht wurden, wurden durch die der Objekte der Verehrung unserer germanischen Vorfahren ersetzt, entsprechend ihren Ansichten über die Entsprechung der beiden Mythologien; und die Quäker haben mit der Ablehnung dieser Tagesnamen das älteste noch existierende Relikt des astrologischen wie auch des götzendienerischen Aberglaubens beiseite geworfen.

Nicht nur die Namen sind geblieben, sondern auch einige der mit den alten astrologischen Systemen verbundenen Bräuche haben sich bis heute erhalten. So wie die aus dem heidnischen Kult abgeleiteten Zeremonien, wenn auch in abgewandelter Form und mit anderer Auslegung, in den christlichen und insbesondere in den römisch-katholischen Ritualen weitergeführt werden, so werden auch unter den Juden und unter den Christen die Riten und Zeremonien der alten ägyptischen und chaldäischen Astrologie weitergeführt, wenn auch nicht mehr so interpretiert wie früher. Der große jüdische Gesetzgeber und seine Nachfolger scheinen zum Beispiel den Wert regelmäßiger Ruhezeiten erkannt zu haben (ob sie nun wirklich vom Menschen benötigt werden oder durch lange Gewohnheit zu einer Notwendigkeit geworden sind), aber sie waren etwas im Zweifel, wie sie diese Praxis am besten fortsetzen sollten, ohne den Aberglauben zu sanktionieren, mit dem sie verbunden war. Auf jeden Fall wurden in den früheren und späteren Gesetzbüchern zwei unterschiedliche und widersprüchliche Auslegungen gegeben. Aber ob die Juden den Sabbat akzeptierten, weil sie glaubten, dass ein allmächtiges Wesen, das die Welt in sechs Tagen erschaffen hatte, am siebten Tag eine Ruhepause brauchte ("und sich erquickte"), wie es in Exodus (xx. 11 und xxxi. Ob sie dies zum Gedenken an ihren Auszug aus Ägypten taten, wie es im Deuteronomium (V. 15) heißt, es steht außer Frage, dass der Sabbat oder der Saturntag bei den Ägyptern wegen der bösartigen Natur der mächtigen Planetengottheit, die über diesen Tag herrschte, ein Ruhetag war. Es kann auch nicht ernsthaft bezweifelt werden, dass die Juden, die von den alten Chaldäern abstammen, bei denen (wie aus kürzlich entdeckten Steininschriften hervorgeht) das Wort Sabbat für einen siebten Ruhetag in Verbindung mit astrologischen Ritualen gebräuchlich war, schon vor ihrem Aufenthalt in Ägypten mit dieser Praxis vertraut waren. Wahrscheinlich hielten sie ihn für einen abergläubischen Brauch, der ebenso zu meiden war wie die götzendienerischen Bräuche, die Terach veranlasst hatten, mit Abraham und Lot aus Ur in den Chaldäern auszuziehen. Jedenfalls wird der siebte Ruhetag als religiöses Gebot erst nach dem Exodus erwähnt. (15) Es war nicht die einzige religiöse Observanz, die in Wirklichkeit einen astrologischen Ursprung hatte. Wenn wir nämlich das jüdische Opfersystem untersuchen, wie es in Numeri xxviii. und anderswo beschrieben wird, finden wir überall einen stillschweigenden Hinweis auf die Bewegungen oder Einflüsse der Himmelskörper. Es gab das Morgen- und Abendopfer, das sich nach den Bewegungen der Sonne richtete; das Sabbatopfer, das von der Vorherrschaft des Saturn bestimmt wurde; das Neumondopfer, das von den Bewegungen des Mondes abhing; und schließlich das Osteropfer, das von den kombinierten Bewegungen der Sonne und des Mondes abhing - und zwar während der Lunation, die dem aufsteigenden Durchgang der Sonne durch den Äquator im Zeichen des Widders folgte.

Doch kehren wir nach diesem etwas langen Exkurs zu den astrologischen Fragen zurück.

Die Horoskop-Astrologie eignet sich offensichtlich viel besser als das Werfen von Geburtshoroskopen, um die Taschen des Astrologen selbst zu füllen; denn es kann nur ein Geburtshoroskop geworfen werden, aber es können beliebig viele Horoskopfragen gestellt werden. Aufgrund ihrer Geschicklichkeit in der Horoskopastrologie haben die Zadkiels unserer Zeit gelegentlich ihren Weg in das zwölfte Haus, das Haus der Feinde, gefunden. Sogar Lilly selbst, der, wie es scheint, keine fünf Minuten darauf verwendet hat, sich über den wahrscheinlichen Erfolg der Angelegenheit zu informieren, wurde 1655 von einer schwachsinnigen jungen Frau angeklagt, weil er ein Urteil über gestohlene Waren gefällt und zwei Schilling und sechs Pence erhalten hatte, was gegen ein Gesetz verstieß, das unter dem weisen und tugendhaften König James, dem Ersten von England und Sechsten von Schottland, erlassen und von diesem vorgesehen worden war.

Die Staatsastrologie befasst sich mit den Schicksalen von Königreichen, Thronen und Imperien und kann als ein Zweig der Horoskop-Wissenschaft betrachtet werden, der sich auf Themen (und Herrscher) von mehr als gewöhnlicher Bedeutung bezieht.

In früheren Zeitaltern wurden für alle Personen, die in der Weltgeschichte eine wichtige Stellung einnehmen sollten, Horoskope erstellt; aber in diesen entarteten Tagen blüht weder das Werfen von Geburtsbildern noch die Kunst der Planetenbestimmung so, wie es sein sollte. Unsere Zadkiels und Raphaëls veröffentlichen zwar die Horoskope von Königen und Kaisern, Prinzen und Prinzessinnen usw., aber ihr Schicksal ist wie das von Benedikt (nach Beatrice) - die Menschen "wundern sich, dass sie noch reden, denn niemand bemerkt sie. Selbst diejenigen, deren Horoskope erstellt wurden, zeigen keinen angemessenen Respekt vor den Vorhersagen, die für sie gemacht wurden. So hätte der Prinz von Wales, der geboren wurde, als Schütze im Aszendenten stand, laut Zadkiel ein großer Mann mit ovalem Gesicht, rötlichem Teint, etwas düsterer Hautfarbe und so weiter sein sollen; aber wie ich höre, hat er diese Anweisungen in Bezug auf sein Aussehen keineswegs befolgt. Die Sonne, die sich in einer guten Position befand, prophezeite Ehre - ein höchst bemerkenswerter und unerwarteter Umstand, der sich seltsamerweise erfüllte; aber da der Prinz von Wales im Krebs stand, im Sextil mit Mars, sollte er sich mit maritimen Angelegenheiten befassen und Ruhm in der Marine erlangen, während er als Feldmarschall nur militärischen Ruhm erlangen kann. (Ich möchte nicht so verstanden werden, dass er nicht ebenso fähig ist, unsere Flotten wie unsere Bataillone ins Gefecht zu führen.) Das Haus des Reichtums war von Jupiter besetzt, der von Saturn aspektiert wurde, was auf großen Reichtum durch Vererbung hindeutet - eine Vorhersage, sagt Professor Miller, deren Eintreffen nicht unwahrscheinlich ist. Das Haus der Ehe war durch die gegensätzlichen Einflüsse von Venus, Mars und Saturn unruhig; aber der erste überwiegt, und so heiratete der Prinz nach einigen Schwierigkeiten bei seinen Ehespekulationen eine Prinzessin von hoher Geburt, die seine freundlichste und liebevollste Aufmerksamkeit nicht unverdient hatte, wahrscheinlich im Jahr 1862. Was das Datum betrifft, so erfahre ich aus einem Almanach, dass der Prinz im März 1863 eine dänische Prinzessin heiratete, was nach einer höchst schuldhaften Missachtung der Vorhersagen unseres nationalen Astrologen aussieht. Ebenfalls im Mai 1870, als Saturn im aufsteigenden Grad stand, sollte der Prinz von einem Pferd verletzt werden und auch einen Schlag auf die linke Seite des Kopfes, in der Nähe des Ohres, erhalten haben; aber beide Zeremonien wurden verwerflicherweise ausgelassen. Die Veranlagung zu Fieber und epileptischen Anfällen wurde durch den Zustand des Hauses der Krankheit angezeigt. Die Zeitungen berichteten vor einigen Jahren von einem schweren Fieberanfall; da aber die meisten Menschen eine gewisse Erfahrung in dieser Hinsicht haben, kann die Erfüllung der Vorhersage kaum als sehr wunderbar angesehen werden. Epileptische Anfälle, die, da sie weniger häufig auftreten, den Ruhm der Astrologen hätten retten können, haben "diesen königlichen Eingeborenen" nicht heimgesucht. Die Stellung des Saturn im Steinbock deutete auf Verlust oder Unglück an dem einen oder anderen Ort hin, der vom Steinbock regiert wird - wie wir gesehen haben, sind dies Indien, Mazedonien, Thrakien, Griechenland, Mexiko, Sachsen, Wilna, Mecklenburgh, Brandenburgh und Oxford. Professor Miller gibt der Hoffnung Ausdruck, dass Oxford der angegebene Ort war und die Katastrophe nichts Schlimmeres als eine kleine Auseinandersetzung mit den Behörden von Christchurch. Aber Prinzen geraten nie in Streit mit College-Dons. Wahrscheinlich war die ominöse Stellung des Saturns im Steinbock ein Hinweis auf eines der "haarsträubenden Ereignisse", von denen die Berichterstatter seiner Indienreise berichten.

Aus den Positionen der verschiedenen Planeten und Zeichen in den zwölf Häusern des "königlichen Eingeborenen" leitete Zadkiel eine bemerkenswerte Liste von Eigenschaften ab. Einige wurden natürlich auf mehr als eine Weise angegeben, was die Klammerbemerkungen in der folgenden alphabetischen Tabelle erklärt, die Professor Miller aus Zadkiels Vorhersagen zusammengestellt hat. Der Fürst sollte "scharfsinnig, zärtlich, liebenswürdig, verliebt, streng, geizig, wohltätig, wohltätig, tapfer, glänzend, für die Regierung berechnet" sein (eine Eigenschaft, die auf zwei Arten verstanden werden kann), "aufrichtig, auf seine Person bedacht, sorglos, mitfühlend, höflich (zweimal), beredsam, diskret, neidisch, ruhmesliebend, gelehrt, der Musik zugetan, der Poesie zugetan, dem Sport zugetan, den Künsten und Wissenschaften zugetan, freimütig, erfindungsreich, großzügig (dreimal), gütig, ehrenhaft, verbrecherfeindlich, unempfindlich, genial, harmlos, freudig, gerecht (zweimal), mühsam, großzügig, erhaben, großmütig, bescheiden, edel, nicht leicht zu verstehen (!), sparsam, fromm (zweimal), tiefsinnig in der Meinung, anfällig für Reue, umsichtig, unbesonnen, religiös, ehrfürchtig, selbstbewusst, aufrichtig, einzigartig in der Denkweise, stark, gemäßigt, rückhaltlos, unbeständig, wertvoll in der Freundschaft, variabel, vielseitig, gewalttätig, unbeständig, schlau und würdig.' Zadkiel kommt zu folgendem Schluss: "Das Quadrat von Saturn zum Mond wird die düstere Seite des Bildes verstärken und dem Charakter des Nativen zuweilen einen Hauch von Melancholie verleihen, sowie eine Neigung, die dunkle Seite der Dinge zu betrachten, und ihn zur Verzagtheit verleiten; auch wird er keineswegs von sanguinischem Charakter sein, sondern kühl und berechnend, wenn auch gelegentlich unbesonnen. Doch alles in allem wird dieser königliche Eingeborene, wenn er denn den Thron besteigt, das Zepter dieser Reiche in Mäßigung und Gerechtigkeit schwingen und ein frommer und wohlwollender Mann und ein barmherziger Herrscher sein. Glücklicherweise ist die Zeit längst vorbei, in der das Schwingen des Zepters dieser Reiche nur eine bildliche Bedeutung hatte, oder in der Engländer, die den Gesetzen ihres Landes gehorchten, auf die Barmherzigkeit irgendeines Mannes angewiesen waren, oder in der sogar schlechte Bürger von Prinzen gerichtet wurden. Aber wir ziehen es immer noch vor, dass Prinzen gut erzogene Gentlemen sind, und daher ist aufrichtig zu hoffen, dass Zadkiels Vorhersage, soweit sie sich auf

Frömmigkeit und Wohlwollen bezieht, in Erfüllung gehen möge, sollte dieser "königliche Eingeborene" leben, um den Thron zu besteigen. Was die Barmherzigkeit betrifft, so ist sie auch in diesen Tagen und in diesem Land eine gute Eigenschaft; denn wenn auch das Gesetz Grausamkeiten gegen Menschen nicht mehr duldet, auch nicht von Seiten der Fürsten, die einst in dieser Richtung vorgeschriebene Rechte hatten, so gibt es doch noch einige grausame, ja brutale Sportarten, an denen "königliche Eingeborene" manchmal versucht sein könnten, teilzunehmen . Hoffen wir also, dass sich die Vorhersagen der Astrologen in Bezug auf diesen "königlichen Eingeborenen" auch in Bezug auf die Barmherzigkeit erfüllen werden.

Lassen wir jedoch die Trivialitäten beiseite und betrachten wir die Lektionen, die uns die Geschichte der Astrologie in Bezug auf den menschlichen Geist, seine Kräfte und Schwächen lehrt. Whewell hat treffend bemerkt, dass über viele Zeitalter hinweg "der Mystizismus in seinen verschiedenen Formen ein Hauptmerkmal sowohl des gewöhnlichen Verstandes als auch der Spekulationen der intelligentesten und tiefgründigsten Denker war". So war der Mystizismus das Gegenteil der Denkgewohnheit, die die Wissenschaft verlangt, "nämlich klare Ideen, die deutlich eingesetzt werden, um gut gesicherte Tatsachen miteinander zu verbinden; insofern als die Ideen, mit denen er sich beschäftigte, vage und unbeständig waren, und das Temperament, in dem sie betrachtet wurden, ein drängender und strebender Enthusiasmus war, der sich nicht einer ruhigen Konferenz mit der Erfahrung zu gleichen Bedingungen unterwerfen konnte. Wir haben gesehen, wie die Geschichte einer bestimmten Form der Mystik in der Antike und im Mittelalter verlaufen ist. Hätten wir die Geschichte der Alchemie, der Magie und anderer Formen der Mystik verfolgt, so hätten wir ähnliche Ergebnisse gesehen. Die wahre Wissenschaft hat sich allmählich von der fälschlich so genannten Wissenschaft losgesagt, bis heute nur noch die schwächeren Gemüter an den früher fast allgemein angenommenen Lehren festhalten. Rein zahlenmäßig mögen die Anhänger des alten Aberglaubens keineswegs unbedeutend sein, aber sie haben keinen Einfluss mehr. Es ist zu einer Schande geworden, dem, was die wenigen sagen oder tun, die den alten Glauben in diesen Fragen nicht nur vertreten, sondern auch verkünden, Beachtung zu schenken. Wir können auch sehen, warum das so ist. In alten Zeiten nahm der Enthusiasmus in diesen Fällen den Platz der Vernunft ein; aber Meinungen, die so gebildet und beibehalten wurden, konnten sich in der Gegenwart von Vernunft und Erfahrung nicht behaupten. Sobald intelligente und nachdenkliche Menschen erkannten, dass die Tatsachen gegen die angeblichen geheimnisvollen Einflüsse der Sterne sprachen, wurden die behaupteten Kräfte der Magier, das angebliche Wissen der Alchemisten, die falschen Lehren der Magie, Alchemie und Astrologie verworfen. Die Lektion, die man auf diese Weise in Bezug auf einst weit verbreitete Irrlehren gelernt hat, gilt auch für unsere Zeit, in der zwar der Einfluss dieser Lehren verblasst ist, aber andere Lehren, die früher mit ihnen verbunden waren, noch immer Bestand haben. In alten

Zeiten verschwendeten die Menschen, beeinflusst von irrigen Lehren, ihre Zeit und Energie mit müßigem Befragen der Sterne, mit vergeblichen Bemühungen, Arkana von geheimnisvoller Kraft zu finden und magische Macht über die Elemente zu erlangen. Ist es ganz klar, dass die Menschen in unserer Zeit nicht durch Lehren anderer Art in gewissem Maße daran gehindert werden, all das Gute zu tun, das sie in der kurzen Lebenszeit, die ihnen zusteht, tun könnten? Gibt es in unserer Zeit keine unangemessenen Opfer des gegenwärtigen Guten durch müßige Fragen? Gibt es keine Tendenz, auf einen eitlen Fetischismus zu vertrauen, um Übel zu verhindern oder zu beseitigen, die durch Energie abgewendet oder behoben werden könnten? Ich glaube, dass die Zeit kommen wird, in der die Verschwendung jener Energien, die in diesen Tagen (nicht nur mit der Sanktion, sondern mit der hohen Zustimmung einiger der Besten unter uns) müßigen Zielen gewidmet werden, ebenso bedauerlich - aber leider ebenso müßig - beklagt werden wird wie die vergeudeten Spekulationen und Arbeiten jener, die Whewell mit Recht die intelligentesten und tiefgründigsten Denker des "stationären Zeitalters" der Wissenschaft genannt hat. Die Worte, mit denen Whewell sein Kapitel über die "Mystik des Mittelalters" schließt, treffen auch auf die Mystik des neunzehnten Jahrhunderts zu:- Die Erfahrung sammelt ihre Vorräte vergeblich oder hört auf, sie zu sammeln, wenn sie sie nur in die fadenscheinigen Falten des Schoßes der Mystik schütten kann, die in Wahrheit so sehr darin vertieft ist, nach den Schätzen zu suchen, die vom Himmel fallen sollen, dass sie wenig darauf achtet, wie spärlich sie solche Reichtümer, die sie neben sich finden könnte, erhält oder wie locker sie sie hält.'

II. DIE RELIGION DER GROSSEN PYRAMIDE.

IN DEN letzten Jahren ist eine neue Sekte aufgetaucht, die zwar zahlenmäßig noch klein ist, aber voller Eifer und Leidenschaft. Der Glaube, zu dem sich diese Sekte bekennt, kann als die Religion der Großen Pyramide bezeichnet werden. Der wichtigste Artikel ihres Glaubensbekenntnisses ist die Lehre, dass dieses bemerkenswerte Bauwerk zu dem Zweck errichtet wurde, der Menschheit in der Fülle der Zeit, die nun fast vollendet ist, bestimmte bemerkenswerte Wahrheiten zu offenbaren. Der Begründer der Pyramidenreligion wird von einem der gegenwärtigen Führer der Sekte als "der verstorbene würdige John Taylor, von der Gower Street, London" beschrieben; aber bis jetzt waren die Hauptpropheten des neuen Glaubens in diesem Land Professor Smyth, Astronom Royal für Schottland, und in Frankreich der Abbé Moigno. Ich schlage vor, hier einige der Fakten zu untersuchen, die von den Pyramidalisten am zuversichtlichsten zur Unterstützung ihrer Ansichten vorgebracht werden.

Es ist jedoch angebracht, zunächst die Lehren des neuen Glaubens kurz darzustellen. Sie können so dargestellt werden:

Die große Pyramide wurde, wie es scheint, auf Anweisung eines bestimmten semitischen Königs errichtet, der wahrscheinlich kein anderer als Melchisedek war. Auf übernatürliche Weise wurden die Baumeister angewiesen, die Pyramide auf dem 30. nördlichen Breitengrad zu errichten, die Form einer quadratischen, sorgfältig ausgerichteten Pyramide zu wählen, als Längeneinheit die heilige Elle zu verwenden, die dem 20.000.000sten Teil der Polachse der Erde entspricht ( ), und die Seitenlänge der quadratischen Grundfläche mit genau so vielen dieser heiligen Ellen zu bemessen, wie es Tage und Teile eines Tages in einem Jahr gibt. Darüber hinaus gelang ihnen mit übernatürlicher Hilfe die Quadratur des Kreises, und sie symbolisierten ihren Sieg über dieses Problem, indem sie die Höhe der Pyramide zum Umfang der Basis in das Verhältnis setzten, das der Radius eines Kreises zum Umfang hat. Darüber hinaus wurde den Baumeistern die große Präzessionsperiode, in der die Erdachse wie die eines mächtigen Kreisels um die Senkrechte zur Ekliptik kreist, mit einem Genauigkeitsgrad mitgeteilt, der die besten modernen Bestimmungen weit übertraf, und sie wurden angewiesen, dieses Verhältnis in den Abmessungen der Pyramidenbasis zu symbolisieren. Sie erhielten einen Wert für die Entfernung der Sonne, der weitaus genauer war als derjenige, den die modernen Astronomen (selbst nach dem jüngsten Transit) ermittelt hatten, und sie setzten dieses Maß in die Höhe der Pyramide um. Auch andere Ergebnisse, die die moderne Wissenschaft erzielt hat, die die Erbauer der Pyramide aber mit rein menschlichen Mitteln nicht hätten erreichen können, wurden ihnen auf übernatürliche Weise mitgeteilt; so wurden die wahre mittlere Dichte der Erde, ihre wahre Form, die Beschaffenheit von Land und Wasser, die mittlere Temperatur der Erdoberfläche usw. entweder in der Position der großen Pyramide oder in der Form und den Abmessungen ihres Äußeren und Inneren symbolisiert. In der Pyramide wurden auch die wahren, weil übernatürlich vermittelten Maßstäbe für Länge, Fläche, Volumen, Gewicht, Dichte, Wärme, Zeit und Geld aufbewahrt. Die Pyramide zeigte auch durch bestimmte Merkmale ihres inneren Aufbaus an, dass bei ihrer Erbauung die heiligen Einflüsse der Plejaden von einer äußerst wirksamen Position aus ausgeübt wurden - dem Meridian, durch die Punkte, an denen sich Ekliptik und Äquator kreuzen. Und da die Pyramide auf diese Weise deutlich auf die Vergangenheit verweist, deutet sie auch auf die zukünftige Geschichte der Erde hin, insbesondere indem sie zeigt, wann und wo das Jahrtausend beginnen wird. Schließlich war die Spitze oder der krönende Stein der Pyramide nichts anderes als das Gegenbild des Steins des Anstoßes und des Felsens des Ärgernisses, der von den Baumeistern, die seinen wahren Zweck nicht kannten, verworfen wurde, bis er schließlich als Hauptstein der Ecke eingesetzt wurde. Daher heißt es natürlich: "Wer darauf fällt" - d. h. auf die Religion der Pyramide - "wird zerbrechen; auf wen er aber fällt, den wird er zu Staub zermalmen".

Untersucht man die tatsächlichen Verhältnisse, die die große Pyramide darstellt - ihre geographische Lage, ihre Ausmaße, ihre Form und ihre innere Struktur -, ohne sich einerseits mit den Lehren des neuen Glaubens zu befassen und andererseits ernsthaft zu versuchen, sie zu widerlegen, so spricht vieles dafür, dass die Erbauer der Pyramide geniale Mathematiker waren, die in der Astronomie einige Fortschritte gemacht hatten, wenn auch nicht so viele, wie sie in der Bewältigung mechanischer und wissenschaftlicher Schwierigkeiten gemacht hatten.

Der erste Punkt, den es zu beachten gilt, ist die geografische Lage der großen Pyramide, zumindest insofern, als sich diese Lage auf den Aspekt des Himmels auswirkt, der von der Pyramide wie von einem Observatorium aus betrachtet wird. Bei der Betrachtung der Lage der Pyramide kann den rein geographischen Verhältnissen meines Erachtens wenig Bedeutung beigemessen werden. Professor Smyth stellt fest, dass die Pyramide in Bezug auf die Mündung des Nils eine besondere Position einnimmt, da sie "an der südlichen Spitze des ägyptischen Deltas" steht. Da diese Region die Form eines Fächers habe, sei die Pyramide an der Stelle, die dem Henkel entspreche, "jenes Monument, das in einem götzendienerischen Land rein und unbefleckt in seiner Religion war, auf das Jesaja anspielt; das Monument, das "ein Altar für den Herrn inmitten des Landes Ägypten und eine Säule an seiner Grenze" war und dazu bestimmt war, in den letzten Tagen und vor der Vollendung aller Dinge ein Zeuge für denselben Herrn und für das zu werden, was er für den Menschen vorgesehen hat kind.' Noch phantasievoller sind einige andere Hinweise auf die geographische Lage der Pyramide: (i.) dass es entlang des Meridians der Pyramide mehr Land gibt als auf jedem anderen auf der ganzen Welt; (ii.) dass es auf dem Breitengrad der Pyramide mehr Land gibt als auf jedem anderen; und (iii.)

dass das Pyramidengebiet von Unterägypten im Zentrum des trockenen Landes liegt, das von Menschen auf der ganzen Welt bewohnbar ist.

Diejenigen, die uns auf diese Punkte aufmerksam machen, scheinen nicht zu bemerken, dass solche Zufälle zu viel beweisen. Man könnte es als keinen bloßen Zufall ansehen, dass die große Pyramide in der Mitte des Küstenbogens steht, an dem die Abflüsse des Nils liegen; oder man könnte es als keinen bloßen Zufall ansehen, dass die große Pyramide im Mittelpunkt der gesamten bewohnbaren Landfläche des Globus steht; oder wiederum könnte man jede der anderen oben genannten Beziehungen als etwas mehr als einen bloßen Zufall ansehen. Nimmt man aber nicht nur die eine oder andere dieser vier Relationen, sondern alle vier oder auch nur zwei von ihnen zusammen, so muss man Besonderheiten der Erdgestalt als das Ergebnis eines besonderen Entwurfs betrachten, die von den Geographen bisher gewiss nicht so gesehen worden sind. Wenn z. B. die Pyramide durch einen besonderen Plan in der Mitte des Nildeltas und die Pyramide durch einen besonderen Plan in der Mitte der Landoberfläche der Erde platziert wurde, wenn diese beiden Beziehungen jeweils so genau erfüllt sind, dass der Gedanke an einen rein zufälligen Zufall unzulässig ist, dann folgt daraus zwangsläufig, dass der Mittelpunkt des Nildeltas nicht durch einen rein zufälligen Zufall in der Mitte der Landoberfläche der Erde liegt; Mit anderen Worten, die Küstenlinie, entlang derer die Nilmündungen liegen, ist absichtlich so gekrümmt worden, dass ihr Mittelpunkt so liegt. Das gilt auch für die anderen Beziehungen. Allein die Tatsache, dass die vier Bedingungen gleichzeitig erfüllt werden *können*, ist ein Beweis dafür, dass eine solche Übereinstimmung rein zufällig zustande kommen kann. [16] Die Besonderheit der geographischen Lage, an die die Pyramidenarchitekten wirklich gedacht zu haben scheinen, führt sogar noch eine fünfte Bedingung ein, die zufällig zusammen mit den vier anderen erfüllt werden konnte.

Es scheint, dass die Erbauer der Pyramide bestrebt waren, die Pyramide so genau wie möglich auf den 30. Betrachten wir das Ergebnis, das sie erzielten, und die Beweise, die sich daraus für ihr Geschick und ihre wissenschaftlichen Fähigkeiten ergeben. In unserer Zeit hat der Astronom natürlich keine Schwierigkeiten, die Position eines bestimmten Breitengrades mit großer Genauigkeit zu bestimmen. Aber zu der Zeit, als die große Pyramide gebaut wurde, muss es sehr schwierig gewesen sein, die Position einer beliebigen Breitengradparallele mit großer Genauigkeit zu bestimmen. Die naheliegendste Methode, diese Schwierigkeit zu bewältigen, wäre die Beobachtung der Länge des Schattens gewesen, den die aufrecht stehenden Pfosten zur Mittagszeit im Frühjahr und Herbst werfen. Auf dem 30. nördlichen Breitengrad ist die Sonne zur Mittagszeit im Frühling (oder genauer gesagt am Tag des Frühlingsäquinoktiums) gerade doppelt so weit vom Horizont entfernt wie von dem Punkt, der sich senkrecht über ihr befindet; und wenn ein spitzer Pfosten zur wahren Mittagszeit (die zum Zeitpunkt des Frühlings- oder Herbstäquinoktiums angenommen wird) genau aufgerichtet wäre, wäre der Schatten des Pfostens genau halb so lang wie eine Linie, die von der Spitze des Pfostens zum Ende des Schattens gezogen wird. Doch Beobachtungen, die auf diesem Prinzip beruhen, hätten den Architekten der Pyramide viele Schwierigkeiten bereitet. Da die Sonne kein Lichtpunkt ist, sondern eine Kugel, endet der Schatten eines spitzen Stabes nicht in einem genau definierten Punkt. Der Zeitpunkt des wahren Mittags, der nicht mit dem gewöhnlichen oder bürgerlichen Mittag übereinstimmt, stimmt nie genau mit dem Zeitpunkt der Frühlings- oder Herbsttagundnachtgleiche überein und kann von diesem um ein Zeitintervall von nicht mehr als zwölf Stunden entfernt sein. Und es gibt noch viele andere Umstände, die Astronomen, wie diejenigen, die zweifellos die wissenschaftlichen Vorbereitungen für den Bau der großen Pyramide geleitet haben, dazu veranlassen würden, ein Mittel zur Bestimmung der geographischen Breite vorzuziehen, das auf einem anderen Prinzip beruht. Der Sternenhimmel würde praktisch unveränderliche Hinweise für ihren Zweck liefern. Da die Sterne alle um den Himmelspol herum getragen werden, als wären sie Fixpunkte im Inneren einer hohlen, sich drehenden Kugel, ist es möglich, die Position des Pols der Sternenkugel zu bestimmen, auch wenn kein heller, auffälliger Stern diesen Punkt tatsächlich besetzt. Jeder helle Stern in der Nähe des Pols dreht sich auf einem sehr kleinen Kreis, dessen Mittelpunkt der Pol selbst ist. Ein solcher Stern ist unser heutiger sogenannter Polarstern; und obwohl dieser Stern in den Tagen, als die große Pyramide erbaut wurde, nicht in der Nähe des Pols war, lag ein anderer, wahrscheinlich ein hellerer Stern nahe genug am Pol [17], um als Polarstern zu dienen und durch seine Kreisbewegung die Position des tatsächlichen Himmelspols anzuzeigen. Dieser Stern war damals und für viele folgenden Jahrhunderte der Leitstern des großen Sternbildes, das man den Drachen nennt.

Wir wissen, dass der Himmelspol je nach dem Breitengrad des Beobachters eine andere Position einnimmt. Am Nordpol befindet er sich genau über dem Horizont; am Äquator befinden sich beide Himmelspole am Horizont; und je weiter sich der Beobachter vom Äquator zum Nord- oder Südpol der Erde bewegt, desto höher steigt der entsprechende Himmelspol über den Horizont. Auf dem 30. nördlichen Breitengrad, d. h. auf einem Drittel des Weges vom Äquator zum Pol, erhebt sich der Himmelspol um ein Drittel des Weges vom Horizont bis zu dem Punkt, der sich senkrecht über ihm befindet; und in diesem Fall weiß der Beobachter, dass er sich auf dem 30. Es ist anzunehmen, dass die Erbauer der großen Pyramide angesichts des fast immer klaren Himmels in Ägypten diese Methode zur Bestimmung der wahren Position des dreißigsten Breitengrades gewählt haben, auf dem sie das große Gebäude, das sie errichten wollten, zu platzieren gedachten.

Zufälligerweise haben wir die Möglichkeit, uns eine Meinung zu der Frage zu bilden, ob sie die eine oder die andere Methode anwandten, ob sie die Sonne oder die Sterne benutzten, um die gewünschte geographische Position zu erreichen. Ohne diesen Umstand hätte ich es nicht für nötig gehalten, die Qualitäten der einen oder anderen Methode zu diskutieren. Es wird sich zeigen, dass die Diskussion einen wichtigen Einfluss auf die Meinung hat, die wir uns über die Fähigkeiten und Fertigkeiten der Pyramidenarchitekten bilden müssen. Jedes Himmelsobjekt wird offenbar durch die Brechkraft unserer Atmosphäre etwas über seine tatsächliche Position angehoben, und zwar am meisten, wenn es dem Horizont am nächsten ist, und am wenigsten, wenn es dem Punkt senkrecht über dem Kopf am nächsten ist. Dieser Effekt ist in der Tat bei Körpern in Horizontnähe so ausgeprägt, dass die Astronomen der Pyramidenzeit, wenn sie Sonne, Mond und Sterne in dieser Position aufmerksam beobachtet hätten, diese Besonderheit nicht hätten übersehen können. Wahrscheinlich notierten sie zwar den Zeitpunkt des Auf- und Untergangs der Himmelskörper, machten aber nur dann instrumentelle Beobachtungen, wenn diese Körper hoch am Himmel standen. So blieben sie in Unkenntnis der Brechungskräfte der Luft. [Hätten sie nun die Position des dreißigsten Breitengrades durch Beobachtungen der Mittagssonne (im Frühling oder Herbst) bestimmt, so hätten sie aufgrund der Brechung die Sonne höher eingeschätzt, als sie in Wirklichkeit war, und hätten folglich die Breite jeder Station, von der aus sie beobachteten, als niedriger eingeschätzt, als sie in Wirklichkeit war. Denn je niedriger der Breitengrad, desto höher steht die Mittagssonne zu einer bestimmten Jahreszeit. Wenn sie sich also tatsächlich auf dem 30. Breitengrad befunden hätten, wären sie davon ausgegangen, dass sie sich auf einem niedrigeren Breitengrad als 30° befänden, und hätten sich etwas weiter nach Norden begeben, um den richtigen Ort für die Errichtung der großen Pyramide zu finden. Hätten sie hingegen den Ort anhand von Beobachtungen der Bewegungen der Sterne in der Nähe des Himmelspols bestimmt, wäre ihnen ein Fehler genau entgegengesetzter Art unterlaufen. Denn je höher der Breitengrad, desto höher liegt der Himmelspol; und die Brechung, die den Himmelspol scheinbar anhebt, gibt einer Station den Anschein, sich auf einem höheren Breitengrad zu befinden, als sie in Wirklichkeit ist, so dass der Beobachter glauben würde, er befände sich auf dem 30. nördlichen Breitengrad, während er in Wirklichkeit etwas südlich davon liegt. Wir müssen uns also nur fragen, ob die große Pyramide nördlich oder südlich des 30. Breitengrades errichtet wurde, um festzustellen, ob die Architekten der Pyramide die Mittagssonne oder die zirkumpolaren Sterne beobachteten, um ihren Breitengrad zu bestimmen; immer unter der Annahme (die wir vernünftigerweise machen können), dass diese Architekten tatsächlich vorhatten, die Pyramide in diesem bestimmten Breitengrad zu errichten, und dass sie in der Lage waren, sehr genaue Beobachtungen der scheinbaren Positionen der Himmelskörper zu machen, aber dass sie nicht mit den Brechungseffekten der Atmosphäre vertraut waren. Die Antwort ist unzweifelhaft. Der Mittelpunkt der Basis der großen Pyramide liegt etwa eine Meile und ein Drittel *südlich* des dreißigsten Breitengrades; und von dieser Position aus würde der Himmelspol, wie er durch die Refraktion angehoben wird, in der Tat sehr nahe an der gewünschten Position liegen. In der Tat, wenn die Pyramide über eine halbe Meile noch weiter südlich gesetzt worden wäre, würde der Pol genau richtig *erschienen* sein.

Natürlich erscheint eine solche Erklärung, wie ich sie hier vorgeschlagen habe, den Pyramidalisten völlig ketzerisch. Ihnen zufolge wussten die Architekten der Pyramide sehr wohl, wo der wahre dreißigste Breitengrad lag, und sie wussten auch alles, was die moderne Wissenschaft über die Lichtbrechung herausgefunden hat; aber sie setzten die Pyramide südlich des wahren Breitengrades und nördlich der Position, wo die Lichtbrechung die scheinbare Höhe des Pols gerade richtig gemacht hätte, einfach damit die Pyramide jeder der beiden Bedingungen so nahe wie möglich entsprach, wobei beide nicht gleichzeitig erfüllt sein konnten. Die Pyramide wäre in der Tat noch näher in die Mitte zwischen dem wahren und dem scheinbaren 30° nördlichen Breitengrad gesetzt worden, aber der Jeezeh-Hügel, auf dem sie steht, bietet kein weiter nördlich gelegenes Felsfundament. Die große Pyramide", sagt Professor Smyth, "stand so dicht am nördlichen Rand ihres Hügels, dass die Kanten der Klippe unter dem furchtbaren Druck hätten abbrechen können, wenn die Erbauer nicht die riesigen Schutthügel, die von ihrer Arbeit stammten und die Strabo vor 1800 Jahren so sehr suchte, aber nicht finden konnte, so fest aufgeschüttet hätten. Sie wurden und werden jedoch genutzt, um die große Pyramide auf dem äußersten Rand ihres Hügels, innerhalb der Grenzen der *beiden* geforderten Breitengrade sowie über der Mitte der physischen und radialen Formation des Landes und gleichzeitig auf dem sicheren und sprichwörtlich weisen Fundament des Felsens stehen zu lassen.

Der nächste Umstand, der bei der Position der großen Pyramide (wie bei allen Pyramiden) zu beachten ist, besteht darin, dass die Seiten sorgfältig ausgerichtet sind. Dies ist, wie die Annäherung an einen bestimmten Breitengrad, eher als astronomische denn als geographische Beziehung zu betrachten. Die Genauigkeit, mit der die Ausrichtung vorgenommen wurde, zeigt, wie weit die Erbauer die Methoden der astronomischen Beobachtung beherrschten, mit denen die Ausrichtung sichergestellt werden sollte. Das Problem war nicht so einfach, wie diejenigen vermuten könnten, die nicht mit der Art und Weise vertraut sind, in der die Himmelsrichtungen korrekt bestimmt werden. Durch Sonnenbeobachtungen, oder besser gesagt durch die Beobachtung der Schatten, die von vertikalen Wellen vor und nach dem Mittag geworfen werden, kann theoretisch die Richtung des Meridians oder der Nord-Süd-Linie bestimmt werden. Aber wahrscheinlich haben sich die Baumeister in diesem Fall, wie auch bei der Bestimmung des Breitengrades, an den Sternen orientiert. Der Himmelspol würde den wahren Norden markieren, und ebenso würde der Polarstern, wenn er sich unterhalb oder oberhalb des Pols befindet, den wahren Norden anzeigen, aber natürlich am besten, wenn er sich unterhalb des Pols befindet. Es ist auch nicht schwer zu erkennen, wie die Baumeister den Polarstern für diesen Zweck nutzen würden. Von der Mitte der Nordseite der geplanten Basis aus würden sie einen schrägen Durchgang bohren, der immer von der

Position des Polarsterns bei seinem unteren meridionalen Durchgang ausginge, wobei dieser Stern bei jeder Rückkehr zu dieser Position dazu dienen würde, ihren Fortschritt zu lenken; während seine kleine Reichweite östlich und westlich des Pols es ihnen ermöglichen würde, den wahren Mittelpunkt des Sterns unterhalb des Pols, also den wahren Norden, am genauesten zu bestimmen. Wenn sie auf diese Weise einen schrägen Tunnel erhalten hatten, der genau auf den Meridian ausgerichtet war, und ihn bis zu einem Punkt fast unterhalb der Mitte des geplanten quadratischen Sockels geführt hatten, konnten sie von der Mitte des Sockels aus senkrecht nach unten bohren, bis sie sich nach grober Berechnung dem unteren Ende des schrägen Tunnels näherten; oder sie konnten beide Tunnel gleichzeitig herstellen. Dann würde man vom Schrägstollen aus eine unterirdische Kammer auffahren. Die vertikale Bohrung, die nicht breiter sein muss, als es für die Aufhängung eines Lots erforderlich ist, würde es den Architekten ermöglichen, den Punkt senkrecht unter dem Aufhängepunkt zu bestimmen. Der Schrägstollen würde die Richtung des wahren Nordens angeben, entweder von diesem Punkt aus oder von einem Punkt aus, der sich in einer bekannten geringen Entfernung östlich oder westlich dieses Punktes befindet. [19] Eine Linie von einem bestimmten Punkt in der Nähe der Mündung der Vertikalbohrung zur Mündung des Schrägstollens würde also genau im Norden und Süden liegen und als Richtschnur für die Ausrichtung der Pyramidenbasis dienen. Wenn diese Basis über die Öffnung des schrägen Tunnels hinausginge, könnte man die Ausrichtung korrigieren, indem man den Tunnelvortrieb durch die Basisetagen der Pyramide fortsetzt.

Dies wäre der Weg, den den astronomischen Architekten, die den Breitengrad auf die oben beschriebene Weise bestimmt hatten, natürlich nahelegte. Man kann sie sogar als die einzige sehr genaue Methode bezeichnen, die vor der Erfindung des Fernrohrs zur Verfügung stand. Wenn also die Genauigkeit der Orientierung größer zu sein scheint als die, die mit der Schattenmethode erzielt werden konnte, wäre die natürliche Schlussfolgerung, selbst in Ermangelung eines bestätigenden Beweises, dass die stellare Methode und keine andere angewandt worden war. Im Jahre 1779 fand Nouet durch verfeinerte Beobachtungen heraus, dass der Orientierungsfehler weniger als 20 Bogenminuten betrug, was ungefähr einer Verschiebung der Ecken um etwa 37-1/2 Zoll von ihrer wahren Position entspricht, wie sie vom Zentrum aus bestimmt werden sollte, oder einer Verschiebung einer südlichen Ecke um 53 Zoll auf einer Ost-West-Linie von einem Punkt genau südlich der entsprechenden nördlichen Ecke. Dieser Fehler wäre bei einer Basislänge von 9140 Zoll nicht schwerwiegend, da er nur einen Zoll in etwa fünf Yards beträgt (wenn er auf die zweite Weise geschätzt wird). Dennoch ist das Ergebnis nicht ganz des Lobes würdig, das Professor Smyth ihm zollt. Er selbst hat jedoch durch viel genauere Beobachtungen mit einem ausgezeichneten Altazimut den angeblichen Fehler von 20 Minuten auf nur 4-1/2 oder 9/40stel des früher angenommenen Wertes reduziert. Damit betrug die Gesamtverschiebung einer südlichen Ecke vom wahren Meridian durch die entsprechende nördliche Ecke fast genau einen Fuß oder einen Zoll in etwa ein-undzwanzig Yards - ein Grad an Genauigkeit, der es praktisch sicher macht, dass bei der Ausrichtung der Basis eine stellare Methode verwendet wurde.

Nun *gibt es* einen schrägen Tunnel, der genau die Position des Tunnels einnimmt, der nach dieser Ansicht gebildet worden sein müsste, um die Basis der Pyramide genau auszurichten, wenn man davon ausgeht, dass die Zeit des Baus der Pyramide einer der Epochen entsprach, in der der Stern Alpha Draconis 3° 42' vom Himmels-pol entfernt war. Mit anderen Worten, es gibt einen schrägen Tunnel, der von einem Punkt tief unten in der Mitte der Pyramidenbasis nach Norden und nach oben ge-richtet ist und 26° 17' zum Horizont geneigt ist, der Höhe von Alpha Draconis an seinem unteren Kulminationspunkt, wenn er 3° 42' vom Pol entfernt ist. Die letzte Epoche, in der der Stern auf diese Weise platziert war, war *um* 2160 v. CHR.; die nächst frühere Epoche war 3440 v. CHR. Zwischen diesen beiden müssten wir uns entscheiden, wenn wir davon ausgehen, dass der schräge Tunnel wirklich auf diesen Stern ausgerichtet war, als die Fundamente der Pyramide gelegt wurden. Denn die nächste Epoche vor der früheren der beiden genannten war etwa 28.000 v. CHR., und das Datum der Pyramide kann nicht weiter als 4000 v. CHR. zurückliegen.

Der Schrägstollen erfüllte zwar die gestellten Anforderungen in bewunderns-werter Weise, schien aber für alle anderen Anforderungen völlig ungeeignet zu sein. Seine Querhöhe (d.h. seine Breite in einer Richtung senkrecht zur Ober- und Unter-seite) betrug nicht ganz vier Fuß, seine Breite nicht ganz dreieinhalb Fuß. Sie war daher nicht für einen Eingang zu der unterirdischen Kammer unmittelbar unter der Spitze der Pyramide geeignet (mit der sie auf die von der obigen Theorie vor-geschlagene Weise in Verbindung steht). Er kann nicht für die Beobachtung von Meridiandurchgängen der Sterne zur Bestimmung der Sternzeit gedacht gewesen sein; denn die nahen Zirkumpolarsterne sind wegen ihrer langsamen Bewegung am wenigsten für einen solchen Zweck geeignet. Wie Professor Smyth gegen diese vorgeschlagene Verwendung des Sterns argumentiert, "würde kein Beobachter, der bei Sinnen ist, in irgendeinem existierenden Observatorium, wenn er die Zeit zu be-stimmen sucht, den Transit eines Zirkumpolarsterns zu etwas anderem beobachten, als *um die Richtung des Meridians zu erhalten, nach dem er sein Instrument aus-richten kann*" (Kursivschrift von ihm).) Es ist genau ein solcher Zweck (die Ein-stellung, jedoch nicht eines Instruments, sondern der gesamten Struktur der Pyramide selbst), den ich für diesen bemerkenswerten Durchgang vorgeschlagen habe - diese "cremeweiße, mit Stein ausgekleidete, lange Röhre", wo sie das Mauerwerk der Pyramide durchquert, und darunter, die durch den festen Felsen auf eine Entfernung von mehr als 350 Fuß gegraben wurde.

Betrachten wir nun die Abmessungen der quadratischen Grundfläche, die nach bestem Wissen und Gewissen der Baumeister auf dem 30. nördlichen Breitengrad platziert wurde und deren Seiten sorgfältig ausgerichtet sind.

Es scheint sehr wahrscheinlich, dass, welchen besonderen Zweck die Pyramide auch immer erfüllen sollte, ein untergeordneter Gedanke der Erbauer darin bestand, die ihnen bekannten mathematischen und astronomischen Verhältnisse symbolisch in den Proportionen des Gebäudes darzustellen. Nach dem, was wir aus der Überlieferung über die Menschen der fernen Zeit wissen, in der die Pyramide erbaut wurde, und was wir aus den Vorstellungen derjenigen schließen können, die, wenn auch nur entfernt, die Denkweise der frühesten Astronomen und Mathematiker übernommen haben, können wir uns gut vorstellen, dass sie mit abergläubischer Ehrfurcht auf besondere Figuren, Proportionen, Zahlen und so weiter blickten. Abgesehen davon hatten sie vielleicht den quasi wissenschaftlichen Wunsch, ihre Entdeckungen und das gesammelte Wissen ihrer Zeit dauerhaft zu dokumentieren.

Es scheint also durchaus wahrscheinlich, dass die von den Erbauern der großen Pyramide verwendete kleinere Maßeinheit, wie Professor Smyth meint, dem 500.000.000sten Teil des Erddurchmessers entsprechen sollte, der aus ihren geodätischen Beobachtungen ermittelt wurde. Es lag durchaus in der Macht von Mechanikern und Mathematikern, die so erfahren waren, wie sie es zweifellos waren - die Pyramide bezeugt dies -, die Länge eines Breitengrades mit beträchtlicher Genauigkeit zu messen. Sie konnten unmöglich (die Theorie der göttlichen Eingebung einmal beiseite gelassen) etwas über die Verdichtung der Erdkugel wissen und konnten daher nicht, wie Professor Smyth vermutet, den 500.000.000sten Teil der Polarachse der Erde, im Unterschied zu irgendeiner anderen, als Längeneinheit verwenden. Aber wenn sie ihre Beobachtungen in oder in der Nähe von 30° nördlicher Breite unter der Annahme machten, dass die Erde eine Kugel ist, würde ihr wahrscheinlicher Fehler sogar die Differenz zwischen dem polaren und dem äquatorialen Durchmesser der Erde übersteigen. Beide Differenzen werden bei weitem übertroffen von der Spanne zwischen den Schätzungen der tatsächlichen Länge der heiligen Elle, die fünfundzwanzig dieser kleineren Einheiten enthalten haben soll. Auch die Länge der Pyramidenbasis, auf die Smyth seine eigene Schätzung der heiligen Elle stützt, ist unterschiedlich geschätzt worden, wobei das größte Maß 9168 Zoll und das kleinste 9110 Zoll beträgt. Die grundlegende Theorie der Pyramidalisten, dass die heilige Elle genau ein 20.000.000stel Teil des Erdpoldurchmessers war, und dass die Seite der Basis so viele Ellen und Teile einer Elle enthielt, wie es Tage und Teile eines Tages im tropischen Jahr (oder Jahr der Jahreszeiten) gibt, erfordert, dass die Länge der Seite 9140 Zoll betragen sollte, was zwischen den angegebenen Grenzen liegt, aber immer noch so weit von beiden entfernt ist, dass es sehr unsicher erscheint, eine Theorie auf der Annahme zu gründen, dass die genaue Länge 9140 Zoll ist oder war. Wären die Maße 9168 Inch und 9110 Inch minderwertig und würden mehrere ausgezeichnete, von geübten Beobachtern vorgenommene Messungen um die Länge 9140 Inch herum liegen, wäre der Fall anders. Aber die besten neueren Messungen ergaben 9110 bzw. 9130 Zoll; und Smyth beschwert sich über die Ungerechtigkeit von Sir H. James, der 9120 Zoll als "die [wahrscheinliche] wahre Länge der Seite der großen Pyramide, wenn sie perfekt ist", ansieht und dies als "eine unehrenhafte Zurücksetzung der ehrenwerten älteren Beobachter mit ihren größeren Ergebnissen" bezeichnet. Die einzigen anderen Messungen, neben diesen beiden, sind zwei von Colonel Howard Vyse und von den französischen *Gelehrten*, die jeweils 9168 und 9163-44 Zoll ergeben. Die Pyramidalisten halten 9140 Zoll für einen angemessenen Mittelwert aus diesen vier Werten. Die natürliche Schlussfolgerung ist jedoch, dass die Basis der Pyramide jetzt nicht in einem Zustand ist, in dem sie zufriedenstellend gemessen werden kann; und sicherlich kann kein solches Vertrauen auf den Mittelwert von 9140 Zoll gesetzt werden, dass wir aufgrund dessen glauben sollten, was sonst völlig unglaublich wäre, nämlich dass die Erbauer der großen Pyramide "sowohl die Größe als auch die Form der Erde genau kannten". Menschlich oder durch menschliche Wissenschaft war es natürlich völlig unmöglich, dies in jener Zeit herauszufinden", sagt Professor Smyth. Aber er ist so überzeugt von dem Durchschnittswert, der sich aus weitgehend widersprüchlichen Basismessungen ergibt, dass er davon ausgeht, dass dieser Wert, da er von Menschen nicht ermittelt werden konnte, notwendigerweise "Gott und seiner göttlichen Eingebung zuzuschreiben" war. Wir mögen mit Smyth darin übereinstimmen, dass die Erbauer der Pyramide wussten, dass die Erde eine Kugel ist; dass sie als Längenmaß die heilige Elle nahmen, die sie durch ihre Erdmaße sehr genau auf den 20.000.000sten Teil des mittleren Erddurchmessers brachten; aber es scheint überhaupt kein Grund für die Annahme zu bestehen (selbst wenn die Annahme nicht von vornherein von Natur aus unzulässig wäre), dass sie irgendetwas über die Verdichtung der Erde wussten, oder dass sie einen Breitengrad an ihrem eigenen Ort mit sehr wunderbarer Genauigkeit gemessen hatten. [20]

Aber hier ist ein sehr merkwürdiger Zufall zu bemerken, oder besser gesagt, er wird uns von den Pyramidalisten aufgezwungen, die darin merkwürdigerweise einen neuen Beweis für einen Entwurf erkennen, während der Ungläubige darin den Beweis findet, dass Zufälle kein sicherer Beweis für einen Entwurf sind. Die Seite der Pyramide enthält das 365-1/4-fache der heiligen Elle von 25 Pyramidenzoll, daraus folgt, dass die Diagonale der Basis 12.912 solcher Zoll enthält, und die beiden Diagonalen zusammen enthalten 25.824 Pyramidenzoll, oder fast genau so viele Zoll, wie es Jahre in der großen Präzessionsperiode gibt. Niemand unter den Menschen", sagt Professor Smyth, nachdem er verschiedene Schätzungen der Präzessionsperiode aufgezeichnet hat, "wusste etwas über ein solches Phänomen, bis Hipparchus, etwa 1900 Jahre nach der Gründung der großen Pyramide, einen Blick auf diese Tatsache warf; und doch hatte es den Himmel seit Ewigkeiten beherrscht und war in Jeezehs alter Struktur aufgezeichnet. Für Menschen, die nicht vom Geist des Glaubens zu energischem Vergessen bewegt werden, scheint es, dass, wenn eine quadratische Grundfläche beschlossen und ihre Abmessungen in Bezug auf den Erddurchmesser und das Jahr festgelegt wurden, auch die Diagonalen der quadratischen Grundfläche bestimmt wurden; und wenn es zufällig so war, dass sie mit irgendeiner anderen, vollkommen unabhängigen Beziehung übereinstimmten, durfte diese Tatsache den Architekten nicht angerechnet werden. Darüber hinaus ist es offensichtlich, dass die Nähe einer solchen Übereinstimmung ernsthafte Zweifel daran aufkommen lässt, inwieweit andere Zufälle als Beweis für einen Entwurf herangezogen werden können. Es scheint zum Beispiel sehr wahrscheinlich, dass die Architekten der Pyramide die heilige Elle, die einem 20.000.000sten Teil des Erddurchmessers entspricht, als ihre Hauptlängeneinheit nahmen und der Seite der quadratischen Basis der Pyramide absichtlich eine Länge von genau so vielen Ellen zuwiesen, wie es Tage im Jahr gibt; und die enge Übereinstimmung zwischen der gemessenen Länge und der, die durch diese Theorie angezeigt wird, stärkt die Idee, dass dies die Absicht des Erbauers war. Aber wenn wir feststellen, dass sich sofort eine noch engere Übereinstimmung ergibt, die offensichtlich *nur* ein Zufall ist, wird die Kraft des Beweises, der zuvor aus dem bloßen Zufall abgeleitet wurde, *pro tanto* erschüttert. Denn überlegen Sie, was dieser neue Zufall wirklich bedeutet. Seine Natur lässt sich folgendermaßen beschreiben: Man nehme die Anzahl der Tage im Jahr, multipliziere diese Zahl mit 50 und vergrößere das Ergebnis in demselben Maße, wie die Diagonale eines Quadrats die Seite übersteigt - dann stellt die resultierende Zahl sehr ungefähr die Anzahl der Jahre in der großen Präzessionsperiode dar. Der Fehler liegt nach den besten modernen Schätzungen bei etwa einem 575stel Teil der wahren Periode. Dies ist natürlich ein rein zufälliges Zusammentreffen, da es in der Natur keinerlei Zusammenhang zwischen der Rotationsperiode der Erde, der Form eines Quadrats und der Rotationsperiode der Erde gibt. Dennoch ist dieser rein zufällige Zufall sehr viel näher, als der andere, der angeblich konstruiert ist, nachgewiesen werden kann. Es ist also klar, dass der bloße Zufall ein sehr unsicherer Beweis für einen Entwurf ist.

Natürlich finden die Pyramidalisten eine einfache Antwort auf eine solche Argumentation. Sie argumentieren, dass erstens die Periode der Erdrotation durch ausdrückliche Anordnung so gestaltet wurde, dass sie diese besondere Beziehung zur Periode der Rotation in der mächtigen Präzessionsbewegung hat: das ist ungefähr so, als ob man sagen würde, dass die Höhe des Monte Rosa durch ausdrückliche Anordnung so viele Füße enthält, wie es Meilen im 6000sten Teil der Sonnenentfernung gibt. (21) Dann, so , seien die Architekten nicht gezwungen gewesen, eine quadratische Basis für die Pyramide zu haben; sie hätten auch eine rechteckige oder dreieckige Basis haben können, und so weiter - was sehr schlecht mit der enthusiastischen Sprache übereinstimmt, in der die Wahl einer quadratischen Basis in anderen Fällen gelobt worden war.

Als Nächstes wollen wir die Höhe der Pyramide betrachten. Nach den besten modernen Messungen scheint es, dass die Höhe, wenn (wenn überhaupt) die Pyramide oben in einer spitzen Spitze endete, etwa 486 Fuß betragen haben muss. Und aus dem Vergleich der besten Schätzungen der Basisseite mit den besten

Schätzungen der Höhe scheint es in der Tat sehr wahrscheinlich, dass es die Absicht der Erbauer war, die Höhe in das gleiche Verhältnis zum Umfang der Basis zu setzen, wie den Radius eines Kreises zum Umfang. In Anbetracht der großen Unterschiede bei den Grundmaßen könnte man annehmen, dass die Genauigkeit der Annäherung an dieses Verhältnis nicht sehr zufriedenstellend bestimmt werden kann. Da jedoch bestimmte Verkleidungssteine entdeckt wurden, die mit beträchtlicher Genauigkeit die Neigung der ursprünglichen ebenen Flächen der Pyramide angeben, kann das Verhältnis der Höhe zur Seite der Basis als viel befriedigender bestimmt angesehen werden als der tatsächliche Wert eines der beiden Maße. Unter behaupten die Pyramidalisten natürlich einen Präzisionsgrad, der auf eine sehr genaue Kenntnis des Verhältnisses zwischen Durchmesser und Umfang eines Kreises hindeutet; und da der Winkel des einzigen gemessenen Gehäusesteins unterschiedlich auf 51° 50' und 51° 52-1⁄4' geschätzt wird, halten sie 50° 51' 14-3" für den wahren Wert und folgern, dass die Erbauer das Verhältnis als 3-14159 zu 1 ansahen. Tatsache ist, dass die modernen Schätzungen der Abmessungen der Verkleidungssteine (die übrigens besser übereinstimmen sollten, wenn diese Steine so gut gemacht sind wie angegeben) die Werte 3-1439228 und 3-1396740 für das Verhältnis angeben; und alles, was wir sagen können, ist, dass das tatsächlich verwendete Verhältnis *wahrscheinlich* zwischen diesen Grenzen lag, obwohl es auch außerhalb der beiden liegen kann. Die Annäherung an einen der beiden Werte ist jedoch nicht bemerkenswert genau. Es erfordert überhaupt keine mathematischen Kenntnisse, um den Umfang eines Kreises viel genauer zu bestimmen. Ich fand es sehr seltsam", schrieb ein Kreisquadratierer einmal an De Morgan (*Budget of Paradoxes*, S. 389), "dass so viele große Gelehrte in allen Zeitaltern bei der Suche nach dem wahren Verhältnis gescheitert sind, und ich war entschlossen, es selbst zu versuchen. Ich wurde darüber informiert", fährt De Morgan fort, "dass dieser Versuch das Verhältnis von Durchmesser zu Umfang mit 64 zu 201 angibt, was genau 3-1410625 entspricht. Das Ergebnis wurde von dem Entdecker innerhalb von drei Wochen erzielt, nachdem er zum ersten Mal von der Existenz der Schwierigkeit gehört hatte. Dieser Quadrator hat seither einen kleinen Zettel veröffentlicht und ihn in der Stationers' Hall eingetragen. Er sagt, er habe es durch tatsächliche Messung geschafft; und ich höre aus einer privaten Quelle, dass er eine Scheibe von zwölf Zoll Durchmesser verwendet, die er auf einer geraden Schiene rollt. Das "Rollen ist sehr glaubwürdig; es ist so viel unter dem Strich, wie Archimedes darüber war. Ihr Ausführender ist ein Tischler, der offensichtlich gut weiß, was er tut, wenn er misst; er irrt sich nicht um 1 zu 3000. So geschickte Mechaniker wie die Erbauer der Pyramide hätten durch bloße Messung ( ) eine noch genauere Annäherung erreichen können. Da sie außerdem offensichtlich Mathematiker waren, muss eine solche Annäherung, wie sie Archimedes erzielte, durchaus in ihrer Macht gestanden haben; und diese Annäherung liegt durchaus innerhalb der oben angegebenen Grenzen. Professor Smyth bemerkt, dass der Quotient "eine Größe war, über die sich die

Menschen im Allgemeinen und die gesamte menschliche Wissenschaft erst dann Gedanken zu machen begannen, als lange, lange Zeitalter, Sprachen und Nationen nach dem Bau der großen Pyramide vergangen waren; und auch nach der Versiegelung dieses großartigen urzeitlichen und prähistorischen Monuments des patriarchalischen Zeitalters der Erde gemäß der Heiligen Schrift". Ich weiß nicht, wo in der Schrift die Versiegelung der großen Pyramide vermerkt ist; aber es ist so gut wie sicher, dass genau in der Zeit, in der die Pyramide gebaut wurde, astronomische Beobachtungen im Gange waren, die zu ihrer Deutung notwendigerweise einen ständigen Bezug auf das betreffende Verhältnis erforderten. Niemand, der die wunderbare Genauigkeit betrachtet, mit der die Chaldäer fast zweitausend Jahre vor der christlichen Ära den berühmten Zyklus des Saros bestimmt hatten, kann daran zweifeln, dass sie die Himmelskörper mehrere Jahrhunderte lang beobachtet haben müssen, bevor sie einen solchen Erfolg erzielen konnten; und das Studium der Bewegungen der Himmelskörper zwingt die Menschen dazu, sich über das berühmte Verhältnis des Umfangs zum Durchmesser Gedanken zu machen".

Wir stoßen nun auf eine neue Beziehung (die in den so ermittelten Abmessungen der Pyramide enthalten ist), die durch einen seltsamen Zufall bewirkt, dass die Höhe der Pyramide die Entfernung der Sonne zu symbolisieren scheint. Es gab 5813 Pyramidenzoll oder 5819 britische Zoll in der Höhe der Pyramide nach den bereits angegebenen Beziehungen. Nun, in der Entfernung der Sonne, nach einer Schätzung vor kurzem angenommen und frei verwendet, [22] gibt es 91.400.000 Meilen oder 5791 tausend Millionen Zoll-das heißt, es gibt etwa so viele tausend Millionen von Zoll in der Entfernung der Sonne, wie es Zoll in der Höhe der Pyramide. Wenn wir das Verhältnis als exakt ansehen, müssten wir für die Entfernung der Sonne 5819 tausend Millionen Zoll oder 91.840.000 Meilen ableiten - eine immense Verbesserung gegenüber der Schätzung, die so viele Jahre lang einen Ehrenplatz in unseren Büchern der Astronomie einnahm. Außerdem gibt es gute Gründe für die Annahme, dass die geschätzte Sonnenentfernung, wenn die Ergebnisse der jüngsten Beobachtungen ausgewertet sind, viel näher an diesem Pyramidenwert liegen wird als an dem kürzlich angenommenen Wert von 91.400.000. Dieses Ergebnis, das man für so schädlich für den Glauben an den Beweis des Zufalls gehalten hätte - ja, ganz fatal nach dem anderen Fall, in dem eine enge Übereinstimmung durch den reinsten Zufall aufgetaucht war - wird von den Pyramidalisten als ein vollkommener Triumph für ihren Glauben angesehen.

Sie verbinden dies mit einem anderen Zufall, nämlich dem, dass, wenn man die Höhe auf die bereits erwähnte Weise bestimmt, die Höhe zu einer halben Diagonale der Basis das Verhältnis 9 zu 10 hat. Da der Umfang der Grundfläche die jährliche Bewegung der Erde um die Sonne symbolisiert, während die Höhe den Radius eines Kreises mit diesem Umfang darstellt, folgt daraus, dass die Höhe die Entfernung der Sonne symbolisieren muss. Diese Linie", sagt Professor Smyth (im Namen von Mr. W. Petrie, dem Entdecker dieser Beziehung), "muss" diesen Radius "im Verhältnis 1 zu 1.000.000.000" (oder *zehn* hoch *neun*) darstellen, "weil 10 zu 9 praktisch die Form der großen Pyramide ist". Denn dieses Gebäude "hat einen solchen Winkel an den Ecken, dass es für jede zehn Einheiten, die seine Struktur auf der Diagonale der Basis nach innen vorrückt, praktisch nach oben steigt, oder auf die Sonne zeigt" (*sic*) "um *neun*. Neun von den zehn charakteristischen Teilen (d.h. fünf Winkel und fünf Seiten) sind auch die Anzahl der Teile, auf die die Sonne in einer so geformten Pyramide, in einer solchen Breite in der Nähe des Äquators, von einem hohen Himmel aus scheint, oder, wie die Peruaner sagen, wenn die Sonne mit all ihren Strahlen auf der Pyramide untergeht. Der Zufall selbst, auf den sich diese perverse Argumentation stützt, ist ein singulärer, das heißt, er zeigt, wie eng ein zufälliger Zufall verlaufen kann. Es läuft darauf hinaus, dass, wenn die Zahl der Tage im Jahr mit 100 multipliziert wird und ein Kreis mit einem Umfang gezeichnet wird, der 100 mal so viele Zoll enthält, wie es Tage im Jahr gibt, der Radius des Kreises sehr nahe bei einem 1.000.000.000sten Teil der Entfernung der Sonne liegt. Wenn man bedenkt, dass der Pyramidenzoll ein 500.000.000ster Teil des Erddurchmessers ist, liegt man nicht weit von der Wahrheit entfernt, wenn man sagt, dass die Erde durch ihre Umlaufbewegung jeden Tag eine Strecke zurücklegt, die dem Zweihundertfachen ihres eigenen Durchmessers entspricht. Aber diese Beziehung ist natürlich rein zufällig. Sie hat keine wirkliche Ursache in der Natur. [23]

Solche Beziehungen zeigen, dass bloße numerische Übereinstimmungen, auch wenn sie noch so eng beieinander liegen, als Beweis wenig Gewicht haben, es sei denn, sie treten in Serien auf. Selbst dann müssen sie mit großer Vorsicht betrachtet werden, da die Geschichte der Wissenschaft viele Fälle aufzeichnet, in denen sich das scheinbare Gesetz einer Reihe als falsch erwiesen hat, als die Theorie erweitert wurde. Natürlich wird dieser Grund nicht angeführt, um die Vermutung zu widerlegen, dass die Höhe der Pyramide die Entfernung der Sonne symbolisieren sollte. Diese Vermutung ist einfach unzulässig, wenn man die Hypothese zulässt, wonach die Höhe bereits unabhängig auf andere Weise bestimmt wurde. Man könnte eine der beiden Hypothesen zulassen, wenn man nicht sicher wäre, dass die Entfernung der Sonne den Erbauern der Pyramide unmöglich bekannt gewesen sein kann; oder man könnte beide Hypothesen ablehnen; aber beide zuzulassen, kommt nicht in Frage.

In Anbetracht der Vielzahl von Längen-, Flächen-, Volumen- und Positionsmaßen, der großen Anzahl von Formen und der Vielfalt der Materialien, die in der Pyramide vorhanden sind, und in Anbetracht der enormen Anzahl von Beziehungen (die von der modernen Wissenschaft vorgestellt werden), aus denen man wählen kann, ist es verwunderlich, wenn ständig neue Zufälle erkannt werden. Wenn eine Dimension auf eine Weise nicht funktioniert, kann man sie auf eine andere Weise verwenden; wenn zum Beispiel ein Längenmaß nicht genau mit einer bekannten Dimension der Erde oder des Sonnensystems übereinstimmt (eine unwahrscheinliche Annahme), dann kann es als Typisierung eines Zeitintervalls verstanden werden. Wenn sich auch nach dem Ausprobieren aller möglichen Änderungen dieser Art keine Übereinstimmung zeigt (was so gut wie unmöglich ist), dann reicht es aus, die Maße ein wenig zu manipulieren, um eine Übereinstimmung zu erreichen.

Ein einziges Beispiel soll genügen, um zu zeigen, wie die Pyramidalisten (mit vollkommener Ehrlichkeit) einem Zufall nachjagen. Der bereits beschriebene schräge Tunnel hat eine Querhöhe, die einst zweifellos einheitlich war und jetzt verschiedene Maße von 47-14 Pyramidenzoll bis 47-32 Zoll angibt, so dass die vertikale Höhe von der bekannten Neigung des Tunnels auf irgendwo zwischen 52-64 Zoll und 52-85 geschätzt werden würde. Keines der beiden Maße entspricht offensichtlich einer gemessenen Entfernung auf der Erde oder im Sonnensystem. Auch wenn wir es mit Zeiträumen, Flächen usw. versuchen, ergibt sich keine sehr zufriedenstellende Übereinstimmung. Aber die Schwierigkeit lässt sich leicht in einen neuen Beweis für das Design verwandeln. Wenn man alle Beobachtungen zusammennimmt (sagt Professor Smyth), "schloss ich auf 47-24 Pyramidenzoll als Querhöhe des Eingangspasses; und wenn man von dort aus mit dem beobachteten Neigungswinkel die vertikale Höhe berechnet, kommt man auf 52-76 derselben Zoll. Aber die Summe dieser beiden Höhen oder die Höhe nach oben und unten genommen, gleich 100 Zoll, welche Länge, wie anderswo gezeigt, ist die allgemeine Pyramide lineare Darstellung eines Tages von vierundzwanzig Stunden. Und der Mittelwert der beiden Höhen, oder die Höhe, die nur in eine Richtung genommen wird, und unparteiisch zum mittleren Punkt zwischen ihnen, ist gleich fünfzig Zoll; welche Menge ist daher die allgemeine Pyramide lineare Darstellung von nur einem halben Tag. In diesem Fall sollten wir uns fragen, was der Eingang mit einem halben und nicht mit einem ganzen Tag zu tun hat.

Auf Beziehungen wie diese, die, wenn sie wirklich vom Baumeister beabsichtigt wären, eine völlig törichte Gewohnheit implizieren würden, das, was er symbolisieren wollte, kunstvoll zu verbergen, stützen die Pyramidalisten ihre Überzeugung, dass "eine mächtige Intelligenz sowohl die Pläne dafür erdacht hat, und unwillige und unwissende Götzendiener in einem Urzeitalter der Welt gezwungen hat, mächtig zu arbeiten, sowohl für die zukünftige Ehre des einen wahren Gottes der Offenbarung, als auch um ein dauerhaftes prophetisches Zeugnis zu errichten, das eine weitere Entwicklung berührt, die noch stattfinden wird, der absolut göttlichen christlichen Dispensation.'

III. DAS GEHEIMNIS DER PYRAMIDEN.

NUR WENIGE Themen haben sich als so verwirrend erwiesen wie die Frage, zu welchem Zweck die Pyramiden in Ägypten gebaut wurden. Selbst in den entlegensten Zeitaltern, über die wir historische Aufzeichnungen haben, scheint in diesem Punkt nichts mit Sicherheit bekannt gewesen zu sein. Aus irgendeinem Grund verbargen die Erbauer der Pyramiden den Zweck dieser Bauwerke, und zwar so erfolgreich, dass uns nicht einmal eine Überlieferung erreicht hat, die vorgibt, aus der Zeit der Errichtung der Pyramiden überliefert worden zu sein. Wir finden zwar einige Erklärungen, die von den frühesten Historikern gegeben wurden, aber sie waren angeblich nur hypothetisch, wie auch jene, die in jüngerer Zeit vorgebracht wurden. Unter den antiken und modernen Theorien gibt es eine große Auswahl. Einige haben angenommen, dass diese Gebäude mit der Religion der frühen Ägypter in Verbindung standen; andere haben vorgeschlagen, dass es sich um Gräber handelte; wieder andere, dass sie die Zwecke von Gräbern und Tempeln kombinierten, dass sie astronomische Observatorien, Verteidigungsanlagen gegen den Sand der großen Wüste, Getreidespeicher wie die unter Josephs Leitung errichteten, Zufluchtsorte während übermäßiger Nilüberflutungen waren; und viele andere Verwendungszwecke sind für sie vorgeschlagen worden. Aber keine dieser Ideen erweist sich bei näherer Betrachtung als der alleinige Zweck der Pyramiden, und nur wenige von ihnen haben den Anspruch, als sogar als Hauptzweck dieser bemerkenswerten Bauwerke angesehen zu werden. Die bedeutsame und verwirrende Geschichte der drei ältesten Pyramiden - der Großen Cheops-Pyramide, Shofo oder Suphis, der Chephren-Pyramide und der Mycerinus-Pyramide - und der bemerkenswerteste aller bekannten Fakten über die Pyramiden im Allgemeinen, nämlich, der Umstand, dass eine Pyramide nach der anderen gebaut wurde, als ob jede bald nach ihrer Fertigstellung unbrauchbar geworden wäre, werden von allen oben erwähnten Theorien völlig unerklärt gelassen, außer einer einzigen, der Grabtheorie, und die bietet keineswegs eine zufriedenstellende Erklärung der Umstände.

Ich schlage vor, hier einen kurzen Überblick über einige der aufschlussreichsten Fakten zu geben, die in Bezug auf die Pyramiden bekannt sind, und nach einer Betrachtung der Schwierigkeiten, mit denen die bisher vorgebrachten Theorien behaftet sind, eine (meines Wissens neue) Theorie vorzuschlagen, die mir besser mit den Tatsachen übereinzustimmen scheint als alle bisher vorgebrachten Theorien; ich schlage sie jedoch eher aus Erwägung vor, als dass ich sie als sehr überzeugend durch die Beweise gestützt betrachte. In der Tat würde die Behauptung einer Theorie mit der Gewissheit, dass sie richtig ist, nur auf eine sehr begrenzte Kenntnis der Schwierigkeiten hinweisen, die dieses Thema umgeben.

Betrachten wir zunächst einige der auffälligsten Fakten, die von der Geschichte oder der Überlieferung überliefert sind, und beachten wir dabei, welche Vorstellungen sie über den beabsichtigten Charakter dieser Bauwerke vermitteln.

Es ist wohl kaum nötig zu sagen, dass die Geschichte der Großen Pyramide für diese Untersuchung von größter Bedeutung ist. Welchem Zweck die Pyramiden ursprünglich dienen sollten, muss von den Erbauern *dieser* Pyramide erdacht worden sein. Neue Ideen mögen von den Erbauern späterer Pyramiden hinzugefügt worden sein, aber es ist unwahrscheinlich, dass der ursprüngliche Zweck völlig aufgegeben wurde. Es gab einen großen Zweck, den die Herrscher des alten Ägypten durch den Bau sehr massiver Pyramidenstrukturen nach einem bestimmten Plan zu erfüllen gedachten. Wenn wir die Geschichte des ersten und massivsten dieser Bauwerke erforschen und seine Konstruktion untersuchen, haben wir die besten Chancen, herauszufinden, was dieser große Zweck war.

Herodot zufolge regierten die Könige, die die Pyramiden errichteten, vor nicht mehr als achtundzwanzig Jahrhunderten; es besteht jedoch kaum ein Zweifel daran, dass Herodot die ägyptischen Priester, von denen er seine Informationen bezog, missverstanden hat und dass das tatsächliche Alter der Pyramidenkönige weitaus höher lag. Er erzählt uns, dass Cheops nach Aussage der ägyptischen Priester "nach seiner Thronbesteigung in alle Arten von Schlechtigkeit eintauchte. Er schloss die Tempel und verbot den Ägyptern, Opfer darzubringen, und zwang sie stattdessen, alle in seinem Dienst zu arbeiten, nämlich beim Bau der großen Pyramide. Folgt man seiner Interpretation des ägyptischen Berichts, so erfährt man, dass hunderttausend Männer zwanzig Jahre lang mit dem Bau der großen Pyramide beschäftigt waren und zehn Jahre mit dem Bau eines Dammes, über den die Steine an den Ort gebracht werden sollten, und mit dem Transport der Steine dorthin. Cheops regierte fünfzig Jahre und wurde von seinem Bruder Chephren abgelöst, der das Verhalten seines Vorgängers nachahmte, eine Pyramide baute, die jedoch kleiner war als die seines Bruders, und sechsundfünfzig Jahre regierte. Auf diese Weise wurden die Tempel einhundertsechs Jahre lang verschlossen und nie geöffnet. Außerdem erzählt Herodot, dass "die Ägypter das Andenken an diese Könige so sehr verabscheuten, dass sie nicht einmal ihre Namen erwähnen wollen. Daher nennen sie die Pyramiden gewöhnlich nach Philition, einem Hirten, der zu jener Zeit seine Herden um den Ort herum weidete. Nachdem Chephren, Mycerinus, der Sohn des Cheops, den Thron bestiegen hatte, öffnete er die Tempel wieder und erlaubte dem Volk, die Opferpraxis wieder aufzunehmen. Auch er hinterließ eine Pyramide, , die aber in ihrer Größe der seines Vaters weit unterlegen war. Sie ist auf der Hälfte ihrer Höhe aus dem Stein Äthiopiens gebaut", oder, wie Professor Smyth (dessen Auszügen aus Rawlinsons Übersetzung ich hier gefolgt bin) hinzufügt, "aus teurem rotem Granit". Nach Mycerinus bestieg Asychis den Thron. Er baute das östliche Tor des Vulkantempels (Phtha) und hinterließ als Denkmal seiner Herrschaft eine Pyramide aus

Ziegelsteinen, weil er alle seine Vorgänger auf dem Thron in den Schatten stellen wollte.

Diese Darstellung ist, wie wir gleich zeigen werden, so suggestiv, dass man sich fragen sollte, ob man sich auf sie verlassen kann. Obwohl kein Zweifel daran besteht, dass Herodot die Ägypter in einigen Punkten missverstanden hat, insbesondere was die chronologische Reihenfolge der Dynastien betrifft, indem er die Pyramidenkönige viel zu spät ansiedelte, scheint er sie in anderer Hinsicht nicht nur richtig verstanden zu haben, sondern auch eine korrekte Darstellung von ihnen erhalten zu haben. Die Reihenfolge der oben genannten Könige stimmt mit der von Manetho angegebenen Reihenfolge überein, die auch in monumentalen und hieroglyphischen Aufzeichnungen zu finden ist. Manetho gibt die Namen Suphis I., Suphis II. und Mencheres anstelle von Cheops, Chephren und Mycerinus an; während nach Ansicht der modernen Ägyptologen der Cheops des Herodot Shofo, Shufu oder Koufou war; Chephren war Shafre, während er als Bruder von Shofo auch Nou-Shofo oder Noum-Shufu genannt wurde; und Mycerinus war Menhere oder Menkerre. Aber die Identität dieser Könige wird nicht in Frage gestellt. Was die wahren Daten betrifft, gibt es viele Zweifel, und es ist wahrscheinlich, dass die Frage lange offen bleiben wird; aber die Bestimmung der genauen Epochen, in denen die verschiedenen Pyramiden gebaut wurden, ist im Zusammenhang mit unserer heutigen Untersuchung nicht sehr wichtig. Im Großen und Ganzen können wir die oben zitierten Punkte aus Herodots Erzählung mit hinreichendem Vertrauen darauf, dass sie in allen wesentlichen Punkten vertrauenswürdig ist, übernehmen und die Bedeutung der Erzählung betrachten.

Der Bericht weist einige sehr merkwürdige Punkte auf.

In erster Linie ist es offensichtlich, dass Cheops (um den ersten König mit dem Namen zu nennen, der dem allgemeinen Leser am geläufigsten ist) dem Bau seiner Pyramide große Bedeutung beimaß. Es ist gesagt worden, und vielleicht zu Recht, dass es interessanter wäre, den Plan des Architekten zu kennen, der die Pyramide entworfen hat, als die Absicht des Königs, der sie gebaut hat. Aber die beiden Dinge sind eng miteinander verbunden. Der Architekt muss den König davon überzeugt haben, dass das Bauwerk einem sehr wichtigen Zweck dienen würde, an dem der König selbst interessiert war. Ob der König aus Pflichtgefühl oder nur zur Förderung seiner eigenen Interessen zu diesem Bauwerk überredet wurde, ist vielleicht nicht so klar. Sicher ist jedoch, dass es dem König mit dem Bauwerk sehr ernst war. Ein Monarch hätte in jener Zeit sicher nicht so viel Arbeit und Material in ein solches Projekt gesteckt, wenn er nicht von dessen großer Bedeutung überzeugt gewesen wäre. Dass Cheops beim Bau der Großen Pyramide nicht an das Wohlergehen seines Volkes dachte, ist fast ebenso sicher. Er könnte in der Tat einen Plan für ihr Wohl gehabt haben, den er ihnen entweder nicht erklären wollte oder den sie nicht verstehen konnten. Die naheliegendste Schlussfolgerung aus der Erzählung ist jedoch, dass sein Vorhaben keinerlei Bezug zu ihrem Wohlergehen hatte. Denn obwohl man verstehen könnte, dass seine eigenen Untertanen ihn hassten, während er die ganze Zeit für ihr Wohlergehen arbeitete, ist es offensichtlich, dass sein Andenken nicht gehasst worden wäre, wenn aus seinem Plan schließlich ein wichtiger Nutzen entstanden wäre. So mancher weitsichtige Herrscher ist zu Lebzeiten gehasst worden, und zwar gerade wegen des Werkes, für das sein Andenken verehrt wurde. Aber das Andenken an Cheops und seine Nachfolger wurde verabscheut.

Dürfen wir jedoch annehmen, dass Cheops zwar nicht das Wohlergehen seines eigenen Volkes im Sinn hatte, sein Vorhaben aber dennoch nicht selbstsüchtig war, sondern in gewisser Weise das Wohlergehen der menschlichen Rasse fördern wollte? Ich sage "seine Absicht", denn wer auch immer den Plan entwickelt hat, Cheops hat ihn ausgeführt; mit Hilfe seines Reichtums und seiner Macht wurde die Pyramide gebaut. Dies ist die Ansicht, die von Professor Piazzi Smyth und anderen in unserer Zeit vertreten und zuerst von John Taylor vorgeschlagen wurde. Während andere Autoren", so Smyth, "im Allgemeinen der Meinung waren, dass die geheimnisvollen Personen, die den Bau der großen Pyramide leiteten (und denen die Ägypter in ihren Überlieferungen und noch lange danach einen unmoralischen und sogar abscheulichen Charakter verliehen), deshalb sehr schlecht gewesen sein müssen, so dass die Welt im Allgemeinen immer gern auf diesem toten Löwen, den sie nicht wirklich kannte, herumgestanden, ihn getreten und beleidigt hat, hat er, Mr. John Taylor, sah, wie religiös schlecht die Ägypter selbst waren, und kam im Gegenteil zu dem Schluss, dass diejenigen, die *sie* hassten (und nie genug beschimpfen konnten), vielleicht außerordentlich gut gewesen sein könnten oder jedenfalls einen *anderen religiösen Glauben hatten* als sie selbst. Indem er dies mit bestimmten unmissverständlichen historischen Tatsachen kombinierte, leitete Taylor Gründe für die Annahme ab, dass die Erbauer des Gebäudes beabsichtigten, in seinen Proportionen und seiner Innenausstattung bestimmte wichtige religiöse und wissenschaftliche Wahrheiten festzuhalten, und zwar nicht für die damals lebenden Menschen, sondern für die Menschen, die 4000 Jahre oder so später kommen sollten.

Ich habe die Beweise, auf die sich diese seltsame Theorie stützt, bereits ausführlich erörtert (siehe den vorhergehenden Aufsatz). Aber es gibt einige Dinge, die sie mit der obigen Erzählung verbinden und die hier erwähnt werden müssen. Die Erwähnung des Hirten Philition, der seine Herden an der Stelle weidete, an der die große Pyramide gebaut wurde, ist eine Besonderheit in Herodots Erzählung. Sie liest sich wie eine seltsame Fehlinterpretation der Geschichte, die ihm von den ägyptischen Priestern erzählt wurde. Es liegt auf der Hand, dass, wenn das Wort Philition nicht für ein Volk, sondern für eine Person stand, diese Person sehr bedeutend und angesehen gewesen sein muss - ein Hirtenkönig, kein einfacher Hirte. Rawlinson schlägt in einer Anmerkung zu diesem Teil der Erzählung von Herodot vor, dass Philitis wahrscheinlich ein Hirtenfürst aus Palästina war, vielleicht von philistäischer Abstammung, "aber so mächtig und herrschsüchtig, dass es Überlieferungen über seine Unterdrückungen in jenem früheren Zeitalter sein könnten, die sich später in den Köpfen späterer Ägypter mit den Übeln vermischten, die ihrem Land von den nachfolgenden Hirten bekannterer Dynastien zugefügt wurden, und die ihrem religiösen Hass auf die Hirtenzeit und diesen Namen so viel Furcht verliehen. Smyth, der diese Ansicht etwas abwandelt und einige Bemerkungen Manethos über eine angebliche Invasion Ägyptens durch Hirtenkönige in Betracht zieht, "Männer einer (aus ägyptischer Sicht) unwürdigen Rasse, die das Vertrauen hatten, in unser Land einzudringen, und es ihrer Macht ohne eine Schlacht leicht unterwarfen,kommt zu dem Schluss, dass ein schemitischer Fürst, "ein Zeitgenosse des Patriarchen Abraham, aber etwas älter als dieser", zu dieser Zeit Ägypten besuchte und einen solchen Einfluss auf den Geist von Cheops ausübte, dass er ihn zum Bau der Pyramide überredete. Smyth zufolge war der Fürst kein anderer als Melchisedek, der König von Salem, und der von ihm ausgeübte Einfluss war übernatürlich. Mit solchen Entwicklungen der Theorie brauchen wir uns nicht zu befassen. Es scheint einigermaßen klar zu sein, dass bestimmte Hirtenhäuptlinge, die während der Herrschaft von Cheops nach Ägypten kamen, in irgendeiner Weise mit dem Entwurf der großen Pyramide verbunden waren. Es ist auch klar, dass sie einer anderen Religion als die Ägypter angehörten und Cheops dazu brachten, die Religion seines Volkes aufzugeben. Taylor, Smyth und die Pyramidalisten im Allgemeinen halten dies für ausreichend, um zu beweisen, dass die Pyramide zu einem Zweck errichtet wurde, der mit der Religion zusammenhing. Die Pyramide", sagt Smyth, "wurde von Gottes inspiriertem Hirtenprinzen zu Beginn der menschlichen Zeit beauftragt, eine bestimmte Botschaft 4000 Jahre lang geheim und unantastbar zu halten, und das hat sie getan; und in den nächsten tausend Jahren sollte sie diese Botschaft allen Menschen verkünden, mit mehr als traditioneller Kraft, mehr als alle Authentizität kopierter Manuskripte oder angeblicher Geschichte; und dieser Teil der Nützlichkeit der Pyramide beginnt jetzt.

Es gibt viele sehr offensichtliche Schwierigkeiten, die diese Theorie umgeben; wie zum Beispiel (i.) die absurde Verschwendung von Kraft, wenn eine übernatürliche Maschinerie vor 4000 Jahren mit schwerfälligen Vorrichtungen in Gang gesetzt wird, um ihren Zweck aufzuzeichnen, während die gleiche Maschinerie, die jetzt viel einfacher eingesetzt wird, den angeblichen Zweck viel gründlicher erreichen würde; (ii.) das enorme Ausmaß an menschlichem Elend und der damit verbundene Hass, der durch diesen angeblichen göttlichen Plan hervorgerufen wurde; und (iii.) die Sinnlosigkeit einer Anordnung, durch die die Pyramide erst dann ihren Zweck erfüllen sollte, wenn sie jene Vollkommenheit der Form verloren hatte, von der nach der Theorie selbst ihre gesamte Bedeutung abhing. Aber abgesehen davon gibt es eine Schwierigkeit, die weder von Smyth noch von seinen Anhängern beachtet wurde und die meiner Meinung nach für diese Theorie über den

Zweck der Pyramide fatal ist. Die zweite Pyramide, obwohl sie der ersten in der Größe und wahrscheinlich auch in der Qualität des Mauerwerks leicht unterlegen ist, ist immer noch ein Bauwerk von enormen Ausmaßen, das viele Jahre der Arbeit von Zehntausenden von Arbeitern erfordert haben muss. Nun scheint es unmöglich zu erklären, warum Chephren diese zweite Pyramide baute, wenn wir Smyths Theorie bezüglich der ersten Pyramide annehmen. Denn entweder kannte Chephren den Zweck, für den die große Pyramide gebaut wurde, oder er kannte ihn nicht. Wenn er diesen Zweck kannte, und es war der von Smyth angegebene, dann wusste er auch, dass keine zweite Pyramide gewünscht war. Nach dieser Hypothese wurde die ganze Arbeit, die in die zweite Pyramide gesteckt wurde, absichtlich und vorsätzlich verschwendet. Das ist natürlich unglaublich. Aber andererseits, wenn Chephren nicht wusste, zu welchem Zweck die Große Pyramide gebaut wurde, welchen Grund konnte er dann haben, überhaupt eine Pyramide zu bauen? Die einzige Antwort auf diese Frage scheint zu sein, dass Chephren die zweite Pyramide in der Hoffnung baute, herauszufinden, warum sein Bruder die erste gebaut hatte, und diese Antwort ist einfach absurd. Es ist klar genug, dass Chephren mit dem Bau der zweiten Pyramide einen ähnlichen Zweck verfolgt haben muss, wie Cheops mit dem Bau der ersten Pyramide; und wir brauchen eine Theorie, die zumindest erklärt, warum die erste Pyramide für Chephren nicht den Zweck erfüllte, den sie für Cheops erfüllte oder erfüllen sollte. Dieselbe Argumentation kann auf die dritte Pyramide, die vierte und schließlich auf alle etwa vierzig Pyramiden ausgedehnt werden, die unter der allgemeinen Bezeichnung der Pyramiden von Ghizeh oder Jeezeh zusammengefasst werden. Die Ausweitung des Prinzips auf Pyramiden, die später als die zweite errichtet wurden, ist besonders wichtig, da sie zeigt, dass der von Smyth behauptete Unterschied in der Religion keinen direkten Einfluss auf die Frage hat, zu welchem Zweck die Große Pyramide selbst errichtet wurde. Denn Mycerinus hat die Religion der Ägypter entweder nie verlassen oder ist zu ihr zurückgekehrt. Dennoch baute auch er eine Pyramide, die zwar weitaus kleiner war als die Pyramiden seines Vaters und seines Onkels, aber immer noch ein massives Bauwerk und sogar relativ kostspieliger als diese, da sie aus teurem Granit errichtet wurde. Die von Asychis errichtete Pyramide war zwar noch kleiner, aber bemerkenswert, da sie aus Ziegeln gebaut war. Es wird sogar ausdrücklich gesagt, dass Asychis alle seine Vorgänger in dieser Hinsicht in den Schatten stellen wollte und deshalb diese Ziegelpyramide als Denkmal seiner Herrschaft hinterließ.

Wir sind nämlich gezwungen zu glauben, dass es eine besondere Beziehung zwischen der Pyramide und ihrem Erbauer gab, da jeder dieser Könige eine eigene Pyramide haben wollte. Das gilt für die Große Pyramide genauso wie für die anderen, obwohl sie überragend ist. Oder besser gesagt, das Argument bezieht seine Hauptkraft aus der Überlegenheit der Großen Pyramide. Wenn Chephren, der vielleicht nicht mehr die Unterstützung der Hirtenarchitekten bei der Planung und Überwachung der Arbeiten hatte, nicht in der Lage war, eine so perfekte und stattliche Pyramide wie die seines Bruders zu errichten, so zeigt allein die Tatsache, dass er dennoch eine Pyramide baute, dass die Große Pyramide für Chephren nicht den Zweck erfüllte, den sie für Cheops erfüllte. Wäre aber Smyths Theorie wahr, so hätte die Große Pyramide endgültig und für alle Menschen den Zweck erfüllt, für den sie gebaut wurde. Da dies offensichtlich nicht der Fall war, ist diese Theorie meines Erachtens nachweislich fehlerhaft.

Wahrscheinlich war es die Überlegung, dass jeder König für sich selbst eine Pyramide bauen ließ, die zu der Theorie führte, dass die Pyramiden als Gräber dienen sollten. Diese Theorie war einst sehr weit verbreitet. So bezieht sich Humboldt in seinen Bemerkungen über die amerikanischen Pyramiden auf die Grabtheorie der ägyptischen Pyramiden, als ob sie nicht in Frage stünde. Wenn wir", so sagt er, "die pyramidalen Monumente Ägyptens, Asiens und des neuen Kontinents vom gleichen Standpunkt aus betrachten, sehen wir, dass sie zwar die gleiche Form haben, aber eine ganz andere Bestimmung. Die Pyramidengruppe von Ghizeh und Sakhara in Ägypten, die dreieckige Pyramide der Skythenkönigin Zarina, die ein Stadion hoch war und einen Umfang von drei hatte und mit einer kolossalen Figur verziert war, die vierzehn etruskischen Pyramiden, von denen es heißt, dass sie in das Labyrinth des Königs Porsenna in Clusium eingeschlossen waren, wurden errichtet, um als Grabstätten für berühmte Tote zu dienen. Nichts ist für die Menschen natürlicher, als der Stelle zu gedenken, an der die Asche derer ruht, deren Andenken sie bewahren, sei es, wie in den Anfängen der Rasse, durch einfache Erdhügel oder, in späteren Epochen, durch die aufragende Höhe des Grabhügels. Die Grabhügel der Chinesen und der Thibeter haben nur wenige Meter Höhe. Weiter westlich nehmen die Dimensionen zu; der Grabhügel des Königs Alyattes, des Vaters von Krösus, in Lydien hatte einen Durchmesser von sechs Stadien, der des Ninus von mehr als zehn Stadien. Im Norden Europas ist die Grabstätte des skandinavischen Königs Gormus und der Königin Daneboda mit Erdhügeln bedeckt, die dreihundert Meter breit und mehr als dreißig Meter hoch sind.

Aber obwohl wir reichlich Grund zu der Annahme haben, dass in Ägypten selbst in den Tagen von Cheops und Chephren dem Charakter der Begräbnisstätte für bedeutende Persönlichkeiten äußerste Bedeutung beigemessen wurde, gibt es in dem, was über frühere ägyptische Vorstellungen bekannt ist, nichts, was die Wahrscheinlichkeit nahelegt, dass irgendein Monarch viele Jahre der Arbeit seiner Untertanen und riesige Materialvorräte aufgewendet hätte, um ein Bauwerk wie die Große Pyramide zu errichten, das nur dazu diente, nach seinem Tod seinen eigenen Körper aufzunehmen. Noch viel weniger haben wir Grund zu der Annahme, dass mehrere Monarchen nacheinander so verfahren sind und jeder ein eigenes Grabmal für sich errichten ließ. Wäre nur die Große Pyramide errichtet worden, wäre es denkbar gewesen, dass das Bauwerk als Mausoleum für alle Könige und Fürsten der Dynastie errichtet worden wäre. Es erscheint jedoch völlig unglaubwürdig, dass ein Bauwerk wie die Große Pyramide nur für den Leichnam eines einzigen Königs errichtet worden sein soll - und zwar nicht in der von Humboldt beschriebenen Weise, wenn er davon spricht, dass die Menschen der Stelle gedenken, an der die sterblichen Überreste derer ruhen, deren Andenken sie bewahren, sondern auf Kosten des Königs selbst, dessen Leichnam dort aufgebahrt werden sollte. Im Übrigen wurde die erste Pyramide, deren Geschichte als besonders bezeichnend für den wahren Zweck dieser Bauten angesehen werden muss, nicht von einem Ägypter erbaut, der die besonderen religiösen Vorstellungen seines Volkes sehr schätzte, sondern von einem, der andere Ansichten vertrat und der, soweit ersichtlich, nicht zu einem Volk gehörte, bei dem die Begräbnisriten einen besonderen Stellenwert hatten.

Ein noch stärkerer Einwand gegen die ausschließliche Grabtheorie liegt in der Tatsache, dass diese Theorie die charakteristischen Merkmale der Pyramiden selbst in keiner Weise berücksichtigt. Diese Bauwerke sind ausnahmslos nach besonderen astronomischen Prinzipien errichtet worden. Ihre quadratischen Basen sind so angeordnet, dass zwei Seiten nach Osten und Westen und zwei nach Norden und Süden zeigen, oder anders ausgedrückt, dass ihre vier Seiten den vier Himmelsrichtungen zugewandt sind. Man kann sich keinen Grund vorstellen, warum ein Grabmal eine solche Position haben sollte. Es ist in der Tat nicht leicht zu verstehen, warum überhaupt ein Gebäude, außer einem astronomischen Observatorium, eine solche Position haben sollte. Ein Tempel, der vielleicht der Sonnenanbetung und allgemein der Verehrung der Himmelskörper gewidmet ist, könnte auf diese Weise gebaut werden. Denn es ist zu bemerken, dass die besondere Gestalt und Stellung der Pyramiden folgende Verhältnisse herbeiführen würde: Wenn die Sonne südlich des Ost- und Westpunktes auf- und unterging, oder (allgemein gesprochen) zwischen Herbst- und Frühlings-Tagundnachtgleiche, beleuchteten die Strahlen der auf- und untergehenden Sonne die Südseite der Pyramide, während in der übrigen Zeit des Jahres, d.h. in den sechs Monaten zwischen Frühlings- und Herbst-Tagundnachtgleiche, die Strahlen der auf- und untergehenden Sonne die Nordseite beleuchteten. Außerdem wanderten die Sonnenstrahlen das ganze Jahr hindurch zur Mittagszeit von der Ost- zur Westwand. Und schließlich fielen während siebeneinhalb Monaten eines jeden Jahres, nämlich drei Monate und drei Viertel vor und nach Mittsommer, die Mittagsstrahlen der Sonne auf alle vier Seiten der Pyramide, oder, nach einem peruanischen Ausdruck (so Smyth), schien die Sonne auf die Pyramide "mit all ihren Strahlen". Solche Bedingungen hätten als sehr geeignet für einen der Sonnenanbetung gewidmeten Tempel angesehen werden können. Doch die Tempeltheorie ist ebenso wenig haltbar wie die Grabtheorie. Denn erstens war die Pyramidenform - so wie die Pyramiden ursprünglich gebaut wurden, mit vollkommen glatten, schrägen Flächen und nicht wie heute durch den Verlust der Verkleidungssteine in Stufen terrassiert - für alle gewöhnlichen Anforderungen eines Tempels der Anbetung völlig ungeeignet. Außerdem bietet diese Theorie keine Erklärung für die Tatsache, dass jeder König eine Pyramide baute, und jeder König nur eine. Ähnliche Schwierigkeiten stehen der Theorie entgegen, dass die Pyramiden als astronomische Observatorien dienen sollten. Denn während ihre ursprüngliche Gestalt, so offensichtlich astronomisch sie auch sein mochte, für Beobachtungszwecke gänzlich ungeeignet war, ist es offensichtlich, dass, wenn dies der Zweck des Pyramidenbaus gewesen wäre, sobald die Große Pyramide einmal gebaut war, keine anderen mehr benötigt worden wären. Sicherlich hätte keine der später errichteten Pyramiden irgendeinen astronomischen Zweck erfüllen können, den die erste nicht erfüllte, oder auch nur annähernd so gut wie die Große Pyramide jene Zwecke erfüllen können (und das sind nur wenige), die dieses Gebäude als astronomisches Observatorium erfüllen sollte.

Von den anderen eingangs erwähnten Theorien scheint keine besondere Beachtung zu verdienen, mit Ausnahme vielleicht der Theorie, dass die Pyramiden zur Aufnahme der königlichen Schätze geschaffen wurden, und diese Theorie ist eher auf die Aufmerksamkeit zurückzuführen, die ihr die arabischen Literaten im neunten und zehnten Jahrhundert schenkten, als auf irgendwelche überzeugenden Gründe, die für sie sprechen. In Anlehnung an die "verzauberten Geschichten von Bagdad", so Professor Smyth, "zeichneten die Hofdichter von Al Mamoun (Sohn des berühmten Haroun al Raschid) prachtvolle Bilder vom Inhalt des Pyramideninneren .... Alle Schätze von Sheddad Ben Ad, dem großen antediluvianischen König der Erde, mit all seinen Arzneimitteln und all seinen Wissenschaften, so erklärten sie, befänden sich dort, immer und immer wieder erzählt. Andere jedoch waren sich sicher, dass der Gründerkönig kein anderer als Saurid Ibn Salhouk war, ein weitaus größerer als der andere; und diese Letzten gaben viele genauere Einzelheiten an, von denen einige für uns in der heutigen Zeit zumindest interessant sind, da sie beweisen, dass unter den Ägypto-Arabern von vor mehr als tausend Jahren die Jeezeh-Pyramiden, angeführt von der großen Pyramide, eine Vorrangstellung im Ruhm genossen, weit vor allen anderen Pyramiden Ägyptens zusammengenommen; und dass, wenn nach der Großen Pyramide (die immer die bemerkenswerteste und beliebteste war und damals hauptsächlich als Ostpyramide bekannt war) auf irgendeine andere Pyramide angespielt wird, es entweder die zweite in Jeezeh ist, die als Westpyramide bezeichnet wird; oder die dritte Pyramide, die als "Farbige Pyramide" bezeichnet wird, in Anspielung auf ihren roten Granit im Vergleich zu den weißen Kalksteingehäusen der beiden anderen (die im Übrigen aufgrund ihrer annähernden, aber keineswegs exakten Größengleichheit häufig die liebevolle Bezeichnung "das Paar" erhielten).'

Der Bericht von Ibn Abd Alkohm über das, was in jeder dieser drei Pyramiden zu finden war, oder vielmehr über das, was ihm zufolge ursprünglich von König Saurid in sie hineingelegt worden war, lautet wie folgt: In der westlichen Pyramide dreißig Schatzkammern, gefüllt mit Reichtümern und Gerätschaften, mit Unterschriften aus Edelsteinen, mit eisernen Werkzeugen, mit irdischen Gefäßen, mit Waffen, die nicht rosten, mit Glas, das sich biegen lässt und doch nicht zerbricht, mit seltsamen

Zaubersprüchen, mit verschiedenen Arten von *Alakakiren* (magischen Edelsteinen), einfach und doppelt, und mit tödlichen Giften und mit anderen Dingen. Er machte auch im Osten" (der großen Pyramide) "verschiedene himmlische Sphären und Sterne, und was sie in ihren Aspekten bewirken, und die Düfte, die für sie zu verwenden sind, und die Bücher, die diese Dinge behandeln. Er legte auch die Kommentare der Priester in Truhen aus schwarzem Marmor in die farbige Pyramide, und mit jedem Priester ein Buch, in dem die Wunder seines Berufes und seiner Handlungen und seines Wesens niedergeschrieben waren, und was zu seiner Zeit getan wurde, und was ist und was sein wird vom Anfang der Zeit bis zu ihrem Ende. Der Rest des Berichts dieses Würdigen bezieht sich auf bestimmte Schatzmeister, die in diesen drei Pyramiden platziert wurden, um deren Inhalt zu bewachen, und ist (wie alles oder das meiste, was ich bereits zitiert habe) ein Werk der Phantasie. Ibn Abd Alkohm war in der Tat ein Romantiker ersten Ranges.

Das vielleicht stärkste Argument gegen die Theorie, dass die Pyramiden als Festungen für das Verstecken von Schätzen gedacht waren, liegt in der Tatsache, dass trotz der Suche kein Schatz entdeckt wurde. Als die vom Kalifen Al Mamoun beauftragten Arbeiter nach vielen Schwierigkeiten endlich in den großen aufsteigenden Gang eindrangen, der zur so genannten Königskammer führte, fanden sie "eine recht edle Wohnung, vierunddreißig Fuß lang, siebzehn breit und neunzehn hoch, durchgehend aus poliertem rotem Granit, Wände, Boden und Decke, in Blöcken, die rechtwinklig und genau sind, und mit so exquisiter Kunstfertigkeit zusammengefügt, dass die Fugen bei genauester Betrachtung kaum zu erkennen sind. Aber wo ist der Schatz - das Silber und das Gold, die Juwelen, die Medizin und die Waffen? Diese Fanatiker schauen sich wild um, können aber nichts sehen, nirgendwo ein einziges *Dirhem*. Sie zündeten ihre Fackeln an und trugen sie immer wieder in jeden Teil der rot gemauerten, steinernen Halle, aber ohne besseren Erfolg. Nichts als reiner, polierter roter Granit, in mächtigen Platten, blickt von allen Seiten auf sie. Der Raum ist sauber, gleichsam auch geschmückt und nach den Vorstellungen seiner Gründer vollständig und vollkommen bereit für die so lange erwarteten und so lange hinausgezögerten Besucher. Aber die groben Gemüter, die ihn jetzt bewohnen, finden alles unfruchtbar und erklären, dass es in der ganzen Ausdehnung der Wohnung von einem Ende zum anderen nichts für sie gibt; nichts außer einer leeren Steintruhe ohne Deckel.

Es ist jedoch anzumerken, dass wir keine Möglichkeit haben, herauszufinden, was zwischen dem Bau der Pyramide und dem Einbruch der Arbeiter des Kalifen Al Mamoun in die Königskammer geschehen war. Es ist möglich, dass sich dort irgendwelche Schätze befanden, und es ist auch nicht unvereinbar mit anderen Theorien über die Pyramide, wenn man annimmt, dass sie als sicherer Aufbewahrungsort für Schätze genutzt wurde. Es ist jedoch sicher, dass dies nicht der besondere Zweck gewesen sein kann, für den die Pyramiden entworfen wurden. Ein solcher Zweck würde keine Erklärung für die größten Schwierigkeiten bieten, auf die man bei anderen Theorien stößt. Es gäbe keinen Grund, warum Fremde aus dem Osten sich besondere Mühe geben sollten, einen ägyptischen Monarchen zu instruieren, wie er seine Schätze verstecken und bewachen sollte. Und wenn die große Pyramide für die Schätze des Cheops bestimmt gewesen wäre, hätte Chephren eine weitere für seine eigenen Schätze gebaut, zu denen auch die von Cheops gesammelten Schätze gehört haben müssen. Aber abgesehen davon, wie unvorstellbar groß muss ein Schatzhort sein, dessen Bewachung die enormen Kosten der großen Pyramide an Arbeit und Material amortisiert hätte! Und warum sollte ein bloßes Schatzhaus die Eigenschaften eines astronomischen Observatoriums haben? Wenn die Pyramiden überhaupt zur Aufnahme von Schätzen dienten, so kann es sich dabei nur um ein völlig untergeordnetes, wenn auch vielleicht bequemes Mittel zur Nutzung dieser gigantischen Bauwerke gehandelt haben.

Nachdem wir nun alle vorgeschlagenen Zwecke der Pyramiden durchgegangen sind, bis auf zwei oder drei, die eindeutig keinen Anspruch auf ernsthafte Betrachtung haben, und nachdem wir keinen gefunden haben, der eine ausreichende Erklärung für die Geschichte und die wichtigsten Merkmale dieser Gebäude zu geben scheint, müssen wir entweder die Untersuchung aufgeben oder nach einer Erklärung suchen, die sich von allen bisher vorgeschlagenen unterscheidet. Überlegen wir, welches die wichtigsten Punkte sind, über die die wahre Theorie der Pyramiden Rechenschaft ablegen sollte.

Erstens zeigt die Geschichte der Pyramiden, dass die Errichtung der ersten großen Pyramide Cheops aller Wahrscheinlichkeit nach entweder von weisen Männern vorgeschlagen wurde, die Ägypten aus dem Osten besuchten, oder dass wichtige Informationen, die ihm von solchen Besuchern übermittelt wurden, ihn auf die Idee brachten, die Pyramide zu bauen. In jedem Fall ist anzunehmen, dass diese gelehrten Männer, wer auch immer sie waren, in Ägypten blieben, um die Errichtung des Bauwerks zu beaufsichtigen, wie es die Geschichte nahelegt. Es mag sein, dass die architektonischen Arbeiten nicht unter ihrer Aufsicht standen; tatsächlich scheint es völlig unwahrscheinlich, dass die Hirtenherrscher den Ägyptern in Sachen Architektur viel beizubringen hatten. Aber die astronomischen Besonderheiten, die ein so bedeutendes Merkmal der Großen Pyramide sind, wurden wahrscheinlich ganz unter den Anweisungen der Hirtenhäuptlinge vorgesehen, die einen so seltsamen Einfluss auf den Geist von König Cheops ausgeübt hatten.

Außerdem scheint es klar zu sein, dass der ägyptische König vor allem aus Eigeninteresse dieses gewaltige Werk in Angriff nahm. Es stimmt, dass sein Religionswechsel darauf hindeutet, dass ein höherer Grund ihn beeinflusst hat. Aber ein Herrscher, der seinem Volk bei der Verwirklichung seines Vorhabens so schwere Lasten auferlegen konnte, dass sein Name noch lange Zeit danach in völliger Abscheu gehalten wurde, kann nicht ausschließlich oder sogar hauptsächlich von religiösen Motiven beeinflusst worden sein. Das Verhalten von Cheops, der die Tempel schloss und der Religion seines Landes abschwor, lässt sich gut damit erklären, dass die Vorteile, die er sich durch den Bau der Pyramide zu sichern hoffte, in gewisser Weise davon abhingen, dass er diesen Weg einschlug. Die Besucher aus dem Osten mögen ihm ihre Hilfe unter anderen Bedingungen verweigert haben oder ihm versichert haben, dass der erwartete Nutzen nicht erreicht werden könne, wenn die Pyramide von Götzendienern errichtet würde. Auf jeden Fall ist sicher, dass sie gegen den Götzendienst waren, und wir können daraus schließen, wer sie waren und woher sie kamen. Wir wissen, dass ein bestimmter Zweig einer bestimmten Rasse im Osten durch einen ausgeprägten Hass auf den Götzendienst in all seinen Formen gekennzeichnet war. Terach und seine Familie, oder wahrscheinlich eine Sekte oder Abteilung des chaldäischen Volkes, zogen von Ur der Chaldäer aus in das Land Kanaan - und der Grund, warum sie auszogen, erfahren wir aus einem Buch von beträchtlichem historischem Interesse (dem Buch Judith), war, dass "sie die Götter ihrer Väter, die im Land der Chaldäer waren, nicht anbeten wollten". Aus den biblischen Aufzeichnungen geht hervor, dass Angehörige dieses Zweigs des chaldäischen Volkes von Zeit zu Zeit Ägypten besuchten. Sie waren auch Hirten, was gut mit dem oben zitierten Bericht von Herodot übereinstimmt. Wir können gut verstehen, dass Angehörige dieser Familie sich allen Versuchen widersetzt hätten, ihre Zustimmung zu irgendeinem Vorhaben zu erlangen, das mit götzendienerischen Riten verbunden war. Weder Versprechungen noch Drohungen hätten einen großen Einfluss auf sie gehabt. Es war ein vornehmes Mitglied der Familie, der Patriarch Abraham, der sagte: "Ich habe meine Hand zu dem Herrn, dem höchsten Gott, dem Besitzer des Himmels und der Erde, erhoben, dass ich nicht von einem Faden bis zu einer Schuhlatsche nehmen will, und dass ich nichts nehmen will, was dir gehört, damit du nicht sagst: Ich habe Abram reich gemacht. Alle Versprechungen und Drohungen des Cheops wären gegenüber Männern dieses Geistes vergeblich gewesen. Solche Männer konnten ihm bei seinen Plänen helfen, die, wie die Geschichte zeigt, durch ihre eigenen Lehren angeregt wurden, aber nur unter ihren eigenen Bedingungen, und zu diesen Bedingungen gehörte mit Sicherheit die völlige Ablehnung des Götzendienstes durch den König, in dessen Auftrag sie arbeiteten, sowie durch alle, die sich an ihrer Arbeit beteiligten. Es scheint wahrscheinlich, dass sie sowohl Cheops als auch Chephren davon überzeugten, dass der Zweck, zu dem die Pyramide errichtet wurde, nicht erfüllt werden würde, wenn diese Könige den Götzendienst nicht aufgäben, was auch immer es war. Allein die Tatsache, dass die Große Pyramide entweder direkt auf Anregung dieser Besucher gebaut wurde, oder weil sie Cheops von der Wahrheit einer wichtigen Lehre überzeugt hatten, zeigt, dass sie großen Einfluss auf seinen Geist gewonnen haben müssen. Vielmehr kann man sagen, dass er von ihrem Wissen und ihrer Macht so überzeugt gewesen sein muss, dass er alles, was sie ihm über das spezielle Thema sagten, das sie so perfekt zu beherrschen schienen, mit unbedingtem Vertrauen akzeptierte.

Aber nachdem wir uns aus hinreichend gesicherten Gründen die Meinung gebildet haben, dass die Fremden, die Ägypten besuchten und den Bau der großen Pyramide beaufsichtigten, Verwandte des Patriarchen Abraham waren, ist es nicht sehr schwierig zu entscheiden, über welchen Gegenstand sie so genaue Informationen hatten. Sie oder ihre Eltern stammten aus dem Land der Chaldäer, und sie waren zweifellos in der ganzen Weisheit ihrer chaldäischen Verwandten bewandert. Sie waren in der Tat Meister der Astronomie ihrer Zeit, einer Wissenschaft, für die die Chaldäer von frühester Zeit an eine bemerkenswerte Begabung gezeigt hatten. Wie groß ihr astronomisches Wissen tatsächlich war, lässt sich nur schwer sagen. Aber aufgrund der genauen Kenntnisse, die spätere Chaldäer über lange astronomische Zyklen besaßen, ist es sicher, dass astronomische Beobachtungen von diesem Volk viele hundert Jahre lang kontinuierlich durchgeführt worden sein müssen. Es ist sehr wahrscheinlich, dass das astronomische Wissen der Chaldäer in den Tagen Teras und Abrahams viel genauer war als das der Griechen nach Hipparchus. [24] Wir sehen in der Tat in der genauen astronomischen Ausrichtung der großen Pyramide, dass die Architekten geschickte Astronomen und Mathematiker gewesen sein müssen; und ich möchte hier am Rande bemerken, wie stark dieser Umstand die Meinung bestätigt, dass die Besucher Verwandte von Terah und Abraham waren. Alles, was wir von Herodot und Manetho wissen, alle Beweise aus den Umständen, die mit der Religion der Pyramidenkönige zusammenhängen, und die astronomischen Beweise, die von den Pyramiden selbst gegeben werden, neigen dazu, uns zu versichern, dass Mitglieder jenes besonderen Zweiges der chaldäischen Familie, die von Ur der Chaldäer auszogen, weil sie die Götter der Chaldäer nicht verehren wollten, ihre Wanderschaft nach Ägypten ausdehnten und schließlich die Errichtung der Großen Pyramide beaufsichtigten, soweit astronomische und mathematische Beziehungen betroffen waren.

Aber nicht nur, dass wir bereits festgestellt haben, dass die Pyramiden nicht ausschließlich oder hauptsächlich als astronomische Observatorien gedacht waren, sondern es ist auch sicher, dass Cheops persönlich kein großes Interesse an astronomischen Informationen gehabt hätte, die diese Besucher ihm mitteilen konnten. Wenn er nicht klar sah, dass er aus den Überlieferungen seiner Besucher etwas gewinnen konnte, hätte er auf deren Anregung hin keine astronomischen Gebäude errichtet, selbst wenn er sich genug für ihr Wissen interessiert hätte, um ihnen überhaupt Aufmerksamkeit zu schenken. Höchstwahrscheinlich wäre die Antwort, die Cheops auf Mitteilungen über reine Astronomie gegeben hätte, in etwa so ausgefallen wie die Antwort des türkischen Cadi, Imaum Ali Zadè, auf einen Freund Layards, der ihn offenbar mit Doppelsternen und Kometen gelangweilt hatte: "Oh meine Seele! oh mein Lamm!" sagte Ali Zadè, "suche nicht nach Dingen, die dich nichts angehen. Du bist zu uns gekommen, und wir haben dich aufgenommen: Geh in Frieden. Wahrlich, du hast viele Worte gesprochen, und es ist kein Schaden entstanden, denn der Sprecher ist einer und der Zuhörer ein anderer. Nach der Art deines Volkes bist du von einem Ort zum andern gewandert, bis du an keinem mehr glücklich und zufrieden bist. Höre, oh mein Sohn! Es gibt keine Weisheit, die dem Glauben an Gott gleichkommt! Er hat die Welt erschaffen, und sollen wir uns mit ihm vergleichen, wenn wir versuchen, in die Geheimnisse seiner Schöpfung einzudringen? Sollen wir sagen: Siehe, dieser Stern dreht sich um jenen Stern, und dieser andere Stern mit einem Schweif geht und kommt in so vielen Jahren! Lass ihn gehen! Er, aus dessen Hand er kam, wird ihn führen und leiten. Aber du wirst zu mir sagen: "Geh beiseite, oh Mensch, denn ich bin gelehrter als du und habe mehr Dinge gesehen. Wenn du denkst, dass du in dieser Hinsicht besser bist als ich, so bist du willkommen. Ich preise Gott, dass ich nicht suche, was ich nicht brauche. Du bist gelehrt in den Dingen, die mich nicht interessieren; und was du gesehen hast, das verunreinige ich. Willst du dir durch viel Wissen einen doppelten Bauch schaffen, oder willst du mit deinen Augen das Paradies suchen?" So hätte Cheops seinen Besuchern wahrscheinlich geantwortet, wenn sie ihm nur astronomische Fakten vorgelegt hätten, ohne auf den Schöpfer zu verweisen. Oder er hätte in der Fülle seiner königlichen Macht ihre Lehren entschiedener zurückweisen können, indem er ihnen die Köpfe abschlug.

Aber die Hirten-Astronomen hatten Wissen zu bieten, das attraktiver war als eine bloße Reihe astronomischer Entdeckungen. Ihre Vorfahren hatten

> Beobachteten aus den Zentren ihrer schlafenden Herden
> Jene strahlenden Mercurien, die sich zu bewegen schienen
> Tragen durch den Äther in ewiger Runde
> Dekrete und Beschlüsse der Götter;

und obwohl die Besucher von König Cheops selbst den sabäischen Polytheismus ihrer Verwandten abgelehnt hatten, hatten sie die Lehre nicht verworfen, dass die Sterne in ihrem Lauf das Schicksal der Menschen beeinflussen. Wir wissen, dass unter den Juden, die wahrscheinlich die direkten Nachfahren der Hirtenhäuptlinge waren, die Cheops besuchten, und sicherlich enge Verwandte von ihnen, und ihnen auch in ihrem Monotheismus verwandt waren, der Glaube an die Astrologie nie als Aberglaube angesehen wurde. Tatsächlich können wir in den Büchern über dieses Volk sehr deutlich nachvollziehen, dass sie fest an die Einflüsse der Himmelskörper glaubten. Zweifellos teilten die Besucher von König Cheops die Überzeugung ihrer chaldäischen Verwandten, dass die Astrologie eine wahre Wissenschaft ist, die in der Tat (wie Bacon ihre Ansichten ausdrückt) "nicht auf Vernunft und physikalischen Betrachtungen, sondern auf der direkten Erfahrung und Beobachtung vergangener Zeitalter beruht". Josephus überliefert die jüdische Überlieferung (wenn auch nicht als Überlieferung, sondern als Tatsache), dass "unser erster Vater Adam durch göttliche Eingebung in der Astrologie unterwiesen wurde" und dass Seth sich in dieser Wissenschaft so sehr auszeichnete, dass er "in Voraussicht der Sintflut und der damit verbundenen Zerstörung der Welt die Grundprinzipien seiner Kunst (der Astrologie) zum Nutzen späterer Zeitalter in hieroglyphische Zeichen auf zwei

Säulen aus Ziegeln und Stein eingravierte". Weiter heißt es, dass der Patriarch Abraham, "nachdem er die Kunst in Chaldäa erlernt hatte, auf seiner Reise nach Ägypten den Ägyptern die Wissenschaften der Arithmetik und Astrologie lehrte". Der Fremde, den Herodot Philitis nennt, könnte sogar Abraham selbst gewesen sein, denn es besteht allgemeiner Konsens darüber, dass das Wort Philitis auf die Rasse und das Land der Besucher hinweist, die von den Ägyptern als von philistäischer Abstammung und aus Palästina kommend angesehen wurden. Es geht mir jedoch keineswegs darum, zu zeigen, dass die Hirten-Astronomen, die Cheops zum Bau der großen Pyramide veranlassten, sogar Zeitgenossen von Abraham und Melchisedek waren. Was hinreichend offensichtlich erscheint, ist alles , was ich behaupten möchte, nämlich dass diese Hirten-Astronomen von chaldäischer Geburt und Aus-bildung waren und daher Astrologen, obwohl sie im Gegensatz zu ihren chaldäischen Verwandten den Sabaismus oder die Sternenanbetung ablehnten und den Glauben an eine einzige Gottheit lehrten.

Wenn es sich bei diesen Besuchern um Astrologen handelte, die Cheops davon überzeugten und selbst ehrlich davon überzeugt waren, dass sie die Ereignisse im Leben eines jeden Menschen durch die chaldäische Methode der Geburtsvorhersage vorhersagen konnten, dann können wir viele Umstände im Zusammenhang mit den Pyramiden leicht verstehen, die bisher unerklärlich erschienen. Die von einem König errichtete Pyramide würde nicht mehr mit seinem Tod und seiner Beerdigung in Verbindung gebracht werden, sondern mit seiner Geburt und seinem Leben, auch wenn sie nach seinem Tod seinen Leichnam aufnehmen könnte. Jeder König bräuchte seine eigene Geburtspyramide, die mit dem gebührenden symbolischen Bezug zu den besonderen himmlischen Einflüssen, die auf sein Schicksal einwirken, gebaut würde. Jeder Teil des Werks müsste unter besonderen Bedingungen aus-geführt werden, die sich nach den geheimnisvollen Einflüssen richten, die den ver-schiedenen Planeten und ihren unterschiedlichen Positionen zugeschrieben werden.

> mal hoch, mal tief, dann wieder versteckt.
> Fortschreitend, rückläufig oder stillstehend.

Wäre das Werk nur dazu gedacht gewesen, die Zukunft des Königs vorherzu-sagen, hätte der Monarch die Arbeit als gut angelegt angesehen. Aber die Astrologie beinhaltete viel mehr als nur die Vorhersage zukünftiger Ereignisse. Die Astrologen beanspruchten die Macht, die Planeten zu beherrschen, d. h. natürlich nicht die Be-wegungen dieser Körper zu beherrschen, sondern böse Einflüsse abzuwehren oder gute Einflüsse zu verstärken, die die Himmelskörper ihrer Meinung nach in be-stimmten Aspekten ausübten. So können wir verstehen, dass, während die bloßen Grundschichten der Pyramide für den Prozess der Besetzung der königlichen Ge-burt, mit angemessenen mystischen Observanzen, gedient hätten, der weitere Fort-schritt beim Bau der Pyramide die notwendigen Mittel und Hinweise für die Herrschaft der Planeten liefern würde, die in ihrem Einfluss auf die königliche Karriere am stärksten waren.

Erinnert man sich an den geheimnisvollen Einfluss, den die Astrologen bestimmten Zahlen, Figuren, Positionen usw. zuschrieben, so erklärt sich sofort die Sorgfalt, mit der die große Pyramide so proportioniert wurde, dass sie auf besondere astronomische und mathematische Beziehungen hinweist. Die vier Seiten der quadratischen Grundfläche wurden sorgfältig in Bezug auf die Kardinalpunkte angeordnet, genau wie die vier Seiten des gewöhnlichen quadratischen Schemas der Geburt. [Die östliche Seite wies auf den Aszendenten, die südliche auf den mittleren Himmel, die westliche auf den Deszendenten und die nördliche auf das Imum Cœli. Auch hier können wir verstehen, dass die Architekten einen Kreis der Basis in der Länge mit der Anzahl der Tage im Jahr korrespondieren ließen - eine Beziehung, die nach Prof. P. Smyth auf diese Weise erfüllt wird, dass die vier Seiten hundertmal so viele Pyramidenzoll enthalten wie es Tage im Jahr gibt. Der Pyramidenzoll wiederum ist selbst auf mystische Weise mit astronomischen Verhältnissen verbunden, denn seine Länge entspricht dem fünfhundertmillionsten Teil des Erddurchmessers, und zwar mit einer Genauigkeit, die dem entspricht, was wir von den chaldäischen Astronomen erwarten können. Prof. Smyth glaubt in der Tat, dass sie genau diesem Teil des polaren Erddurchmessers entsprach - eine Ansicht, die mit seiner Theorie übereinstimmen würde, dass die Architekten der großen Pyramide von göttlicher Eingebung unterstützt wurden; aber was sicher über die heilige Elle bekannt ist, die fünfundzwanzig dieser Zoll enthielt, entspricht besser dem Durchmesser, den die chaldäischen Astronomen, wenn sie sehr sorgfältig arbeiteten, aus Beobachtungen abgeleitet hätten, die sie in ihrem eigenen Land gemacht hatten, unter der Annahme, die sie natürlich gemacht hätten, dass die Erde ein perfekter Globus ist, der an den Polen nicht zusammengedrückt ist. Es ist in der Tat nicht sicher, dass die heilige Elle irgendeinen Bezug zu den Dimensionen der Erde hatte; aber dies scheint einigermaßen klar zu sein - dass die heilige Elle etwa 25 Zoll lang war, und dass der Kreis der Pyramidenbasis hundert Zoll für jeden Tag des Jahres enthielt. Solche Verhältnisse sind genau das, was wir bei Gebäuden mit astrologischer Bedeutung erwarten würden. Ebenso würde es gut zur Mystik der Astrologie passen, wenn die Pyramide so proportioniert wäre, dass ihre Höhe dem Radius eines Kreises entspräche, dessen Umfang dem Kreis der Pyramidenbasis entspricht. Auch der lange schräge Tunnel, der von der Nordseite der Pyramide nach unten führt, würde in dieser astrologischen Theorie sofort eine Bedeutung finden. Der schräge Tunnel wies auf den Polarstern aus der Zeit des Cheops hin, als er genau nördlich unterhalb des wahren Himmelspols stand. Dieser Umstand hatte keinen beobachtenden Nutzen. Er konnte keinen Hinweis auf die Zeit geben, denn ein Polarstern bewegt sich sehr langsam, und der Polarstern zur Zeit des Cheops muss mehr als eine Stunde am Stück durch diesen Tunnel zu sehen gewesen sein. Doch abgesehen von der mystischen Bedeutung, die ein Astrologe einer solchen Beziehung beimessen würde, lässt sich zeigen, dass dieser schräge Tunnel genau das ist, was der Astrologe benötigt, um das Horoskop korrekt zu erstellen.

Es bleibt noch eine weitere Überlegung zu erwähnen, die zwar die astrologische Theorie der Pyramiden stärkt, uns aber dem wahren Ziel derjenigen, die diese Bauwerke geplant und errichtet haben, noch näher bringen kann.

Es ist auch bekannt, dass die Chaldäer seit den frühesten Zeiten das Studium der Alchemie in Verbindung mit der Astrologie betrieben, nicht in der Hoffnung, den Stein der Weisen durch chemische Untersuchungen allein zu entdecken, sondern indem sie solche Untersuchungen unter besonderem himmlischen Einfluss durchführten. Die Hoffnung auf diese Entdeckung, mit der er sich sofort unermessliche Reichtümer hätte aneignen können, würde an sich schon die Tatsache erklären, dass Cheops so viel Arbeit und Material in den Bau der großen Pyramide investierte, da der Erfolg bei der Suche nach dem Stein der Weisen notwendigerweise ein Hauptmerkmal seines Schicksals sein würde und daher in seiner Geburtspyramide astrologisch angezeigt oder vielleicht sogar durch die Befolgung mystischer Observanzen, die für die Herrschaft über seine Planeten geeignet sind, gesichert werden würde.

Zu den Objekten, die die Erbauer der Pyramiden zu entdecken hofften, könnte auch das Lebenselixier gehört haben.

Es ist bezeichnend, dass in dem Bericht von Ibn Abd Alkohm über die Inhalte der verschiedenen Pyramiden die der Großen Pyramide zugeordneten Inhalte sich ausschließlich auf die Astrologie und die damit verbundenen Mysterien beziehen. Es ist natürlich klar, dass Abd Alkohm sich weitgehend auf seine Vorstellungskraft stützte. Es scheint jedoch wahrscheinlich, dass seine Ideen auch auf einer gewissen Tradition beruhten. Und sicherlich würde man annehmen, dass er, da er der Ostpyramide einen Schatzmeister zuordnete ("eine Statue aus schwarzem Achat, mit geöffneten und leuchtenden Augen, auf einem Thron sitzend und mit einer Lanze"), dem Gebäude auch einen Schatz zugeschrieben hätte, wenn nicht eine Tradition etwas anderes lehrte. Aber er sagt, dass König Saurid in der Ostpyramide keine Schätze aufbewahrt hat, sondern "verschiedene Himmelskugeln und Sterne und das, was sie in ihren Aspekten bewirken, und die Düfte, die für sie zu verwenden sind, und die Bücher, die diese Dinge behandeln." [26]

Aber schließlich muss man zugeben, dass der stärkste Beweis für die astrologische (und alchemistische) Theorie der Pyramiden in dem Umstand zu finden ist, dass alle anderen Theorien unhaltbar erscheinen. Die Pyramiden wurden zweifellos zu einem Zweck errichtet, der von ihren Erbauern als äußerst wichtig angesehen wurde. Dieser Zweck bezog sich sicherlich auf das persönliche Vermögen der königlichen Erbauer. Er war einen enormen Aufwand an Geld, Arbeit und Material wert. Dieser Zweck war außerdem so wichtig, dass jeder König seine eigene

Pyramide haben musste. Sie war in gewisser Weise mit der Astronomie verbunden, denn die Pyramiden wurden unter genauer Berücksichtigung der himmlischen Aspekte gebaut. Sie hatte auch einen mathematischen und mystischen Bezug, denn die Pyramiden weisen mathematische und symbolische Besonderheiten auf, die nicht zu ihren eigentlichen baulichen Anforderungen gehören. Und schließlich stand die Errichtung der Pyramiden in gewisser Weise im Zusammenhang mit der Ankunft einiger gelehrter Personen aus Palästina, die vermutlich chaldäischer Herkunft waren. Alle diese Umstände stimmen gut mit der von mir vertretenen Theorie überein, während nur einige von ihnen, und diese sind nicht die charakteristischsten, mit einer der anderen Theorien übereinstimmen. Außerdem ist keine bekannte Tatsache über die Pyramiden oder ihre Erbauer mit der astrologischen (und alchemistischen) Theorie unvereinbar. Im Großen und Ganzen kann die astrologische Theorie, auch wenn sie nicht als bewiesen angesehen werden kann (in ihrer allgemeinen Bedeutung natürlich, denn wir können nicht erwarten, dass irgendeine Theorie über die Pyramiden bis ins kleinste Detail bewiesen werden kann), mit Recht als eine Theorie bezeichnet werden, die einen größeren Grad an Wahrscheinlichkeit zu ihren Gunsten hat als alle anderen bisher vorgebrachten.

IV. SWEDENBORGS VISIONEN VON ANDEREN WELTEN.

WENN es den Menschen erlaubt wäre, ein Zeichen zu wählen, an dem sie erkennen könnten, dass eine Botschaft vom Höchsten Wesen kam, würde der Mann der Wissenschaft wahrscheinlich als Zeichen die Mitteilung einer wissenschaftlichen Tatsache wählen, die über das heutige Wissen hinausgeht, aber leicht geprüft werden kann. Der auf diese Weise gewonnene Beweis für eine Offenbarung würde in gewisser Weise dem entsprechen, der von Prophezeiungen abhängt; er wäre jedoch für Menschen mit jener besonderen geistigen Neigung, die man wissenschaftlich nennt, befriedigender. Unabhängig davon, ob diese Geisteshaltung angeboren oder das Ergebnis einer Ausbildung ist, führt sie mit Sicherheit dazu, dass Männer der Wissenschaft den Wert von Beweisen genauer prüfen als andere Menschen, außer vielleicht Juristen. Für den Studenten der Wissenschaft hat sich die Aussage des Paulus erfüllt, dass "Prophezeiungen" "fehlschlagen werden", während man bezweifeln kann, dass Beweise aus "Wissen" in gleicher Weise "verschwinden" würden. Im Gegenteil, sie würden immer stärker werden, da das Wissen aus Beobachtung, Experiment und Berechnung ständig zunimmt. Es kann kaum behauptet werden, dass dies bei solchen quasi-wissenschaftlichen Aussagen geschehen ist, die tatsächlich mit der Offenbarung in Verbindung gebracht wurden. Wenn wir den Hinweis des Paulus auf das Wissen so verstehen, dass er sich auf solche Aussagen wie diese bezieht, dann könnte nichts vollständiger sein als die Erfüllung seiner eigenen Vorhersage: "Ob es Prophezeiungen gibt, sie werden versagen; ob es Zungen gibt, sie werden aufhören; ob es Wissen gibt, es wird verschwinden. Die Beweise aus den Prophezeiungen versagen für den genauen Forscher, der die Zweifel wahrnimmt, die (unter den ernsthaftesten Gläubigen) über die genaue Bedeutung der prophetischen Worte bestehen, und in einigen Fällen sogar darüber, ob die Prophezeiungen schon längst erfüllt sind oder sich auf noch kommende Ereignisse beziehen. Die Beweise durch "Zungen" haben aufgehört, und diejenigen, von denen man sagt, sie hätten in fremden Zungen gesprochen, sind Staub. Das Wissen, das einst als übernatürlich galt, ist gänzlich verschwunden. Aber wenn in den Zeitaltern des Glaubens einige der Ergebnisse der modernen wissenschaftlichen Forschung offenbart worden wären, wie die Gesetze des Sonnensystems, das große Prinzip der Energieerhaltung oder die Wellentheorie des Lichts, oder wenn einige der Fragen, die noch für die Männer der Wissenschaft zu lösen sind, in jenen Zeiten beantwortet worden wären, wäre der Beweis für den Studenten der Wissenschaft unwiderstehlich gewesen. Natürlich wird man ihm sagen, dass er selbst dann sein Herz verhärtet hätte; dass die Suche nach der Wahrheit von Natur aus zur Verderbtheit des Geistes führt und er sogar Beweise ablehnen würde, die auf seinen geliebten Gesetzen der Wahrscheinlichkeit beruhen; dass sein "böses und ehebrecherisches Geschlecht vergeblich" nach einem Zeichen sucht, und dass er, wenn er Moses und die Propheten nicht annehmen will, auch nicht glauben würde, wenn einer von den Toten auferstanden wäre. Dennoch scheint der Wunsch des Wissenschaftlers, seinen Glauben auf überzeugende Beweise zu stützen (in einer Sache, die für ihn ebenso wichtig ist wie für diejenigen, die ihn missbrauchen), doch etwas Vernünftiges an sich zu haben. Die geistigen Eigenschaften, die ihn dazu bringen, weniger leicht zufrieden zu sein als andere, sind ihm auf dieselbe Weise zugekommen wie seine körperlichen Eigenschaften; und selbst wenn das Ergebnis, zu dem ihn seine geistige Ausbildung führt, so unglücklich ist, wie manche annehmen, ist diese Ausbildung streng genommen nicht so abscheulich sündhaft, dass nichts anderes als die ewige Verwerfung, die ihm von irdischen Richtern auferlegt wird, die göttliche Gerechtigkeit befriedigen kann. So dass es nicht als eine völlig unverzeihliche Sünde angesehen werden kann, von einem Zeichen zu sprechen, das, wenn es gewährt worden wäre, selbst den anspruchsvollsten Studenten der Wissenschaft zufrieden gestellt hätte. Auch abgesehen von jeder Glaubensfrage würde das bloße wissenschaftliche Interesse an göttlich inspirierten Mitteilungen über Naturgesetze und -vorgänge einen Studenten der Wissenschaft dazu berechtigen, sie als höchst wünschenswerte Botschaften eines Wesens von überlegener Weisheit und Güte anzusehen. Wenn Prophezeiungen und Zungenreden, warum nicht auch Wissen als Beweis für eine göttliche Mission?

Solche Gedanken werden durch die Behauptung einiger religiöser Lehrer nahegelegt, sie seien im Besitz von Wissen, das sie nicht auf natürlichem Wege hätten erlangen können. Diese Behauptung ist in der Regel recht ehrlich. Der Religionslehrer prüft die Realität seiner Mission in dem einfachen Vertrauen, dass er eine solche Mission hat und dass daher die eine oder andere Prüfung, die er anwendet, den erforderlichen Beweis erbringen wird. Einem, sagt der heilige Paulus, ist das Wort der Weisheit gegeben, einem anderen das Wort der Erkenntnis, einem anderen der Glaube, einem anderen die Gabe der Heilung, einem anderen das Wirken von Wundern, einem anderen die Prophetie, einem anderen die Unterscheidung der Geister, einem anderen verschiedene Arten von Zungen, und so weiter. Wenn ein Mann wie Mohammed, der an seinen Lehrauftrag glaubt, feststellt, dass er keine befriedigenden Wunder vollbringen kann - dass Berge nicht auf sein Geheiß hin weggeräumt werden -, dann befriedigt ihn ein anderer Beweis für die Realität seines Auftrags. Swedenborg, von dem vielleicht kein ehrlicherer Mensch je gelebt hat, sagte und glaubte, ihm sei die Unterscheidung der Geister gegeben worden. Es ist zu beobachten", sagte er, "dass ein Mensch von Geistern und Engeln belehrt werden kann, wenn sein Inneres so offen ist, dass er mit ihnen sprechen und verkehren kann; denn der Mensch ist seinem Wesen nach ein Geist und befindet sich mit den Geistern in seinem Inneren, so dass derjenige , dessen Inneres vom Herrn geöffnet ist, mit ihnen verkehren kann, wie ein Mensch mit einem Menschen. *Dieses Vorrecht genieße ich nun schon seit zwölf Jahren täglich.* '

Es deutet darauf hin, wie sehr Swedenborg an dieses Privileg glaubte, dass er nicht zögerte, zu beschreiben, was die Geister ihn in Bezug auf Dinge lehrten, die eher der Wissenschaft als dem Glauben angehören; obwohl man zugeben muss, dass er wahrscheinlich wenig Grund zu der Annahme hatte, dass seine Aussagen jemals durch die Ergebnisse wissenschaftlicher Forschung überprüft werden könnten. Die Gegenstände, auf die sich seine geistigen Mitteilungen bezogen, waren bequemerweise weit entfernt. Damit will ich nicht einen Moment lang andeuten, dass er absichtlich diese Objekte auswählte und nicht andere, die sich leichter untersuchen ließen. Er glaubte sicherlich an die Realität der von ihm beschriebenen Kommunikationen. Aber möglicherweise gibt es in den visionären Dingen ein Gesetz, das dem Gesetz der geistigen Operation in Bezug auf wissenschaftliche Theorien entspricht; und so wie der Verstand frei über ein wenig verstandenes Thema theoretisiert, aber vorsichtig, wenn viele Fakten festgestellt wurden, so verhindert wahrscheinlich die genaue Kenntnis eines Themas das Wirken jener Illusionen, die als übernatürliche Mitteilungen angesehen werden. Die aktive Einbildungskraft stellt sich nur bei schwachem Licht Objekte vor, die nicht wirklich existieren; bei klarem Tageslicht kann man sie sich nicht mehr vorstellen. So verhält es sich auch mit geistigen Prozessen.

Wahrscheinlich gibt es kein Thema, das sich in diesem Sinne besser für den Visionär eignet als das Leben in anderen Welten. Es hat schon immer eine Anziehungskraft auf phantasievolle Gemüter ausgeübt, einfach weil es in ein so tiefes Mysterium gehüllt ist; und es gab wenig, was die Phantasie hätte zurückhalten können, weil so wenig über die physische Beschaffenheit anderer Welten sicher bekannt ist. In jüngster Zeit wurde der lebhaften Phantasie, die es den Menschen früher ermöglichte, sich die Bewohner anderer Himmelskörper vorzustellen, ein plötzlicher und schwerer Dämpfer versetzt. Die spektroskopische Analyse und die genaue teleskopische Untersuchung lassen einige Spekulationen nicht mehr zu, die früher auf Zustimmung stießen. Doch selbst jetzt hat sich der Ort und die Zeit nur geringfügig verändert. Wenn man sich nicht mehr vorstellen kann, dass ein Planet bewohnt ist, weil er zu heiß ist, oder ein anderer, weil er zu kalt ist, oder ein Körper, weil er zu tief in Dampfmassen eingetaucht ist, oder ein anderer, weil er weder Atmosphäre noch Wasser hat, dann muss man nur über die unsichtbaren Welten spekulieren, die um diese anderen Sonnen, die Sterne, kreisen; Oder, anstatt die Region des Raumes zu verändern, in der wir uns Welten vorstellen, können wir zurückblicken auf die Zeit, in der Planeten, die jetzt kalt und tot sind, von Leben erwärmt waren, oder vorwärts in die ferne Zukunft, wenn Planeten, die jetzt mit feuriger Hitze glühen, bis zu einem bewohnbaren Zustand abgekühlt sein werden.

Swedenborgs phantasievoller Geist scheint den Reiz dieses interessanten Themas voll gespürt zu haben. Es war in der Tat wegen des Reizes, den er darin fand, dass er bereitwillig zu dem Glauben überredet wurde, dass ihm auf übernatürliche Weise Wissen darüber mitgeteilt worden war. Weil ich den Wunsch hatte", sagt er, "zu wissen, ob es andere Erden gibt, und ihre Natur und den Charakter ihrer Bewohner kennenzulernen, gewährte mir der Herr, mich mit Geistern und Engeln zu unterhalten, die von anderen Erden gekommen waren, mit einigen für einen Tag, mit einigen für eine Woche und mit einigen für Monate. Von ihnen erhielt ich Informationen über die Erden, von denen sie kommen und in deren Nähe sie sich befinden, über die Lebensweise, die Sitten und den Gottesdienst ihrer Bewohner sowie über verschiedene andere interessante Einzelheiten, die ich, nachdem sie mir auf diese Weise zur Kenntnis gelangt sind, als Dinge beschreiben kann, die ich gesehen und gehört habe.

Es ist (psychologisch) interessant zu beobachten, wie die Überlegungen, die Swedenborg von der Existenz anderer bewohnter Welten überzeugt hatten, von ihm den Geistern zugeschrieben werden. Es ist im anderen Leben wohl bekannt", sagt er, "dass es viele Erden gibt, auf denen Menschen leben; denn dort (d.h. im geistigen Leben) ist es jedem, der aus Liebe zur Wahrheit und folglichem Nutzen danach verlangt, gestattet, sich mit den Geistern anderer Erden zu unterhalten, so dass er sich davon überzeugen kann, dass es eine Vielzahl von Welten gibt, und darüber informiert wird, dass das Menschengeschlecht nicht nur auf eine Erde beschränkt ist, sondern sich auf unzählige Erden erstreckt.... Ich habe mich gelegentlich mit den Geistern unserer Erde über dieses Thema unterhalten, und das Ergebnis unserer Unterhaltung war, dass ein Mensch mit erweitertem Verstand aus verschiedenen Überlegungen schließen kann, dass es viele Erden mit menschlichen Bewohnern darauf gibt. Denn es ist eine Folgerung der Vernunft, daß so große Massen wie die Planeten, von denen einige diese Erde an Größe übertreffen, nicht leere Körper sind, die nur geschaffen wurden, um in ihrer Bewegung um die Sonne getragen zu werden und mit ihrem spärlichen Licht zum Nutzen einer einzigen Erde zu leuchten, sondern daß sie einen edleren Zweck haben müssen. Wer glaubt, wie jeder glauben sollte, daß die Gottheit das Weltall zu keinem anderen Zweck geschaffen hat als zum Bestehen des Menschengeschlechts und des Himmels aus ihm heraus (denn das Menschengeschlecht ist das Seminar des Himmels), der muß auch glauben, daß es überall, wo es eine Erde gibt, menschliche Bewohner gibt. Dass die für uns sichtbaren Planeten, die sich innerhalb der Grenzen unseres Sonnensystems befinden, Erden sind, kann aus verschiedenen Überlegungen hervorgehen. Sie sind Körper aus irdischer Materie, weil sie das Sonnenlicht reflektieren und durch das Fernrohr gesehen nicht als Sterne mit flammendem Glanz, sondern als Erden mit undeutlichen Flecken erscheinen. Wie unsere Erde werden sie durch eine fortschreitende Bewegung um die Sonne getragen, durch die Bahn des Tierkreises, daher haben sie Jahre und Jahreszeiten, die Frühling, Sommer, Herbst und Winter sind; und sie drehen sich um ihre Achsen, was Tage und Tageszeiten macht, wie Morgen, Mittag, Abend und Nacht. Einige von ihnen haben auch Satelliten, , die ihre Umdrehungen um ihren Globus machen, wie der Mond um unseren. Der Planet Saturn, der am weitesten von der Sonne entfernt ist, hat außerdem einen riesigen leuchtenden Ring, der die Erde mit viel, wenn auch reflektiertem, Licht versorgt. Wie kann jemand, der diese Tatsachen kennt und mit Vernunft denkt, behaupten, dass solche Körper unbewohnt sind?

Wenn man bedenkt, dass diese Überlegungen von den Geistern angeregt wurden und dass sich Swedenborgs Inneres zwölf Jahre lang so geöffnet hatte, dass er sich mit Geistern aus anderen Welten unterhalten konnte, ist es erstaunlich, dass er nichts über Uranus oder Neptun gehört hat, ganz zu schweigen von der Zone der Asteroiden oder auch von noch unbekannten Planeten, die außerhalb der Bahn des Neptun existieren könnten. Er legt sich definitiv auf die Aussage fest, dass der Saturn der sonnenfernste Planet ist. Und an anderer Stelle, wenn er angibt, wo in diesen geistigen Mitteilungen die "Idee" eines jeden Planeten angesiedelt war, lässt er keinen Raum für Uranus und Neptun und erwähnt keine anderen Körper im Sonnensystem als die zu seiner Zeit bekannten. Das kann nicht daran liegen, dass die Geister von damals unbekannten Planeten sich nicht berufen fühlten, mit dem Geist eines Menschen zu kommunizieren, der ihre Heimat nicht kannte, denn er empfing Besucher von Welten am Sternenhimmel, die weit jenseits der menschlichen Kenntnis lagen. Es scheint fast so, obwohl dem gläubigen Swedenborgianer der Gedanke zweifellos sehr böse erscheinen wird, dass das System Swedenborgs Uranus und Neptun keinen Platz einräumte, einfach weil er nichts über diese Planeten wusste. Andernfalls hätte sich eine wunderbare Gelegenheit geboten, die Wahrheit der Swedenborgschen Lehren zu beweisen, indem man der Welt die Existenz bisher unbekannter Planeten enthüllt hätte. Bevor der Leser dies für eine Aufgabe hält, die unter der Würde der Geister und Engel liegt, die Swedenborg gelehrt haben , sollte er die Nachrichten prüfen, die sie ihm tatsächlich übermittelt haben.

Ich kann aber auch vorausschicken, dass es mir nicht lohnenswert erscheint, hier ausführlich auf Swedenborgs Beschreibungen der Bewohner anderer Welten einzugehen, weil das, was er zu diesem Thema zu sagen hat, völlig phantasievoll ist. Seine Vorstellungen über die Beschaffenheit der Planeten sind für uns von echtem Interesse, weil sie sich (wenn auch unbewusst) auf die Wissenschaft seiner Zeit stützen, in der er nicht gerade bewandert war. Und selbst dort, wo sein Mystizismus über das hinausging, was seine wissenschaftlichen Fähigkeiten vermuten ließen, ist das Wirken seiner Phantasie von psychologischem Interesse. Es ist ein ebenso merkwürdiges Problem, seine Ideen bis zu ihrem Ursprung zurückzuverfolgen, wie es manchmal ein Problem ist, die verschiedenen Phasen eines phantastischen Traums zu erklären, eines Traums zum Beispiel, den Armadale, der Arzt, und Midwinter in "Armadale" mit vorangegangenen Ereignissen zu verbinden versuchen. Aber Swedenborgs Visionen über das Verhalten und Aussehen der Bewohner anderer Erden sind wenig interessant, weil es aussichtslos ist, auch nur ihre wichtigsten Merkmale erklären zu wollen. Was soll man zum Beispiel mit einer Passage wie der folgenden anfangen, die sich auf die Geister bezieht, die vom Merkur kamen?-"Einige von ihnen haben den Wunsch, nicht wie die Geister der anderen Erden als Menschen zu erscheinen, sondern als kristalline Kugeln. Ihr Wunsch, so zu erscheinen, obwohl sie es nicht tun, rührt von dem Umstand her, dass das Wissen um die immateriellen Dinge im anderen Leben durch Kristalle dargestellt wird.

Doch selbst einige dieser phantasievolleren Visionen weisen deutlich auf das Wesen von Swedenborgs Philosophie hin. Man kann seine Jünger und seine Gegner unter den Bewohnern verschiedener begünstigter und unglücklicher Welten erkennen, und man sieht, wie der weisere und würdigere seiner geistigen Besucher dazu gebracht wird, seine eigenen Ansichten zu vertreten und die seiner Gegner zu verspotten. Einige der Lehren, die auf diese Weise vermittelt werden, sind ausgezeichnet.

So enthält Swedenborgs Beschreibung der Merkurbewohner und ihrer Liebe zum abstrakten Wissen eine lehrreiche Lektion. Die Geister des Merkur bilden sich ein", sagt er, "dass sie so viel wissen, dass es fast unmöglich ist, mehr zu wissen. Aber die Geister unserer Erde haben ihnen gesagt, dass sie nicht viele Dinge wissen, sondern nur wenige, und dass die Dinge, die sie nicht wissen, verhältnismäßig unendlich sind und im Verhältnis zu denen, die sie wissen, so sind wie die Wasser des größten Ozeans zu denen des kleinsten Brunnens; und weiter, dass der erste Fortschritt zur Weisheit darin besteht, zu wissen, anzuerkennen und wahrzunehmen, dass das, was wir wissen, im Vergleich zu dem, was wir nicht wissen, so wenig ist, dass es kaum etwas ausmacht. [27] Bis hierher können wir annehmen, dass Swedenborg seine eigenen Ideen wiedergibt, da er beschreibt, was den Merkurgeistern von den Geistern unserer Erde gesagt wurde, von denen er (während dieser geistigen Gespräche) einer war. Aber er fährt fort zu beschreiben, wie es Engeln erlaubt wurde, mit den Merkurgeistern zu sprechen, um sie von ihrem Irrtum zu überzeugen. Ich sah einen anderen Engel", sagt er, nachdem er ein solches Gespräch beschrieben hat, "der sich mit ihnen unterhielt; er erschien in einiger Höhe zur Rechten; er war von unserer Erde, und er zählte sehr viele Dinge auf, von denen sie nichts wussten.... Da sie aufgrund ihres Wissens stolz gewesen waren, begannen sie, sich zu demütigen, als sie dies hörten. Ihre Demütigung wurde durch das Absinken der Gesellschaft, die sie gebildet hatten, dargestellt, denn diese Gesellschaft erschien dann als ein Volumen oder eine Rolle, ... als ob sie in der Mitte ausgehöhlt und an den Seiten aufgerichtet wäre.... Es wurde ihnen gesagt, was das bedeute, d.h. was sie in ihrer Erniedrigung dächten, und dass diejenigen, die an den Seiten erhöht erschienen, noch nicht in irgendeiner Erniedrigung seien. Dann sah ich, dass das Volumen geteilt wurde und dass diejenigen, die sich nicht in Erniedrigung befanden, auf ihre Erde zurückgeschickt wurden, während der Rest zurückblieb.'

Da Swedenborg wenig über den Merkur wusste, wie auch die Astronomen unserer Zeit wenig über ihn wissen, finden wir in den Visionen, die sich auf diesen Planeten beziehen, wenig, was von wissenschaftlichem Interesse wäre. Er fragte die Bewohner, die in Visionen zu ihm gebracht wurden, nach der Sonne des Systems, und sie antworteten, dass sie vom Merkur aus größer aussieht als von anderen Welten aus gesehen. Das war natürlich keine Neuigkeit für Swedenborg. Sie erklärten weiter, dass die Bewohner eine gemäßigte Temperatur genießen, ohne extreme Hitze oder Kälte. Es wurde mir aufgetragen", fährt Swedenborg fort, "ihnen zu sagen, dass dies vom Herrn so vorgesehen war, damit sie nicht durch ihre größere Nähe zur Sonne einer übermäßigen Hitze ausgesetzt würden, da die Hitze nicht durch die Nähe der Sonne entsteht, sondern durch die Höhe und Dichte der Atmosphäre , wie man an der Kälte auf hohen Bergen selbst in heißen Klimazonen sehen kann; außerdem variiert die Hitze je nach direktem oder schrägem Einfall der Sonnenstrahlen, wie man an den Jahreszeiten von Winter und Sommer in jeder Region erkennen kann". Es ist merkwürdig, in einer Art Vorlesung, die sich an visionäre Merkurianer richtet, eine Theorie vorzufinden, die in der heutigen Zeit immer wieder auftaucht, weil die Schwierigkeit, die sie nahelegt, in unseren wissenschaftlichen Lehrbüchern zumeist so unbefriedigend behandelt wird. Ständig hört man von einem neuen Paradoxon, das als neue Lehre verkündet, dass die Atmosphäre und nicht die Sonne die Ursache der Wärme ist. Zu Swedenborgs Zeiten war dieser Irrtum verzeihlich. Denn abgesehen von der offensichtlichen Tatsache, auf der der Irrtum gewöhnlich beruht - nämlich dem fortwährenden Vorhandensein von Schnee auf den Gipfeln hoher Berge selbst in der heißen Zone -, hatte Newton kurz zuvor gezeigt, dass die leichten, flauschigen Wolken, die man manchmal sogar bei heißem Wetter über den Wollsack- oder Kumuluswolken sieht, aus winzigen Eiskristallen bestehen. Wenn man bedenkt, dass diese winzigen Kristalle bei heißem Sommerwetter unter den direkten Sonnenstrahlen existieren können, fällt es vielen schwer zu verstehen, wie diese Strahlen von sich aus irgendeine Heizkraft haben können. Doch in Wirklichkeit war die Argumentation, die Swedenborg an seine merkurischen Freunde richtete, völlig falsch. Hätte er sich so weit in die Zeit hineinbegeben können wie in den Raum, und hätte er im Geiste die Vorlesungen eines John Tyndall, eines Geistes unserer Erde, besuchen können, so wäre ihm diese Sache richtig erklärt worden. In Wirklichkeit ist die Sonnenwärme direkt auf dem Gipfel des höchsten Berges genauso wirksam wie auf Meereshöhe. Ein Thermometer, das dort der Sonne ausgesetzt ist, zeigt in der Tat eine etwas höhere Temperatur an als eines, das in gleicher Höhe auf Meereshöhe der Sonne ausgesetzt ist. Aber die Luft erwärmt sich nicht in gleichem Maße, einfach weil sie aufgrund ihrer Seltenheit und relativen Trockenheit keinen Teil der Wärme, die durch sie hindurchgeht, zurückhalten kann.

Es ist interessant zu beobachten, wie Swedenborgs wissenschaftliche Vorstellungen über die Folgen des (relativ) luftlosen Zustands unseres Mondes besondere Fantasien in Bezug auf die Mondbewohner hervorriefen. Interessant, meine ich, psychologisch: denn es ist merkwürdig, wissenschaftliche und phantastische Vorstellungen so unbewusst miteinander vermischt zu sehen. Für die bewusste Vermischung solcher Vorstellungen gibt es genügend Beispiele. Die Auswirkungen des luftlosen Zustands des Mondes sind oft zum Gegenstand phantasievoller

Spekulationen gemacht worden. Der Leser wird sich daran erinnern, wie Scheherazade in "Der Dichter am Frühstückstisch" über den Mond schwärmt. Ihr Entzücken war grenzenlos und ihre Neugierde unersättlich. Wenn es dort Lebewesen gäbe, was für seltsame Dinge müssten sie sein. Sie konnten weder Lungen noch Herzen haben. Wie schade! Sind sie jemals gestorben? Wie konnten sie vergehen, wenn sie nicht atmeten? Verbrennen? Keine Luft zum Verbrennen. Vielleicht in eine dieser schrecklichen Gruben stürzen und in Stücke brechen. Sie fragte sich, wie es den jungen Leuten dort gefiel, oder ob es überhaupt junge Leute dort gab. Vielleicht war niemand jung und niemand alt, aber sie waren alle wie Mumien - was für eine Vorstellung - zwei Mumien, die sich lieben! So ging sie in einer rasselnden, schwindelerregenden Weise weiter, denn sie war erregt von der seltsamen Szene, in der sie sich befand, und versetzte den jungen Astronomen mit ihrer Lebhaftigkeit in Erstaunen. Aber Swedenborgs fester Glaube, dass die Phantasien, die in seinem Geist entstanden, wissenschaftliche Realitäten waren, unterscheidet sich sehr von dem bewussten Spiel der Phantasie in der gerade zitierten Passage. Es muss daran erinnert werden, dass Swedenborg seine Visionen mit demselben Vertrauen betrachtete, als ob es sich um Offenbarungen handelte, die mit Hilfe wissenschaftlicher Instrumente gemacht wurden; ja sogar mit noch größerem Vertrauen, denn er wusste, dass wissenschaftliche Beobachtungen missverstanden werden können, während er völlig davon überzeugt war, dass seine Visionen auf wundersame Weise zu seiner Erleuchtung dienten, und dass es ihm daher nicht erlaubt sein würde, etwas misszuverstehen, was ihm auf diese Weise offenbart wurde.

Es ist den Geistern und Engeln wohl bekannt", sagt er, "dass der Mond und die Monde oder Trabanten, die um Jupiter und Saturn kreisen, bewohnt sind. Selbst diejenigen, die die Geister, die von ihnen sind, nicht gesehen und sich mit ihnen unterhalten haben, zweifeln nicht daran, daß sie bewohnt sind; denn auch sie sind Erden, und wo eine Erde ist, da ist der Mensch; der Mensch ist der Zweck, zu dem jede Erde existiert, und ohne einen Zweck hat der große Schöpfer nichts geschaffen. Jeder, der einigermaßen aufgeklärt denkt, muss erkennen, dass das Menschengeschlecht die letzte Ursache der Schöpfung ist.

Da der Mond damals von Menschen bewohnt war, aber nur sehr unzureichend mit Luft versorgt wurde, mussten diese Menschen notwendigerweise in irgendeiner Weise mit den Mitteln ausgestattet sein, um in dieser seltenen und dünnen Atmosphäre zu existieren. Es bedurfte ungeheurer Einatmungs- und Ausatmungskräfte, damit diese Luft das Leben des menschlichen Körpers tragen konnte. Obwohl Swedenborg keine Kenntnis von der genauen Art und Weise gehabt haben kann, wie die Atmung das Leben unterstützt (denn Priestley war fast ein halbes Jahrhundert jünger als er), muss er doch klar erkannt haben, dass die Menge der eingeatmeten Luft viel mit der vitalisierenden Kraft der eingeatmeten Luft zu tun hat. Keine gewöhnliche menschliche Lunge könnte eine ausreichende Menge Luft aus einer Atmosphäre wie der des Mondes aufnehmen; aber durch eine große Steigerung der

Atemkraft könnte es möglich sein, dort zu leben: Zumindest gab es zu Swedenborgs Zeiten keinen Grund, etwas anderes anzunehmen. Nachdem die Vernunft ihn also davon überzeugt hatte, dass die Mondbewohner über einen außergewöhnlichen Atemapparat und vermutlich sehr kräftige Stimmen verfügen mussten, stellte die Einbildungskraft sie ihm entsprechend vor . Einige Geister erschienen am Himmel", sagt er, "und von dort hörte man Stimmen wie Donner; denn ihre Stimmen klangen genau wie Donner aus den Wolken nach einem Blitz. Ich nahm an, dass es sich um eine große Menge von Geistern handelte, die die Kunst besaßen, Stimmen mit einem solchen Klang zu erzeugen. Die einfacheren Geister, die bei mir waren, verspotteten sie, was mich sehr verwunderte. Aber die Ursache ihres Spottes wurde bald entdeckt, nämlich dass die Geister, die donnerten, nicht viele, sondern wenige waren und so klein wie Kinder, und dass sie (die Donnerer) sie bei früheren Gelegenheiten durch solche Töne erschreckt hatten und doch nicht imstande waren, ihnen den geringsten Schaden zuzufügen. Damit ich ihren Charakter kennenlernte, stiegen einige von ihnen von oben herab, wo sie donnerten; und, was mich überraschte, einer trug einen anderen auf dem Rücken, und so kamen die beiden auf mich zu. Ihre Gesichter waren nicht unansehnlich, aber länger als die der anderen Geister. Von der Statur her glichen sie Kindern von sieben Jahren, aber der Körperbau war kräftiger, so dass sie wie Menschen aussahen. Es wurde mir von den Engeln gesagt, dass sie vom Mond stammten. Derjenige, der von dem anderen getragen wurde, kam zu mir, legte sich an meine linke Seite unter den Ellbogen und sprach von dort. Er sagte, dass sie, wenn sie ihre Stimme erheben, auf diese Weise donnern", und es scheint wahrscheinlich, dass, wenn es lebende, sprechende Wesen auf dem Mond gibt, ihre Stimme, wenn sie die Erde besuchen würden, sich sehr deutlich von der gewöhnlichen menschlichen Stimme unterscheiden würde. In der geistigen Welt haben ihre donnernden Stimmen ihren Nutzen. Denn durch ihr Donnern erschrecken die Geister vom Mond die Geister, die sie verletzen wollen, so dass die Mondgeister in Sicherheit gehen, wohin sie wollen. Um mich davon zu überzeugen, dass das Geräusch, das sie machen, von dieser Art ist, zog er (der Geist, der von dem anderen getragen wurde) sich zurück, aber nicht aus dem Blickfeld, und donnerte in gleicher Weise. Sie zeigten außerdem, dass die Stimme gedonnert wurde, indem sie aus dem Unterleib wie ein Aufstoßen geäußert wurde. Man erkannte, dass dies von dem Umstand herrührte, dass die Bewohner des Mondes nicht wie die Bewohner anderer Erden aus der Lunge sprechen, sondern aus dem Unterleib und somit aus der dort gesammelten Luft, was darauf zurückzuführen ist, dass die Atmosphäre, von der der Mond umgeben ist, nicht wie die der anderen Erden ist.'

In seinem Verkehr mit Geistern vom Jupiter hörte Swedenborg von Tieren, die größer sind als die auf der Erde lebenden. Es war eine Lieblingsvorstellung vieler Gläubiger anderer Welten als der unsrigen, dass, obwohl in jeder Welt dieselben Tierrassen existieren, sie unterschiedlich groß sein würden; und es gab viele Spekulationen über die wahrscheinliche Größe von Menschen und anderen Tieren in Welten, die viel größer oder viel kleiner als die Erde sind. Als die Vorstellungen über andere Welten noch sehr grob waren, herrschte die Idee vor, dass es auf den größeren Kugeln Riesen und auf den kleineren Pygmäen gibt. Ob diese Vorstellung ihren Ursprung in Vorstellungen über die ewige Tauglichkeit der Dinge hatte oder nicht, geht nicht klar hervor. Es scheint jedenfalls auf den ersten Blick natürlich genug zu sein, anzunehmen, dass die größeren Wesen mehr Platz brauchen und daher die größeren Wohnungen bewohnen würden. Es war ein erfreulicher Gedanke, dass, wenn wir Jupiter oder Saturn besuchen könnten, wir dort die menschlichen Bewohner finden würden

An Größe die Riesensöhne der Erde zu übertreffen;

sondern dass wir, wenn wir unseren Mond oder Merkur oder andere kleinere Welten besuchen könnten, Menschen finden würden

Jetzt weniger als kleinste Zwerge, in engem Raum
Scharen ohne Zahl, wie das pygmäische Volk
Jenseits des indischen Berges; oder Elfen,
Deren mitternächtliche Gelage, an einem Waldrand
Oder Brunnen, ein verspäteter Bauer sieht,
Oder träumt, er sieht.

Später wurde die Theorie aufgestellt, dass die Größe der Wesen in den verschiedenen Welten von der Lichtmenge abhängt, die von der Zentralsonne erhält. So behauptete Wolfius, dass die Bewohner des Jupiters fast vierzehn Fuß hoch sind, was er durch den Vergleich der Menge des Sonnenlichts, das die Jovianer erreicht, mit der Menge, die wir Terrener erhalten, bewies. In jüngster Zeit hat man jedoch festgestellt, dass je größer der Planet ist, desto kleiner wahrscheinlich auch die Bewohner sein müssen, falls es welche gibt. Denn wenn es zwei Planeten mit gleicher Dichte, aber ungleicher Größe gibt, muss die Schwerkraft an der Oberfläche des größeren Planeten größer sein, und wo die Schwerkraft groß ist, werden große Tiere durch ihr Gewicht belastet. Man kann dies leicht erkennen, wenn man die Muskelkraft zweier Männer vergleicht, die ähnlich proportioniert, aber ungleich groß sind. Nehmen wir an, der eine Mann ist fünf Fuß groß, der andere sechs; dann ist der Querschnitt eines beliebigen Muskels bei dem einen weniger groß als bei dem anderen, und zwar im Verhältnis von fünfundzwanzig (fünf mal fünf) zu sechsunddreißig (sechs mal sechs). Grob gesagt wird die Muskelkraft des größeren Mannes wieder halb so groß sein wie die des kleineren. Aber die Gewichte der Männer werden im Verhältnis 125 (fünf mal fünf mal fünf) zu 216 (sechs mal sechs mal sechs) stehen, so dass das Gewicht des größeren Mannes das des kleineren fast so groß ist wie sieben mal vier, also um drei Viertel. Der größere Mann übertrifft den kleineren also viel mehr an Gewicht als an Kraft; er ist also im Verhältnis zu seiner Größe weniger aktiv. Innerhalb gewisser Grenzen steigert die Größe eines Menschen natürlich sowohl seine effektive als auch seine tatsächliche Kraft. Zum Beispiel kann unser großer Mann in der vorhergehenden Abbildung sein eigenes Gewicht nicht so leicht heben wie der kleine Mann seins; aber er kann ein Gewicht von dreihundert Pfund so leicht heben wie der kleine Mann ein Gewicht von zweihundert Pfund heben kann. Wenn wir jedoch bestimmte Grenzen der Körpergröße überschreiten, kommt es zu absoluter Schwäche als Folge der Gewichtszunahme. Swifts Brobdingnags zum Beispiel wären nicht in der Lage gewesen, aufrecht zu stehen; denn sie waren sechsmal so groß wie Menschen, und deshalb hätte jeder Brobdingnag 216-mal so viel gewogen wie ein Mensch, aber nur sechsunddreißigmal so viel Muskelkraft besessen. Ihr Gewicht wäre also um das Sechsfache größer gewesen als ihre Kraft, und was ihr bloßes Gewicht anbelangt, so hätte ihr Zustand dem eines gewöhnlichen Menschen unter einer Last geglichen, die sein eigenes Gewicht um das Fünffache übersteigt. Wie kein Mensch unter einer solchen Last gehen oder aufrecht stehen kann, so wären die Brobdingnags trotz oder gerade wegen ihrer enormen Statur unfähig gewesen, sich zu bewegen. Wendet man die hier dargelegten allgemeinen Überlegungen auf die Frage nach der wahrscheinlichen Größe von Lebewesen wie uns auf anderen Planeten an, so stellt man fest, dass die Menschen auf Jupiter viel kleiner und die Menschen auf Merkur viel größer sein müssten als die Menschen auf der Erde. Das gilt auch für andere Tiere.

Aber Swedenborgs Geisterbesucher von diesen Planeten lehrten etwas anderes. Die Pferde unserer Erde", sagt er, "erschienen mir, als sie von den Geistern des Jupiter gesehen wurden, kleiner als gewöhnlich, obwohl sie ziemlich kräftig waren, was von der Vorstellung herrührte, die jene Geister von ihnen hatten. Sie teilten mir mit, dass es unter ihnen ähnliche, wenn auch viel größere Tiere gibt; aber dass sie wild und in den Wäldern leben und dass sie, wenn sie in Sicht kommen, Schrecken verursachen, obwohl sie harmlos sind; sie fügten hinzu, dass ihr Schrecken vor ihnen natürlich oder angeboren ist." [28] Andererseits erschienen die Bewohner des Merkur, die dreizehn Fuß hoch und doch so aktiv wie unsere Menschen sein konnten, schlanker als die Menschen der Terrena. Ich wollte wissen", sagt Swedenborg, "welche Art von Gesicht und Person die Menschen auf Merkur haben, verglichen mit denen der Menschen auf unserer Erde. Da stand nun eine Frau vor mir, die den Frauen auf jener Erde genau glich. Ihr Gesicht war schön, aber kleiner als das einer Frau auf unserer Erde; sie war schlanker, aber gleich groß; sie trug einen leinenen Kopfschmuck, nicht kunstvoll, aber anmutig gestaltet. Auch ein Mann wurde vorgestellt. Auch er war schlanker als die Männer unserer Erde; er trug ein tiefblaues Gewand, das eng an seinem Körper anlag, ohne Falten oder fließende Röcke. Dies, so erfuhr ich, war die persönliche Form und Kleidung der Menschen dieser Erde. Danach wurde mir eine Art von Ochsen und Kühen gezeigt, die sich in der Tat nicht sehr von denen auf unserer Erde unterschieden, außer dass sie kleiner waren und sich den Hirsch- und Hirschkuharten etwas näherten. Wir haben auch gesehen, dass die Mondgeister nicht größer waren als sieben Jahre alte Kinder.

Eine Stelle in Swedenborgs Beschreibung des Jupiter ist merkwürdig. Obwohl auf jener Erde", so sagt er, "die Geister mit den Menschen sprechen" (d.h. mit den jovianischen Menschen), "spricht der Mensch seinerseits nicht mit den Geistern, es sei denn, er sagt, wenn er angewiesen wird, *dass er es nicht mehr tun wird*" - was wir für einen Stier halten würden, wenn es nicht eine Nachricht aus der jovianischen Geisterwelt wäre. Es ist dem Menschen auch nicht erlaubt, jemandem zu sagen, dass ein Geist zu ihm gesprochen hat; wenn er das tut, wird er bestraft. Die Geister des Jupiter, als sie bei mir waren, glaubten zuerst, sie seien bei einem Menschen ihrer eigenen Erde; als ich aber meinerseits mit ihnen sprach und daran dachte, das, was zwischen uns vorging, zu veröffentlichen und so anderen zu berichten, da entdeckten sie, weil sie mich nicht züchtigen durften, dass sie bei einem Fremden waren.

Die Vorstellung, dass die Monde der entfernteren Planeten ausdrücklich zu dem Zweck geschaffen wurden, die geringe Menge an Sonnenlicht, die diese Planeten erreicht, auszugleichen, ist eine Lieblingsidee derjenigen, die sich an dem Argument des Designs erfreuen. Jupiter empfängt nur etwa einen siebenundzwanzigsten Teil des Lichts, das wir von der Sonne erhalten; aber hat er nicht vier Monde, um seine Nächte herrlich zu machen? Saturn ist noch weiter von der Sonne entfernt und empfängt nur den neunzigsten Teil des Lichts, das wir von der Sonne erhalten; aber er hat acht Monde und seine Ringe, und die nächtliche Pracht seines Himmels muss weit reichen, um die Saturnianer für die geringe Menge an Sonnenlicht zu entschädigen, die sie erhalten. Die saturnianischen Geister, die Swedenborg besuchten, waren offensichtlich mit diesen Ideen indoktriniert. Denn sie teilten ihm mit, dass das nächtliche Licht des Saturn so groß ist, dass einige Saturnianer es anbeten und es den Herrn nennen. Diese bösen Geister sind von den anderen getrennt und werden von ihnen nicht geduldet. Das nächtliche Licht", sagen die Geister, "kommt von dem unermesslichen Ring, der diese Erde in einiger Entfernung umgibt, und von den Monden, die die Satelliten des Saturn genannt werden. Und weiter befragt "über den großen Ring, der sich von unserer Erde aus über den Horizont dieses Planeten zu erheben und seine Lagen zu verändern scheint, sagten sie, er erscheine ihnen nicht als Ring, sondern nur als eine schneeweiße Substanz am Himmel in verschiedenen Richtungen. Zum Unglück für unseren Glauben an die Wahrhaftigkeit dieser Geister steht fest, dass die Saturnmonde nicht annähernd so viel Licht spenden können wie die unsrigen, während die Ringe viel wirksamer als Verdunklungshilfen denn als Beleuchter sind. Man kann leicht die scheinbare Größe jedes der Monde vom Saturn aus gesehen berechnen und dann zeigen, dass die acht Scheiben der Monde zusammen etwa im Verhältnis von fünfundvierzig zu acht größer sind als die Scheibe unseres Mondes. Würden sie also alle so hell leuchten wie unser Vollmond und alle gleichzeitig voll sein, so würde ihr gemeinsames Licht das unseres Mondes in diesem Maße übertreffen. Aber sie sind nicht so beleuchtet wie unser Mond. Sie werden von der gleichen fernen Sonne beleuchtet, die auch den Saturn beleuchtet, während unser Mond von einer Sonne beleuchtet wird, die ihm so viel Licht gibt, wie wir selbst empfangen. Unser Mond ist also neunzigmal heller beleuchtet als die Saturnmonde, und da seine Scheibe kleiner ist als die aller Saturnmonde zusammen, nicht eins zu neunzig, sondern sechzehn zu neunzig, so folgt daraus, dass alle

Saturnmonde, wenn sie gleichzeitig voll wären, ein Sechzehntel des Lichtes, das wir vom Vollmond empfangen, zum Saturn zurückwerfen würden. [29] Was die Ringe des Saturns betrifft, so kann nichts gewisser sein, als dass sie dem Saturn viel mehr Licht entziehen, als dass sie durch Reflexion den geringen Anteil des Lichts, das der Saturn direkt von der Sonne empfängt, ausgleichen . Der Teil des Rings, der zwischen dem Planeten und der Sonne liegt, wirft einen schwarzen Schatten auf den Saturn, der manchmal eine Fläche bedeckt, die um ein Vielfaches größer ist als die gesamte Oberfläche unserer Erde. Der so auf den Planeten geworfene Schatten kriecht langsam, erst in die eine, dann in die andere Richtung, nordwärts und südwärts über die beleuchtete Hemisphäre des Planeten (wie auf der 13. Tafel meiner Abhandlung über den Saturn dargestellt) und benötigt für seinen Durchgang von den arktischen zu den antarktischen Regionen und wieder zurück zu den arktischen Regionen des Planeten eine Zeitspanne, die fast der einer Generation von Erdenmenschen entspricht. Der Prozess dauert fast dreißig unserer Jahre, wobei die nördliche Hemisphäre während der Hälfte dieser Zeit leidet und die südliche während der anderen Hälfte. Das Schattenband, das sich quer über den Planeten von der äußersten Ost- bis zur äußersten Westseite der beleuchteten Hemisphäre erstreckt, ist während des größten Teils der Zeit so breit, dass in einigen Regionen (die unseren gemäßigten Zonen entsprechen) der Schatten zwei Jahre braucht, um zu vergehen, während dieser Zeit kann die Sonne überhaupt nicht gesehen werden, es sei denn für ein paar Augenblicke durch einige Spalten in den Ringen, die bekanntlich keine festen Körper sind, sondern aus dicht gedrängten kleinen Monden bestehen. Und der langsame Durchgang dieses furchtbaren Schattens, der sich im Durchschnitt etwa zwanzig Meilen pro Tag fortbewegt, aber dennoch jahrelang über den Regionen hängt, durch die er zieht, findet gerade in der Jahreszeit statt, in der die geringe direkte Wärmezufuhr der Sonne am meisten durch nächtliches Licht ausgeglichen werden müsste - nämlich im Winter des Planeten. Außerdem reflektiert der Ring nicht nur während der Zeit des Schattendurchgangs, sondern während der gesamten Winterhälfte des Saturnjahres kein Licht während der Nachtzeit, da sich die Sonne auf der anderen oder Sommerseite der Ringebene befindet. [30] Der einzige nächtliche Effekt, der beobachtbar wäre, wäre die Auslöschung der Sterne, die vom Ringsystem bedeckt werden. Es ist seltsam, dass die Geister vom Saturn diesen Umstand nicht erwähnt haben; und noch seltsamer, dass diese Geister und andere behauptet haben, dass die Monde und Ringe des Saturn die geringe Lichtmenge, die direkt von der Sonne empfangen wird, ausgleichen. Sicherlich würde ein Swedenborg unserer Zeit die Geister vom Saturn wahrheitsgetreuer und mitteilsamer über diese Dinge finden, obwohl selbst das, was *er* von den Geistern hören würde, den Skeptikern des einundzwanzigsten Jahrhunderts zweifellos als nicht mehr erscheinen würde, als er aus den bekannten Fakten der Wissenschaft seiner Zeit hätte ableiten können.

Aber Swedenborg begnügte sich nicht damit, Besuche von den Bewohnern anderer Planeten des Sonnensystems zu empfangen. Er wurde auch von den Geistern der Erden im Sternenhimmel besucht; ja, er war sogar in der Lage, diese Erden selbst zu besuchen. Denn der Mensch ist, auch wenn er in der Welt lebt, "in seinem Innern ein Geist, und der Körper, den er in der Welt trägt, dient ihm nur dazu, in dieser natürlichen oder irdischen Sphäre, die die niedrigste ist, Funktionen zu erfüllen". Und manchen Menschen ist es nicht nur vergönnt, als Geist mit Engeln und Geistern zu sprechen, sondern auch die weiten Entfernungen, die Welt von Welt und System von System trennen, auf geistige Weise zu durchqueren, während sie im Körper bleiben. Swedenborg war einer von ihnen. Das Innere meines Geistes", sagt er, "ist vom Herrn geöffnet, so dass ich, während ich im Körper bin, gleichzeitig mit den Engeln im Himmel sein kann und mich nicht nur mit ihnen unterhalte, sondern auch die wunderbaren Dinge sehe, die dort sind, und sie beschreibe, so dass man fortan nicht mehr sagen kann: "Wer ist jemals vom Himmel gekommen, um zu versichern, dass er existiert und uns zu sagen, was dort ist?" Wer mit den Geheimnissen des Himmels nicht vertraut ist, kann nicht glauben, dass der Mensch so weit entfernte Erden sehen und aus eigener Erfahrung darüber berichten kann. Er soll aber wissen, daß die in der natürlichen Welt bestehenden Räume und Entfernungen und folglich die Fortschreitungen in ihrem Ursprung und in ihren ersten Ursachen Veränderungen des Zustands der Innenräume sind; daß bei Engeln und Geistern die Fortschreitungen entsprechend den Zustandsveränderungen erscheinen; und daß sie durch Zustandsveränderungen scheinbar von einem Ort zum anderen und von einer Erde zur anderen versetzt werden können, sogar zu Erden an den Grenzen des Universums; so kann auch der Mensch, was seinen Geist betrifft, sein Körper an seinem Platz bleiben. Dies ist bei mir der Fall gewesen.

Bevor er seine Besuche auf den Erden im Sternenhimmel beschreibt, ist Swedenborg darauf bedacht, auf die Wahrscheinlichkeit der Existenz solcher Erden hinzuweisen. Es ist der gelehrten Welt wohlbekannt", sagt er, "dass jeder Stern eine Sonne an seinem Platz ist, die feststeht wie die Sonne unserer Erde". Die Eigenbewegungen der Sterne waren zu Swedenborgs Zeiten leider noch nicht entdeckt worden, und er scheint sich auch nicht bewusst gewesen zu sein, auf welch wilde Jagd er sich in seinen spirituellen Fortschritten wirklich einließ. Man stelle sich die Verfolgung von Sirius oder Wega vor, wenn eine der beiden Sonnen mit einer Geschwindigkeit von dreißig oder vierzig Meilen in jeder Sekunde durch den Raum raste! Um jedoch den Bericht, den Swedenborg über die Vorstellungen der gelehrten Welt seiner Zeit gibt, wieder aufzunehmen. Es ist die Entfernung, die einen Stern in einer kleinen Form erscheinen lässt; folglich" (die logische Notwendigkeit ist jedoch nicht offensichtlich) "hat jeder Stern, wie die Sonne unseres Systems, Planeten um sich herum, die Erden sind; und der Grund, warum diese für uns nicht sichtbar sind, ist ihre immense Entfernung und ihr Licht, das nur von ihrem eigenen Stern kommt, welches Licht nicht so weit reflektiert werden kann, um uns zu erreichen. Zu welchem anderen Zweck", so die überzeugende Argumentation, "kann ein so unermesslicher Himmel mit einer solchen Vielzahl von Sternen bestehen? Denn der Mensch ist der Zweck, für den das Universum geschaffen wurde. Man hat durch

Berechnungen festgestellt, daß, wenn es im Universum eine Million Erden gäbe und auf jeder Erde dreihundert Millionen Menschen und zweihundert Generationen innerhalb von sechstausend Jahren, und jedem Menschen oder Geist ein Raum von drei Kubikellern zugewiesen wäre, die Gesamtzahl der Menschen oder Geister nicht einen Raum einnehmen könnte, der einem Tausendstel dieser Erde entspricht, also nicht mehr als der Raum, den einer der Trabanten des Jupiters oder Saturns einnimmt; ein Raum im Universum, der fast nicht wahrnehmbar ist, denn ein Trabant ist mit dem bloßen Auge kaum sichtbar. Was wäre das für den Schöpfer des Universums, dem das ganze Universum voller Erden nicht genügen könnte" (wofür?), "da er doch unendlich ist. Swedenborg stützt sich jedoch nicht nur auf diese Argumentation. Er sagt uns ehrlich und ohne jeden Zweifel, dass er die Wahrheit dessen, was er erzählt, kennt. Die Informationen, die ich jetzt gebe", sagt er, "über die Erden im Sternenhimmel stammen aus einem experimentellen Zeugnis, aus dem auch hervorgehen wird, wie ich mit meinem Geist dorthin entrückt wurde, während der Körper an seinem Platz blieb.

Bei seiner ersten Sternensuche, die etwa zwei Stunden dauerte, bewegte er sich nach rechts. Er fand die Grenze unseres Sonnensystems zunächst durch eine weiße, aber dicke Wolke markiert, dann durch einen feurigen Rauch, der aus einem großen Abgrund aufstieg. Hier erschienen einige Wachen, die einen Teil der Gesellschaft aufhielten, weil sie nicht wie Swedenborg und die anderen die Erlaubnis zum Durchgang erhalten hatten. Sie hielten diese Unglücklichen nicht nur auf, sondern folterten sie, ein Verhalten, für das man vielleicht irdische Entsprechungen entdecken könnte.

In einem anderen System angekommen, fragte er die Geister einer der dortigen Erden, wie groß ihre Sonne sei und wie sie aussehe. Sie sagten, sie sei kleiner als die Sonne unserer Erde und habe ein flammendes Aussehen. Unsere Sonne ist in der Tat größer als andere Sonnen im Weltraum, denn von jener Erde aus sieht man einen Sternenhimmel und einen Stern, der größer ist als alle anderen, der, so sagten jene Geister, "vom Himmel aus erklärt wurde", die Sonne von Swedenborgs irdischer Heimat zu sein.

Was Swedenborg auf dieser Erde sah, ist nicht von besonderem Interesse. Die Männer dort, obwohl hochmütig, werden von ihren jeweiligen Frauen geliebt, weil sie, die Männer, gut sind. Aber ihre Güte geht aus der Erzählung nicht sehr deutlich hervor. Der einzige Mann, den Swedenborg sah, nahm von seiner Frau "das Gewand, das sie trug, und warf es über seine eigenen Schultern; er lockerte den unteren Teil, der wie ein Gewand bis zu seinen Füßen herabfiel (so wie man von einem Mann auf unserer Erde erwarten könnte, dass er die Bindung der Periode lockert, wenn er sie in gleicher Weise ausleiht), und so ging er gekleidet umher.

Als nächstes besuchte er eine Erde, die um einen Stern kreiste, von dem er erfuhr, dass es sich um einen der kleineren Art handelte, nicht weit vom Äquator entfernt. Ihre größere Entfernung wurde aus dem Umstand ersichtlich, dass Swedenborg zwei

Tage brauchte, um sie zu erreichen. Auf dieser Erde geriet er fast in einen Streit mit den Geistern. Denn als er hörte, dass sie eine bemerkenswerte Sehschärfe besäßen, verglich er sie "mit Adlern, die hoch fliegen und einen klaren und weiten Blick auf die Dinge unter ihnen haben". Darüber waren sie entrüstet, denn sie vermuteten, arme Geister, "dass er sie mit Adlern verglich, was ihre Raubgier anging, und sie deshalb für böse hielt". Er beeilte sich jedoch zu erklären, dass er "sie nicht mit Adlern in Bezug auf ihre Raublust, sondern auf ihre Scharfsichtigkeit verglich".

Swedenborgs Bericht über eine dritte Erde in den Tiefen der Sterne enthält eine sehr schöne Idee für Tempel und Kirchen. Die Tempel auf dieser Erde "sind aus Bäumen gebaut", sagt er, "die nicht gefällt wurden, sondern an dem Ort wachsen, an dem sie zuerst gepflanzt wurden. Auf dieser Erde, so scheint es, gibt es Bäume von außerordentlicher Größe und Höhe; diese werden in Reihen gesetzt, wenn sie jung sind ( ), und so angeordnet, dass sie, wenn sie groß sind, dazu dienen können, Säulengänge und Kolonnaden zu bilden. In der Zwischenzeit bereiten sie die zarten Triebe durch Schneiden und Beschneiden so vor, dass sie sich ineinander verschlingen und so miteinander verbunden werden, dass sie das Fundament und den Boden des zu errichtenden Tempels bilden, an den Seiten als Wände emporragen und oben zu Bögen gebogen werden, um das Dach zu bilden. Auf diese Weise errichten sie den Tempel mit bewundernswerter Kunst und erheben ihn hoch über den Boden. Sie bereiten auch einen Aufstieg in den Tempel vor, indem sie die Äste der Bäume, die sich vom Stamm aus erstrecken, fest miteinander verbinden. Außerdem schmücken sie den Tempel außen und innen auf verschiedene Weise, indem sie das Laub in besonderen Formen anordnen; so bauen sie ganze Haine. Aber es war mir nicht gestattet, die Beschaffenheit dieser Tempel zu sehen, nur wurde mir mitgeteilt, dass das Licht ihrer Sonne durch Öffnungen zwischen den Zweigen eingelassen und überall durch Kristalle übertragen wird; wodurch das Licht, das auf die Wände fällt, in Farben wie die des Regenbogens gebrochen wird, besonders in Blau und Orange, die sie am liebsten mögen. So ist ihre Architektur, die sie den prächtigsten Palästen unserer Erde vorziehen.

Swedenborg besuchte noch andere Erden am Sternenhimmel, aber die obige wird ausreichen, um die Art seiner Beobachtungen zu veranschaulichen. Übrigens wurde ihm eine Aussage gemacht, die wohl kaum jemals widerlegt werden konnte, die sich aber in unserer Zeit als völlig falsch erwiesen hat. In der vierten Sternenwelt, die er besuchte, wurde ihm gesagt, dass die Erde, die ihre Sonne in 200 Tagen zu je fünfzehn Stunden umrundet, eine der kleinsten im Universum ist, mit einem Umfang von kaum 500 deutschen Meilen, sagen wir 2000 englischen Meilen. Dies würde seinen Durchmesser auf etwa 640 englische Meilen bringen. Aber es gibt nicht einen aus der ganzen Familie der Planetoiden, der einen so großen Durchmesser hat wie dieser, und viele dieser Erden müssen weniger als fünfzig Meilen im Durchmesser haben. Nun bemerkt Swedenborg, dass er seine Informationen von den Engeln erhielt, "die in all diesen Einzelheiten einen Vergleich mit Dingen ähnlicher Natur auf unserer Erde anstellten, gemäß dem, was sie in mir oder in meiner Erinnerung sahen. Sie zogen ihre Schlüsse aus den Ideen der Engel, die das Maß von Raum und Zeit in einem gerechten Verhältnis zu Raum und Zeit anderswo sofort erkennen. Engelsgedanken, die geistig sind, übertreffen bei solchen Berechnungen unendlich die menschlichen Gedanken, die natürlich sind. Er muss also leider mit unehrlichen Engeln zusammengetroffen sein.

Die wirkliche Quelle von Swedenborgs Eingebungen wird für alle, die keine Swedenborgianer sind, einigermaßen offensichtlich sein. Aber unser Bericht über seine Visionen wäre im psychologischen Sinne nicht vollständig ohne einen kurzen Hinweis auf die persönlichen Anspielungen, die die Geister und Engel während ihrer Besuche oder seiner Wanderungen machten. Seinem bedeutenden Konkurrenten Christian Wolf begegneten Geister vom Merkur als Geist, die "bemerkten, dass das, was er sagte, sich nicht über die sinnlichen Dinge des natürlichen Menschen erhob, weil er beim Sprechen an die Ehre dachte und danach strebte, wie in der Welt (denn in der anderen Welt ist jeder wie sein früheres Ich), verschiedene Dinge zu Reihen zu verbinden, und von diesen wiederum fortwährend andere abzuleiten, und so mehrere Ketten von solchen zu bilden, die sie nicht sahen oder als wahr anerkannten, und die sie daher für Ketten erklärten, die weder in sich selbst noch mit den Schlussfolgerungen zusammenhingen, und nannten sie die Unklarheit der Autorität;So hörten sie auf, ihn weiter zu befragen, und verließen ihn alsbald. Ebenso fand ein Geist, der in dieser Welt ein "Prälat und Prediger" gewesen war und "sehr pathetisch, so dass er seine Zuhörer tief bewegen konnte", kein Gehör bei den Geistern einer bestimmten Erde im Sternenhimmel; denn sie sagten, sie könnten "am Ton der Stimme erkennen, ob eine Rede aus dem Herzen kam oder nicht"; und da seine Rede nicht aus dem Herzen kam, "konnte er sie nicht lehren, worauf er schwieg". Es ist also praktisch, Geister und Engel zu haben, die unsere Eindrücke von anderen Menschen, lebenden oder toten, bestätigen.

Abgesehen von dem psychologischen Interesse, das Swedenborgs seltsamen Visionen anhaftet, kann man nicht umhin, von der sie durchdringenden Idee beeindruckt zu sein, dass Wesen, die entsprechend beschaffen sind, alles, was sich in anderen Welten abspielt, kennen können. Die moderne Wissenschaft erkennt hier eine Wahrheit an; denn in jenem geheimnisvollen Äther, der den ganzen Raum einnimmt, sind zu jeder Zeit Botschaften unterwegs, durch die die Geschichte einer jeden Kugel ständig aufgezeichnet wird. Keine Welt, wie weit entfernt oder unbedeutend sie auch sein mag, keine Periode, wie weit entfernt sie auch sein mag - ihre Geschichte wird auf diese Weise ständig in immer größer werdenden Wellen verkündet. Nein, durch diese Wellen wird auch (für Wesen, die ihre Lehren richtig lesen können) die Zukunft ständig angezeigt. Denn so wie die Wellen, die den Äther durchdringen, nur so liegen können, wie sie in jedem Augenblick durch vergangene Vorgänge tatsächlich sind, von denen jeder einzelne folglich durch diese ätherischen Wellen angezeigt wird, so kann es auch nur eine Reihe von Ereignissen in der Zukunft geben, als Folge der Beziehungen, die tatsächlich durch die ätherischen Wellen angezeigt werden. Diese sprechen also ebenso eindeutig und klar von der Zukunft wie von der Vergangenheit. Könnten wir uns nur von den groben Gewändern des Fleisches befreien und durch einige neue Sinne in die Lage versetzt werden, jede Ordnung der feinstofflichen Wellenbewegungen zu fühlen, auch nur die, die unsere Erde erreichen, so läge alles Wissen über Vergangenheit und Zukunft in unserer Macht. Das Bewußtsein davon liegt den Phantasien Swedenborgs ebenso zugrunde wie dem Denken dessen, der sang.

Es gibt keine Kugel, die du siehst
, die nicht in ihrer Bewegung wie ein Engel singt,
der immer noch zu den jungäugigen Cherubim quakt.
Doch während dieses schlammige Gewand der Verwesung
uns grob einschließt, können wir es nicht hören.

V. ANDERE WELTEN UND ANDERE UNIVERSEN.

Wenn mir jemand ernsthaft sagt, dass ich meine Zeit müßig mit einer vergeblichen und fruchtlosen Suche nach etwas verbringe, dessen ich mir niemals sicher sein kann, so lautet die Antwort, dass er damit die gesamte Naturphilosophie, soweit sie sich mit der Erforschung der Natur solcher Dinge befasst, niederlegen würde. Bei so edlen und erhabenen Studien wie diesen ist es eine Ehre, zur Wahrscheinlichkeit zu gelangen, und die Suche selbst belohnt die Mühen. Aber es gibt viele Grade des Wahrscheinlichen, einige näher an der Wahrheit als andere, in deren Bestimmung die Hauptübung unseres Urteils liegt. Und abgesehen von der Noblesse und dem Vergnügen der Studien, dürfen wir nicht so kühn sein zu sagen, dass sie eine nicht geringe Hilfe für den Fortschritt der Weisheit und der Moral sind?-Huyghens, Conjectures concerning the Planetary Worlds.

DAS Interesse, mit dem die Astronomie von vielen studiert wird, die sich wenig oder gar nicht für andere Wissenschaften interessieren, ist vor allem auf die Gedanken zurückzuführen, die die Himmelskörper über das Leben in anderen Welten als der unseren nahelegen. Es gibt kein Gefühl, das tiefer im menschlichen Herzen verwurzelt ist - nicht der Glaube an übermenschliche Kräfte, nicht die Hoffnung auf Unsterblichkeit, nicht einmal die Angst vor dem Tod - als der Glaube an Lebenswelten, in denen andere Bedingungen herrschen als die, die wir hier kennen. Es ist nicht vulgäre Neugierde oder müßige Phantasie, die die Möglichkeiten des Lebens in anderen Welten nahelegt. Es ist die Überzeugung der tiefgründigsten Denker, der Menschen mit der größten Vorstellungskraft. Das Geheimnis der Sternentiefen hat den Mathematiker ebenso fasziniert wie den Dichter , den genauen Beobachter ebenso wie den fruchtbarsten Theoretiker, den Geschäftsmann ebenso wie denjenigen, der sein Leben in der Gemeinschaft mit der Natur verbringt. Untersucht man das Interesse, mit dem sich die Allgemeinheit der Menschen für astronomische Fragen interessiert, die scheinbar nichts mit der Frage nach dem Leben in anderen Welten zu tun haben, so stellt man in jedem Fall fest, dass dieses Interesse allein oder hauptsächlich dieser Frage entsprungen ist. Die großen Entdeckungen, die in den letzten Jahren zum Beispiel in Bezug auf die Sonne gemacht wurden, scheinen von der Frage des Lebens in anderen Welten weit entfernt zu sein. Es ist wahr, dass Sir William Herschel glaubte, die Sonne könnte die Heimat von Lebewesen sein; und Sir John Herschel schlug sogar die Möglichkeit vor, dass die riesigen Lichtstreifen, die als solare Weidenblätter bezeichnet werden, Objekte, die zwischen zweihundert und tausend Meilen lang sind, Lebewesen sein könnten, deren intensiver Glanz das Maß für ihre intensive Vitalität war. Doch die modernen Entdeckungen hatten alle diese Theorien unhaltbar gemacht. Die Sonne stellt sich uns als ein gewaltiger Schmelzofen dar, in dessen Feuer die widerspenstigsten Elemente nicht nur geschmolzen, sondern verdampft werden. Das Material der Sonne wurde analysiert, die Bewegungen und Veränderungen auf ihrer Oberfläche untersucht und die Gesetze ihres Seins bestimmt. Wie, so könnte man fragen, ist die Frage nach dem Leben in anderen Welten in diese Forschungen eingebunden? Da der Glaube von Sir David Brewster an die Sonne als Sitz des Lebens widerlegt ist, wie können dann Entdeckungen in Bezug auf die Sonne diejenigen interessieren, die sich für das Thema der Vielfalt der Welten interessieren? Die Antwort auf diese Fragen ist leicht zu finden. Das wirkliche Interesse, das die Sonnenforschung für Nicht-Astronomen hatte, lag in den Beweisen für die Stellung der Sonne als Feuer, Licht und Leben des Weltensystems, von dem unsere Welt eine ist. Die bloßen Tatsachen, die in Bezug auf die Sonne entdeckt wurden, würden als so viele trockene Details angesehen werden, wenn sie nicht direkt in Beziehung zu unserer Erde und ihren Bedürfnissen und somit zu den Bedürfnissen der anderen Erden, die um die Sonne kreisen, gebracht würden; aber wenn sie so behandelt werden, erregen sie sofort Aufmerksamkeit und Interesse. Ich spreche nicht willkürlich, wenn ich dies behaupte, sondern beschreibe das Ergebnis einer weitreichenden Beobachtung. Ich habe in Großbritannien und Amerika vor Hunderten von Zuhörern über die jüngsten Entdeckungen der Sonne gesprochen und mich mit vielen Hunderten von Personen unterschiedlicher Kapazität und Bildung unterhalten, von fast ungebildeten Menschen bis hin zu Männern von höchster intellektueller Kraft; und meine unveränderliche Erfahrung war, dass die Sonnenforschung ihr Hauptinteresse erlangt, wenn man sie im Zusammenhang mit der Stellung der Sonne als dem mächtigen Herrscher, dem unerschütterlichen Erhalter, dem wohltätigen Mahner des Weltensystems betrachtet, zu dem unsere Erde gehört. Mit anderen astronomischen Themen verhält es sich genauso. Nur wenige interessieren sich für die Aufzeichnungen von Mondbeobachtungen, außer in Bezug auf die Frage, ob der Mond der Wohnort von Lebewesen ist oder war. Die Bewegungen von Kometen und Meteoren und die Entdeckungen, die in letzter Zeit über ihren Zustand gemacht wurden, sind nur von Interesse, wenn es um die Stellung dieser Körper in der Wirtschaft des Sonnensystems geht oder um die mögliche Rolle, die sie einst bei der Entstehung von Welten und Sonnen gespielt haben könnten. Niemand außer den Astronomen, und nur wenige von ihnen, interessieren sich für die Erforschung der Sterntiefen, außer im Zusammenhang mit dem Gedanken, dass jeder Stern eine Sonne ist und daher wahrscheinlich das Licht und das Feuer eines Systems von Welten wie denen, die um unsere eigene Sonne kreisen.

Es ist bemerkenswert, wie unterschiedlich die Frage nach dem Leben in anderen Welten auf den verschiedenen Stufen des astronomischen Fortschritts betrachtet wurde. Von der Zeit des Pythagoras, der, soweit bekannt, als erster die allgemeine Theorie von der Vielheit der Welten aufstellte, bis in unsere Zeit, in der Brewster und Chalmers einerseits und Whewell andererseits rivalisierende Theorien vertraten, die wahrscheinlich beide zugunsten einer Theorie beiseite geschoben werden sollten, die gleichzeitig zwischen beiden liegt und zeitlich und räumlich weiter reicht, hat sich der Aspekt des Themas ständig verändert, da aus verschiedenen Richtungen neues Licht auf es geworfen wurde. Es mag interessant sein, kurz zu betrachten, was in der Vergangenheit über diese seltsam anziehende Frage gedacht wurde, und dann die Sichtweise aufzuzeigen, auf die die modernen Entdeckungen offensichtlich hinweisen - eine Sichtweise, die wahrscheinlich keinen anderen Wandel erfahren wird als den, der sich aus einer klareren Sicht und einer näheren Annäherung ergibt. Mit anderen Worten, ich werde mich bemühen zu zeigen, dass die Theorie, zu der uns jetzt alle bekannten Tatsachen führen, im Allgemeinen richtig ist, auch wenn sie, wenn neue Erkenntnisse gewonnen werden, in Einzelheiten geändert werden kann. Wir sehen das Thema jetzt vom richtigen Standpunkt aus, auch wenn wir es mit dem Fortschreiten der Wissenschaft vielleicht noch klarer und deutlicher sehen werden.

Als die Menschen glaubten, die Erde sei eine flache Oberfläche, über der sich der Himmel wie ein Zelt oder ein Baldachin wölbt, glaubten sie wahrscheinlich nicht an andere Welten als die unsere. In den früheren Zeitaltern der Menschheit herrschten Vorstellungen wie diese vor. Die Erde war in ihre gegenwärtige Form und ihren Zustand gebracht worden, der Himmel hatte sich über ihr ausgebreitet, Sonne, Mond und Sterne waren zu ihrem Gebrauch und zu ihrer Zierde in den Himmel gesetzt worden, und es gab keinen Gedanken an eine andere Welt.

Doch während dies der allgemeine Glaube war, gab es bereits eine philosophische Schule, die eine andere Lehre vertrat. Pythagoras hatte die Überzeugung von Apollonius Pergæus übernommen, dass die Sonne das Zentrum der Planetenbahnen ist und die Erde einer der Planeten - eine Überzeugung, die untrennbar mit der Lehre von der Vielheit der Welten verbunden ist. Es ist viel argumentiert worden, um zu zeigen, dass dieser Glaube nie vor der Zeit von Kopernikus angenommen wurde, und zweifellos muss man zugeben, dass die Theorie auf nicht in der klaren und einfachen Form dargestellt wurde, an die wir uns gewöhnt haben. Es ist jedoch nicht notwendig, die widersprüchlichen Argumente für und gegen die Meinung abzuwägen, dass Pythagoras und andere die Erde nicht als festen Mittelpunkt des Universums ansahen. Die sichere Tatsache, dass die Lehre von der Vielheit der Welten von ihnen vertreten (ich sage nicht angenommen) wurde, beweist hinreichend, dass sie die Erde nicht als festen und zentralen Punkt angesehen haben können. Die Vorstellung von anderen Welten wie unserer Erde ist offensichtlich unvereinbar mit dem Glauben, dass die Erde der zentrale Körper ist, um den sich das ganze Universum dreht.

Dass dem so ist, zeigt das Schicksal des unglücklichen Giordano Bruno. Er war einer der ersten Schüler von Kopernikus, und nachdem er die Lehre angenommen hatte, dass die Erde als einer der Planeten um die Sonne kreist, wurde er ganz natürlich zu der Überzeugung geführt, dass die anderen Planeten bewohnt sind. Er ging noch weiter und behauptete, so wie die Erde nicht die einzige bewohnte Welt im Sonnensystem sei, so sei auch die Sonne nicht das einzige Zentrum eines Systems von bewohnten Welten, sondern jeder Stern eine Sonne wie die seine, um die sich viele Planeten drehen. Dies war eine der vielen Irrlehren, für die Bruno auf dem Scheiterhaufen verbrannt wurde. Es ist auch leicht, in der Lehre von den vielen Welten als natürlicher Folge der kopernikanischen Theorie und nicht in den Merkmalen dieser Theorie selbst die Ursache für die Feindseligkeit zu erkennen, mit der die Theologen sie betrachteten, bis sie, als sie sie bewiesen fanden, entdeckten, dass sie direkt in den Büchern gelehrt wird, die sie für uns so unterschiedlich auslegen. Die kopernikanische Theorie wurde nicht abgelehnt, ja sie wurde sogar befürwortet, bis diese besondere Konsequenz der Theorie anerkannt wurde. Aber schon wenige Jahre nach der Verfolgung Brunos wurde Galilei ins Gefängnis geworfen, und die letzten Jahre seines Lebens wurden ihm zur Hölle, denn es war klar geworden, dass er und seine kopernikanischen Brüder den Glauben an andere Welten als die unsrige sanktionierten, indem sie die Erde aus ihrer Position als Mittelpunkt des Universums entfernten. Bei den Angriffen von Klerikern und Theologen auf die kopernikanische Theorie wurde immer wieder auf diese bedauerliche Konsequenz hingewiesen. Ohne sich bewusst zu sein, dass sie damit das schädlichste Argument vorbrachten, das man sich für die Sache, die ihnen am Herzen lag, vorstellen konnte, behaupteten sie ehrlich, aber unglücklicherweise, dass mit der neuen Theorie die offensichtliche Schlussfolgerung verbunden sei, dass unsere Erde nicht die einzige und keineswegs die wichtigste Welt im Universum sei - eine Lehre, die (so sagten sie) offensichtlich mit den Lehren der Heiligen Schrift unvereinbar sei.

Natürlich konnten die Menschen nur langsam in den Bereich vordringen, den ihnen die kopernikanische Theorie eröffnete, und die tatsächliche Winzigkeit der Erde in Raum und Zeit erkennen. Sie erkannten schneller die Unbedeutsamkeit der Erde im Raum, weil die neue Theorie ihnen diese Tatsache absolut aufzwang. Wenn die Erde, von der sie wussten, dass sie im Vergleich zu ihrer Entfernung von der Sonne winzig ist, tatsächlich in einer gewaltigen Umlaufbahn mit einem Durchmesser von vielen Millionen Meilen um die Sonne kreist, so folgt daraus zwangsläufig, dass die Fixsterne so weit entfernt sein müssen, dass selbst die Spanne der Erdbahn im Vergleich zu den unermesslichen Tiefen, hinter denen selbst die nächstgelegenen Sonnen liegen, zu nichts wird. Dies war Tycho Brahes berühmtes und absolut stichhaltiges Argument gegen die kopernikanische Theorie. Die Sterne bleiben die ganze Zeit in ihrer scheinbaren Position, und doch sagen uns die Kopernikaner, dass die Erde, von der aus wir die Sterne betrachten, einmal im Jahr auf einer Bahn mit einem Durchmesser von vielen Millionen Meilen kreist; wie kann es sein, dass wir von einem so weit entfernten Standpunkt aus nicht sehr unterschiedliche Himmelslandschaften sehen? Wer kann glauben, dass die Sterne so weit entfernt sind, dass im Vergleich dazu die Spanne der Erdbahn nur ein Punkt ist?' Tychos Argument war natürlich gültig. [31] Von zwei Dingen eines. Entweder bewegt sich die Erde nicht um die Sonne, oder die Sterne sind viel weiter entfernt, als die Menschen zu Tychos Zeiten für möglich gehalten hatten. Sein Fehler bestand darin, dass er die richtige Schlussfolgerung ablehnte, weil sie das sichtbare Universum einfach viele Millionen Mal größer erscheinen ließ, als er angenommen hatte. Dennoch war das Universum, selbst in dieser Vergrößerung, nur ein Punkt im Vergleich zu dem heute sichtbaren Universum, das wiederum zu einem Punkt schrumpfen wird, verglichen mit dem Universum, wie die Menschen es in einigen Jahrhunderten sehen werden; während das oder der äußerste Bereich des Raums, über den die Menschen ihre Beobachtung jemals ausdehnen können, zweifellos nichts ist im Vergleich zu dem wirklichen Universum des bewohnten Raums.

So haben sich unsere Vorstellungen von der Lage der Erde im Raum entwickelt. Durch die Entdeckungen von Kopernikus gezwungen, unsere Erde als einen bloßen Punkt im Vergleich zu den Entfernungen der nächstgelegenen Fixsterne zu betrachten, lernten die Menschen allmählich, die Entfernungen, die ihnen zunächst unendlich erschienen, als vergänglich zu betrachten, selbst im Vergleich zu dem bloßen Punkt des Raumes, über den der Mensch mit Hilfe von Instrumenten seine Beobachtung ausdehnen kann.

Obwohl es eine ähnliche Entwicklung in den Vorstellungen der Menschen über die Position der Erde in der Zeit gegeben hat, wurde diese Entwicklung nicht in einem entsprechenden Ausmaß vorangetrieben. Die Menschen waren nicht so kühn, ihre Vorstellungen über die Zeit zu erweitern, wie sie ihre Vorstellungen über den Raum erweitert haben. Hier und in diesem Sinne ist meines Erachtens das Thema des Lebens in anderen Welten bisher unrichtig behandelt worden. Die Menschen haben die Vorstellung, dass die Existenz von Welten auf den besonderen Bereich des Raumes, zu dem unsere Erde gehört, beschränkt ist, als völlig müßig aufgegeben ; aber sie begnügen sich damit, die Vorstellung beizubehalten, dass der Bereich der Zeit, zu dem die Geschichte unserer Erde gehört, "dieses Ufer und dieser Schwarm der Zeit", auf den das Leben der Erde geworfen ist, der Zeitraum ist, auf den die Existenz anderer Welten als der unseren bezogen werden sollte.

Dies, was in fast allen unseren gewöhnlichen Abhandlungen über Astronomie zu bemerken ist, erscheint als eine charakteristische Eigentümlichkeit der Werke, die die Theorie der Vielheit der Welten vertreten. Brewster und Dick und Chalmers, eigentlich alle, die diese Lehre unter ihren besonderen Schutz genommen haben, argumentieren in Bezug auf andere Welten so, als ob sie ihren Zweck völlig verfehlt hätten, wenn es ihnen nicht gelänge zu beweisen, dass andere Himmelskörper *jetzt* bewohnt sind oder zumindest *jetzt* auf die eine oder andere Weise Leben unterstützen. Es scheint ihnen nicht in den Sinn gekommen zu sein, dass es in der Ewigkeit der Zeit genug Platz und Raum nicht nur für Aktivität, sondern auch für Ruhe gibt. Sie müssen alle Kugeln des Raumes gleichzeitig mit der einen Arbeit beschäftigen, die sie als möglichen Zweck dieser Körper zu begreifen scheinen - die Erhaltung des Lebens. Das Analogieargument, das sie bei der Aufstellung der allgemeinen Theorie von der Pluralität der Welten für wirksam befunden hatten, ist vergessen, wenn seine Anwendung auf Einzelheiten nahelegen würde, dass nicht *alle* Kugeln *zu allen Zeiten* entweder der Wohnsitz des Lebens sind oder in irgendeiner Weise den Zwecken des Lebens dienen.

In allen uns bekannten Lebensformen finden wir drei charakteristische Perioden - erstens die Zeit der Vorbereitung auf die Lebenszwecke, zweitens die Zeit der Eignung für diese Zwecke und drittens die Zeit des Verfalls, die allmählich zum Tod führt. Wir sehen bei allen Objekten, die in großer Zahl existieren, Beispiele für das gleichzeitige Vorhandensein all dieser Stadien. In jeder Rasse von Lebewesen gibt es die Jungen, die noch nicht zur Arbeit taugen, die Arbeiter und diejenigen, die die Arbeit bereits hinter sich haben; in jedem Wald gibt es Schösslinge, samentragende Bäume und Bäume , die die Zeit der Samentragung längst hinter sich haben. Wir wissen, dass die Planeten, oder allgemeiner ausgedrückt, die Kugeln, die den Raum bevölkern, verschiedene Entwicklungsstadien durchlaufen, von denen sie nur während einiger Zeiträume vernünftigerweise als Wohnsitz des Lebens oder als Träger des Lebens angesehen werden können; dennoch wird der eifrige Verfechter der Theorie von den vielen Welten sie alle in diesen lebenserzeugenden oder lebenserhaltenden Stadien haben, keines in einem der Stadien der Vorbereitung, keines in einem der Stadien des Verfalls oder des Todes.

Dies ist wahrscheinlich in nicht geringem Maße darauf zurückzuführen, dass die Theorie des Wachstums und der Entwicklung von Planeten und Planetensystemen in früheren Jahren mit Missachtung gestraft wurde. Bis die Beweise zu stark wurden, um ihnen widerstehen zu können, war die Lehre, dass unsere Erde einst eine Baby-Welt war, die viele Millionen Jahre durchlaufen musste, bevor sie die Behausung von Leben sein konnte, eine, die nur der bekennende Atheist (so sagten zu viele Geistliche) für einen Moment in Erwägung ziehen konnte; während die Lehre, dass nicht nur die Erde allein, sondern das gesamte Sonnensystem sich aus einem Zustand entwickelt hatte, der völlig anders war als der, den es jetzt durchläuft, ihren Ursprung nur in den Vorstellungen des Bösen haben konnte. Beide Lehren wurden als so offenkundig den Lehren Moses' entgegengesetzt erklärt, und nicht nur das, sondern auch als so offenkundig unvereinbar mit dem Glauben an ein Höchstes Wesen, dass weitere Argumente überflüssig waren und nur eine Anprangerung erforderlich war. Die Geistlichen waren in diesen Punkten so sicher, dass es nicht sehr verwunderlich gewesen wäre, wenn einige wenige Studenten der Wissenschaft Behauptungen mit Beweisen verwechselt hätten und so zu dem Schluss gekommen wären, dass die Lehren, zu denen die Wissenschaft sie unmissverständlich hinführte, tatsächlich mit dem unvereinbar waren, was sie als Gottes Wort zu betrachten gelernt hatten. Ob nun die zahlreichen Erfahrungen die Männer der Wissenschaft lehrten, mit ihrer Entscheidung zu warten, oder wie auch immer die Dinge sich entwickelten, es geschah sicherlich vor sehr langer Zeit, dass die schreckliche Lehre von der kosmischen Entwicklung durch so starke astronomische und irdische Beweise unterstützt wurde, dass sie völlig unwiderstehlich erschien. Dann wurde die Lehre nicht nur von den Geistlichen akzeptiert, sondern es zeigte sich, dass sie offensichtlich in der heiligen Erzählung von der Entstehung der Erde und des Himmels, der Sonne, des Mondes und der Sterne enthalten war; während auf jene unglücklichen Studenten der Wissenschaft, die nicht rechtzeitig die Fronten gewechselt hatten und immer noch in der irrigen Annahme argumentierten, dass die Entwicklung unseres Systems nicht mit dieser alten Erzählung übereinstimmte, frisch geschmiedete Bolzen vom Olymp der Orthodoxie geschleudert wurden.

Was das andere Argument - die Unvereinbarkeit der Entwicklungstheorie mit dem Glauben an ein höheres Wesen - betrifft, so war der Student der Wissenschaft unabhängig von den Interpretationen, die die Götter für sich in Anspruch nehmen, um den alten Büchern das alleinige Recht zuzuweisen. Die Wissenschaft hat so viel mehr als die Gottheit (die in Wirklichkeit nichts getan hat) zur Erweiterung unserer Vorstellungen von Raum und Zeit beigetragen, dass sie mit Recht das volle Recht beanspruchen kann, sich mit allen Schwierigkeiten zu befassen, die sich aus dieser Erweiterung unserer Vorstellungen ergeben. Mit der theologischen Schwierigkeit würde sich die Wissenschaft überhaupt nicht befassen wollen, wenn sie nicht durch die Anprangerungen der Geistlichen dazu gedrängt würde; und wenn sie auf diese Weise gedrängt wird, diese Schwierigkeit zu berühren, wird ihr schnell gesagt, dass die Schwierigkeit unüberwindlich sei, und nicht lange danach, dass sie nicht existiere, und (in beiden Fällen) dass man sie hätte in Ruhe lassen sollen. Aber mit der Schwierigkeit, die sich aus der Erweiterung unserer Vorstellungen von Raum und Zeit ergibt, kann die Wissenschaft ein gutes, fast alleiniges Recht beanspruchen, sich zu befassen. Der Weg zur Lösung des Problems ist nicht schwer zu finden. Auf den ersten Blick scheint es denjenigen, deren Sicht auf einen begrenzten Bereich beschränkt war, dass der weite Bereich von Zeit und Raum, in dem sich Entwicklungsprozesse abspielen, das Universum selbst ist, dass die Leugnung der Bildung von unserer Erde durch einen besonderen schöpferischen Akt bedeutet, die Existenz eines Schöpfers zu leugnen, dass die Betrachtung des Beginns unserer Erde als ein Entwicklungsprozess bedeutet, zu behaupten, dass die Entwicklung seit dem Beginn aller Dinge im Gange ist. Wenn wir aber klar erkennen, dass Weite und Winzigkeit, lange und kurze Dauer nur relativ sind, erkennen wir, dass wir es bei der Betrachtung der Geschichte unserer Erde nur mit kleinen Teilen des Raumes und kurzen Zeitabschnitten zu tun haben, verglichen mit dem gesamten Raum und der gesamten Zeit. Unsere Erde ist sehr groß im Vergleich zu einem Baum oder einem Tier, aber sehr klein im Vergleich zum Sonnensystem, ein bloßer Punkt im Vergleich zum System der Sterne, zu dem die Sonne gehört, und absolut nichts im Vergleich zum Universum des Raumes; und so nehmen die Perioden ihres Wachstums und ihrer Entwicklung zwar sehr lange Zeiträume ein im Vergleich zu denen, die für das Wachstum und die Entwicklung eines Baumes oder eines Tieres erforderlich sind, aber sie sind zweifellos nur kurz im Vergleich zu den Epochen der Entwicklung unseres Sonnensystems, ein bloßer Augenblick im Vergleich zu den Epochen der Entwicklung von Sternensystemen und absolut flüchtig im Vergleich zur Ewigkeit. Wir haben nicht mehr Grund, den Glauben an einen Schöpfer zu verwerfen, weil sich unsere Erde oder das Sonnensystem aus einem embryonalen Urzustand zu seinem heutigen Zustand entwickelt hat, als wir haben, seit die Menschen zum ersten Mal entdeckt haben, dass sich Tiere und Bäume aus dem Keim entwickeln. Der Bereich der Entwicklung ist größer, die Entwicklungszeit dauert länger, aber weder das eine noch das andere ist unendlich; und da sie endlich sind, sind sowohl das eine als auch das andere einfach nichts im Vergleich zur Unendlichkeit. Es ist zweifellos ein erschreckender Gedanke, dass Zeiträume, mit denen das Leben eines Menschen, das Bestehen einer Nation, ja die Dauer des Menschengeschlechts selbst verglichen werden, ihrerseits im Vergleich mit Zeiträumen einer noch höheren Ordnung zu einem Nichts schrumpfen sollten. Aber der Gedanke ist nicht verblüffender als der andere Gedanke, den wir uns eingestehen mussten - der Gedanke, dass die Erde, auf der wir leben, und das Sonnensystem, zu dem sie gehört, obwohl beide so groß sind, dass alle bekannten materiellen Objekte im Vergleich dazu ein Nichts sind, ihrerseits ein Nichts sind im Vergleich zu den Tiefen des Raums, der uns selbst vom nächsten der Fixsterne trennt. Der eine Gedanke ist, wie gesagt, zwangsläufig, der andere hat sich uns noch nicht absolut aufgedrängt. Obwohl die Menschen längst die Vorstellung aufgegeben haben, dass die Erde und der Himmel nur wenige tausend Jahre alt sind, ist es immer noch möglich zu glauben, dass die Geburt unseres Sonnensystems, sei es durch einen schöpferischen Akt oder durch den Beginn von Entwicklungsprozessen, zum Anfang aller Zeiten gehört. Aber diese Ansicht kann nicht einmal als wahrscheinlich angesehen werden. Obwohl nie bewiesen wurde, dass zwischen der Zeit (die von den Ereignissen eingenommen wird) und dem Raum (der von der Materie eingenommen wird) eine eindeutige Beziehung bestehen muss, akzeptiert der Verstand ganz natürlich die Annahme, dass eine solche Beziehung besteht. In dem Maße, in dem sich das Universum unter der Beobachtung der Wissenschaft vergrößert, vergrößern sich auch unsere Vorstellungen über die Dauer des Universums. Als man annahm, dass die Erde das wichtigste Objekt der Schöpfung sei, konnten die Menschen der Zeit selbst (betrachtet als das Intervall zwischen dem Beginn der Erde und der Vollendung aller Dinge, wenn die Erde untergehen sollte) vernünftigerweise eine mäßige Dauer zuschreiben; aber es ist ebenso vernünftig, dass die Menschen in dem Maße, in dem sie die Unbedeutsamkeit des Bereichs der Erde im Raum anerkennen, auch die mutmaßliche Unbedeutsamkeit der Existenz der Erde in der Zeit anerkennen sollten.

In dieser Hinsicht haben wir zwar keine direkten Beweise, die mit der Vermessung des Raums vergleichbar wären, aber wir haben Beweise, die kaum in Frage gestellt werden können. Wir finden in der Struktur unserer Erde die Zeichen ihres früheren Zustands. Wir sehen deutlich, dass sie einst sehr heiß war! und wir wissen aus experimentellen Forschungen über die Abkühlung verschiedener Erden, dass die Erde viele Millionen Jahre gebraucht haben muss, um sich aus ihrem früheren vulkanischen Zustand abzukühlen. Wir mögen bezweifeln, dass man sich auf Bischoffs Forschungen im Einzelnen verlassen kann, und sind daher nicht bereit, mit ihm einer einzigen Phase des Abkühlungsprozesses einen Zeitraum von 350 Millionen Jahren zuzuordnen. Aber dass der gesamte Prozess Dutzende von Millionen und wahrscheinlich Hunderte von Millionen Jahren gedauert hat, kann nicht bezweifelt werden. Wenn man solche enormen Zeiträume für die Entwicklung einer der kleinsten Früchte des großen Sonnenbaums des Lebens anerkennt, kann man nicht umhin zu glauben, dass die größeren Früchte (z. B. Jupiter mit der 340-fachen Menge an Materie und Saturn mit der 100-fachen Menge) noch größere Zeiträume, wahrscheinlich ein Vielfaches davon, benötigen müssen. In der Tat zeigt die Wissenschaft nicht nur, dass diese Ansicht vernünftig ist, sondern auch, dass keine andere Ansicht möglich ist. Für die mächtige Wurzel des Lebensbaums, die große Sonnenkugel, die 340 tausendmal so viel Materie enthält wie die Erde, wären noch gewaltigere Zeiträume erforderlich. Das Wachstum und die Entwicklung dieser Teile des großen Systems muss notwendigerweise viel kürzere Zeitintervalle erfordern als das Wachstum und die Entwicklung des Systems als Ganzes. Die ungeheure Zeitspanne, in der nur die Keime der Sonne und der Planeten existierten, in der die chaotische Substanz des Systems noch nicht zu Welten erblüht war, die gewaltige Zeitspanne, die auf den Tod des letzten überlebenden Gliedes des Systems folgen wird, in der das ganze System übrigbleibt, wie der tote Stamm eines Baumes übrigbleibt, nachdem das letzte Blatt gefallen ist, nach der letzten Bewegung des Saftes innerhalb des Stammes - diese Zeitspannen müssen unendlich sein, verglichen mit denen, die die Dauer selbst der mächtigsten einzelnen Glieder des Systems messen.

Doch all dies wurde von denjenigen, die für die Brewstersche Lehre von der Vielzahl der Welten plädieren, nicht beachtet. Sie argumentieren, als ob nie gezeigt worden wäre, dass jedes Mitglied des Sonnensystems, wie auch alle anderen derartigen Systeme im Weltraum, eine enorm lange Vorbereitungszeit durchlaufen muss, bevor es geeignet ist, die Behausung von Leben zu sein, und dass es, nachdem es für das Leben geeignet ist (für eine Zeitspanne, die nach unseren Vorstellungen sehr lang, aber im Vergleich zu den anderen äußerst kurz ist), für unzählige Zeitalter als eine erloschene Welt bleiben muss. Oder sie argumentieren so, als sei bewiesen, dass die relativ kurzen Lebensperioden in der Existenz der verschiedenen Planeten zwangsläufig synchron verlaufen müssen, anstatt dass alle Wahrscheinlichkeiten in die andere Richtung gehen.

Während dies (meines Erachtens) ein Fehler in dem war, was man die Brewstersche Theorie der anderen Welten nennen kann, hat ein nicht ganz unähnlicher Fehler die entgegengesetzte oder Whewellsche Theorie gekennzeichnet. Whewells Abhandlung über oder vielmehr gegen die Pluralität der Welten hat der Astronomie einen sehr nützlichen Dienst erwiesen, indem sie die Aufmerksamkeit auf die völlige Schwäche der Argumente lenkte, aufgrund derer sich die Menschen damit begnügten, den Glauben zu akzeptieren, dass andere Planeten und andere Systeme bewohnt sind. Einige der schlagkräftigsten Argumente gegen diesen Glauben stützten sich jedoch stillschweigend auf die Annahme einer Ähnlichkeit der allgemeinen Bedingungen zwischen den Mitgliedern des Sonnensystems. So wurde beispielsweise die geringe mittlere Dichte von Jupiter und Saturn nach der Brewsterschen Theorie damit erklärt, dass sie wahrscheinlich auf große Hohlräume im Inneren dieser Planeten zurückzuführen sei - eine Erklärung, die uns (wenn man sie zuließe) die Freiheit ließe, zu glauben, dass Jupiter und Saturn aus denselben Materialien bestehen könnten wie unsere Erde. Damit vermischte sich auf angenehme Weise die Vorstellung, dass der Bewohner dieser Planeten "in unterirdischen Städten, die von zentralen Feuern erwärmt werden, oder in kristallenen Höhlen, die von den Gezeiten des Ozeans gekühlt werden, oder mit den Nereiden auf der Tiefe schweben oder sich auf Flügeln wie Adler erheben oder auf den Flügeln der Taube aufsteigen kann, um zu fliehen und sich auszuruhen", und vieles mehr in der gleichen phantasievollen Art . Wir wissen heute, dass es unter der Kruste eines Planeten keine Hohlräume geben kann, die mehr als ein paar Meilen tief sind, einfach deshalb, weil unter dem enormen Druck, der dort herrschen würde, die festeste Materie vollkommen plastisch wäre. Aber während Whewells allgemeiner Einwand gegen die Theorie, Jupiter oder Saturn befänden sich im gleichen Zustand wie unsere Erde, dadurch neue Kraft erhält, ist die besondere Erklärung, die er für die geringe Dichte des Planeten gab, für genau denselben allgemeinen Einwand anfällig. Er geht nämlich davon aus, dass, weil die mittlere Dichte des Planeten nur wenig größer ist als die des Wassers, der Planet wahrscheinlich eine Welt aus Wasser und Eis mit einem Schlackenkern ist, oder in der Tat gerade eine solche Welt, wie sie sich bilden würde, wenn eine ausreichende Menge Wasser in der gleichen Beschaffenheit wie das Wasser unserer Meere in der größeren Entfernung des Jupiters von der Sonne um einen Kern aus erdiger oder schlackenartiger Materie gelegt würde, der groß genug ist, um die Dichte des gesamten so gebildeten Planeten gleich der des Jupiters zu machen, oder etwa ein Drittel größer als die Dichte des Wassers. Dieses Argument beruht in Wirklichkeit auf zwei Annahmen, die genau die gleichen sind wie die, die Whewell zu bekämpfen suchte. Erstens wird angenommen, dass irgendein Material, das in großem Umfang auf unserer Erde vorhanden ist und fast die gleiche Dichte wie der Jupiter hat, den Hauptteil dieses Planeten ausmachen muss, und zweitens, dass die Temperatur des Jupiter-Globus diejenige sein muss, die ein Globus aus solchem Material hätte, wenn er sich an der Stelle des Jupiter befände. Die Möglichkeit, dass sich der Jupiter in einem ganz anderen Stadium des Planetenlebens befindet - oder, mit anderen Worten, dass die

Jugend, das mittlere Leben und das hohe Alter dieses Planeten zu ganz anderen Epochen gehören als die entsprechenden Perioden des Lebens auf unserer Erde - wird völlig übersehen. Vielmehr kann man sagen, dass die extreme Wahrscheinlichkeit dafür bei jeder Hypothese über den Ursprung des Sonnensystems und die absolute Sicherheit bei der Hypothese über die Entwicklung dieses Systems völlig übersehen werden.

Die Fehlerhaftigkeit der Argumente, die nicht nur bei der Verfechtung rivalisierender Theorien über die Pluralität der Welten, sondern auch bei der Behandlung untergeordneter Punkte verwendet wurden, lässt sich wie folgt veranschaulichen:

Stellen Sie sich ein weites Land vor, das mit verstreuten Bäumen verschiedener Größe und mit Pflanzen und Sträuchern, Blumen und Kräutern bis ins Kleinste bewachsen ist. Nehmen wir an, eine Rasse winziger Geschöpfe ernährt sich von einer der Früchte eines Baumes mittlerer Größe, wobei ihre Existenz als Rasse ausschließlich vom Vorhandensein der Frucht abhängt, von der sie sich ernähren, während die Existenz der einzelnen Mitglieder ihrer Rasse nur wenige Minuten andauert. Außerdem gäbe es weder auf ihrem Baum noch in ihrer Region des pflanzlichen Lebens eine regelmäßige Fruchtzeit, sondern die Früchte würden sich ständig bilden, wachsen und vergehen.

Stellen wir uns weiter vor, dass diese Geschöpfe ein Denkvermögen besitzen, das sich auf sie selbst, auf ihre Fruchtwelt, auf den Baum, an dem sie hängt, und bis zu einem gewissen Grad auch auf andere Bäume, Pflanzen, Blumen usw. bezieht, die in den begrenzten Bereich ihres Sehvermögens fallen könnten. Es wäre ein natürlicher Gedanke bei ihnen, wenn sie zum ersten Mal diese Fähigkeit des Denkens ausüben würden, dass ihre Heimat, die Frucht, das wichtigste Objekt in der Existenz sei und sie selbst das höchste und edelste der lebenden Wesen. Es wäre auch ganz natürlich, wenn sie annehmen würden, dass die Entstehung ihrer Welt mit dem Beginn der Zeit übereinstimmt und dass die Entstehung ihrer Rasse nur wenige Sekunden nach der Entstehung ihrer Welt erfolgt ist. Sie würden daraus schließen, dass ein höheres Wesen ihre Welt und sie selbst durch besondere schöpferische Handlungen geformt hat, und dass das, was sie außerhalb ihrer Fruchtwelt sahen, ebenfalls speziell geschaffen wurde, zweifellos um ihren Bedürfnissen zu dienen.

Stellen wir uns nun vor, dass diese Lebewesen allmählich durch genauere Beobachtung als bisher, durch die Kombination von , um vollständigere Beobachtungen zu machen, und vor allem durch die Bewahrung der Aufzeichnungen von Beobachtungen, die von aufeinanderfolgenden Generationen gemacht wurden, klarere Vorstellungen von ihrer Welt und den sie umgebenden Regionen des Raums zu gewinnen begannen. Sie fanden Beweise dafür, dass die Früchte, auf denen sie lebten, nicht genau so entstanden waren, wie sie sie kannten, sondern dass sie Entwicklungsprozesse durchlaufen hatten. Man machte die erschütternde Entdeckung, dass diese Entwicklung unmöglich in wenigen Sekunden stattgefunden haben konnte, sondern viele Stunden, ja sogar mehrere dieser enormen Zeiträume, die wir Tage nennen, benötigt haben musste.

Dies wäre jedoch nur der Anfang ihrer Schwierigkeiten. Allmählich würden die fortgeschritteneren Denker und die genauesten Beobachter erkennen, dass ihre Welt nicht nur Entwicklungsprozesse durchlaufen hat, sondern dass ihre gesamte Masse durch solche Prozesse entstanden ist - dass sie in Wirklichkeit gar nicht in dem Sinne geschaffen wurde, in dem sie das Wort verstanden, sondern *gewachsen ist*. Das wäre für diese Wesen sehr schrecklich, denn sie könnten sich nicht ohne weiteres von der Vorstellung lösen, dass sie die wichtigsten Wesen im Universum seien, dass ihr Raum mit dem Universum koextensiv sei, dass die Dauer ihrer Welt mit der Zeit koextensiv sei.

Doch abgesehen von den sich daraus ergebenden Schwierigkeiten und den Verfolgungen und Beschimpfungen, denen diejenigen ausgesetzt wären, die an der gefährlichen Lehre festhielten, dass ihre Fruchtheimat entwickelt und nicht erschaffen worden sei, sollten wir uns überlegen, wie diese Geschöpfe die Frage nach anderen Welten als ihrer eigenen betrachten würden. Zunächst wären sie natürlich nicht bereit, die Möglichkeit zuzulassen, dass andere Welten, die ebenso wichtig sind wie ihre eigene, existieren könnten. Wenn sie aber nach einiger Zeit Grund zu der Annahme finden würden, dass ihre Welt nur eine von mehreren ist, die zu einem bestimmten Baumsystem gehören, würde ihnen der Gedanke kommen und allmählich als etwas mehr als wahrscheinlich angesehen werden, dass diese anderen Fruchtwelten, wie ihre eigene, der Wohnsitz von Lebewesen sein könnten. Und wahrscheinlich würden sie anfangs, solange die Entwicklung ihrer eigenen Welt noch wenig verstanden wurde, die Vorstellung haben, dass alle Früchte, ob groß oder klein, auf ihrem Baumsystem im gleichen Zustand wie ihre eigene waren und entweder von ähnlichen Rassen bewohnt wurden oder zumindest in der gleichen vollen Kraft des lebensspendenden Daseins. Aber sobald sie das Gesetz der Entwicklung ihrer eigenen Welt und die Beziehung zwischen dieser Entwicklung und ihren eigenen Bedürfnissen erkannten, würden sie sich eine andere Meinung bilden, wenn sie feststellten, dass nur während bestimmter Stadien der Existenz ihrer Welt Leben auf ihr existieren konnte. Wenn sie zum Beispiel erkannten, dass ihre Fruchtwelt einst so bitter und rau gewesen sein musste, dass kein Lebewesen auch nur im geringsten wie sie selbst auf ihr hätte leben können, und dass sie langsam aber sicher Prozesse durchlief, durch die sie eines Tages trocken und verschrumpelt und unfähig werden würde, Lebewesen zu ernähren, würden sie, wenn ihr Denkvermögen einigermaßen entwickelt wäre, dazu neigen, sich zu fragen, ob andere Früchte, die sie um sich herum auf ihrem Baumsystem sahen, sich entweder in dem ersteren oder in dem letzteren Zustand befanden. Fanden sie Grund zu der Annahme, dass sich bestimmte Früchte in dem einen oder anderen Stadium befanden, würden sie diese Früchte als noch nicht zum Leben gehörend oder als über die lebenserhaltende Ära hinausgehend betrachten. Es scheint sogar wahrscheinlich, dass einige der kühnsten Denker auf eine andere Idee kommen würden. Da sie in ihrer eigenen Welt in mehreren Fällen etwas erkannten, was ihren Vorstellungen nach einer absoluten Verschwendung von Material oder Kraft gleichkam, könnte es ihnen durchaus möglich erscheinen, dass einige, vielleicht sogar ein großer Teil der Früchte an ihrem Baum nicht nur zum Zeitpunkt der Beobachtung kein Leben beherbergten, sondern nie Leben beherbergt haben und auch nie beherbergen würden - dass durch die eine oder andere Ursache nie Leben auf solchen Früchten erscheinen würde, selbst wenn sie hervorragend für die Unterstützung von Leben geeignet wären. Sie könnten sich sogar vorstellen, dass einige der Früchte ihres Baumes versagt haben oder versagen würden, um zur vollen Vollkommenheit des Fruchtlebens zu gelangen.

Wenn sie über ihren eigenen Baum hinausblickten, d. h. den Baum, zu dem ihre eigene Fruchtwelt gehörte, würden sie andere Bäume wahrnehmen, auch wenn ihr Sehvermögen sie nicht in die Lage versetzen würde, zu wissen, ob diese Bäume Früchte trugen, ob sie in anderer Hinsicht ihrem eigenen Baum glichen, ob diejenigen, die größer oder kleiner zu sein schienen, es auch wirklich waren, oder ob sie ihre scheinbare Größe der Nähe oder ihre scheinbare Kleinheit der großen Entfernung verdankten. Sie würden vielleicht dazu neigen, in Bezug auf diese entfernten Baumsysteme ein wenig zu kühn zu verallgemeinern, indem sie zu zuversichtlich schlussfolgern, dass ein Strauch oder eine Blume ein Baumsystem wie ihr eigenes sei, oder dass ein großer Baum, von dem jeder Zweig viel größer war als ihr gesamtes Baumsystem, zur gleichen Ordnung gehöre und ähnliche Früchte trage. Sie könnten auch den Fehler begehen, die wahrscheinliche Tatsache zu vergessen, dass jede Frucht in ihrem eigenen Baumsystem ihre eigene Lebenszeit hatte, die im Vergleich zur gesamten Existenz der Frucht sehr kurz war, so dass jeder Baum seine eigene Fruchtzeit haben könnte. Wenn sie also einen Baum betrachteten, von dem sie annahmen, dass er in seiner Beschaffenheit ihrem eigenen ähnelte, konnten sie sagen: "Dort ist ein Baumsystem voller Früchte, von denen jeder die Heimat vieler Myriaden von Geschöpfen wie wir ist:', während der Baum in Wirklichkeit ganz anders als ihr eigener sein könnte, vielleicht noch nicht das Stadium der Fruchtbildung erreicht oder schon lange überschritten hat, vielleicht in diesem Stadium Früchte trägt, die ganz anders sind als alle, die sie sich vorstellen können, und jede solche Frucht während ihres kurzen Lebens bewohnt sein könnte von Lebewesen, die ganz anders sind als alle Geschöpfe, die sie sich vorstellen können.

Wir können uns aber auch sehr gut vorstellen, dass die Bewohner unserer Fruchtwelt, auch wenn sie die engen räumlichen und zeitlichen Grenzen, in die ihr eigenes Leben oder das Leben ihrer Rasse eingebettet ist, wagemutig überschreiten , auch wenn sie die Entwicklung ihrer eigenen Welt und anderer ähnlicher Welten sogar von der Blüte an erkennen können, völlig unfähig wären, die Möglichkeit zu begreifen, dass der Baum selbst, zu dem ihre Welt gehörte, sich durch langsame Wachstumsprozesse aus einer Zeit heraus entwickelt hat, in der er noch nicht einmal so groß war wie ihr eigenes relativ winziges Zuhause.

Noch weniger schien es ihnen glaubhaft oder auch nur denkbar, dass die ganze Waldregion, zu der sie gehörten und die neben Pflanzen und Sträuchern und Blumen und Kräutern (Vegetationsformen, von deren Nutzen sie sich keinerlei Vorstellung machen konnten) viele Baumordnungen enthielt, die sich von ihrem eigenen Baumsystem völlig unterschieden, selbst gewachsen war; dass das gesamte Waldgebiet einst unter riesigen Wassermassen gelegen habe - eine Substanz, die ihre Welt gelegentlich in Form kleiner Tropfen besuchte; dass solche Veränderungen nur winzige lokale Phänomene einer Welt seien, die in ihrer Ordnung unendlich höher sei als ihre eigene; dass diese Welt wiederum nur eine der kleinsten der Welten sei, die ein noch höheres System bilden; und so weiter *ad infinitum*. Solche Vorstellungen erschienen ihnen nicht nur unvorstellbar, sondern auch weit jenseits der weitesten Vorstellungen von Raum und Zeit, die sie für zulässig hielten.

Unsere Position unterscheidet sich nur im Grad, nicht in der Art, von der dieser imaginären Geschöpfe, und die Argumentation, die wir für solche Geschöpfe als gerecht empfinden (obwohl sie es nicht konnten), ist auch für uns gerecht. Es war ganz natürlich, dass die Menschen, bevor sie die Anzeichen der Entwicklung in der Struktur unserer Erde erkannten, die Erde und alles, was auf der Erde ist und von der Erde aus sichtbar ist, als durch besondere schöpferische Handlungen geformt ansahen, genau wie wir sie jetzt sehen. Aber sobald sie erkannten, dass die Erde Entwicklungsprozesse durchläuft und in der Vergangenheit solche Prozesse durchlaufen hat , war es vernünftig, wenn auch zunächst schmerzhaft, zu schließen, dass sie sich in diesem Punkt geirrt hatten. Doch so wie wir die Absurdität der Annahme erkennen, dass es kein höheres Wesen gibt, weil Früchte und Bäume wachsen und nicht in einem einzigen Augenblick, wie wir sie kennen, geschaffen wurden, so können wir mit Recht das gleiche Argument als absurd zurückweisen, das in vergrößertem Maßstab verwendet wird, um die Schlussfolgerung herbeizuführen, dass es keinen Schöpfer, keinen Gott gibt, weil sich Planeten und Sonnensysteme bis zu ihrem heutigen Zustand entwickelt haben und nicht in ihrer gegenwärtigen Form geschaffen wurden. Ich weiß nicht, ob das Argument jemals in dieser Form verwendet wurde; aber es wurde benutzt, um zu zeigen, dass diejenigen, die an die Entwicklung von Welten und Systemen glauben, notwendigerweise Atheisten sein müssen, eine noch bösartigere Schlussfolgerung als die andere; denn niemand, der das Thema nicht untersucht hat, würde wahrscheinlich die erstere Schlussfolgerung annehmen, aber viele könnten bereit sein zu glauben, dass einige ihrer Mitmenschen verwerfliche Lehren vertreten, ohne die Argumentation, auf der die Behauptung beruht, genau oder überhaupt zu untersuchen.

Aber es ist wichtiger zu bemerken, wie unsere Ansichten über andere Welten durch jene Umstände in den *uns* vorliegenden Beweisen beeinflusst werden, die mit den Merkmalen der Beweise übereinstimmen, auf deren Grundlage die imaginären Bewohner der Fruchtwelt ihre Meinung bilden würden. Es war natürlich, dass die Menschen, als sie begannen, über sich selbst und ihre Heimat nachzudenken, die Vorstellung von anderen Welten wie der unsrigen ablehnten, und vielleicht war es ebenso natürlich, dass die Menschen, als sie zum ersten Mal auf die Idee kamen, dass die Planeten Welten wie die unsrige sein könnten, sich vorstellten, dass alle diese Welten in demselben Zustand sind wie die unsrige. Aber es wäre ebenso unvernünftig, oder besser gesagt, es *ist* ebenso unvernünftig für die Menschen, eine solche Meinung aufrechtzuerhalten, jetzt, wo die Gesetze der planetarischen Entwicklung verstanden sind, wo die verschiedenen Dimensionen der Planeten bekannt sind, und wo die Kürze der lebenserhaltenden Periode der Existenz eines Planeten im Vergleich zur gesamten Dauer des Planeten klar erkannt wurde, so wie es für die imaginären Bewohner einer kleinen Frucht auf einem Baum wäre, anzunehmen, dass alle anderen Früchte auf dem Baum, obwohl einige offensichtlich in der Entwicklung weit weniger fortgeschritten sind und andere weit fortgeschrittener als ihre eigene, die gleichen Lebensformen beherbergen, obwohl diese Formen gesehen wurden, dass sie diese Bedingungen und keine anderen benötigen, die dem Entwicklungsstadium entsprechen, das ihre eigene Welt durchläuft.

Wenn wir das Universum der Sonnen und Welten in der hier vorgeschlagenen Weise betrachten, sollten wir eine Theorie der anderen Welten annehmen, die eine Zwischenstellung zwischen der Brewsterschen und der Whewellschen Theorie einnehmen würde. (Ich vertrete diese Theorie nicht aus diesem Grund, wie ich am Rande bemerken möchte, sondern einfach, weil sie mit den Beweisen übereinstimmt, was bei den anderen Theorien nicht der Fall ist). Lehnt man einerseits die Theorie von der Vielheit der Welten in dem Sinne ab, dass alle existierenden Welten bewohnt sind, und andererseits die Theorie von nur einer Welt, so sollte man eine Theorie akzeptieren, die man mit dem Titel "Paucity of Worlds" bezeichnen könnte, wobei man allerdings von relativer und nicht von absoluter Paucity sprechen muss. Es ist absolut sicher, dass diese Theorie die richtige ist, wenn wir zwei Postulate zulassen, von denen keines vernünftig in Frage gestellt werden kann, nämlich, Erstens, dass die Zeit, in der eine Welt Leben hervorbringt, kurz ist im Vergleich zur gesamten Dauer dieser Welt; und zweitens, dass es keine Ursache gegeben haben kann, die alle Welten ins Dasein rief, nicht gleichzeitig, was erstaunlich genug wäre, sondern (was unendlich viel überraschender wäre) so, dass sie alle gleichzeitig die Zeit erreichten, in der sie Leben hervorbringen, nachdem jede ihre Vorbereitungszeit durchlaufen hatte, die für die großen Welten länger und für die kleinen Welten kürzer war. Aber ganz abgesehen von dieser vorausgehenden Wahrscheinlichkeit, die, wenn man diese beiden höchst wahrscheinlichen Postulate zulässt, einer absoluten Gewissheit gleichkommt, haben wir die tatsächlichen Beweise der Planeten, die wir untersuchen können - Beweise, die, wie ich an anderer Stelle gezeigt habe, unbestreitbar beweisen, dass solche Planeten wie Jupiter und Saturn sich noch im Zustand der Vorbereitung befinden, immer noch so heiß sind, dass keine Form von Leben auf ihnen existieren könnte, und dass solche Körper wie unser Mond das Stadium der Lebensentstehung schon lange hinter sich gelassen haben und in jeder Hinsicht nicht mehr existieren.

Aber können wir nicht noch weiter gehen? Wenn wir in unserer eigenen Welt in vielen Fällen etwas erkennen, was unseren Vorstellungen nach Abfall ähnelt - Abfall-Samen, Abfall-Leben, Abfall-Rassen, Abfall-Gebiete, Abfall-Kräfte -, wenn wir Überfluss und Überfülle in allen Prozessen und in allen Werken der Natur erkennen, sollte es dann nicht zumindest möglich erscheinen, dass einige, vielleicht sogar ein großer Teil der Welten in den zahlreichen Systemen, die den Raum bevölkern, nicht nur jetzt kein Leben tragen, sondern nie Leben getragen haben und nie tragen werden? Unterscheidet sich dieser Gedanke in seiner Art, so sehr er sich nach unseren schwachen Vorstellungen auch zu unterscheiden scheint, von der Vorstellung der Kreaturen auf einer Frucht, dass einige oder sogar viele Früchte, die hervorragend für die Erhaltung des Lebens geeignet sind, diesen Zweck nicht erfüllen könnten? Und so wie jene Geschöpfe sich vorstellen können (wie wir *wissen*), dass einige oder sogar viele Früchte es nicht schaffen, die volle Vollkommenheit des Fruchtlebens zu erreichen, können wir uns nicht ohne Respektlosigkeit vorstellen (wie höhere Wesen als wir *es wissen* können), dass ein Planet oder eine Sonne bei der Entstehung scheitern kann? Wir können nicht sagen, dass es in einem solchen Fall eine Verschwendung oder einen Verlust von Material gäbe, auch wenn wir uns nicht vorstellen können, wie die verlorene Sonne oder der Planet genutzt werden könnte. Unsere imaginären Insektenvernunftler könnten sich nicht vorstellen, dass Früchte, die sie von ihrem Baumsystem pflücken, anders als verschwendet wären, denn sie würden annehmen, dass ihre Vorstellung vom Zweck der Früchte die einzig wahre ist; dennoch würden sie sich völlig irren, so wie wir, wenn wir annehmen, dass der Hauptzweck der planetarischen Existenz die Unterstützung des Lebens ist.

Ebenso können wir, wenn wir in unserer Phantasie über die Grenzen unseres eigenen Systems hinausgehen, eine nützliche Lehre aus den Überlegungen der imaginären Geschöpfe über andere Baumsysteme als das, zu dem ihre Welt gehörte, ziehen. Astronomen neigen dazu, zu kühne Verallgemeinerungen über ferne Sterne und Sternensysteme zu machen, als ob unser Sonnensystem ein wahres Bild aller Sonnensysteme und das Sternensystem, zu dem unsere Sonne gehört, ein wahres Bild aller Sternensysteme wäre. Sie neigen dazu, zu vergessen, dass, wie jede Welt in unserem eigenen System ihre Lebensperiode hat, die im Vergleich zur Gesamtdauer der Welt kurz ist, so kann jedes Sonnensystem, jedes System solcher Systeme, seine eigene Lebenszeit haben, die nach unseren Vorstellungen unendlich lang ist, aber in der Tat sehr kurz im Vergleich zur Gesamtdauer, von der die Lebenszeit nur eine einzige Ära wäre.

Und schließlich: Auch wenn die Menschen die Grenzen von Zeit und Raum, in die ihr Leben eingebettet ist, kühn überschreiten, auch wenn sie lernen, die Entwicklung ihrer eigenen Welt und anderer Welten selbst aus der Blüte des Nebels zu erkennen, so scheinen sie doch nicht in der Lage zu sein, sich zu der Vorstellung zu erheben, dass der mächtige Baum, der in fernen Äonen jene nebligen Blüten trug, selbst aus kosmischen Keimen entsprang. Wir sind nicht in der Lage, die Natur solcher Keime zu begreifen; die Entwicklungsprozesse, die sie betreffen, gehören zu anderen Ordnungen als alle Prozesse, die wir kennen, und benötigten Zeiträume, mit denen die unvorstellbaren, ja die unaussprechlichen Zeiträume verglichen werden, die für die Entwicklung der Teile unseres Universums erforderlich sind, wie bloße Augenblicke. Und doch haben wir jeden Grund, der es uns erlaubt zu glauben, dass sogar die Entwicklung eines ganzen Universums wie das unsere nur ein winziges lokales Phänomen eines unendlich höheren Universums ist, das wiederum nur ein einziges Glied in einem System solcher Universen ist, und so weiter, sogar *ad infinitum*. Die Ablehnung des Glaubens, dass dies möglich ist, bedeutet, die Torheit von Wesen zu teilen, die, wie wir es uns vorstellen, ihre winzige Welt als geeignetes Zentrum betrachten, um von dort aus das Universum zu vermessen, während diese kleine Erde, auf der wir leben, von einem solchen Standpunkt aus gesehen viele Grade jenseits der Grenzen liegen würde, an denen für sie das Unvorstellbare beginnt. Den Glauben daran, dass dies nicht nur möglich, sondern real ist, abzulehnen, hieße, die wenigen kurzen Schritte, mit denen sich der Mensch dem Unbekannten genähert hat, als eine messbare Annäherung an die Grenzen des Raums, an den Anfang und das Ende aller Dinge zu betrachten. Solange nicht gezeigt werden kann, dass der Raum durch Grenzen begrenzt ist, jenseits derer weder Materie noch Leere existiert, dass die Zeit einen Anfang hatte, vor dem sie nicht existierte, und zu einem Ende tendiert, nach dem sie nicht mehr existieren wird, können wir getrost die Überzeugung akzeptieren, dass die Geschichte unserer Erde in der Zeit so flüchtig ist, wie die Erde selbst im Raum flüchtig ist, und dass nichts, was wir möglicherweise über unsere Erde oder über das System, zu dem sie gehört, oder über Systeme solcher Systeme lernen können, irgendetwas in Bezug auf den Plan und die Regierungsweise des Universums selbst beweisen oder widerlegen kann. Es ist heute so wie damals, und es wird so lange wahr bleiben, wie die Erde und die Menschen, die auf ihr leben, bestehen, dass das, was die Menschen wissen, nichts ist, das Unbekannte unendlich.

VI. SONNEN IN FLAMMEN.

Im November 1876 traf die Nachricht von einer Katastrophe ein, deren Auswirkungen aller Wahrscheinlichkeit nach verheerend waren, und zwar nicht für einen Bezirk, ein Land, einen Kontinent oder gar eine Welt, sondern für ein ganzes System von Welten. Die Katastrophe hat sich vor vielen Jahren ereignet - wahrscheinlich vor mindestens hundert Jahren -, doch der Bote, der die Nachricht überbrachte, ist nicht untätig geblieben, sondern hat sich mit einer Geschwindigkeit fortbewegt, die ausreichen würde, diese Erde in einer Sekunde achtmal zu umrunden. Dieser Bote hat jedoch Millionen von Millionen von Meilen zurücklegen müssen und unsere Erde erst im November 1876 erreicht. Die Nachricht, die er überbrachte, lautete, dass eine Sonne wie die unsere in Flammen stehe; und bei näherer Betrachtung seiner Botschaft erfuhr man etwas über die Art der Feuersbrunst und einige Tatsachen, die die (für uns einigermaßen interessante) Frage erhellen, ob unsere eigene Sonne wahrscheinlich irgendwann ein ähnliches Malheur erleben wird. Was dann passieren würde, wissen wir bereits. Die Sonne, die gerade dieses Unglück erlitten hat - das heißt, die vor einigen Generationen so gelitten hat - erstrahlte eine Zeit lang mit dem Hundertfachen ihres früheren Glanzes. Wenn unsere Sonne so stark an Licht und Hitze zunehmen würde, würden die Lebewesen auf der ihm zugewandten Seite unserer Erde in einem Augenblick vernichtet werden. Diejenigen, die sich auf der dunklen oder nächtlichen Hemisphäre befinden, müssten nicht warten, bis sie an der Reihe wären, bis die Erde sie durch ihre Rotation in die Sicht der zerstörenden Sonne bringt. In viel kürzerer Zeit würde die Wirkung seines neuen Feuers auf der gesamten Erdoberfläche spürbar werden. Der Himmel würde sich auflösen und die Elemente würden in glühender Hitze schmelzen. In der Tat könnte keine Beschreibung einer solchen Katastrophe, die die Nachthälfte der Erde betrifft, wirkungsvoller und poetischer sein als die Schilderung des Petrus über den Tag des Herrn, der kommen wird "wie ein Dieb in der Nacht, an dem die Himmel mit großem Getöse vergehen und die Elemente mit glühender Hitze schmelzen werden, auch die Erde und die Werke, die auf ihr sind, werden verbrannt werden", obwohl ich mir vorstellen kann, dass der Apostel kaum bereit gewesen wäre, zuzugeben, dass die Erde durch eine Sonnenflamme in Gefahr war. Nach einem anderen Bericht sollte nämlich die Sonne in Finsternis und der Mond in Blut verwandelt werden, bevor der große und bemerkenswerte Tag des Herrn kam - eine Beschreibung, die gut mit Sonnen- und Mondfinsternissen, den bemerkenswertesten "Zeichen am Himmel", übereinstimmt, aber sehr schlecht mit dem Ausbruch einer großen Sonnenflamme.

Bevor wir uns mit den besonderen und bedeutsamen Umständen des jüngsten Ausbruchs befassen, ist es vielleicht interessant, kurz die Aufzeichnungen zu betrachten, die die Astronomie über ähnliche Katastrophen in früheren Jahren erhalten hat. Man kann sie mit den Aufzeichnungen über Unfälle auf den verschiedenen Eisenbahnlinien eines Landes oder Kontinents vergleichen. Die anderen Sonnen, deren Sterne wir sehen können, sind Motoren, die den mächtigen Mechanismus der Planetensysteme antreiben, so wie unsere Sonne die Energien unseres eigenen Systems aufrechterhält; und es ist für uns von einigem Interesse, herauszufinden, in wie vielen Fällen es unter den vielen Sonnen in unserem Blickfeld zu zerstörerischen Explosionen kommt. Wir können später die Gelegenheit nutzen, um die Anzahl der Fälle zu untersuchen, in denen die Maschinerie der Sonnensysteme zusammengebrochen zu sein scheint.

Der erste überlieferte Fall einer Sonnenverbrennung ist der des neuen Sterns, der von Hipparchus vor etwa 2000 Jahren beobachtet wurde. Zu seiner Zeit und bis vor kurzem nannte man ein solches Objekt einen neuen Stern oder einen vorübergehenden Stern. Heute wissen wir jedoch, dass, wenn ein Stern dort auftaucht, wo vorher keiner zu sehen war, in Wirklichkeit ein Stern, der zu weit entfernt war, um gesehen zu werden, durch eine schnelle Zunahme des Glanzes sichtbar wurde. Wenn der neue Glanz wieder verblasst, bedeutet das nicht, dass ein Stern aufgehört hat zu existieren, sondern nur, dass ein schwacher Stern, der stark an Glanz zugenommen hatte, wieder in seinen ursprünglichen Zustand zurückgekehrt ist. Der Stern des Hipparchos muss ein bemerkenswertes Objekt gewesen sein, denn er war bei vollem Tageslicht sichtbar, woraus wir schließen können, dass er um ein Vielfaches heller war als der glühende Hundsstern. In der Wissenschaftsgeschichte ist er insofern interessant, als er Hipparchus dazu veranlasste, einen Katalog der Sterne zu erstellen, den ersten, der aufgezeichnet wurde. Einige moderne Skeptiker lehnten diese Geschichte als Fiktion ab, aber Biot untersuchte die chinesische Chronik [32], die sich auf die Zeit von Hipparchus bezieht, und fand heraus, dass im Jahr 134 v. Chr. (etwa neun Jahre vor dem Datum des Hipparchus-Katalogs) ein neuer Stern im Sternbild Skorpion auftauchte.

Der nächste neue Stern (d. h. die nächste Sternverbrennung) auf ist noch interessanter, denn es gibt Grund zu der Annahme, dass wir in Kürze einen weiteren Ausbruch desselben Sterns erleben werden. In den Jahren 945, 1264 und 1572 erschienen leuchtende Sterne in der Himmelsregion zwischen Cepheus und Cassiopeia. Sir J. Herschel bemerkt, dass "aufgrund der unvollkommenen Angaben, die wir über die Orte der beiden früheren haben, im Vergleich zu denen des letzten, der gut bestimmt wurde, sowie aufgrund der recht nahen Übereinstimmung der Intervalle ihres Erscheinens, können wir mit Goodricke vermuten, dass es sich um ein und denselben Stern handelt, mit einer Periode von 312 oder vielleicht von 156 Jahren". Die letztgenannte Periode kann vernünftigerweise verworfen werden, da man keinen Grund erkennen kann, warum die zwischenzeitliche Rückkehr des Sterns zur Sichtbarkeit übersehen worden sein sollte, da der Stern in einer Region erschienen ist, die niemals untergeht. Da die Periode von 945 bis 1264 319 Jahre und die von 1264 bis 1572 nur 308 Jahre beträgt, scheint die Periode dieses Sterns (wenn Goodricke mit seiner Annahme, dass die drei Ausbrüche von ein und demselben Stern verursacht wurden, richtig liegt) immer kürzer zu werden. Dieser Stern könnte also jederzeit in der Region zwischen Kassiopeia und Cepheus aufflammen, denn seit seinem letzten Ausbruch sind bereits mehr als 304 Jahre vergangen.

So wie das Auftauchen eines neuen Sterns Hipparchus dazu veranlasste, seinen berühmten Katalog zu erstellen, so veranlasste das Auftauchen des Sterns in der Kassiopeia im Jahr 1572 den dänischen Astronomen Tycho Brahe, einen neuen und erweiterten Katalog zu erstellen. (Als er eines Abends (11. November 1572, alter Stil) von seinem Laboratorium in sein Wohnhaus zurückkehrte, fand er, wie Sir J. Herschel berichtet, "eine Gruppe von Landleuten, die auf einen Stern starrten, von dem er sicher war, dass er eine Stunde zuvor noch nicht existiert hatte. Dies war der betreffende Stern.

Die Beschreibung des Sterns und seiner verschiedenen Veränderungen ist in der heutigen Zeit, in der man die wahre Natur dieser Phänomene versteht, interessanter als zu der Zeit, als der Stern noch am Firmament leuchtete. Aus dieser Beschreibung und aus dem, was ich weiter unten über die Ergebnisse der jüngsten Beobachtungen an weniger prächtigen neuen Sternen sagen werde, geht hervor, dass unsere Beobachter, wenn dieser Stern in den nächsten Jahren wieder auftauchen sollte, wahrscheinlich in der Lage sein werden, sehr wichtige Informationen von ihm zu erhalten. Die von ihm ausgehende Botschaft wird viel umfassender und deutlicher sein als alle, die wir bisher von solchen Sternen erhalten haben, obwohl wir genug gelernt haben, um keinen Zweifel an ihrer allgemeinen Natur zu hegen.

Der Stern blieb, wie wir erfahren, etwa sechzehn Monate sichtbar und behielt während dieser Zeit seinen Platz am Himmel ohne die geringste Veränderung. Er hatte den ganzen Glanz der Fixsterne und funkelte wie diese und war in jeder Hinsicht wie Sirius, nur dass er Sirius an Helligkeit und Größe übertraf. Er erschien größer als Jupiter, der zu dieser Zeit am hellsten leuchtete, und war der Venus kaum unterlegen. *Er erlangte diesen Glanz nicht allmählich,* sondern erstrahlte sofort in seiner vollen Größe und Helligkeit, "als ob", so die Chronisten jener Zeit, "er augenblicklich erschaffen worden wäre". Drei Wochen lang leuchtete er in vollem Glanz, und in dieser Zeit konnte er am Mittag von denen gesehen werden, die gute Augen hatten und wussten, wo er zu suchen war. Doch bevor es einen Monat lang zu sehen war, wurde es sichtbar kleiner, und von Mitte Dezember 1572 bis März 1574, als es ganz verschwand, nahm es kontinuierlich an Größe ab. In dem Maße, in dem er kleiner wurde, veränderte er seine Farbe: zuerst war sein Licht weiß und sehr hell; dann wurde er gelblich, dann rötlich wie der Mars und schließlich ein blasses, fahles Weiß, das der Farbe des Saturns ähnelte. Alle Einzelheiten dieser Schilderung sollten sehr sorgfältig beachtet werden. Es wird sich zeigen, dass sie sehr charakteristisch sind.

Diejenigen, die gelegentlich einen Blick in den Himmel werfen, um zu erfahren, ob dieser Stern wieder zu sehen ist, werden sich vielleicht dafür interessieren, wo man nach ihm suchen sollte. Der Ort kann als in der Nähe der Rückenlehne des sternbesetzten Stuhls beschrieben werden, in dem Cassiopeia sitzen soll - etwas links von der Sitzfläche des Stuhls, wenn man davon ausgeht, dass der Stuhl in seiner normalen Position betrachtet wird. Da aber der Stuhl der Kassiopeia immer umgedreht ist, wenn das Sternbild am bequemsten zu beobachten ist, und da neun Zehntel derjenigen, die das Sternbild kennen, die Stuhlbeine für die Rückenlehne halten und *umgekehrt*, mag es nützlich sein, zu erwähnen, dass der Stern in Bezug auf das von den fünf Hauptsternen der Kassiopeia gebildete W so platziert wurde. Es gibt einen Stern, der nicht sehr weit von der hier angegebenen Stelle entfernt ist, sondern eher näher am mittleren Winkel des W. Dieser ist jedoch kein heller Stern und kann unmöglich mit dem erwarteten Besucher verwechselt werden. (Der Ort von Tychos Stern ist in meinem Schulstern-Atlas und auch in meinem größeren Bibliotheksatlas angegeben. Die gleiche Bemerkung gilt für die beiden neuen Sterne im Serpent-Bearer, die jetzt beschrieben werden sollen).

Im August 1596 beobachtete der Astronom Fabricius einen neuen Stern im Nacken des Wals, der nach einiger Zeit auch wieder verschwand. Er wurde erst im Jahre 1637 wieder bemerkt, als ein Beobachter, der den Namen Phocyllides Holwarda trug, ihn beobachtete und, nachdem er verschwunden war, an der Stelle, an der er erschienen war, eine Wache hielt, sah, wie er neun Monate nach seinem Verschwinden wieder in Erscheinung trat.  Seitdem ist er als veränderlicher Stern mit einer Periode von etwa 331 Tagen und 8 Stunden bekannt. Wenn er am hellsten ist, hat er eine Helligkeit von zwei Größenklassen. Es deutet auf eine etwas merkwürdige Nachlässigkeit der damaligen Astronomen hin, dass ein Stern, der vierzehn Tage lang so auffällig leuchtet, einmal in jeder Periode von 331-1/3 Tagen, so viele Jahre lang unentdeckt blieb. Man könnte vielleicht denken, dass ich mit dieser Feststellung den oben erhobenen Einwand gegen Sir J. Herschels Idee, dass der Stern in Cassiopeia nur einmal in 156 Jahren statt einmal in 312 Jahren zu sehen sein könnte, zurücknehmen sollte. Aber es besteht ein großer Unterschied zwischen einem Stern, der an seinem hellsten Tag nur als Stern der zweiten Größenklasse leuchtet, so dass er zwanzig oder dreißig gleich- oder höherglänzende Begleiter über dem Horizont hat, und einem Stern, der den prächtigen Sirius um das Dreifache übertrifft. Wir haben gesehen, dass selbst zu Tycho Brahes Zeiten, als die Sterne wahrscheinlich noch nicht so bekannt waren, der neue Stern in der Kassiopeia keine Stunde geleuchtet hatte, bevor die Landbevölkerung ihn mit Staunen betrachtete. Außerdem sind Kassiopeia und der Walfisch Sternbilder, die sich in ihrer Position stark unterscheiden. Die bekannten Sterne der Kassiopeia sind in jeder klaren Nacht sichtbar, denn sie gehen nie unter. Die Sterne des Wals, zumindest der Teil, zu dem der wunderbare veränderliche Stern gehört, befinden sich während etwas mehr als der Hälfte der vierundzwanzig Stunden unter dem Horizont; und ein neuer Stern würde dort wahrscheinlich nur dann bemerkt werden (es sei denn, er wäre von außerordentlicher Pracht), wenn er zufällig während des Teils des Jahres auftauchen würde, in dem der Wal zwischen Abend und Mitternacht hoch über dem Horizont steht, oder im Herbst und frühen Winter.

Ein bemerkenswerter Umstand bei dem veränderlichen Stern im Walfisch, der zu Recht Mira oder Die Wunderbare genannt wird, ist die Tatsache, dass er nicht immer zu demselben Helligkeitsgrad zurückkehrt. Manchmal war er ein sehr heller Stern der zweiten Größenklasse, wenn er am hellsten war, ein anderes Mal hat er kaum die dritte Größenklasse überschritten. Hevelius berichtet, dass sich Mira in den vier Jahren zwischen Oktober 1672 und Dezember 1676 überhaupt nicht gezeigt hat! Wenn dieser Stern verblasst, wechselt er seine Farbe von weiß zu rot.

Gegen Ende September 1604 erschien auf ein neuer Stern im Sternbild Ophiuchus, dem Schlangenträger. Er befand sich in der Nähe der Ferse des rechten Fußes des "großen Ophiuchus". Kepler sagt uns, dass er weder Haare noch Schweif hatte und sicherlich kein Komet war. Außerdem behielt er, wie die anderen Fixsterne, seinen Platz unverändert bei, was unmissverständlich zeigt, dass er zu den Sterntiefen und nicht zu den näheren Regionen gehörte. Er war genau wie einer der Sterne, nur dass er in der Lebendigkeit seines Glanzes und der Schnelligkeit seines Funkelns alles übertraf, was er je zuvor gesehen hatte. Es wechselte jeden Augenblick in einige der Farben des Regenbogens, wie Gelb, Orange, Purpur und Rot; obwohl es im Allgemeinen weiß war, wenn es sich in einiger Entfernung von den Dämpfen des Horizonts befand. In der Tat sind diese Farbwechsel nicht als Hinweis auf etwas anderes als die überragende Helligkeit des Sterns zu verstehen. Jeder sehr helle Stern zeigt in der Nähe des Horizonts diese Farben, und zwar umso deutlicher, je heller er ist. Sirius, der die hellsten Sterne der nördlichen Hemisphäre an Glanz um das Vierfache übertrifft, zeigt diese Farbwechsel so auffällig, dass sie als besonders charakteristisch für diesen Stern angesehen wurden, so dass Homer von Sirius (nicht namentlich, sondern als "Stern des Herbstes") spricht, der am schönsten leuchtet, "wenn er von den Wellen des Ozeans umspült wird, das heißt, wenn er nahe am Horizont steht. Und unser eigener Dichter, Tennyson, folgt dem älteren Dichter und singt, wie

der feurige Sirius wechselt den Farbton,
und schillert in Rot und Smaragd.

Der neue Stern war heller als Sirius und stand bei seinem höchsten Stand über dem Horizont etwa fünf Grad tiefer als Sirius, wenn *er* kulminierte. Da fünf Grad fast dem Zehnfachen des scheinbaren Durchmessers des Mondes entsprechen, wird man sehen, wie viel günstiger die Bedingungen im Falle von Keplers Stern für jene farbigen Szintillationen waren, die diesen Orbis charakterisierten. Sirius steigt nie sehr hoch über den Horizont. An seinem höchsten Punkt (im Winter gegen Mitternacht und im Sommer natürlich gegen Mittag) steht er etwa so hoch über dem Horizont wie die Sonne zur Mittagszeit in der ersten Februarwoche. Die größte Höhe von Keplers Stern über dem Horizont betrug nur wenig mehr als drei Viertel davon, was etwa der Höhe der Sonne zur Mittagszeit am 13. oder 14. Januar eines jeden Jahres entspricht.

Wie Tycho Brahes Stern war Keplers Stern sogar heller als Jupiter und stand der Venus an Glanz nur wenig nach. Er behielt seinen Glanz für etwa drei Wochen, danach wurde er allmählich schwächer und schwächer, bis er irgendwann zwischen Oktober 1605 und Februar 1606 verschwand. Der genaue Tag ist nicht bekannt, da das Sternbild des Schlangenträgers in diesem Zeitraum nur tagsüber über dem Horizont zu sehen ist. Aber im Februar 1606, als es wieder möglich war, den neuen Stern in der Nacht zu sehen, war er verschwunden. Wahrscheinlich leuchtete er noch so hell, dass er ohne den Lichtschleier, unter dem ihn die Sonne verbarg, insgesamt etwa sechzehn Monate lang sichtbar geblieben wäre. In der Tat scheint er Tychos Stern sehr ähnlich gewesen zu sein, nicht nur im Aussehen und im Grad seiner größten Helligkeit, sondern auch in der Dauer seiner Sichtbarkeit.

Im Jahr 1670 erschien ein neuer Stern im Sternbild Cygnus, der die dritte Größenklasse erreichte. Er blieb fast zwei Jahre lang sichtbar, wenn auch nicht mit diesem Glanz. Nachdem er fast verblasst war, flackerte er noch einmal kurz auf, erlosch aber bald darauf, so dass er völlig unsichtbar wurde. Ob ein leistungsfähiges Teleskop es noch gezeigt hätte, ist ungewiss, aber es scheint sehr wahrscheinlich zu sein. Es könnte tatsächlich sein, dass dieser neue Stern im Schwan derselbe ist, der in den letzten Wochen in Erscheinung getreten ist; aber in diesem Punkt ist die Beweislage unsicher.

Am 20. April 1848 bemerkte Mr. Hind (Superintendent des Nautischen Almanachs und Entdecker von zehn neuen Mitgliedern des Sonnensystems) einen neuen Stern fünfter Größe im Schlangenträger, allerdings in einem ganz anderen Teil dieses großen Sternbildes als Keplers Stern. Einige Wochen später stieg er auf die vierte Größenordnung an. Doch dann nahm sein Licht ab, bis er für das normale Auge unsichtbar wurde. Völlig verschwunden ist er jedoch nicht. Er ist immer noch mit dem Teleskop sichtbar und leuchtet als Stern der elften Größenklasse, also fünf Größenklassen unter dem schwächsten mit bloßem Auge erkennbaren Stern.

Dies ist der erste neue Stern, der seit seiner scheinbaren Entstehung im Blickfeld geblieben ist. Aber wir nähern uns jetzt der Zeit, in der festgestellt wurde, dass so genannte neue Sterne noch lange nach ihrem Verschwinden aus dem Blickfeld existieren, so dass auch sie in Wirklichkeit nicht neu sind, sondern schon lange vor ihrer Sichtbarkeit für das bloße Auge existierten.

Am 12. Mai 1866, kurz vor Mitternacht, bemerkte Herr Birmingham aus Tuam einen Stern der zweiten Größenordnung in der nördlichen Krone, wo bis dahin kein mit bloßem Auge sichtbarer Stern bekannt war. Dr. Schmidt aus Athen, der diese Himmelsregion in derselben Nacht beobachtet hatte, war sich sicher, dass bis 23 UHR Ortszeit von Athen kein Stern über vier Größenordnungen an der Stelle des neuen Sterns zu sehen war. Wenn man sich also auf diesen Negativbeweis verlassen kann, muss der neue Stern in weniger als drei Stunden - 11 Uhr in Athen entspricht etwa 21 Uhr irischer Eisenbahnzeit - mindestens von der vierten, wahrscheinlich aber von einer viel niedrigeren Größenordnung zur zweiten aufgestiegen sein. Ein Herr Barker aus London, Kanada, behauptete, den neuen Stern bereits am 4. Mai gesehen zu haben - eine Behauptung, die nicht im Geringsten einer Untersuchung wert ist, was den Verdienst betrifft, den neuen Stern als erster gesehen zu haben, die aber äußerst wichtig ist, was die Art des Ausbruchs betrifft, der den Stern in Corona betrifft. Es ist unangenehm, eine eindeutige Tatsachenbehauptung in Misskredit bringen zu müssen; unglücklicherweise legte Herr Barker jedoch, als seine Behauptung angefochten wurde, Herrn Stone vom Greenwich Observatorium so eindeutige Aufzeichnungen über Beobachtungen vom 4., 8., 9. und 10. Mai vor, dass wir keine andere Wahl haben, als entweder diese Beobachtungen anzuerkennen oder zu folgern, dass er den trügerischen Auswirkungen eines sehr eigenartigen Gedächtnistricks unterlag. Er erwähnt in seinem Brief an Mr. Stone, dass er am 17. Mai alle Einzelheiten seiner Beobachtungen an diesen frühen Tagen an Professor Watson von der Universität Ann Arbor geschickt hatte; aber (leider) anstatt diesen Brief in den Händen von Professor Watson zu lassen, um seine eigene Geschichte zu erzählen, bat er Professor Watson, ihn an ihn zurückzuschicken: als Mr. Stone Professor Watson ganz selbstverständlich um eine Kopie dieses wichtigen Briefes bat, musste Professor Watson antworten: "Vor etwa einem Monat hat Herr Barker mich um diesen Brief gebeten, und ich habe ihn ihm, wie gewünscht, zurückgegeben, ohne eine Kopie aufzubewahren. Ich kann jedoch", so fuhr er fort, "mit Bestimmtheit sagen, dass er keine tatsächliche Beobachtung vor dem 14. Mai erwähnt hat. Er sagte, er glaube, etwa zwei Wochen vor dem Datum seiner ersten Beobachtung - dem 14. Mai - einen seltsamen Stern in der Krone bemerkt zu haben, aber nicht genau, und dass er ihn erst am 14. Mai erkannt habe. Er nannte kein Datum und schien sich nicht einmal über die Identität sicher zu sein.... Als ich den Brief vom 17. Mai zurückschickte, machte ich auf der ersten Seite einen Vermerk über die Echtheit des Briefes und fügte meine Unterschrift bei. Ich bedaure, dass ich keine Kopie des fraglichen Schreibens aufbewahrt habe; wenn jedoch das Original vorgelegt wird, wird sich zeigen, dass meine Erinnerung an den Inhalt des Schreibens richtig ist. Ich denke, niemand kann es Herrn Stone verübeln, wenn er nach Erhalt dieses Schreibens erklärte, dass er nicht das "geringste Zögern" hatte, die früheren Bemerkungen von Herrn Barker als "nicht im geringsten glaubwürdig" zu betrachten. [33]

Man kann mit Fug und Recht davon ausgehen, dass der neue Stern sehr schnell, wenn auch nicht ganz plötzlich, zu seinem vollen Glanz auflief. Wie wir gesehen haben, war Birmingham der erste, der ihn am 12. Mai entdeckte. Am Abend des 13. Mai entdeckte ihn Schmidt aus Athen unabhängig davon, und einige Stunden später wurde er von einem französischen Ingenieur namens Courbebaisse bemerkt. Danach sahen Baxendell aus Manchester und andere den Stern unabhängig voneinander. Schmidt, der Argelanders Karten mit 324.000 Sternen untersuchte (Karten, die ich das Vergnügen hatte, in einem einzigen Blatt abzubilden), stellte fest, dass der Stern kein neuer war, sondern von Argelander zwischen der neunten und zehnten Größenklasse eingeordnet worden war. Aus Argelanders Liste geht hervor, dass der Stern zweimal beobachtet worden war, nämlich am 18. Mai 1855 und am 31. März 1856.

Birmingham schrieb sofort an Mr. Huggins, der sich zusammen mit dem verstorbenen Dr. Miller seit einiger Zeit mit der Beobachtung von Sternen und anderen Himmelsobjekten mit dem Spektroskop beschäftigt hatte. Die beiden Beobachter richteten ihr mit spektroskopischen Hilfsmitteln ausgestattetes Teleskop - Telespektroskop ist die schöne Bezeichnung für das zusammengesetzte Instrument - sofort auf den Neuankömmling. Das Ergebnis war ziemlich verblüffend. Bevor ich es beschreibe, sollte ich jedoch mit ein paar Worten die Bedeutung der verschiedenen Arten von spektroskopischen Beweisen erläutern.

Das Licht der Sonne, das durch das Spektroskop gesiebt wird, zeigt alle Farben, aber nicht alle Farbtöne des Regenbogens. Es breitet sich in einem großen regenbogenfarbigen Streifen aus, aber an verschiedenen Stellen (einige Tausend) entlang des Streifens fehlen Farbtöne, so dass der Streifen in der Tat von einer Vielzahl dunkler Linien durchzogen ist. Wir wissen, dass diese Linien auf die Absorptionswirkung der in der Sonnenatmosphäre vorhandenen Dämpfe zurückzuführen sind, und aus der Position der Linien können wir erkennen, um welche Dämpfe es sich handelt. So erzeugt der Wasserstoff durch seine Absorptionswirkung vier der hellen Linien. Der Dampf des Eisens ist dort, der Dampf des Natriums, des Magnesiums, und so weiter. Wir wissen auch, dass dieselben Dämpfe, die durch ihre absorbierende Wirkung die Strahlen bestimmter Farbtöne abschneiden, Licht in eben diesen Farbtönen aussenden. Wenn man die glühende Masse der Sonne plötzlich auslöschen und ihre Atmosphäre in ihrem gegenwärtigen, stark erhitzten Zustand belassen würde, würde das Licht der schwachen Sonne, das uns dann übrig bliebe, bei einer spektroskopischen Untersuchung genau die Strahlen abgeben, die jetzt zu fehlen scheinen. Anstelle eines regenbogenfarbenen Spektrums, das von zahlreichen dunklen Linien durchzogen wäre, gäbe es ein Spektrum mit zahlreichen hellen Linien. In der Tat erscheinen die dunklen Linien nur durch den Kontrast dunkel, so wie auch die Sonnenflecken nur durch den Kontrast dunkel erscheinen. Nicht nur die Penumbra, sondern auch die Umbra eines Sonnenflecks, nicht nur die Umbra, sondern auch der Kern, nicht nur der Kern, sondern auch das tiefere Schwarz, das im Kern des Kerns zu liegen scheint, leuchten in Wirklichkeit mit einem Glanz, der den des elektrischen Lichts bei weitem übertrifft, obwohl im Kontrast zum Rest der Sonnenoberfläche die Penumbra dunkel, die Umbra noch dunkler, der Kern tiefschwarz und der Kern des Kerns tiefschwarz erscheint. Die dunklen Linien im Sonnenspektrum markieren also die Stellen, an denen bestimmte Strahlen relativ schwach sind, obwohl sie in Wirklichkeit intensiv leuchten. Stellen Sie sich eine andere Veränderung vor als die eben vorgestellte. Stellen Sie sich vor, die Sonnenkugel bliebe so, wie sie jetzt ist, aber die Atmosphäre würde um ein Vielfaches heller und glänzender: dann würden alle diese dunklen Linien hell werden, und der regenbogenfarbene Hintergrund wäre im Gegensatz dazu stumpf oder sogar ganz dunkel. Dies ist keine bloße Einbildung. Zuweilen kommt es in der Sonne zu lokalen Störungen, die eine solche Veränderung in bestimmten Bestandteilen der Sonnenatmosphäre hervorrufen, so dass zum Beispiel der Wasserstoff mit so großer Hitze glüht, dass seine Linien nicht mehr dunkel, sondern hell erscheinen. Auch das Magnesium in der Sonnenatmosphäre hat sich gelegentlich auf diese Weise verhalten (allerdings nur in bestimmten Regionen). Dies war während des sehr heißen Sommers von 1872 der Fall, so dass der italienische Beobachter Tacchini, der dieses Phänomen beobachtete, die bemerkenswerte Hitze, unter der wir damals eine Zeit lang litten, auf eine solche lokale Überhitzung des Magnesiumdampfes der Sonne zurückführte.

Nun sind die Sterne Sonnen, und das Spektrum eines Sterns ist einfach eine Miniaturausgabe des Sonnenspektrums. Natürlich gibt es charakteristische Unterschiede. Ein Stern hat mehr Wasserstoff, zumindest mehr Wasserstoff, der seine Strahlen absorbiert, und hat daher die Wasserstofflinien stärker ausgeprägt als im Sonnenspektrum. Bei einem anderen Stern sind die Linien verschiedener Metalle auffälliger, was darauf hindeutet, dass die glühenden Dämpfe dieser Elemente - Eisen, Kupfer, Quecksilber, Zinn usw. - entweder dichter in der Atmosphäre des Sterns hängen als in der unserer Sonne oder dass sie, da sie kühler sind, ihre speziellen Farbtöne besser absorbieren. Im Großen und Ganzen ähnelt das Sternspektrum jedoch dem Sonnenspektrum. Es gibt den regenbogenfarbenen Streifen, der darauf hindeutet, dass die Lichtquelle aus glühender fester, flüssiger oder stark komprimierter dampfförmiger Materie besteht, und quer zu diesem Streifen verlaufen zahlreiche dunkle Linien, die darauf hindeuten, dass sich um das glühende Herz des Sterns Hüllen aus relativ kühlen Dämpfen befinden.

Wir können also die Bedeutung der Beweise verstehen, die wir durch den neuen Stern in der Nordkrone erhalten haben.

In erster Linie zeigte der neue Stern den regenbogenfarbenen Streifen, der von dunklen Linien durchzogen war, was auf seine sonnenähnliche Natur hinwies. Aber auf diesem regenbogenfarbenen Streifen, der sich wie ein dunkler Hintergrund abhob, waren vier äußerst helle Linien zu sehen - so helle, wenn auch feine Linien, dass das meiste Licht des Sterns eindeutig von den glühenden Dämpfen kam, zu denen diese Linien gehörten. Drei der Linien gehörten zu Wasserstoff, die vierte konnte mit keiner bekannten Linie identifiziert werden.

Es ist zu unterscheiden zwischen dem, was aus dieser bemerkenswerten Beobachtung mit Sicherheit geschlossen werden kann, und dem, was nur mit mehr oder weniger großer Wahrscheinlichkeit abgeleitet werden kann.

Es ist absolut sicher, dass, als die Herren Huggins und Miller ihre Beobachtung machten (zu diesem Zeitpunkt war der neue Stern von der zweiten zur dritten Größenordnung verblasst), enorme Massen von Wasserstoff um den Stern herum mit einer Hitze glühten, die weitaus intensiver war als die des Sterns selbst innerhalb der Wasserstoffhülle. Es ist sicher, dass die Zunahme des Sternenlichts, die den Stern sichtbar machte, der zuvor weit außerhalb der Reichweite des gewöhnlichen Sehvermögens lag, auf die abnorme Hitze des Wasserstoffs zurückzuführen ist, der diese ferne Sonne umgibt.

Aber es ist nicht so klar, ob das intensive Glühen des Wasserstoffs durch Verbrennung oder durch intensive Hitze ohne Verbrennung verursacht wurde. Der Unterschied zwischen den beiden Ursachen des verstärkten Lichts ist wichtig, denn von der Meinung, die wir uns in diesem Punkt bilden, muss unsere Meinung über die Wahrscheinlichkeit abhängen, dass unsere Sonne eines Tages eine ähnliche Katastrophe erleben wird, und auch unsere Meinung über den Zustand der Sonne in der Nordkrone nach dem Ausbruch. Zur Veranschaulichung dieser Unterscheidung nehmen wir zwei bekannte Fälle von Lichtemission. Eine brennende Kohle leuchtet rot, ebenso wie ein Stück Eisen, das in ein Kohlefeuer gelegt wird. Aber die Kohle und das Eisen durchlaufen ganz unterschiedliche Prozesse. Das Eisen brennt nicht (außer in dem Sinne, dass es heiß brennt, was nur bedeutet, dass es jeden brennbaren Stoff, der mit ihm in Berührung kommt, zum Brennen bringt), und es wird nicht verbrannt, auch wenn das Kohlenfeuer noch Tage, Wochen und Monate um es herum brennt. So verhält es sich auch mit den Wasserstoffflammen, die zu jeder Zeit über die Oberfläche unserer eigenen Sonne spielen. Sie brennen nicht wie die Wasserstoffflammen, die für die Sauerstoff-Wasserstoff-Laterne verwendet werden. Würde der Sonnenwasserstoff so brennen, wäre die Sonne schnell erloschen. Sie glühen einfach mit der Intensität der Hitze, wie eine Masse glühenden Eisens glüht; und solange die Energien der Sonne aufrechterhalten werden, wird der Wasserstoff um ihn herum auf diese Weise glühen, ohne verbraucht zu werden. Da die neuen Feuer des Sterns in der Krone schnell erloschen sind, ist es möglich, dass in ihrem Fall eine tatsächliche Verbrennung stattgefunden hat. Andererseits ist es auch möglich, und vielleicht im Großen und Ganzen wahrscheinlicher, dass der Wasserstoff, der den Stern umgibt, einfach durch irgendeine noch nicht ermittelte Ursache mit erhöhtem Glanz zum Glühen gebracht wurde.

Sehen wir uns an, wie diese beiden Theorien von den Studenten der Wissenschaft, die sie vertreten haben, tatsächlich formuliert wurden.

Das plötzliche Aufflackern dieses Sterns", sagt Herr Huggins, "und dann das rasche Erlöschen seines Lichts legen die ziemlich kühne Vermutung nahe, dass infolge einer großen inneren Erschütterung ein großes Volumen von Wasserstoff und anderen Gasen aus ihm hervorgegangen ist, wobei der Wasserstoff durch seine Verbindung mit irgendeinem anderen Element", mit anderen Worten, durch *Verbrennung*, "das durch die hellen Linien dargestellte Licht ausstrahlte und gleichzeitig die feste Materie der Sternoberfläche bis zum Punkt lebhafter Glut erhitzte. Als sich das freigesetzte Wasserstoffgas erschöpfte" (ich zitiere jetzt nicht Huggins' eigene Worte, sondern Worte, die seine Theorie in einem von ihm herausgegebenen Buch beschreiben), "erlosch die Flamme allmählich, und mit der daraus folgenden Abkühlung wurde die Oberfläche des Sterns weniger leuchtend, und der Stern kehrte in seinen ursprünglichen Zustand zurück.

Andererseits halten die deutschen Physiker Meyer und Klein die plötzliche Entwicklung von Wasserstoff in ausreichenden Mengen, um einen solchen Ausbruch zu erklären, für äußerst unwahrscheinlich. Sie sind daher der Meinung, dass das plötzliche Auflodern des Sterns durch den heftigen Niederschlag einer gewaltigen Masse, vielleicht eines Planeten, auf den Globus dieser fernen Sonne verursacht wurde, "wodurch der Impuls der fallenden Masse in molekulare Bewegung, oder mit anderen Worten in Wärme und Licht, umgewandelt wurde". Man könnte sogar annehmen, dass der Stern in der Krone durch seine schnelle Bewegung mit einer der Sternenwolken in Berührung gekommen sein könnte, die in großer Zahl in den Gefilden des Raumes existieren. Ein solcher Zusammenstoß würde den Stern notwendigerweise in Flammen setzen und die heftigste Entzündung seines Wasserstoffs hervorrufen.

Glücklicherweise ist unsere Sonne noch viele Millionen Jahre lang vor dem Kontakt mit einem ihrer Planeten sicher. Der Leser von darf jedoch nicht auf die Idee verfallen, dass die Gefahr nur in der allmählichen Kontraktion der Planetenbahnen besteht, von der manchmal die Rede ist. Diese Kontraktion, wenn sie überhaupt stattfindet, wofür wir nicht den geringsten Beweis haben, würde Merkur für mindestens zehn Millionen Jahre nicht an die Oberfläche der Sonne ziehen. Die wirkliche Gefahr bestünde in den Auswirkungen, die die störende Wirkung der größeren Planeten auf die Umlaufbahn des Merkurs haben könnte. Diese Umlaufbahn ist bereits jetzt sehr exzentrisch und muss sich von Zeit zu Zeit noch weiter ausdehnen. Ohne die tatsächliche Anpassung des Planetensystems könnte sie so exzentrisch werden, dass Merkur sich nicht mehr von der Sonne fernhalten könnte; und ein Schlag des kleinen Merkur (der in Wirklichkeit nur 390 Millionen Millionen Millionen Tonnen wiegt) mit einer Geschwindigkeit von etwa 300 Meilen pro Sekunde würde unsere Sonne beträchtlich erwärmen. Aber im Fall von Merkur besteht keine Gefahr, dass dies geschieht - obwohl der unsichtbare und viel verschlagenere Vulkan (an den ich hier meinen völligen Unglauben zu äußern bitte) vielleicht Unheil anrichten könnte, wenn er wirklich existierte.

Was die Sternenwolken betrifft, die auf dem Lauf der Sonne liegen, können wir ebenso zuversichtlich sein. Das Fernrohr versichert uns, dass sich keine unmittelbar auf der Bahn befinden, und wir wissen auch, dass, so schnell die Sonne uns auch durch den Weltraum trägt, [34] viele Millionen Jahre vergehen müssen, bevor sie sich unter den Sternenfamilien befindet, denen sie entgegeneilt.

Von der Gefahr durch Verbrennung oder durch andere als die von Meyer und Klein in Betracht gezogenen Zündursachen ist noch zu sprechen. Doch zunächst wollen wir uns ansehen, welche neuen Erkenntnisse die Beobachtungen an dem Stern, der im vergangenen November in Flammen aufging, zu diesem Thema gebracht haben.

Der neue Stern wurde zum ersten Mal von Professor Schmidt gesehen, der das Glück hatte, den Astronomen mehr als ein bemerkenswertes Phänomen zu verkünden. Er war es, der im November 1866 das Verschwinden eines Mondkraters entdeckte, eine Ankündigung, die den Tatsachen durchaus entsprach. Wir haben gesehen, dass er einer der unabhängigen Entdecker des Ausbruchs in der Nordkrone war. Am 24. November bemerkte er um 5.41 Uhr abends (was zeigt, dass Schmidt in seiner Sternwarte die Zeit beim Schopf packt) einen Stern dritter Größe im Sternbild des Schwans, nicht weit vom Schwanz dieses südwärts fliegenden Himmelsvogels. Er ist sich ziemlich sicher, dass der Stern am 20. November, dem letzten klaren Abend zuvor, nicht da war. Um Mitternacht war sein Licht sehr gelb, und er war etwas heller als der benachbarte Stern Eta Pegasi, der sich auf dem südlichsten Knie des Fliegenden Pferdes befindet (wenn die Anatomen mir verzeihen, dass ich dem üblichen Sprachgebrauch folge, der das Handgelenk des Vorderarms des Pferdes als Knie bezeichnet). Er schickte die Nachricht von seiner Entdeckung sofort an Leverrier, den Leiter des Pariser Observatoriums, und die dortigen Beobachter machten sich an die Arbeit, das Licht des Fremden zu analysieren. Leider verblasste die plötzlich gewonnene Leuchtkraft des Sterns schnell. Paul Henry schätzt, dass die Helligkeit des Sterns am 2. Dezember nur noch der eines Sterns der fünften Größenklasse entsprach. Außerdem war die Farbe des Sterns, die am 24. November noch sehr gelb gewesen war, zu diesem Zeitpunkt "grünlich, fast blau". Am 2. Dezember beobachtete M. Cornu während einer kurzen Zeit, in der der Stern durch eine Wolkenlücke sichtbar war, und stellte fest, dass das Spektrum des Sterns fast ausschließlich aus hellen Linien bestand. Am 5. Dezember gelang es ihm, die Position dieser Linien zu bestimmen, obwohl sie immer noch durch Wolken unterbrochen waren. Er fand drei helle Wasserstofflinien, die starke (eigentlich doppelte) Natriumlinie, die (eigentlich dreifache) Magnesiumlinie und zwei weitere Linien. Eine dieser Linien schien genau mit einer hellen Linie übereinzustimmen, die zur Korona gehört, die während einer totalen Sonnenfinsternis um die Sonne herum zu sehen ist. [35]

Seitdem hat der Stern allmählich an Glanz verloren, bis er heute mit bloßem Auge nicht mehr zu erkennen ist.

Wir können nicht daran zweifeln, dass die Katastrophe, die diesen Stern heimgesucht hat, von der gleichen allgemeinen Art ist wie die, die den Stern in der Nordkrone heimgesucht hat. Es ist äußerst bezeichnend, dass alle Elemente, die im Fall des Sterns im Schwan Anzeichen von intensiver Hitze zeigten, für die äußeren Anhängsel unserer Sonne charakteristisch sind. Wir wissen, dass die farbigen Flammen, die wir während einer totalen Sonnenfinsternis um die Sonne herum sehen, aus glühendem Wasserstoff und aus glühender Materie bestehen, die eine Linie bildet, die der Natriumlinie so nahe kommt, dass es im Falle eines stellaren Spektrums wahrscheinlich nicht möglich wäre, die eine von der anderen zu unterscheiden. In die Protuberanzen werden von Zeit zu Zeit Massen von glühendem Natrium, Magnesium und (in geringerem Maße) Eisen und anderen Metalldämpfen geworfen. In dem herrlichen Anhängsel, der Sonnenkorona, die sich über Hunderttausende von Kilometern von der Sonnenoberfläche erstreckt, befinden sich schließlich enorme Mengen eines Elements, dessen Natur noch unbekannt ist und das bei der spektroskopischen Analyse die helle Linie zeigt, die im Spektrum der flammenden Sonne im Schwan erschienen zu sein scheint.

Diese Beweise scheinen mir darauf hinzudeuten, dass die intensive Hitze, die plötzlich auf diesen Stern einwirkte, von außen kam. Gleichzeitig kann ich nicht mit Meyer und Klein übereinstimmen, wenn sie meinen, dass die Ursache der Hitze entweder der Sturz einer Planetenmasse auf den Stern war oder die Kollision des Sterns mit einer Sternwolke oder einem Nebel, der den Raum in einer Richtung durchquerte, während der Stern in einer anderen Richtung weiterflog. Ein Planet kann nicht auf einen Schlag in einen endgültigen Konflikt mit seiner Sonne geraten. Er würde sich allmählich annähern, nicht durch die Verengung seiner Bahn, sondern durch die Veränderung der Form der Bahn. Die Bahn würde nämlich immer exzentrischer werden, bis der Planet schließlich an dem Punkt, an dem er sich der Sonne am stärksten nähert, die Sonne streift und dort, wo er auftrifft, eine starke Hitze entwickelt, aber diesmal der eigentlichen Zerstörung entgeht. Der Planet machte einen weiteren Umlauf und streifte seine Sonne erneut, und zwar an oder in der Nähe des gleichen Abschnitts der Planetenbahn. Dies würde sich über mehrere Umläufe fortsetzen, wobei die Berührungen jedes Mal nicht effektiver, sondern eher weniger werden würden. Die Abstände zwischen den einzelnen Streifzügen werden jedoch immer kürzer. Schließlich würde der Zeitpunkt kommen, an dem die Bahn des Planeten auf die Kreisform reduziert würde, wobei sein Globus den seiner Sonne rundum berührt, und dann würde der Planet sehr schnell zu Dampf reduziert und teilweise verbrannt werden, wobei seine Substanz von seiner Sonne absorbiert wird. Die Zeitspanne zwischen den einzelnen scheinbaren Ausbrüchen beträgt anfangs nur einige Monate und wird dann allmählich immer kürzer (während eines langen Zeitraums von Jahren, vielleicht sogar Jahrhunderten), bis der Planet schließlich zerstört wird. Bei keinem der so genannten neuen Sterne ist etwas Derartiges geschehen.

Was das Rauschen eines Sterns durch eine Nebelmasse betrifft, so ist dies eine Theorie, die kaum jemand in Betracht ziehen würde, der die enormen Entfernungen zwischen den gasförmigen Sternwolken kennt, die man eigentlich Nebel nennt. Es mag kleine Wolken der gleichen Art geben, die viel dichter im Raum verstreut sind; aber wir haben nicht den geringsten Beweis dafür, dass dies tatsächlich der Fall ist. Alles, was wir über Sternwolken *wissen,* deutet darauf hin, dass die Entfernungen, die sie voneinander trennen, mit denen vergleichbar sind, die einen Stern von einem anderen Stern trennen; in diesem Fall ist die Vorstellung, dass ein Stern mit einer Sternwolke zusammenstößt, und noch mehr die Vorstellung, dass dies mehrmals in einem Jahrhundert geschieht, äußerst wild.

Im Großen und Ganzen scheint die Theorie wahrscheinlicher zu sein, dass enorme Schwärme großer Meteoritenmassen um die Sterne reisen, die so gelegentlich in Flammen ausbrechen, wobei diese Schwärme auf äußerst exzentrischen Bahnen reisen und enorm lange Zeiträume benötigen, um jede Runde ihrer riesigen Bahnen zu vollenden. Wenn wir uns das vorstellen, ist das nichts Neues. Ein solcher Meteorflug würde sich nur im Grad, nicht aber in der Art von den Meteorflügen unterscheiden, von denen wir wissen, dass sie um unsere eigene Sonne kreisen. Ich bin mir in der Tat nicht sicher, ob mit Sicherheit behauptet werden kann, dass unsere Sonne keine meteorischen Anhängsel derselben Art hat wie diejenigen, die, wenn diese Theorie wahr ist, die Sonne, um die sie kreisen, zu intensiver periodischer Aktivität anregen. Wir wissen, dass Kometen und Meteore eng miteinander verbunden sind, denn jeder Komet wird wahrscheinlich (viele sicher) von Meteoritenflügen begleitet. Die Meteore, die die berühmten Sternschnuppenschauer im November hervorbringen, folgen der Spur eines für das bloße Auge unsichtbaren Kometen. Dürfen wir also nicht annehmen, dass die glorreichen Kometen, die nicht nur sichtbar, sondern auch auffällig waren, die sogar am Tag leuchteten und runde Schweife trugen, die wie der des "Himmelswunders, des großen Drachens", "den dritten Teil der Sterne des Himmels anzuziehen schienen", von viel dichteren Flügen viel massereicherer Meteore gefolgt werden? Nun haben einige dieser Riesenkometen Bahnen, die sie sehr nahe an unsere Sonne heranführen. Newtons Komet, dessen Schweif hundert Millionen Meilen lang war, streifte die Sonnenkugel nur knapp. Der Komet von 1843, dessen Schweif sich nach den Worten von Sir J. Herschel "über die Hälfte des Himmels erstreckte", muss die Sonne tatsächlich gestreift haben, wenn auch nur leicht, denn sein Kern war bis auf 80.000 Meilen an die Sonnenoberfläche herangekommen, und sein Kopf hatte einen Durchmesser von mehr als 160.000 Meilen. Und das sind nur zwei der wenigen Kometen, deren Bahnen bekannt sind. Jederzeit könnten wir von einem Kometen besucht werden, der mächtiger ist als die beiden anderen, der sich auf einer Umlaufbahn bewegt, die die Sonnenoberfläche schneidet, gefolgt von Flügen von Meteoritenmassen, die enorm groß und zahlreich sind und die, wenn sie mit der enormen Geschwindigkeit auf den Sonnenglobus fallen, die ihrer riesigen Umlaufweite und ihrer nahen Annäherung an die Sonne entspricht - einer Geschwindigkeit von etwa 360 Meilen pro Sekunde -, ohne jeden Zweifel seinen ganzen Körper und besonders seine Oberflächenregionen zu einem Grad von Hitze anregen würden, der weit über das hinausgeht, was er jetzt ausstrahlt.

Wir haben Beweise für die enorme Hitze, zu der die Sonnenoberfläche durch den Niederschlag eines großen Meteoritenschauers angeregt würde. Carrington und Hodgson beobachteten am 1. September 1859 (unabhängig voneinander) den Durchgang von zwei sehr hellen Körpern über einen kleinen Teil der Sonnenoberfläche, die zunächst an Helligkeit zunahmen, dann schwächer wurden und schließlich verschwanden. Es wird allgemein angenommen, dass es sich dabei um meteorische Massen handelte, die durch Reibungswiderstand zu großer Hitze aufgewirbelt wurden. Nun erschienen sie, oder vielmehr der Teil der Sonnenoberfläche, durch den sie hindurchgeeilt waren, so viel heller, dass Carrington annahm, die dunkle Glasscheibe, die zum Schutz des Auges diente, sei zerbrochen, und Hodgson beschrieb die Helligkeit dieses Teils der Sonne so, dass der Teil wie ein leuchtender Stern auf dem Hintergrund der glühenden Sonnenoberfläche leuchtete. Beachten Sie auch die Folgen des Untergangs dieser beiden Körper . Eine magnetische Störung wirkte sich auf die gesamte Erde aus, und zwar genau zu dem Zeitpunkt, als die Sonne auf diese Weise gestört worden war. Lebhafte Polarlichter wurden nicht nur in beiden Hemisphären gesehen, sondern auch in Breitengraden, in denen Polarlichter sehr selten zu sehen sind. Allmählich", sagt Sir J. Herschel, "begannen Berichte über große Polarlichter einzutreffen, die nicht nur in diesen Breiten, sondern auch in Rom, auf den Westindischen Inseln, in den Tropen innerhalb von achtzehn Grad des Äquators (wo sie nur selten auftreten), ja, was noch auffälliger ist, in Südamerika und in Australien gesehen wurden - wo in der Nacht des 2. September in Melbourne das größte Polarlicht auftrat, das dort je gesehen wurde. Diese Polarlichter wurden von ungewöhnlich starken elektromagnetischen Störungen in allen Teilen der Welt begleitet. An vielen Orten fielen die Telegrafendrähte aus. Sie hatten zu viele eigene private Nachrichten zu übermitteln. In Washington und Philadelphia, in Amerika, erhielten die elektrischen Signalmänner schwere Stromschläge. In einer norwegischen Station wurde der Telegrafenapparat in Brand gesetzt, und in Boston in Nordamerika verfolgte eine Feuerflamme die Feder des elektrischen Telegrafen von Bain, der die Nachricht auf chemisch präpariertem Papier niederschreibt. Wenn man sieht, dass dort, wo die beiden Meteore einschlugen, die Sonnenoberfläche so intensiv glühte, und dass die Wirkung dieser Energiezufuhr auf unsere Erde so deutlich war, kann man dann bezweifeln, dass ein Komet, der einen Flug von vielen Millionen Meteoritenmassen mit sich führt und direkt auf die Sonne fällt, eine Licht- und Hitzezufuhr erzeugen würde, deren Folgen katastrophal wären? Wenn die Erde die reicheren Teile (nicht die eigentlichen Kerne, wohlgemerkt) von Meteor-Systemen durchquert hat, wurden die von einer einzigen Station aus sichtbaren Meteore zu Zehntausenden gezählt, und es wurde berechnet, dass Millionen davon auf die ganze Erde gefallen sein müssen. Dies waren Meteore, die im Zug von sehr kleinen Kometen folgten. Wenn ein sehr großer Komet, gefolgt von einem nicht dichteren Flug von Meteoren, aber jede meteorische Masse viel größer, direkt auf die Sonne fallen würde, wären es nicht die Außenbezirke, sondern der Kern des meteorischen Zuges, der auf ihn treffen würde. Die Zahl der Meteoriten würde Tausende von Millionen betragen. Die Fallgeschwindigkeit einer jeden Masse würde mehr als 360 Meilen pro Sekunde betragen. Und sie würden mehrere Tage hintereinander auf ihn einprasseln, Millionen fielen jede Stunde. Es scheint nicht unwahrscheinlich, dass unter diesem gewaltigen und lang anhaltenden Meteoritenhagel seine gesamte Oberfläche so intensiv glühen würde wie der kleine Teil, dessen Leuchtkraft bei der Beobachtung von Carrington und Hodgson so überraschend war. In diesem Fall würde unsere Sonne, von einem fernen Stern aus gesehen, von dem aus sie normalerweise unsichtbar ist, für einige Tage wie eine neue Sonne leuchten, während alles, was auf unserer Erde lebt, und alles, was in anderen Teilen des Sonnensystems lebt, unweigerlich zerstört würde.

Der Leser darf nicht annehmen, dass dieser Gedanke nur in dem Bestreben entstanden ist, die Ausbrüche von Sternen zu erklären. Die folgende Passage aus einem wissenschaftlich sehr interessanten Aufsatz von Professor Kirkwood aus Bloomington, Indiana, einem bekannten amerikanischen Astronomen, zeigt, dass er aus einem ganz anderen Grund auf diese Idee gekommen ist. Er spricht hier von einer wahrscheinlichen Verbindung zwischen dem Kometen von 1843 und dem großen Sonnenfleck, der im Juni 1843 erschien. Ich bin mir jedoch nicht sicher, ob wir nicht gerade die Meteore, die am 1. September 1859 auf die Sonne gefallen zu sein scheinen, als Körper betrachten können, die in der Spur des Kometen von 1843 reisten - ebenso wie die Novembermeteore, die 1867-8, 9 usw. bis 1872 gesehen wurden, Körper waren, die sicherlich in der Spur des teleskopischen Kometen von 1866 folgten. Mehr als ein Astronom hat die Meinung geäußert", sagt er über die Beobachtung von Carrington, , "dass dieses Phänomen durch den Fall von Meteoriten auf die Sonnenoberfläche hervorgerufen wurde. Nun mag die Tatsache bemerkenswert sein, dass der Komet von 1843 die Sonnenatmosphäre etwa drei

Monate vor dem Auftreten des großen Sonnenflecks desselben Jahres streifte. Wäre er nur wenig näher herangekommen, hätte der Widerstand der Atmosphäre wahrscheinlich seine gesamte Masse auf die Sonnenoberfläche gebracht. Selbst in seiner tatsächlichen Entfernung muss er erhebliche atmosphärische Störungen verursacht haben. Aber die jüngste Entdeckung, dass eine Reihe von Kometen mit Meteoriten verbunden sind, die sich auf fast denselben Bahnen bewegen, legt die Frage nahe, ob nicht ein riesiger Meteorit, der dem Kometen folgte und einen etwas geringeren Abstand zum Perihel hatte, auf die Sonne geschleudert wurde und so die große Störung verursachte, die so kurz nach dem Periheldurchgang des Kometen beobachtet wurde.

Es gibt Leute, zu denen auch ich gehöre, die die Periodizität der Sonnenflecken, diese Flut von Flecken, die in etwas mehr als elf Jahren ihr Maximum erreicht und dann auf ihr Minimum abebbt, nur durch die Theorie erklären können, dass ein kleiner Komet mit dieser Periode, dem ein Meteorzug folgt, eine Bahn hat, die die Sonnenoberfläche durchschneidet. In einem Artikel mit dem Titel "The Sun a Bubble" (Die Sonne eine Blase), der im "Cornhill Magazine" vom Oktober 1874 erschien, bemerkte ich, dass die beobachteten Phänomene der Sonnenflecken uns dazu verleiten könnten, die Existenz eines noch unentdeckten Kometen mit einem Zug außergewöhnlich großer Meteoritenmassen zu vermuten, der sich in einem Zeitraum von etwa elf Jahren um die Sonne bewegt und dessen Ort der nächsten Annäherung an den Erdball so nahe an der Sonnenoberfläche liegt, dass die Nachzügler auf die Sonnenoberfläche fallen, wenn der Hauptflug vorüberzieht. In diesem Fall könnte man leicht verstehen, dass, wie dieser kleine Komet zweifellos unsere Sonne in einem Zeitraum von etwa elf Jahren in ihrer Helligkeit ein wenig variiert, so ein viel größerer Komet, der Mira in einem Zeitraum von etwa 331 Tagen umkreist, jene Helligkeitsschwankungen verursachen kann, die oben beschrieben wurden. Am Rande sei bemerkt, dass es keineswegs sicher ist, dass die Zeit, in der die Sonne am meisten gefleckt ist, auch die Zeit ist, in der sie am wenigsten Licht abgibt. Zwar ist ihre Oberfläche zu solchen Zeiten dort, wo die Flecken sind, dunkel, doch ist sie anderswo wahrscheinlich heller als sonst; jedenfalls deuten alle uns zur Verfügung stehenden Beweise darauf hin, dass die Energien der Sonne am aktivsten sind, wenn sie am stärksten gefleckt ist. Dann erreichen die farbigen Flammen ihre größte Höhe und zeigen ihre größte Leuchtkraft, und dann zeigen sie auch die schnellsten und bemerkenswertesten Veränderungen ihrer Form.

Angenommen, es besteht wirklich, ich will nicht sagen Gefahr, aber die Möglichkeit, dass unsere Sonne eines Tages durch die Ankunft eines sehr großen Kometen, der direkt auf sie zufliegt, das Schicksal der Sonnen teilt, deren Ausbrüche ich oben beschrieben habe, so könnten wir unversehens zerstört werden, oder wir könnten mehrere Wochen lang von der Annäherung des zerstörenden Kometen wissen. Nehmen wir zum Beispiel an, der Komet, der von irgendeinem Teil des Himmels kommen könnte, käme aus dem Teil der Sternentiefe, der vom Sternbild

Stier eingenommen wird - dann würden wir, wenn die Ankunft zeitlich so festgelegt wäre, dass der Komet, der die Sonne jederzeit erreichen könnte, im Mai oder Juni auf sie fiele, nichts von der Annäherung dieses Kometen wissen: denn er würde sich in dem Teil des Himmels nähern, der von der Sonne eingenommen wird, und sein Glanz würde den zerstörenden Feind wie mit einem Schleier verbergen. Würde sich der Komet hingegen aus der gleichen Himmelsregion nähern, so dass er im November oder Dezember auf die Sonne fällt, so würden wir ihn mehrere Wochen lang sehen. Denn er würde sich dann aus dem Teil des Himmels nähern, der hoch über dem südlichen Horizont um Mitternacht liegt. Die Astronomen wären in der Lage, wenige Tage nach seiner Entdeckung seine Bahn zu bestimmen ( ) und seinen Untergang auf der Sonne vorherzusagen, genau wie Newton die Bahn *seines* Kometen berechnete und seine Annäherung an die Sonne vorhersagte. Es wäre dann wochenlang bekannt, dass das Ereignis, das Newton als wahrscheinliche Ursache für einen gewaltigen Ausbruch von Sonnenhitze ansah, der alles Leben auf der Oberfläche unserer Erde zerstören könnte, kurz bevorstand; und zweifellos würde der Verstand vieler Studenten der Wissenschaft während dieses Zeitraums damit beschäftigt sein, festzustellen, ob Newton Recht hatte oder nicht. Ich selbst zweifle kaum daran, dass die Veränderung des Sonnenzustands infolge des direkten Einschlags eines sehr großen Kometen auf der Sonnenoberfläche nur vorübergehend und in diesem Sinne geringfügig wäre - denn was sind schon ein paar Wochen in der Geschichte eines Himmelskörpers, der bereits seit Tausenden von Millionen von Jahren existiert -, aber die Auswirkungen auf die Bewohner der Erde wären keineswegs gering. Ich glaube jedoch nicht, dass es nach der Katastrophe noch Studenten der Wissenschaft geben wird, die die Auswirkungen abschätzen oder aufzeichnen können.

Glücklicherweise spricht alles, was wir bisher über die Sterne gelernt haben, dafür, dass eine solche Katastrophe zwar möglich, aber äußerst unwahrscheinlich ist. Wir können die Wahrscheinlichkeiten genau so einschätzen, wie eine Versicherungsgesellschaft die Wahrscheinlichkeit eines Eisenbahnunfalls einschätzt. Eine solche Gesellschaft betrachtet die Zahl der Unfälle, die sich bei einer bestimmten Anzahl von Eisenbahnfahrten ereignen, und schätzt aus der geringen Zahl der Unfälle im Vergleich zur großen Zahl der Fahrten die Sicherheit des Eisenbahnverkehrs. Unsere Sonne ist eine von vielen Millionen Sonnen, von denen jede einzelne (obwohl alle bis auf einige Tausend tatsächlich unsichtbar sind) für das bloße Auge sichtbar werden würde, wenn sie denselben Bedingungen ausgesetzt würde, die auf die auf den vorhergehenden Seiten beschriebenen Sonnen in Flammen eingewirkt haben. Wenn man also sieht, dass während der letzten zweitausend Jahre oder so nur wenige Fälle dieser Art aufgezeichnet wurden, sicherlich nicht so viele wie zwanzig, während es Grund zu der Annahme gibt, dass einige von ihnen denselben Stern betreffen, der mehr als einmal in Flammen aufgegangen ist, können wir die Wahrscheinlichkeit, dass unsere Sonne während der nächsten zweitausend oder sogar der nächsten zwanzigtausend Jahre einer solchen Katastrophe ausgesetzt sein wird, als äußerst gering ansehen.

Wir könnten zu dieser Schlussfolgerung unabhängig von allen Überlegungen kommen, die darauf hinauslaufen, dass unsere Sonne zu einer sicheren Klasse von Systemherrschern gehört und dass alle oder fast alle großen Sonnenkatastrophen unter Sonnen einer bestimmten Klasse stattgefunden haben. Es gibt jedoch einige Überlegungen dieser Art, die es wert sind, erwähnt zu werden.

Erstens können wir den Besuch eines Kometen aus den Sternentiefen bei unserer Sonne auf einer Bahn, die den Kometen direkt auf die Sonnenoberfläche führt, als völlig unwahrscheinlich abtun. Wenn aber unter den Kometen, die in regelmäßiger Begleitung der Sonne reisen, einer ist, dessen Bahn die Sonnenkugel schneidet, dann muss dieser Komet zuvor mehrmals die Sonne getroffen haben und sie vorübergehend auf einen zerstörerischen Hitzegrad gebracht haben. Nun muss ein solcher Komet eine enorm lange Periode haben, denn die heute auf der Erde existierenden Tierrassen müssen alle seit dem letzten Besuch dieses Kometen entstanden sein - wohlgemerkt unter der Annahme, dass der Fall eines großen Kometen auf die Sonne oder vielmehr der direkte Durchgang der Sonne durch den meteorischen Kern eines großen Kometen die Sonne zu zerstörerischer Hitze anregen würde. Wenn alle Lebewesen auf der Erde vernichtet werden, wenn ein zum Sonnensystem gehörender Komet das nächste Mal zur Sonne zurückkehrt, dann muss derselbe Komet bei seinem letzten Besuch die Sonne zu einer gleichen oder sogar größeren Hitzeintensität angeregt haben, so dass entweder keine solchen Rassen, wie sie heute existieren, damals entstanden sind, oder, wenn solche existierten, sie zu diesem Zeitpunkt völlig vernichtet worden sein müssen. Wir können mit Fug und Recht annehmen, dass alle Kometen der zerstörerischen Art vernichtet worden sind. Nach den uns vorliegenden Beweisen zu urteilen, war der Prozess der Entstehung des Sonnensystems ein Prozess, der die Nutzung von Kometen- und Meteoritenmaterie beinhaltete; und es war ein glücklicher Zufall, dass die Kometen, die sonst wahrscheinlich am meisten Unheil angerichtet hätten - nämlich diejenigen, die die Bahn der Planeten kreuzten, und noch mehr diejenigen, deren Bahnen die Sonnenkugel kreuzten - genau diejenigen waren, die auf diese Weise am frühesten und gründlichsten verbraucht wurden.

Zweitens ist es bemerkenswert, dass alle Sterne, die plötzlich aufgeleuchtet sind, bis auf einen, in einer bestimmten Himmelsregion erschienen sind - in der Zone der Milchstraße (und zwar alle in einer Hälfte dieser Zone). Die einzige Ausnahme ist der Stern in der Nördlichen Krone, und dieser Stern erschien in einer Region, die nach meinen Erkenntnissen mit der Milchstraße durch einen gut markierten Strom von Sternen verbunden ist, und zwar nicht durch einen Strom von einigen wenigen, hier und da verstreuten Sternen, sondern durch einen Strom, in dem Tausende von Sternen dicht beieinander stehen, wenn auch nicht ganz so dicht, dass sie eine sichtbare Ausdehnung der Milchstraße bilden. In meiner Karte mit 324.000 Sternen ist dieser Strom ganz deutlich zu erkennen; aber auch die helleren Sterne, die entlang des Stroms verstreut sind, bilden einen mit bloßem Auge erkennbaren Strom und werden von den Astronomen seit langem als solcher angesehen, indem sie die Sterne der Schlange und der Krone oder einen schlangenförmigen Streifen bilden, dem eine Schleife von Sternen folgt, die wie ein Krönchen geformt ist. Nun scheinen die Milchstraße und die mit ihr verbundenen äußeren Sternenströme eine Region des Sternenuniversums zu bilden, in der noch immer formgebende Prozesse ablaufen. Wie Sir W. Herschel schon vor langer Zeit betonte, können wir in verschiedenen Teilen des Himmels verschiedene Entwicklungsstadien erkennen, und der Hauptteil der Regionen, in denen das Werk der Natur noch unvollständig zu sein scheint, ist die galaktische Zone - insbesondere die Hälfte davon, in der die Milchstraße aus unregelmäßigen Strömen und Wolken aus Sternenlicht besteht. Da es keinen Grund für die Annahme gibt, dass unsere Sonne zu diesem Teil der Galaxie gehört, sondern im Gegenteil gute Gründe für die Annahme, dass sie zu der Klasse der isolierten Sterne gehört, von denen nur wenige Anzeichen einer unregelmäßigen Veränderung gezeigt haben, während keiner jemals plötzlich mit dem Hundertfachen seines früheren Glanzes erstrahlt ist, können wir mit einem sehr hohen Grad an Wahrscheinlichkeit davon ausgehen, dass die Sonne noch viele Zeitalter lang ununterbrochen ihre Aufgaben als Feuer, Licht und Leben des Sonnensystems erfüllen wird.

VII. DIE RINGE DES SATURN.

DIE Ringe des Saturn, die immer zu den interessantesten Objekten der astronomischen Forschung gehören, wurden vor kurzem von Herrn Trouvelot vom Harvard Observatorium in Cambridge, USA, mit Hilfe von Fernrohren genau untersucht. Die Ergebnisse, die er dabei erhalten hat, liefern sehr aussagekräftige Beweise für diese seltsamen Anhängsel und werfen sogar ein gewisses Licht auf das Thema der kosmischen Evolution. Die gegenwärtige Zeit, in der Saturn der herrschende Planet der Nacht ist, scheint günstig zu sein, um einen kurzen Bericht über die jüngsten Spekulationen über das Ringsystem des Saturn zu geben, zumal die Beobachtungen von Herrn Trouvelot jeden Zweifel an der wahren Natur der Ringe auszuräumen scheinen, falls überhaupt ein Zweifel nach den Untersuchungen der europäischen und amerikanischen Astronomen, als der dunkle innere Ring erst vor kurzem erkannt worden war, vernünftigerweise bestehen konnte.

Es ist vielleicht angebracht, die Entwicklung der Beobachtung seit der ersten Entdeckung der Ringe kurz darzustellen.

Am Rande möchte ich anmerken, dass die Tatsache, dass es Galilei nicht gelungen ist, die tatsächliche Form dieser Anhängsel zu bestimmen, mir immer als ein schlagender Beweis dafür erschienen ist, wie wichtig es ist, bei allen Beobachtungen, deren tatsächliche Bedeutung nicht sofort ersichtlich ist, sorgfältig nachzudenken. Wäre Galilei bei der Analyse seiner Saturnbeobachtungen so sorgfältig gewesen, hätte er ihre wahre Bedeutung nicht verfehlen können. Er hatte gesehen, dass der Planet anscheinend von zwei großen Satelliten begleitet wurde, einer auf jeder Seite, "als ob sie den alten Saturn auf seinem langsamen Kurs um die Sonne stützten". Nacht für Nacht hatte er diese Begleiter gesehen, immer in ähnlicher Anordnung, einer auf jeder Seite des Planeten und in gleicher Entfernung von ihm. Im Jahre 1612 untersuchte er den Planeten erneut, und siehe da, die Begleiter waren verschwunden, "als ob Saturn seine alten Streiche begangen und seine Kinder verschlungen hätte". Aber nach einer Weile waren die Begleitkugeln in ihrer früheren Position wieder aufgetaucht und schienen langsam größer zu werden, bis sie schließlich den Anschein von zwei Paaren mächtiger Arme erweckten, die den Planeten umschlossen. Hätte Galilei über diese Veränderungen nachgedacht, so hätte er, wie mir scheint, ihre wahre Bedeutung nicht verfehlen können. Die drei Formen, in denen er die Ringe gesehen hatte, reichten aus, um die wahre Gestalt des Anhängsels zu erkennen. Da Saturn mit zwei scheinbar gleich großen und immer gleich weit von ihm entfernten Begleitern gesehen wurde, war es sicher, dass es ein Anhängsel geben musste, das ihn umgab und sich bis zu dieser Entfernung von seinem Globus erstreckte. Da dieses Anhängsel verschwand, war es sicher, dass es dünn und flach sein musste. Da er zu einem anderen Zeitpunkt mit einem dunklen

Zwischenraum zwischen den Armen und dem Planeten erschien, war es sicher, dass das Anhängsel durch einen breiten Spalt vom Körper des Planeten getrennt ist. So hätte Galilei - nicht zweifelnd, sondern mit sicherer Zuversicht - schlussfolgern können, dass das Anhängsel ein dünner flacher Ring ist, der nirgendwo mit dem Planeten verbunden ist, oder, wie Huyghens etwa vierzig Jahre später sagte, Saturn *"annulo cingitur tenui, plano, nusquam cohærente"*. Ob eine solche Argumentation von den Zeitgenossen Galileis akzeptiert worden wäre, darf bezweifelt werden. Die meisten Menschen begnügen sich nicht mit einer logisch einwandfreien Argumentation, sondern verlangen nach Beweisen, die sie leicht verstehen können. Sehr wahrscheinlich wäre Huyghens' Beweis aus direkter Beobachtung, obwohl er in Wirklichkeit keinen Deut vollständiger und weitaus gröber war, als der erste wahre Beweis für die Existenz des Saturnrings angesehen worden, so wie Sir W. Herschels Beobachtung, dass sich ein Stern tatsächlich um einen anderen bewegt, als der erste wahre Beweis für die physikalische Verbindung bestimmter Sterne angesehen wurde, eine Tatsache, die Michell ein halbes Jahrhundert zuvor ebenso vollständig und weitaus sauberer bewiesen hatte, allerdings mit einer Methode, die "caviare to the general" war.

Doch wie es der Zufall wollte, war die wissenschaftliche Welt nicht dazu aufgerufen, zwischen den Vorzügen einer durch direkte Beobachtung gemachten Entdeckung und einer durch abstrakte Überlegungen gemachten zu entscheiden. Erst als man den Saturn mit einem viel stärkeren Teleskop untersuchte, als es Galilei möglich war, erkannte man das Anhängsel, das den Florentiner Astronomen so verblüfft hatte, als einen dünnen flachen Ring, der den Planeten nirgends berührte und erheblich gegen die Ebene geneigt war, in der sich der Saturn bewegte. Es ist nicht verwunderlich, dass diese Entdeckung als äußerst interessant angesehen wurde. Bis dahin hatten es die Astronomen mit festen Massen zu tun, von denen man entweder wusste, dass sie kugelförmig waren, wie die Erde, die Sonne, der Mond, Jupiter und Venus, oder von denen man annahm, dass sie es waren, wie die Sterne. Bei den Kometen konnte man davon ausgehen, dass sie dampfförmige Massen verschiedener Formen waren; aber auch von diesen nahm man an, dass sie kugelförmige Kernmassen umgaben oder von ihnen umgeben waren. Hier aber, im Falle des Saturnrings, befand sich ein quaderförmiger Körper, der sich in ständiger Begleitung des Saturns um die Sonne bewegte, dessen Bewegungen, wie sehr sie auch in Geschwindigkeit oder Richtung schwanken mochten, von diesem seltsamen Begleiter so genau verfolgt wurden, dass der Planet immer in der Mitte seines Ringgürtels verharrte. Um das Interesse zu verstehen, mit dem dieses seltsame Phänomen betrachtet wurde, muss man sich vergegenwärtigen, dass das Gesetz der Schwerkraft noch nicht erkannt worden war. Huyghens entdeckte den Ring (oder besser gesagt, er erkannte seine Natur) 1659, aber erst 1666 kam Newton auf die Idee, dass der Mond durch die Anziehungskraft, die freitragende Körper zur Erde fallen lässt, in seiner Umlaufbahn um die Erde gehalten wird, und er war nicht in der Lage, das

Gravitationsgesetz vor 1684 zu beweisen. Heutzutage können wir im Allgemeinen leicht verstehen, wie ein Ring um einen Planeten trotz aller Änderungen der Geschwindigkeit oder der Bewegungsrichtung mit dem Planeten weiterläuft. Denn das Gesetz der Schwerkraft lehrt, dass dieselben Ursachen, die dazu neigen, die Richtung und Geschwindigkeit der Planetenbewegung zu ändern, in genau demselben Maße dazu neigen, die Richtung und Geschwindigkeit der Ringbewegung zu ändern. Aber als Huyghens seine Entdeckung machte, muss es ein höchst rätselhafter Umstand gewesen sein, dass ein Ring und ein Planet auf diese Weise ständig miteinander verbunden sein sollten - dass während Tausenden von Jahren keine Kollision stattgefunden haben sollte, bei der die relativ empfindliche Struktur des Rings zerstört worden wäre.

Nur sechs Jahre später machten zwei englische Beobachter, William und Thomas Ball, eine Entdeckung, die das Rätsel noch größer machte. Bei der Beobachtung der Nordseite des Rings, die zu diesem Zeitpunkt zur Erde gerichtet war, sahen sie einen schwarzen Streifen von beträchtlicher Breite, der den Ring in zwei konzentrische Teile teilte. Die Entdeckung erregte nicht so viel Aufmerksamkeit, wie sie verdient hätte, und als Cassini zehn Jahre später die Entdeckung einer entsprechenden dunklen Unterteilung auf der Südseite bekannt gab, erinnerte sich niemand mehr an die Beobachtung der Brüder Ball. Cassini vertrat die Meinung, dass der Ring tatsächlich zweigeteilt und nicht nur durch einen dunklen Streifen auf der Südseite gekennzeichnet sei. Diese Schlussfolgerung wäre natürlich sicher gewesen, wenn man sich an die frühere Beobachtung einer dunklen Teilung auf der Nordseite erinnert hätte. Mit dem Wissen, das wir jetzt besitzen, wäre die Dunkelheit des scheinbaren Streifens in der Tat ein ausreichender Beweis dafür, dass es dort eine wirkliche Trennung zwischen den Ringen geben muss; denn wir wissen, dass keine bloße Dunkelheit der Ringsubstanz die scheinbare Dunkelheit des Streifens erklären könnte. Professor Tyndall hat treffend bemerkt, dass, wenn die gesamte Oberfläche des Mondes mit schwarzem Samt bedeckt werden könnte, sie vor dem dunklen Hintergrund des Himmels dennoch weiß erscheinen würde. Und es darf bezweifelt werden, ob ein kreisförmiger Streifen aus schwarzem Samt von 2000 Meilen Breite an der Stelle, wo wir die dunkle Trennung zwischen den Ringen sehen, auch nur annähernd so dunkel wie diese Trennung erscheinen würde. Da wir nur die Möglichkeit zulassen können, dass sich an dieser Stelle eine Substanz befindet, die unseren dunkleren Felsen ähnelt (denn wir kennen nichts, was die Annahme rechtfertigt, dass sich dort eine so dunkle Substanz wie Lampenschwarz oder schwarzer Samt befinden könnte), ist es offensichtlich ausgeschlossen, dass es sich bei dem dunklen Raum um etwas anderes handelt als um eine Trennung zwischen zwei verschiedenen Ringen.

Sir W. Herschel, der die Ringe des Saturn mit seinen leistungsfähigen Teleskopen untersuchte, vertrat jedoch lange Zeit die Theorie, dass es keine wirkliche Unterteilung gibt. Er nannte sie den "breiten schwarzen Fleck" und argumentierte, dass sie weder auf das Vorhandensein einer Hügelzone auf dem Ring noch auf eine riesige höhlenartige Rinne hindeuten könne, da sie in beiden Fällen (entsprechend den Positionsveränderungen des Rings) Veränderungen im Aussehen aufweisen würde, die er nicht feststellen konnte. Erst im Jahre 1790, elf Jahre nach Beginn seiner Beobachtungen, äußerte Herschel, nachdem er einen entsprechenden breiten schwarzen Fleck auf der Südseite des Rings wahrgenommen hatte, die "Vermutung", dass der Ring durch eine kreisförmige Lücke von fast 2000 Meilen Breite in zwei konzentrische Teile geteilt ist. Gleichzeitig äußerte er mit Nachdruck seine Überzeugung, dass diese Teilung die einzige im Ringsystem des Saturns sei.

Ein besonderes Interesse galt damals der Frage , ob der Ring geteilt ist oder nicht, denn Laplace hatte damals kürzlich die Ergebnisse seiner mathematischen Untersuchung über die Bewegungen eines solchen Rings wie des Saturns veröffentlicht und, nachdem er *bewiesen hatte*, dass ein einzelner fester Ring von so enormer Breite sich nicht weiter um den Planeten bewegen kann, die *Meinung* geäußert, dass der Saturnring in Wirklichkeit aus vielen konzentrischen Ringen besteht, von denen sich jeder mit seiner eigenen Rotationsgeschwindigkeit um den Zentralplaneten dreht. Es ist eigenartig, dass Herschel, der zwar nicht in den Methoden der höheren Mathematik bewandert war, aber über eine beachtliche mathematische Begabung verfügte, nicht in der Lage war, die Stichhaltigkeit der Laplaceschen Argumentation zu erkennen. In der Tat handelt es sich um einen der Fälle, in denen eher eine klare Wahrnehmung als eine tiefe mathematische Einsicht erforderlich war. Die Bewegungsgleichungen von Laplace drückten nicht alle Zusammenhänge aus, und es war auch nicht möglich, aus den von ihm abgeleiteten Ergebnissen zu beurteilen, inwieweit die Stabilität der Saturnringe von der tatsächlichen Struktur dieser Anhängsel abhing. Jemand, der sich in der Mechanik gut auskannte und in der Mathematik ausreichend bewandert war, um die auf das Ringsystem einwirkenden Kräfte allgemein zu schätzen, hätte die allgemeinen Bedingungen des Problems ebenso leicht erkennen können wie der profundeste Mathematiker. Man kann den Fall mit dem Problem vergleichen, ob die Wirkung des Mondes, der die Flutwelle verursacht, die Rotationsbewegung der Erde in irgendeiner Weise verändert. Wir wissen, dass es sich hierbei um eine sehr schwierige mathematische Frage handelt. Der Astronom Royal zum Beispiel hat sich vor nicht allzu langer Zeit analytisch damit befasst und ist zu dem Schluss gekommen, dass es keine Auswirkung auf die Erdrotation gibt, wobei er durch einen glücklichen Zufall einen Term im Ergebnis entdeckte, der auf eine solche Auswirkung hinweist. Betrachtet man die Angelegenheit jedoch unter ihrem mechanischen Aspekt, so erkennt man sofort und ohne tiefgreifende mathematische Untersuchungen, dass die Verzögerung, die so schwer mathematisch nachzuweisen ist, notwendigerweise stattfinden muss. Wie Sir E. Beckett in seinem meisterhaften Werk *"Astronomie ohne Mathematik"* sagt, "ist die Schlussfolgerung ohne Mathematik ebenso offensichtlich wie mit ihr, wenn sie einmal nahegelegt wurde". Wenn wir also den Fall eines breiten flachen Rings betrachten, der einen mächtigen Planeten wie Saturn umgibt, erkennen wir, dass nichts einen solchen Ring vor der Zerstörung bewahren könnte, wenn er wirklich eine solide Struktur wäre.

Um dies deutlicher zu erkennen, sollten wir zunächst die Dimensionen des Planeten und der Ringe betrachten.

Der Saturn ist eine Kugel mit einem mittleren Durchmesser von etwa 70.000 Meilen, wobei der Äquatordurchmesser etwa 73.000 Meilen und der Polardurchmesser 66.000 Meilen beträgt. Die Anziehungskraft dieser gewaltigen Masse auf Körper, die sich auf ihrer Oberfläche befinden, ist etwa ein Fünftel größer als die irdische Schwerkraft, wenn sich der Körper in der Nähe des Saturnpols befindet, und sie ist fast genauso groß wie die irdische Schwerkraft, wenn sich der Körper am Äquator des Planeten befindet. Ihre Wirkung auf die Materie des Rings ist natürlich wegen der größeren Entfernung sehr viel geringer, aber dennoch wird auf jeden Teil des Rings eine Kraft ausgeübt, die mit der bekannten Kraft der irdischen Schwerkraft vergleichbar ist. Der äußere Rand des äußeren Rings liegt etwa 83.500 Meilen vom Zentrum des Planeten entfernt, der innere Rand des inneren Rings (ich spreche durchweg von dem Ringsystem, wie es Sir W. Herschel und Laplace bekannt war) etwa 54.500 Meilen vom Zentrum, die Breite des Systems der hellen Ringe beträgt etwa 29.000 Meilen. Zwischen dem Äquator des Planeten und dem inneren Rand des innersten hellen Rings liegt ein Abstand von etwa 20.000 Meilen. Grob gesagt kann man sagen, dass die Anziehungskraft des Planeten auf die Substanz des inneren Ringrandes geringer ist als die Schwerkraft am Saturnäquator (oder, was fast genau dasselbe ist, geringer ist als die irdische Schwerkraft), und zwar etwa im Verhältnis 9 zu 20; oder noch grober ausgedrückt, wird der innere Rand des inneren hellen Saturnrings von etwa der Hälfte der Schwerkraft an der Erdoberfläche nach innen gezogen. Der äußere Rand wird von einer Kraft in Richtung Saturn gezogen, die geringer ist als die irdische Schwerkraft, und zwar im Verhältnis von etwa 3 zu 16 - das heißt, die Kraft, die der Saturn auf die Materie des äußeren Ringsystems ausübt, entspricht etwa einem Fünftel der Schwerkraft an der Erdoberfläche.

Es ist klar, dass, wenn das Ringsystem nicht rotieren würde, die Kräfte, die auf das Material der Ringe einwirken, diese sofort in Stücke brechen würden und diese bis zum Äquator des Planeten hinunterziehen würden, so dass sie in Haufen auf diesem Teil der Saturnoberfläche verstreut wären. Der Ring wäre dann in der Tat wie ein mächtiger Bogen, von dem jeder Teil durch sein eigenes Gewicht zum Zentrum des Saturns gezogen würde. Dieses Gewicht wäre enorm, wenn Bessels Schätzung der Masse des Ringsystems richtig ist. Er schätzte die Masse des Rings etwas größer als die Masse der Erde - eine Schätzung, die meiner Meinung nach weit über der Wahrheit liegt. Wahrscheinlich beträgt die Masse der Ringe nicht mehr als ein Viertel der Masse der Erde. Aber selbst das ist enorm, und wenn das Material der Ringe Kräften ausgesetzt wäre, die von der Hälfte bis zu einem Fünftel der irdischen Schwerkraft reichen, würden die Belastungen und der Druck auf die verschiedenen Teile des Systems das Tausendfache dessen übersteigen, was selbst das stärkste Material, das in ihrer Form aufgebaut ist, aushalten könnte. Das System wäre ebenso wenig in der Lage, solchen Belastungen und Drücken zu widerstehen, wie ein Eisenbogen, der den Atlantik überspannt, in der Lage wäre, sein eigenes Gewicht gegen die Anziehungskraft der Erde zu halten.

Es wäre also notwendig, dass sich das Ringsystem um den Planeten dreht. Aber es ist klar, dass die richtige Rotationsgeschwindigkeit für den äußeren Teil sehr unterschiedlich zu der für den inneren Teil sein würde. Damit der innere Teil den Saturn völlig von seinem Gewicht entlastet umrunden kann, müsste er eine Umdrehung in etwa sieben Stunden und dreiundzwanzig Minuten vollenden. Der äußere Teil hingegen sollte sich in etwa dreizehn Stunden und achtundfünfzig Minuten, also in fast vierzehn Stunden, drehen. Der innere Teil sollte sich also in etwas mehr als der Hälfte der Zeit drehen, die der äußere Teil benötigt. Dies würde zwangsläufig dazu führen, dass das Ringsystem enormen Belastungen ausgesetzt wäre, denen es nicht standhalten könnte. Das Vorhandensein der großen Teilung würde offensichtlich dazu beitragen, die Belastungen zu vermindern. Es lässt sich leicht zeigen, dass sich das System dort, wo sich die Teilung befindet, einmal in etwa elf Stunden und fünfundzwanzig Minuten drehen würde, was sich nicht wesentlich von dem Mittelwert zwischen den Rotationsperioden für den äußeren und den inneren Rand des Systems unterscheidet. Aber selbst dann wären die Belastungen hundertmal größer, als das Material des Rings standhalten könnte. Eine Masse, die vom Gewicht her mit unserer Erde vergleichbar ist und gezwungen wäre, sich in (sagen wir) neun Stunden zu drehen, obwohl sie sich in elf oder sieben Stunden drehen müsste, wäre Belastungen ausgesetzt, die ein Vielfaches der Widerstände übersteigen, die die Kohäsionskraft ihrer Substanz leisten könnte. Das wäre der Zustand des inneren Rings. Und in gleicher Weise würde der äußere Ring, wenn er sich in etwa zwölf Stunden und drei Vierteln drehte, seine äußeren Teile zu schnell und seine inneren Teile zu langsam rotieren lassen, weil ihre eigentlichen Perioden vierzehn Stunden bzw. elfeinhalb Stunden betragen würden. Nichts anderes als die Teilung des Rings in eine Reihe von schmalen Reifen könnte ihn vor der Zerstörung durch die inneren Spannungen und den Druck, dem sein Material ausgesetzt wäre, bewahren.

Doch selbst diese komplizierte Anordnung würde das Ringsystem nicht retten. Wenn wir annehmen, dass sich ein feiner Reifen um einen zentralen Anziehungskörper dreht, so wie sich die Ringe des Saturn um den Planeten drehen, kann gezeigt werden, dass es keine Stabilität in den resultierenden Bewegungen gibt, es sei denn, der Reifen ist so beschwert, dass sein Schwerpunkt weit von dem Planeten entfernt ist; der Reifen wird vor langer Zeit dazu gebracht, exzentrisch zu rotieren und schließlich in eine zerstörerische Kollision mit dem zentralen Planeten gebracht werden.

Hier hat Laplace das Problem verlassen. Nichts hätte unbefriedigender sein können als sein Ergebnis, obwohl es fast ein halbes Jahrhundert lang unangefochten akzeptiert wurde. Er hatte gezeigt, dass ein beschwerter feiner Reifen sich möglicherweise um eine zentrale anziehende Masse drehen kann, ohne dass es zu zerstörerischen Positionsveränderungen kommt, aber er hatte nicht mehr als die bloße Möglichkeit dafür bewiesen, während nichts in der Erscheinung der Saturnringe darauf hindeutet, dass eine solche Anordnung existiert. Auch würde eine Vielzahl von schmalen Ringen, die so zusammengesetzt wären, dass sie ein breites, flaches System von Ringen bilden, ständig *miteinander* kollidieren. Außerdem würde jeder einzelne von ihnen zerstörerischen Belastungen ausgesetzt sein. Denn während ein feiner, gleichförmiger Reifen, der sich mit einer angemessenen Geschwindigkeit um eine anziehende Masse in seinem Zentrum dreht, von allen Spannungen befreit wäre, ist der Fall bei einem Reifen, der so beschwert ist, dass sich sein Schwerpunkt stark verschiebt, ganz anders. Laplace hatte die theoretische Stabilität der Bewegungen eines feinen Rings auf Kosten der Widerstandskraft des Rings gegenüber den Belastungen, denen er ausgesetzt wäre, gerettet. Es scheint unglaublich, dass ein solches Ergebnis (das auch von dem angesehenen Mathematiker, der es erzielt hatte, sehr skeptisch beurteilt wurde) so lange fast unbestritten akzeptiert wurde. In der Natur gibt es nichts, was auch nur im Entferntesten der von Laplace vorgestellten Anordnung ähnelt, die in der Tat von *vornherein* unmöglich erscheint. Es wurde nicht behauptet, dass es die ursprünglichen Schwierigkeiten des Problems beseitigt; und es hat andere eingeführt, die genauso schwerwiegend sind. Die Autorität in der wissenschaftlichen Welt ist jedoch so stark, dass niemand es wagte, Zweifel zu äußern, außer Sir W. Herschel, der einfach leugnete, dass die beiden Ringe in viele geteilt waren, wie Laplaces Theorie erforderte. Als die Zeit verging und die Anzeichen für eine Vielzahl von Unterteilungen zeitweise erkannt wurden, nahm man an, dass Laplaces Argumentation gerechtfertigt war; und trotz der völligen Unmöglichkeit der von ihm vorgeschlagenen Anordnung wurde diese Anordnung gewöhnlich als wahrscheinlich existierend bezeichnet.

Nach einiger Zeit wurde jedoch eine Entdeckung gemacht, die dazu führte, dass die gesamte Frage neu aufgerollt wurde.

Am 10. November 1850 beobachtete W. Bond den Planeten mit dem Teleskop des Harvard-Observatoriums und nahm innerhalb des inneren hellen Rings ein schwaches Licht wahr, das er nicht zu verstehen vermochte. In der nächsten Nacht war das schwache Licht besser zu sehen. Am 15. November schlug Tuttle, der zusammen mit Bond beobachtete, vor, dass das Licht innerhalb des inneren hellen Rings auf einen düsteren Ring innerhalb des Systems heller Ringe zurückzuführen sei. Am 25. November nahm Mr. Dawes in England diesen dunklen Ring wahr und verkündete die Entdeckung, noch bevor die Nachricht, dass Bond den dunklen Ring bereits gesehen hatte, England erreichte. Das Verdienst an der Entdeckung wird gewöhnlich zwischen Bond und Dawes geteilt, obwohl die übliche Regel in solchen

Angelegenheiten die Entdeckung Bond allein zuschreiben würde. Es wurde festgestellt, dass der dunkle Ring bereits 1828 in Rom und im Mai 1838 von Galle in Berlin gesehen worden war. Die römischen Beobachtungen waren nicht zufriedenstellend. Die von Galle gemachten Beobachtungen reichten jedoch aus, um die Existenz des Rings festzustellen. 1839 vermaß Galle den dunklen Ring. Diese interessante Entdeckung fand jedoch kaum Beachtung, und als Bond und Dawes 1850 ihre Beobachtung des dunklen Rings bekannt gaben, wurde die Nachricht von den Astronomen mit all dem Interesse aufgenommen, das mit der Entdeckung bisher unbemerkter Phänomene verbunden ist.

Es ist vielleicht sinnvoll, sich zu vergegenwärtigen, unter welchen Bedingungen der dunkle Ring im Jahr 1850 entdeckt wurde. Im September 1848 war der Ring hochkant der Sonne zugewandt, und da die scheinbare allmähliche Öffnung des Rings von dieser Randansicht bis zu seiner offensten Erscheinung (wenn der Umriss des Ringsystems eine Finsternis ist, deren kleinere Achse fast der Hälfte der größeren entspricht) mehr als sieben Jahre in Anspruch nimmt ( ), wird man sehen, dass die Ringe im November 1850 nur wenig geöffnet waren. Die Erkennung des dunklen Rings innerhalb des hellen Systems fand also unter ungünstigen Bedingungen statt. In den vier vorangegangenen Jahren, d. h. seit 1846, waren die Ringe nur wenig oder gar nicht geöffnet gewesen; und in den Jahren vor 1846 war der Planet, obwohl die Ringe offener waren, für die Beobachtung in nördlichen Breiten ungünstig gelegen und überquerte den Meridian in geringer Höhe. In den Jahren 1838 und 1839, als die Ringe am weitesten geöffnet waren, konnte der Planet zwar nie unter günstigen Bedingungen beobachtet werden, aber die damals fast vollständige Öffnung der Ringe ermöglichte die Entdeckung des dunklen Rings, die, wie wir gesehen haben, von Galle gemacht wurde. Als Bond den dunklen Ring wiederentdeckte, versprach alles, dass das Anhängsel schon bald mit Teleskopen sichtbar sein würde, die dem großen Harvard-Refraktor weit unterlegen waren. Jahr für Jahr wurde der Planet für die Beobachtung günstiger platziert, während sich die Ringe immer weiter öffneten. So ist es nicht verwunderlich, dass der dunkle Ring im Jahr 1853 mit einem Teleskop von weniger als dreieinhalb Zoll Öffnung gesehen wurde. Schon 1851 stellte Herr Hartnup bei der Beobachtung des Planeten mit einem Teleskop von achteinhalb Zoll Öffnung fest, dass "der dunkle Ring nicht einen Augenblick lang übersehen werden konnte".

Diese Zunahme der Deutlichkeit des dunklen Rings war zwar zu erwarten, allein schon aufgrund der Tatsache, dass der Ring unter relativ ungünstigen Bedingungen entdeckt wurde, doch die Tatsache, dass Saturn auf diese Weise ein Anhängsel von bemerkenswerter Beschaffenheit vorfand, das selbst mit mäßiger Teleskopleistung vollkommen offensichtlich war ( ), war ganz offensichtlich höchst überraschend. Der Planet war fast zwei Jahrhunderte lang mit Teleskopen erforscht worden, deren Leistung diejenige der Teleskope übertraf, mit denen der dunkle Ring nun wahrgenommen wurde. Einige dieser Teleskope waren nicht nur sehr leistungsfähig, sondern wurden auch von äußerst geschickten Beobachtern eingesetzt. Der ältere Herschel hatte den Saturn ein Vierteljahrhundert lang mit seinen großen Reflektoren von achtzehn Zoll Öffnung studiert und zeitweise seinen monströsen (wenn auch nicht mächtigen) Vier-Fuß-Spiegel auf den Planeten gerichtet. Schröter hatte den dunklen Raum innerhalb des inneren hellen Rings untersucht, um festzustellen, ob das Ringsystem wirklich von der Erdkugel abgetrennt ist. Er hatte einen Spiegel mit einer Öffnung von neunzehn Zoll verwendet und beobachtet, dass der dunkle Raum auf beiden Seiten des Saturn innerhalb des Ringsystems nicht nur dunkel erschien, sondern tatsächlich dunkler als der umgebende Himmel. Dabei handelte es sich vermutlich (wenn auch nicht ganz sicher) um einen reinen Kontrasteffekt, da der dunkle Raum ringsum von hellen Flächen begrenzt war. Wenn es sich um ein reales Phänomen handelte, bedeutete es, dass der Raum außerhalb des Rings, in dem sich die Satelliten des Planeten bewegen, von einer Art kosmischem Staub eingenommen wurde, während der Raum innerhalb des Ringsystems sozusagen leergefegt und garniert war, als ob alle verstreute Materie, die sonst in dieser Region hätte sein können, entweder vom Planetenkörper oder von den Ringen angezogen worden wäre. [36] Aber die Beobachtung war offensichtlich völlig unvereinbar mit der Annahme, dass es zu Schröters Zeiten einen dunklen oder düsteren Ring innerhalb des hellen Systems gab. Wiederum machte der ältere Struve die sorgfältigste Messung des gesamten Ringsystems im Jahre 1826, als das System so gut für die Beobachtung positioniert war wie im Jahre 1856 (oder, mit anderen Worten, so gut positioniert, wie es nur sein kann); aber obwohl er ein Teleskop mit einer Öffnung von neuneinhalb Zoll benutzte und obwohl seine Aufmerksamkeit besonders auf den inneren Rand des inneren hellen Rings gerichtet war (*der ihm undeutlich erschien*), konnte er den dunklen Ring nicht entdecken. Wir haben jedoch gesehen, dass 1851 ein weniger geübter Beobachter unter weitaus ungünstigeren Bedingungen mit einem Teleskop geringerer Öffnung feststellte, dass der dunkle Ring nicht einen Augenblick lang übersehen werden konnte. Es ist offensichtlich, dass alle diese Überlegungen darauf hindeuten, dass der dunkle Ring eine neue Erscheinung ist oder sich zumindest seine Beschaffenheit im Laufe dieses Jahrhunderts erheblich verändert hat.

Bisher habe ich mich nur mit dem Aussehen des dunklen Rings beschäftigt, wie er auf beiden Seiten der Planetenkugel innerhalb der hellen Ringe zu sehen ist. Das bemerkenswerteste Merkmal dieses Anhängsels bleibt noch zu erwähnen, nämlich die Tatsache, dass der helle Körper des Planeten durch diesen dunklen Ring hindurch zu sehen ist. Dort, wo der dunkle Ring den Planeten kreuzt, erscheint er als ein ziemlich dunkler Gürtel, der leicht mit einem Gürtel auf der Planetenoberfläche verwechselt werden könnte; denn die Umrisse des Planeten sind durch den Ring hindurch zu sehen wie durch einen Rauchfilm oder einen Kreppschleier.

Es ist bemerkenswert, dass der dunkle Ring außerhalb des Planetenkörpers erst 1838 entdeckt und von den Astronomen erst 1850 allgemein anerkannt wurde, während der dunkle Gürtel quer über den Planeten, der in Wirklichkeit durch den düsteren Ring verursacht wird, schon mehr als ein Jahrhundert früher beobachtet wurde. Im Jahr 1715 sah ihn der jüngere Cassini und stellte fest, dass er nicht stark genug gekrümmt war, um wirklich zu dem Planeten zu gehören. Hadley wiederum beobachtete, dass der Gürtel den Ring begleitete, als dieser sich öffnete und schloss, oder mit anderen Worten, dass der dunkle Gürtel zum Ring und nicht zum Planetenkörper gehörte. Und auf vielen Bildern des Saturnsystems ist ein dunkles Band entlang des inneren Rands des inneren hellen Rings zu sehen, wo er den Planetenkörper kreuzt. Es scheint mir, dass wir hier einen sehr wichtigen Beweis für die Ringe haben. Es ist klar, dass der innere Teil des inneren hellen Rings seit mehr als anderthalb Jahrhunderten (wie viel länger, wissen wir nicht) teilweise durchsichtig ist, und es ist wahrscheinlich, dass sich innerhalb seines inneren Rands die ganze Zeit ein Ring aus Materie befunden hat; aber dieser Ring hat erst im letzten halben Jahrhundert eine ausreichende Konsistenz erreicht, um erkennbar zu sein. Es ist offensichtlich, dass das Vorhandensein des dunklen Gürtels, der auf den älteren Bildern zu sehen ist, direkt zur Entdeckung des dunklen Rings geführt hätte, wenn dieses Anhängsel nicht äußerst schwach gewesen wäre. Während also die Beobachtung des dunklen Gürtels auf der Oberfläche des Planeten beweist, dass der dunkle Ring in irgendeiner Form schon lange vor seiner Wahrnehmung existierte, trägt dieselbe Tatsache nur dazu bei, dass wir sicher sein können, dass der dunkle Ring seinen Zustand während des gegenwärtigen Jahrhunderts erheblich verändert hat.

Die Entdeckung dieses eigenartigen Anhängsels, eines im Sonnensystem einzigartigen Objekts, erregte natürlich neue Aufmerksamkeit für die Frage nach der Stabilität der Ringe. Der ältere Bond äußerte die Idee, dass der neue Ring flüssig sein könnte, oder sogar, dass das gesamte Ringsystem flüssig sein könnte und der dunkle Ring einfach dünner als der Rest. Man hielt es für möglich, dass das Ringsystem die Beschaffenheit eines riesigen Ozeans hat, dessen Wellen sich stetig auf dem Planetenglobus vorwärts bewegen. Die mathematische Untersuchung des Themas wurde auch von Professor Benjamin Pierce von Harvard wieder aufgenommen, und es konnte zufriedenstellend nachgewiesen werden, dass die Stabilität eines Systems von tatsächlichen Ringen aus fester Materie eine so schöne Anpassung von so vielen schmalen Ringen erfordert, dass das System weitaus komplexer ist, als selbst Laplace angenommen hatte. Ein stabiles Gebilde kann", so sagte er, "nichts anderes sein als eine große Anzahl einzelner schmaler, starrer Ringe, von denen sich jeder mit seiner eigenen relativen Geschwindigkeit dreht. Wie der verstorbene Professor Nichol treffend bemerkte: "Wenn diese Anordnung oder etwas Ähnliches real wäre, wie viele neue Bedingungen der Instabilität würden wir einführen. Die Beobachtung lehrt uns, dass die Trennung zwischen solchen Ringen extrem eng sein muss, so dass die geringste Störung durch äußere oder innere Ursachen dazu führen würde, dass ein Ring auf einen anderen stößt; und so hätten wir den Keim für immerwährende Katastrophen. Auch würde eine solche Verfassung das System nicht vor der Auflösung schützen. Es gibt daher keinen anderen Ausweg aus den Schwierigkeiten als die endgültige Ablehnung der Vorstellung, dass die Saturnringe starr oder in irgendeiner Weise eine feste Formation sind.

Die Idee, dass das Ringsystem flüssig sein könnte, kam natürlich als nächstes bei der mathematischen Untersuchung. Seltsamerweise scheinen die physikalischen Einwände gegen die Theorie der Fluidität völlig übersehen worden zu sein. Bevor wir eine solche Theorie akzeptieren könnten, müssten wir die Existenz von Elementen zugeben, die sich völlig von denen unterscheiden, die wir kennen. Keine uns bekannte Flüssigkeit könnte die Form der Saturnringe unter den Bedingungen, denen sie ausgesetzt sind, beibehalten. Aber die mathematische Untersuchung des Themas hat die Theorie, dass die Ringe aus kontinuierlichen flüssigen Massen bestehen können, so gründlich widerlegt, dass wir jetzt nicht auf die physikalischen Einwände gegen diese Theorie eingehen müssen.

Es bleibt nur die Theorie, dass das Ringsystem des Saturn aus einzelnen Massen besteht, die den Strömen von Meteoriten ähneln, von denen bekannt ist, dass sie in großer Zahl im Sonnensystem existieren. Die Massen können fest oder flüssig sein, sie können in einem relativ leeren Raum verstreut sein oder von dampfförmigen Hüllen umgeben sein; aber dass sie diskret sind, jede frei, um auf ihrem eigenen Kurs zu reisen, schien durch Pierces Berechnungen so vollständig bewiesen zu sein, wie es nur irgendetwas sein kann, das keine direkte Beobachtung zulässt. Die Angelegenheit wurde durch die unabhängige Analyse, der Clerk Maxwell das mathematische Problem unterzog, über jeden Zweifel erhaben. Es war 1855 als Thema für den Adams Prize Essay in Cambridge ausgewählt worden, und Clerk Maxwells Aufsatz, der den Preis erhielt, zeigte schlüssig, dass nur ein System aus vielen kleinen Körpern, von denen jeder frei ist, sich unter den wechselnden Anziehungskräften, denen er durch den Saturn selbst und durch die Saturntrabanten ausgesetzt ist, auf seiner Bahn fortzubewegen, einen Planeten so umschließen kann, wie die Ringe des Saturn ihn umschließen.

Es ist klar, dass alle bisher beobachteten Eigenheiten des Saturnringsystems erklärbar sind, sobald man dieses System als aus vielen kleinen Körpern zusammengesetzt betrachtet. Helligkeitsunterschiede zeigen einfach verschiedene Grade der Verdichtung dieser kleinen Satelliten an. So hatte man schon lange beobachtet, dass der äußere Ring weniger hell war als der innere. Natürlich schien es nicht unmöglich, dass der äußere Ring aus verschiedenen Materialien bestehen könnte; dennoch hatte die Annahme, dass zwei Ringe, die dasselbe System bilden, sich in ihrer Substanz unterscheiden, etwas Bizarres an sich. Es wäre überhaupt nicht bemerkenswert gewesen, wenn sich verschiedene Teile desselben Rings in ihrer Leuchtkraft unterschieden hätten - in der Tat war es viel bemerkenswerter, dass jede Zone des Systems rundherum gleichmäßig hell erschien. Aber dass eine Zone von einem Farbton, eine andere von einem völlig anderen Farbton sein sollte, war ein merkwürdiger Umstand, solange die einzige verfügbare Interpretation zu sein schien, dass eine Zone (durchgehend) aus einer Substanz, die andere aus einer anderen gemacht war. Wenn dies schon seltsam war, wenn man nur den Unterschied zwischen den inneren und äußeren hellen Ringen betrachtete, wie viel seltsamer erschien es dann, wenn man die zahlreichen Unterteilungen in den Ringen in Betracht zog! Warum sollte das Ringsystem mit einer Breite von 30.000 Meilen in Zonen unterschiedlichen Materials unterteilt sein? Eine so künstliche Anordnung ist ganz anders als alles , was man sonst bei den Forschungsobjekten der Astronomen sieht. Wenn man aber die Ringe als aus einer Vielzahl von kleinen Körpern zusammengesetzt betrachtet, kann man ohne weiteres verstehen, wie die nahezu kreisförmigen Bewegungen all dieser Körper mit unterschiedlicher Geschwindigkeit zur Bildung von Ringen der Anhäufung und Ringen der Trennung führen, die in Erdentfernung als helle und schwache Ringe erscheinen. Der dunkle Ring entspricht in seinem Erscheinungsbild eindeutig einem Ring aus dünn verstreuten Satelliten. Anders lässt sich das Auftreten eines dunklen Gürtels quer über den Globus des Planeten, wo der dunkle Ring die Scheibe kreuzt, wohl nicht erklären. Wäre das Material des dunklen Rings eine teilweise durchsichtige feste oder flüssige Substanz, so wäre das Licht des Planeten, das durch den dunklen Ring empfangen wird, zusammen mit dem vom dunklen Ring selbst reflektierten Licht so nahezu gleichwertig mit dem Licht, das vom Rest der Planetenscheibe empfangen wird, dass entweder kein dunkler Gürtel zu sehen wäre oder die Verdunkelung kaum wahrnehmbar wäre. In manchen Positionen wäre ein heller Gürtel zu sehen, kein dunkler. Aber ein Ring aus verstreuten Satelliten würde als Schatten eine Vielzahl schwarzer Flecken werfen, die dem Gürtel im Schatten ein dunkelgraues Aussehen verleihen würden. Ein beträchtlicher Teil dieser Flecken würde von den Satelliten verdeckt, die den dunklen Ring bilden, und in jedem Fall, in dem ein Fleck ganz oder teilweise von einem Satelliten verdeckt wäre, würde die Wirkung (an unserer entfernten Station, wo die einzelnen Satelliten des dunklen Rings nicht erkennbar sind) einfach darin bestehen, die Dunkelheit des grauen Schattengürtels *pro tanto zu* verringern. Aber mit Sicherheit würden mehr als die Hälfte der Schatten der Satelliten im Blickfeld bleiben; denn die Dunkelheit des Rings zum Zeitpunkt seiner Entdeckung zeigte, dass die Satelliten sehr spärlich verstreut waren. Und diese Schatten würden ausreichen, um dem Gürtel einen düsteren Farbton zu verleihen, wie er bei seiner ersten Entdeckung aussah. [37]

Die Beobachtungen, die kürzlich von Herrn Trouvelot gemacht wurden, weisen auf Veränderungen im Ringsystem und insbesondere im dunklen Ring hin, die jede andere Theorie außer der, zu der wir dadurch geführt wurden, völlig außer Frage stellen. Es sei darauf hingewiesen, dass Herr Trouvelot Teleskope von unbestreitbarer Vorzüglichkeit verwendet hat, die in der Öffnung von sechs bis sechsundzwanzig Zoll variieren, wobei die letztere Öffnung die des großen Teleskops des Washingtoner Observatoriums ist (der größte Refraktor der Welt).

Er hat zunächst festgestellt, dass der innere Rand des äußeren hellen Rings, der die äußere Grenze der großen Teilung markiert, unregelmäßig ist, aber er weiß nicht, ob diese Unregelmäßigkeit dauerhaft ist oder nicht. Die große Teilung selbst ist nicht wirklich schwarz, sondern, wie Kapitän Jacob vom Observatorium in Madras vor langer Zeit feststellte, sehr dunkelbraun, als ob einige verstreute Satelliten entlang dieser relativ freien Zone des Systems unterwegs wären. Herr Trouvelot hat außerdem festgestellt, dass der Schatten des Planeten auf den Ringen, insbesondere auf dem äußeren Ring, ständig seine Form ändert, was er auf Unregelmäßigkeiten in der Oberfläche der Ringe zurückführt. Ich für meinen Teil bin geneigt, diese Veränderungen in der Form des Planetenschattens (die auch von anderen Beobachtern festgestellt wurden) auf schnelle Veränderungen in der tiefen, wolkenbeladenen Atmosphäre des Planeten zurückzuführen. Wenn wir jedoch zu weniger zweifelhaften Beobachtungen übergehen, stellen wir fest, dass das gesamte Ringsystem in den letzten vier Jahren ein wolkiges und fleckiges Aussehen aufwies. Herr Trouvelot beschreibt diese Erscheinung speziell für die Teile des Rings außerhalb der Scheibe , die von den Astronomen als *"ansæ"* bezeichnet werden (wegen ihrer Ähnlichkeit mit Henkeln), und es scheint daher, dass die fleckigen und wolkigen Teile nur dort zu sehen sind, wo der Hintergrund, auf den die Ringe projiziert werden, schwarz ist. Dieser Umstand deutet eindeutig darauf hin, dass die Dunkelheit dieser Teile auf den Hintergrund zurückzuführen ist, oder mit anderen Worten, dass der Himmel in Wirklichkeit durch diese Teile des Ringsystems gesehen wird, so wie die Dunkelheit des schieferfarbenen inneren Rings nach der Satellitentheorie auf den Hintergrund des Himmels zurückgeführt wird, der durch den verstreuten Flug der Satelliten, die den dunklen Ring bilden, sichtbar ist. Die Materie, aus der der dunkle Ring besteht, ist nach den Beobachtungen von Herrn Trouvelot stellenweise zu kompakten Massen zusammengeballt, die verhindern, dass das Licht des Planeten durch die Teile des dunklen Rings, in denen die Materie so zusammengeballt ist, gesehen werden kann. Es ist klar, dass solche Besonderheiten bei einem durchgehenden festen oder flüssigen Ringsystem unmöglich auftreten können, während sie bei einem Ring, der aus einer Vielzahl von winzigen Körpern besteht, die sich frei um den Planeten bewegen, natürlich auftreten würden.

Der nächste zu erwähnende Punkt ist noch entscheidender. Als der dunkle Ring in den zehn Jahren nach seiner Entdeckung durch Bond, als er für die Beobachtung am günstigsten gelegen war, mit starken Teleskopen sorgfältig untersucht wurde, stellte man fest, dass der Umriss des Planeten über die gesamte Breite des dunklen Rings zu sehen war. Alle Beobachtungen stimmten in diesem Punkt überein. Dawes bemerkte sogar, dass der dunkle Ring außerhalb der Planetenscheibe verschiedene Farbtöne aufwies, wobei die innere Hälfte dunkler war als der äußere Teil. Lassell, der den Planeten unter günstigsten Bedingungen mit seinem Zwei-Fuß-Spiegel auf

Malta beobachtete, konnte diese Farbunterschiede nicht wahrnehmen, so dass wir davon ausgehen können, dass sie entweder nicht dauerhaft oder nur sehr schwach ausgeprägt waren. Aber, wie ich schon sagte, waren sich alle Beobachter einig, dass der Umriss des Planeten quer über die gesamte Breite des dunklen Rings auf zu sehen war. Herr Trouvelot hat jedoch festgestellt, dass der Planet in den letzten vier Jahren nicht über die gesamte Breite des dunklen Rings sichtbar war, sondern nur über die innere Hälfte der Ringbreite. Es hat also den Anschein, dass entweder der innere Teil immer dünner wird - das heißt, die Satelliten, aus denen er besteht, werden immer spärlicher verstreut - oder dass der äußere Teil kompakter wird, zweifellos durch die Aufnahme von Streusatelliten aus dem Inneren des inneren hellen Rings.

Es ist klar, dass im Ringsystem des Saturn, wenn auch nicht im Planeten selbst, immer noch gewaltige Veränderungen im Gange sind. Es mag sein, dass die Ringe unter den Kräften, denen sie ausgesetzt sind, so geformt werden, dass sie auf dem Weg sind, sich in separate Satelliten zu verwandeln, in innere Mitglieder des Systems, das gegenwärtig aus acht Sekundärplaneten besteht. Aber was auch immer das Ziel sein mag, auf das diese Veränderungen zusteuern, wir sehen Prozesse der Evolution stattfinden, die als typisch für die umfassenderen und wahrscheinlich energischeren Prozesse angesehen werden können, durch die das Sonnensystem selbst seinen gegenwärtigen Zustand erreichte. Ich habe es vor mehr als zehn Jahren gewagt, im Vorwort zu meiner Abhandlung über den Planeten Saturn die Möglichkeit vorzuschlagen, "dass in den Veränderungen, die im Ringsystem des Saturn spürbar vor sich gehen, eines Tages ein Schlüssel zu dem Entwicklungsgesetz gefunden werden kann, durch das das Sonnensystem seinen gegenwärtigen Zustand erreicht hat. Diese Vermutung scheint mir durch die jüngsten Entdeckungen eindrucksvoll bestätigt zu werden. Der Planet Saturn und seine Anhängsel, die für Astronomen schon immer interessant waren, sind es mehr denn je wert, genau untersucht und geprüft zu werden. Wir können hier sozusagen die Natur auf frischer Tat ertappen und den tatsächlichen Verlauf von Entwicklungen nachzeichnen, die derzeit eher Gegenstand der Theorie als der Beobachtung sind.

VIII. KOMETEN ALS VORZEICHEN

Der flammende Stern,
der die Welt mit Hungersnot, Pest und Krieg bedroht;
den Fürsten den Tod, den Königreichen viele Flüche,
allen Ständen unvermeidliche Verluste,
den Hirten Fäulnis, den Pflügern unglückliche Zeiten,
den Seeleuten Stürme, den Städten Bürgerverrat.

OBWOHL Kometen nicht mehr mit abergläubischer Ehrfurcht betrachtet werden wie in alten Zeiten, haftet ihnen immer noch ein Geheimnis an. Die Astronomen können die Bahn eines Kometen bestimmen und sagen, woher er gekommen ist und wohin er gehen wird, sie können sogar in vielen Fällen die periodische Wiederkehr eines Kometen vorhersagen, sie können die Substanz dieser seltsamen Wanderer analysieren und haben vor kurzem ein einzigartiges Band der Verwandtschaft zwischen Kometen und jenen anderen seltsamen Besuchern aus den himmlischen Tiefen, den Sternschnuppen, entdeckt. Aber die Astronomie hat sich bisher als unfähig erwiesen, den Ursprung der Kometen, ihre Rolle in der Ökonomie des Universums, ihre wirkliche Struktur und die Ursachen der wunderbaren Formveränderungen zu bestimmen, die sie bei ihrer Annäherung an die Sonne, ihrer Umrundung und ihrem Rückzug durchlaufen. Wie Sir John Herschel bemerkte: "Niemand war bisher in der Lage, auch nur einen einzigen Punkt zu nennen, in dem es uns materiell gesehen besser oder schlechter gehen würde, wenn es keine Kometen gäbe. Menschen, sogar denkende Menschen, haben sich mit Mutmaßungen beschäftigt, wie zum Beispiel, dass sie als Brennstoff für die Sonne dienen (in die sie aber nie fallen), oder dass sie warme Sommer verursachen, was eine bloße Einbildung ist, oder dass sie Epidemien oder Kartoffelkrankheiten hervorrufen und so weiter. Und obwohl, wie er zu Recht sagt, "dies alles wildes Gerede ist", wird es wahrscheinlich weitergehen, bis die Astronomen in der Lage sind, die Probleme bezüglich der Kometen zu meistern, die bisher ihre besten Bemühungen vereitelt haben. Das Unerklärliche war schon immer ein Wunder und wird auch in Zukunft für die Allgemeinheit erstaunlich sein. Genauso wie unerforschte Regionen der Erde in der Phantasie von den Menschen bewohnt wurden

Anthropophagen und Männer, deren Köpfe
unter ihren Schultern wachsen,

so liegen in den unbekannten und unverstandenen Phänomenen der Natur wundersame Möglichkeiten.

In alten Zeiten, als man annahm, dass das Erscheinen und die Bewegungen von Kometen völlig unkontrolliert von physikalischen Gesetzen abliefen, war es nur natürlich, dass Kometen als Zeichen des Himmels angesehen wurden, als Zeichen des göttlichen Zorns gegen die einen und des Eingreifens der göttlichen Vorsehung zugunsten der anderen. Wie Seneca treffend bemerkte: "Es gibt keinen Menschen, der so stumpfsinnig, so stumpfsinnig, so sehr den irdischen Dingen zugewandt ist, der nicht alle Kräfte seines Geistes auf die göttlichen Dinge richtet, wenn eine neue Erscheinung am Himmel erscheint. Während dort oben alles seinen gewohnten Gang geht, raubt die Vertrautheit dem Spektakel seine Erhabenheit. Denn so ist der Mensch gemacht. Wie wunderbar auch immer das sein mag, was er Tag für Tag sieht, er sieht es mit Gleichgültigkeit an; während Dinge von sehr geringer Bedeutung ihn anziehen und interessieren, wenn sie von der gewohnten Ordnung abweichen. Die Heerscharen der himmlischen Gestirne unter dem Himmelsgewölbe, dessen Schönheit sie schmücken, erregen keine Aufmerksamkeit; aber wenn irgendeine ungewöhnliche Erscheinung unter ihnen bemerkt wird, richten sich sofort alle Augen zum Himmel . Die Sonne wird nur dann mit Interesse betrachtet, wenn sie sich in einer Verfinsterung befindet. Die Menschen beobachten den Mond nur unter ähnlichen Bedingungen.... Es liegt also durchaus in unserer Natur, das Neue eher zu bewundern als das Große. Das Gleiche gilt für Kometen. Wenn einer dieser feurigen Körper von ungewöhnlicher Form auftaucht, ist jeder begierig zu wissen, was er zu bedeuten hat; die Menschen vergessen andere Gegenstände, um sich nach dem neuen Ankömmling zu erkundigen; sie wissen nicht, ob sie sich wundern oder zittern sollen; denn viele verbreiten auf allen Seiten Furcht und ziehen aus der Erscheinung die schlimmsten Prognosen.

In der Bibel gibt es keinen direkten Hinweis auf Kometen, weder im Alten noch im Neuen Testament. Möglicherweise handelte es sich bei einigen der auf den Bibelseiten aufgezeichneten Himmelszeichen um Kometen oder Meteore, und selbst dort, wo an einigen Stellen ein Engel oder Bote Gottes erschienen sein und eine Botschaft überbracht haben soll, handelte es sich in Wirklichkeit darum, dass eine bemerkenswerte Himmelserscheinung von den Priestern auf eine bestimmte Weise gedeutet und die Deutung anschließend als Botschaft eines Engels beschrieben wurde. Das Bild des "flammenden Schwertes, das sich in alle Richtungen drehte", könnte von einem Kometen abgeleitet worden sein; aber wir können darüber keine sicheren Schlüsse ziehen, ebenso wenig wie über die Frage, ob der "Schrecken einer großen Finsternis", der über Abraham hereinbrach (Genesis xv. 12), als die Sonne unterging, durch eine Sonnenfinsternis verursacht wurde; [38] oder ob das Zurückgehen des Schattens auf dem Zifferblatt des Ahas durch eine Scheinsonne verursacht wurde . Der Stern, den die Weisen aus dem Morgenland sahen, könnte ein Komet gewesen sein, denn das Wort "Stern" bedeutet jedes helle Objekt, das am Himmel zu sehen ist, und ist in der Tat das gleiche Wort, das Homer in einer häufig zitierten Stelle für einen Kometen oder einen Meteor verwendet. Der Weg, den er vor ihnen zu gehen schien, als sie (auf Anweisung des Herodes, wohlgemerkt) nach Bethlehem gingen, das fast genau südlich von Jerusalem liegt, würde einem tief unten liegenden Meridiankulminationspunkt entsprechen - der Stern war offensichtlich am früheren Abend nicht sichtbar gewesen, denn es heißt, dass sie sich freuten, als sie den Stern wieder sahen. Wahrscheinlich handelte es sich um einen Kometen, der sich nach Süden bewegte; und da die Weisen aus dem Osten kamen, war er sehr wahrscheinlich zuerst im Westen als Abendstern gesehen worden, weshalb seine Bahn retrograd war - vorausgesetzt, es *war ein* Komet. [39] Möglicherweise handelte es sich um eine Erscheinung des Halleyschen Kometen, der einen ähnlichen Verlauf nahm wie im Jahr 1835, als der Periheldurchgang am 15. November stattfand und der südwärts laufende Komet den nördlichen Astronomen entging, obwohl er im Januar von Sir J. Herschel, um seinen eigenen Ausdruck zu gebrauchen, "in der südlichen Hemisphäre *empfangen*" wurde. Es gab eine Erscheinung des Halleyschen Kometen im Jahre 66, also siebzig Jahre nach der Geburt; und die Periode des Kometen schwankt je nach den störenden Einflüssen, die die Bewegung des Kometen beeinflussen, zwischen neunundsechzig und achtzig Jahren.

Homer bezieht sich, soweit ich mich erinnere, nirgends direkt auf Kometen. Pope allerdings, der sehr frei mit Homers Verweisen auf die Himmelskörper umging, [40] führt einen Kometen - und zwar einen roten - in das Gleichnis des himmlischen Vorzeichens in Buch IV ein: -

Wie der rote Komet, den Saturnius
schickte , um die Völker mit einem unheilvollen Vorzeichen zu erschrecken
(Ein tödliches Zeichen für die Heere in der Ebene,
Oder für die zitternden Seeleute auf dem winterlichen Festland),
gleitet mit schwungvollem Glanz in der Luft
Und schüttelt die Funken aus seinem glühenden Haar:
Zwischen zwei Heeren schoss
die helle Göttin in einer Lichtspur.

Aber Homer sagt nichts über diesen Kometen. Hätte Homer einen Kometen vorgestellt, so hätten wir sicher sein können, dass er keine Funken von seinem glühenden Schweif geschüttelt hätte. Homer sagte lediglich, dass "Pallas von den Gipfeln des Himmels herabstürzte, wie der helle Stern, den der Sohn des listig-verräterischen Kronus sandte (als Zeichen für die Seefahrer oder die breite Masse der Völker), von dem viele Funken ausgehen". Seltsamerweise sind sich Pingré und Lalande, ersterer bekannt für seine Forschungen über antike Kometen, letzterer ein geschickter Astronom, darin einig, dass Homer sich wirklich auf einen Kometen bezog, und sie halten diesen Kometen sogar für eine Erscheinung des Kometen von 1680. Zur Unterstützung dieser Meinung führen sie das Vorzeichen an, das auf das Gebet des Anchises folgte, "Æneid", Buch II. 692, etc.Kaum hatte der alte Mann aufgehört zu beten, ertönte links ein Donnerschlag, und ein Stern, der vom Himmel in die Dunkelheit glitt, raste durch den Raum, gefolgt von einem langen Lichtschweif; wir sahen den Stern", sagt Æneas, "für einen Augenblick über dem Dach schwebend, unser Haus mit seinen Feuern erhellen, dann, eine glänzende Bahn ziehend, in den Wäldern von Ida verschwinden; dann erleuchtete uns ein langer Flammenschweif, und der Ort ringsum stank nach Schwefel. Überwältigt von diesen erschreckenden Vorzeichen, stand mein Vater auf, rief die Götter an und betete den heiligen Stern an". Es ist unmöglich, hier die Beschreibung eines Kometen zu erkennen. Das Geräusch, die Lichtspur, die sichtbare Bewegung, der Schwefelgeruch, all das entspricht dem Fall eines Meteoriten in der Nähe; und zweifellos hat Vergil einfach die Umstände eines solchen Phänomens, das er in seiner eigenen Zeit beobachtet hatte, in die Erzählung aufgenommen. Die Theorie, dass der Komet von 1680 zur Zeit des Untergangs von Troja, dessen Datum unbekannt ist, sichtbar war, auf einem solchen Punkt aufzubauen, ist äußerst gewagt. Die für den Kometen von 1680 berechnete Zeitspanne, in der Pingré und Lalande in dieser unglücklichen Vermutung übereinstimmten, betrug 575 Jahre; multipliziert man diese Zeitspanne mit fünf, erhält man 2875 Jahre, von denen man 1680 abzieht, was 1195 Jahre v. CHR. ergibt, also nahe genug am vermuteten Datum der Einnahme von Troja. Leider hat Encke (der bedeutende Astronom, dem wir die Bestimmung der Sonnenentfernung verdanken, die fast ein halbes Jahrhundert lang in unseren Büchern stand, aber in den letzten zwanzig Jahren durch eine um drei Millionen Meilen geringere Entfernung ersetzt wurde) die Berechnungen der Bewegungen dieses berühmten Kometen erneut überprüft und festgestellt, dass der wahrscheinlichste Zeitraum statt 575 Jahren etwa 8814 Jahre beträgt. Der Unterschied beträgt nur 8239 Jahre; aber selbst dieser kleine Unterschied beeinträchtigt die Theorie von Lalande und Pingré ziemlich. [41]

Dreihunderteinundsiebzig Jahre vor der christlichen Zeitrechnung erschien ein Komet, den Aristoteles (der zu dieser Zeit ein Junge war) beschrieben hat. Diodorus Siculus schreibt über ihn folgendes: Im ersten Jahr der 102. Olympiade, als Alkisthenes Archon von Athen war, kündigten mehrere Wunder die bevorstehende Demütigung der Lakedämonier an; eine lodernde Fackel von außerordentlicher Größe, die mit einem flammenden Balken verglichen wurde, wurde während mehrerer Nächte gesehen. Guillemin, aus dessen interessantem Werk über Kometen ich die obige Passage übersetzt habe, bemerkt, dass derselbe Komet von den Alten nicht nur als Vorbote, sondern auch als Auslöser der Erdbeben angesehen wurde, die die Städte Helice und Bura unter Wasser setzten. Daran dachte Seneca, als er über diesen Kometen sagte, dass er, sobald er erschien, die Überflutung von Bura und Helice verursachte.

Damals wurden Kometen jedoch nicht nur als Zeichen des Unglücks betrachtet. So wie das Unglück eines Volkes gemeinhin als Vorteil für andere Völker angesehen wurde, konnte ein und derselbe Komet von verschiedenen Völkern oder Herrschern sehr unterschiedlich betrachtet werden. So wurde der Komet des Jahres 344 v. CHR. von Timoleon von Korinth als Vorbote des Erfolgs seiner Expedition gegen Korinth angesehen. Die Götter kündigten", so Diodorus Siculus, "durch ein bemerkenswertes Vorzeichen seinen Erfolg und seine künftige Größe an; eine lodernde Fackel erschien nachts am Himmel und zog vor der Flotte des Timoleon her, bis er in Sizilien ankam". Die Kometen der Jahre 134 v. CHR. und 118 v. CHR. wurden nicht als Vorzeichen des Todes, sondern als Zeichen für die Geburt und den Aufstieg des Mithridates betrachtet. Der Komet von 43 v. CHR. wurde von einigen als die Seele von Julius Cæsar auf dem Weg in die Götterwelt angesehen. Bodin, ein französischer Jurist des sechzehnten Jahrhunderts, betrachtete dies als die übliche Bedeutung von Kometen. Er war zwar bescheiden genug, um diese Ansicht Demokrit zuzuschreiben, aber das gesamte Verdienst an dieser Entdeckung gebührte ihm selbst. Er behauptete, dass Kometen nur deshalb auf ein nahendes Unglück hinweisen, weil sie die Geister oder Seelen berühmter Männer sind, die viele Jahre lang die Rolle von Schutzengeln gespielt haben und nun, da sie endlich bereit sind zu sterben, ihren letzten Triumph feiern, indem sie als flammende Sterne zum Firmament reisen. Natürlich", sagt er, "folgen auf das Erscheinen eines Kometen Pest, Seuchen und Bürgerkriege; denn die Völker sind der Führung ihrer würdigen Herrscher beraubt, die sich zu Lebzeiten nach Kräften bemühten, Darmerkrankungen zu verhindern". Pingré kommentiert dies zu Recht, indem er sagt, dass "es zu den niederen und schändlichen Schmeicheleien und nicht zu den philosophischen Meinungen gezählt werden muss".

In der Regel muss man jedoch zugeben, dass die Alten wie die Menschen des Mittelalters die Kometen als Vorboten des Bösen betrachteten. Ein furchterregender Stern ist der Komet", sagt Plinius, "und nicht leicht zu besänftigen, wie sich in den späten bürgerlichen Unruhen zeigte, als Octavius Konsul war; ein zweites Mal im Darmkrieg von Pompeius und Cäsar; und in unserer Zeit, als Claudius Cäsar vergiftet wurde und das Reich Domitian überlassen wurde, in dessen Regierungszeit ein glühender Komet erschien. Von dem zweiten Ereignis, auf das hier Bezug genommen wird, erzählt Lucan, dass während des Krieges "die dunkelsten Nächte von unbekannten Sternen erhellt wurden" (eine etwas eigenartige Art zu sagen, dass es keine dunklen Nächte gab); "der Himmel schien in Flammen zu stehen, flammende Fackeln durchzogen in allen Richtungen die Tiefen des Raumes; ein Komet, dieser furchterregende Stern, der die Mächte der Erde umstürzt, zeigte seine schrecklichen Haare". Auch Seneca vertrat die Meinung, dass manche Kometen Unheil ankündigen: "Manche Kometen", sagte er, "sind sehr grausam und kündigen das schlimmste Unglück an; sie bringen die Saat des Blutes und des Gemetzels mit sich und lassen sie zurück".

In der Tat hielten es viele in jener Zeit für einen Vorwurf, dass einige zu hartherzig waren, um zu glauben, wenn diese Zeichen geschickt wurden. Es war ein Punkt des religiösen Glaubens, dass "Gott" diese "Zeichen und Wunder am Himmel" wirkt. Wenn Unruhen über die Menschen hereinbrechen sollten, "Nation gegen Nation und Königreich gegen Königreich, mit großen Erdbeben an verschiedenen Orten und Hungersnöten und Pestilenzen und schrecklichen Erscheinungen", dann "werden große Zeichen vom Himmel kommen". Josephus sagt über die Hartnäckigkeit der Juden in solchen Dingen: "Wenn sie zu irgendeiner Zeit von den Lippen der Wahrheit selbst durch Wunder und andere Vorzeichen ihres nahenden Verderbens gewarnt wurden, hatten sie weder Augen noch Ohren noch Verstand, um sie richtig zu nutzen, sondern übergingen sie, ohne sie zu beachten oder auch nur daran zu denken; wie zum Beispiel, was sollen wir von dem Kometen in Form eines Schwertes sagen, der ein ganzes Jahr lang über Jerusalem hing? Dies war wahrscheinlich der Komet, der von Dion Cassius (*Hist. Roman.* lxv. 8) beschrieben wird, der zwischen den Monaten April und Dezember des Jahres 69 n. Chr. sichtbar gewesen sein soll. Der Bericht von Josephus über die Zeit, in der er sichtbar war, würde nicht auf den Halleyschen Kometen oder überhaupt auf irgendeinen bekannten Kometen zutreffen; zweifellos hat er übertrieben. Er sagt: "Der Komet war von der Art, die *Xiphias* genannt wird, weil ihr Schweif der Klinge eines Schwertes ähnelt", und das würde ziemlich gut auf den Halleyschen Kometen zutreffen, wie er 1682, 1759 und 1835 gesehen wurde; allerdings ist zu bedenken, dass Kometen selbst bei aufeinanderfolgenden Erscheinungen sehr unterschiedlich sind, und es wäre ziemlich unsicher, aus dem Aussehen eines Kometen, der vor achtzehn Jahrhunderten gesehen wurde, zu schließen, dass er entweder derselbe war oder nicht derselbe war wie irgendein Komet, von dem man heute weiß, dass er periodisch ist.

Der Komet aus dem Jahr 79 N. CHR. ist insofern interessant, als er Vespasian zu einer fröhlichen Erwiderung veranlasste, da man glaubte, der Komet sei ein Vorbote seines Todes. Als er sah, wie einige seiner Höflinge über den Kometen flüsterten, sagte er: "Dieser haarige Stern bedeutet für mich nichts Böses. Er bedroht vielmehr den König der Parther. Er ist ein haariger Mann, ich aber bin kahl.'

Anna Comnena geht sogar über Josephus hinaus. Er tadelte lediglich andere Menschen dafür, dass sie nicht so fest wie er selbst an die Bedeutung der Kometen glaubten - eine Rüge, die in der Tat kaum nötig war, wenn man bedenkt, was uns die Geschichte über die von Kometen ausgelösten Schrecken berichtet. Aber die kluge Tochter des Alexius war gut genug, um die Weisheit zu billigen, die diese Vorzeichen lieferte. Über einen bemerkenswerten Kometen, der vor dem Einfall der Gallier in das römische Reich erschien, sagt sie: "Dies geschah durch die übliche Verwaltung der Vorsehung in solchen Fällen; denn es ist nicht angebracht, dass eine so große und seltsame Veränderung der Dinge, wie sie durch ihren Einfall herbeigeführt wurde, ohne eine vorherige Ankündigung und Ermahnung vom Himmel geschehen sollte.

Sokrates, der Geschichtsschreiber (b. 6, c. 6), sagt, dass, als Gainas Konstantinopel belagerte, "die Gefahr, die über der Stadt schwebte, so groß war, dass sie durch einen riesigen, glühenden Kometen, der vom Himmel bis zur Erde reichte, angekündigt und vorhergesagt wurde, wie ihn kein Mensch je zuvor gesehen hatte". Und Cedrenus berichtet in seinem "Kompendium der Geschichte", dass vor dem Tod von Johannes Tzimicas, dem Kaiser des Ostens, ein Komet erschien, der nicht nur seinen Tod vorhersagte, sondern auch das große Unglück, das dem römischen Reich aufgrund seiner Bürgerkriege widerfahren sollte. In ähnlicher Weise kündigte der Komet von 451 den Tod Attilas und der von 455 den Tod Valentinians an. Der Komet von 577 kündigte den Tod von Merowingius an, der von 584 den von Chilperich, der von 602 den von Kaiser Mauritius, der von 632 den von Mohammed, der von 837 den von Ludwig dem Debonair und der von 875 den von Kaiser Ludwig II. Nein, die Menschen glaubten so fest daran, dass Kometen den nahenden Tod großer Männer anzeigten, dass sie nicht glaubten, dass ein sehr großer Mann ohne einen Kometen sterben *könnte*. So folgerten sie, dass der Tod eines sehr großen Mannes die Ankunft eines Kometen anzeigte; und wenn der Komet zufällig nicht sichtbar war, umso schlimmer - nicht für die Theorie, sondern für den Kometen. Ein Komet dieser Art", sagt Pingré, "war der des Jahres 814, der den Tod Karls des Großen ankündigte". So zitiert Guillemin Pingré; aber er hätte lieber sagen sollen, dass dies der Komet war, dessen Ankunft sich durch den Tod Karls des Großen ankündigte - und auf keine andere Weise, denn er wurde von sterblichen Menschen nicht gesehen.

Der geneigte Leser wird bemerkt haben, dass einige der oben genannten Daten der Kometen nicht genau mit den Daten der mit diesen Kometen verbundenen Ereignisse übereinstimmen. So stirbt Ludwig der Debonair nicht im Jahr 837, sondern im Jahr 840. Dies ist jedoch von sehr geringer Bedeutung. Wenn einige Männer, nachdem ihr Komet sie gerufen hat, "eine unverschämte Zeit in sterben", wie Karl II. von sich selbst sagte, so ist dies sicherlich nicht als Schuld des Kometen zu betrachten. Ludwig selbst betrachtete den Kometen von 837 als sein Todesurteil; die Astrologen gaben dies zu: Was kann man sich mehr wünschen? Der Bericht eines Schriftstellers, der sich "Der Astronom" nannte, in einer Chronik der damaligen Zeit ist kurios genug: "Während der heiligen Osterzeit erschien am Himmel eine Erscheinung, die stets verhängnisvoll und von düsterer Vorahnung war. Sobald der Kaiser, der auf solche Erscheinungen achtete, die erste Ankündigung davon erhielt, gab er sich keine Ruhe, bis er einen gewissen gelehrten Mann und mich vor sich gerufen hatte. Sobald ich ankam, fragte er mich besorgt, was ich von einem solchen Zeichen halte. Ich bat ihn um Zeit, um den Aspekt der Sterne zu betrachten und die Wahrheit mit ihren Mitteln zu entdecken, und versprach, ihn am nächsten Tag zu informieren; aber der Kaiser, überzeugt davon, dass ich Zeit gewinnen wollte, was wahr war, um nicht gezwungen zu sein, ihm etwas Verhängnisvolles mitzuteilen, sagte zu mir: "Gehen Sie auf die Terrasse des Palastes und kehren Sie sofort zurück, um mir zu sagen, was Sie gesehen haben, denn ich habe diesen Stern gestern Abend nicht gesehen, und Sie haben ihn mir nicht gezeigt; aber ich weiß, dass es ein Komet ist; sagen Sie mir, was Sie glauben, dass er mir ankündigt." Dann fügte er, ohne mir Zeit zu lassen, etwas zu sagen, hinzu: "Es gibt noch etwas, was du verschweigst, nämlich dass dieses Zeichen einen Regierungswechsel und den Tod eines Fürsten ankündigt." Und als ich das Zeugnis des Propheten vorbrachte, der sagte: "Fürchte dich nicht vor den Zeichen des Himmels, wie die Völker sich vor ihnen fürchten", sagte der Fürst mit seinem großartigen Wesen und der Weisheit, die ihn nie verließ: "Wir müssen nur den fürchten, der uns und diesen Stern erschaffen hat. Aber da diese Erscheinung uns betreffen könnte, sollten wir sie als eine Warnung des Himmels anerkennen." Daraufhin fasteten und beteten Ludwig und sein ganzer Hof, und er baute Kirchen und Klöster. Doch alles war vergeblich. Wie der Historiker Raoul Glaber feststellte, werden "diese Phänomene des Universums den Menschen niemals präsentiert, ohne dass sie ein wunderbares und schreckliches Ereignis ankündigen". Mit einer Reichweite von drei Jahren im Voraus und bei so vielen Königen und Fürsten, wie es sie damals gab und heute noch gibt, wäre es ziemlich schwierig, dass ein Komet erscheint, ohne ein so wunderbares und schreckliches Ereignis wie den Tod eines Königs anzukündigen.

Das Jahr 1000 n. CHR. wurde fast einhellig als das Datum für das Ende der Welt angesehen. Tausend Jahre lang war Satan in Ketten gelegt worden, und nun sollte er für eine Weile losgelassen werden. Als dann ein Komet auftauchte und, wie man so schön sagt, neun Tage lang sichtbar blieb, wurde dieses Phänomen als mehr als ein neuntägiges Wunder angesehen. Außer dem Kometen wurde auch ein sehr wunderbarer Meteor gesehen. Der Himmel öffnete sich, und eine Art flammende Fackel fiel auf die Erde und hinterließ eine lange Lichtspur, die dem Weg eines Blitzes glich. Seine Helligkeit war so groß, dass er nicht nur die Menschen auf den Feldern erschreckte, sondern auch diejenigen, die in ihren Häusern waren. Als sich die Öffnung am Himmel langsam schloss, sahen die Menschen mit Schrecken die Gestalt eines Drachens, dessen Füße blau waren und dessen Kopf" [wie der von Dickens' Zwerg] "immer größer zu werden schien". Ein Bild dieses furchtbaren Meteors begleitet den Bericht des alten Chronisten. Aus Angst, dass man das genaue Abbild des Drachens nicht erkennen könnte (und um ihn zu sehen, muss man sich in der Tat "viel einbilden"), ist daneben ein entsprechendes Bild eines Drachens angebracht, das wiederum mit "Serpens cum ceruleis pedibus" beschriftet ist. Im Jahr 1000 galt es als sehr verwerflich, daran zu zweifeln, dass das Ende aller Dinge bevorstehe. Aber irgendwie ist die Welt dieser Zeit entkommen.

Im Jahr 1066 erschien der Halleysche Komet und kündigte den Sachsen die bevorstehende Eroberung Englands durch Wilhelm den Normannen an. Ein zeitgenössischer Dichter machte eine merkwürdige Bemerkung, die vielleicht eine tiefe poetische Bedeutung hat, aber an der Oberfläche sicherlich etwas undeutlich erscheint. Er sagte, dass "der Komet für Wilhelm günstiger war als die Natur für

Cæsar; letzterer hatte keine Haare, aber Wilhelm hatte welche vom Kometen er-halten". Soweit ich weiß, ist dies der einzige Fall, in dem ein Komet als perruquier angesehen wurde. Ein Mönch von Malmesbury sprach nach den damaligen Vor-stellungen eher in diesem Sinne, als er den Kometen apostrophierte: "Hier bist du wieder, Ursache der Tränen für viele Mütter! Es ist lange her, dass ich dich zuletzt gesehen habe, aber ich sehe dich jetzt schrecklicher als je zuvor; du bedrohst mein Land mit dem völligen Untergang.

Der Halleysche Komet mit seiner ungünstig kurzen Periode von etwa siebenund-siebzig Jahren hat die Völker immer wieder beunruhigt und wurde als ein vom Himmel gesandtes Zeichen betrachtet:

> Zehn Millionen Kubikkilometer Kopf,
> Zehn Milliarden Meilen Schwanz,

alles zu dem einzigen Zweck, eine kleine Rasse von Erdenbewohnern vor dem Übel zu warnen, das eine andere über sie bringen wird. Dieser Komet erschien vierundzwanzig Mal seit dem Datum seines ersten aufgezeichneten Erscheinens, das einige für das Jahr 12 v. CHR. halten, während andere sich auf einige Jahre später beziehen. Es mag interessant sein, hier Babinets Beschreibung der Wirkungen zu zitieren, die man 1455 diesem Kometen zuschrieb, der oft der Schrecken der Völker, aber der Triumph der Mathematiker war, da er der erste war, dessen Bewegungen in erkennbaren Gehorsam gegenüber den Gesetzen der Schwerkraft gebracht wurden. [42]

Die Musselmanen mit Mohammed II. an der Spitze belagerten Belgrad, das von Huniade, genannt der Türkenvernichter, verteidigt wurde. Der Halleysche Komet erschien, und die beiden Heere wurden von der gleichen Angst ergriffen. Papst Calixtus III., der selbst von dem allgemeinen Schrecken ergriffen war, ordnete öffentliche Gebete an und verfluchte zaghaft den Kometen und die Feinde des Christentums. Er führte das Mittagsgebet, den *Angelus, ein, das bis* heute in allen katholischen Kirchen gebetet wird. Die Franziskaner (*Frères Mineurs*) brachten 40.000 Verteidiger nach Belgrad, das vom Eroberer von Konstantinopel, dem Zer-störer des Ostreiches, belagert wurde. Endlich beginnt die Schlacht, die zwei Tage ohne Unterbrechung andauert. In einem zweitägigen Kampf fielen 40.000 Kämpfer. Die Franziskaner, unbewaffnet und mit dem Kruzifix in der Hand, standen in der ersten Reihe, beschworen den päpstlichen Exorzismus gegen den Kometen und richteten jenen himmlischen Zorn auf den Feind, an dem zu jener Zeit niemand zu zweifeln wagte.

Der große Komet von 1556 wurde als Anlass für den Verzicht Kaiser Karls V. auf den Kaiserthron angesehen; ein Umstand, der durch die Tatsache, dass er bereits abgedankt hatte, als der Komet erschien, ein wenig zweifelhaft erscheint - ein bloßes

Detail vielleicht, das aber die Möglichkeit nahelegt, dass Ursache und Wirkung versehentlich vertauscht wurden und dass es Karls Abdankung war, die das Erscheinen des Kometen verursachte. Nach Gemmas Bericht fiel der Komet eher durch sein starkes Licht als durch die Länge seines Schweifs oder die Seltsamkeit seiner Erscheinung auf. Sein Kopf war so hell wie Jupiter und hatte einen Durchmesser, der fast der Hälfte des scheinbaren Monddurchmessers entsprach. Er erschien gegen Ende Februar und bot im März eine schreckliche Erscheinung, wie Ripamonte berichtet. In der Tat furchterregend", sagt Sir J. Herschel, "hätte er für das Gemüt eines Prinzen sein können, der durch den niederträchtigsten Aberglauben darauf vorbereitet war, seine Erscheinung als Warnung vor dem nahenden Tod zu verstehen und als besonders gesandt, sei es im Zorn oder in Barmherzigkeit, um seine Gedanken von irdischen Dingen zu lösen und sie auf seine ewigen Interessen zu richten. So wirkte es auf Kaiser Karl V., dessen Abdankung von vielen Historikern eindeutig auf diese Ursache zurückgeführt wird, und dessen Worte bei seinem ersten Anblick sogar aufgezeichnet wurden.

"His ergo indiciis me mea fata vocant" -

Die Sprache und die metrische Form dieses Ausrufs bieten keinen Grund, seine Echtheit in Frage zu stellen, wenn man die Gewohnheiten und die Bildung jener Zeit angemessen berücksichtigt. Es ist ziemlich wahrscheinlich, dass Karl, der bereits auf den Thron verzichtet hatte, den Kometen als Zeichen seines Rücktritts von der Macht betrachtete - ein Ereignis, das er zweifellos für viel zu wichtig hielt, um es ohne ein himmlisches Zeugnis zu lassen. Die ihm zugeschriebenen Worte sind jedoch höchstwahrscheinlich apokryph.

Der Komet von 1577 zeichnete sich durch sein seltsames Aussehen aus, das in mancher Hinsicht dem des Kometen von 1858, dem so genannten Donati-Kometen, ähnelte. Es bedurfte nur des Schreckens, mit dem solche unheilvollen Objekte im Mittelalter betrachtet wurden, um die verschiedenen gebogenen und geraden Bänder, die von einem solchen Objekt ausgingen, in Schwerter und Lanzen und andere Zeichen von Krieg und Unruhe zu verwandeln. Zweifellos verdanken wir den Ängsten des Mittelalters die seltsamen Bilder, die angeblich das tatsächliche Aussehen einiger der größeren Kometen darstellen. Der Halleysche Komet entkam nicht. Bei einem Besuch wurde er mit einem geraden Schwert verglichen, 1456 mit einem gekrümmten Krummsäbel, und selbst bei seiner letzten Rückkehr im Jahr 1835 gab es einige, die in dem Kometen eine Ähnlichkeit mit einem nebligen Kopf erkannten. Andere Kometen wurden mit Feuerschwertern, blutigen Kreuzen, flammenden Dolchen, Speeren, Schlangen, feurigen Drachen, Fischen und so weiter verglichen. Aber in dieser Hinsicht scheint kein Komet mit dem von 1528 vergleichbar gewesen zu sein, über den Andrew Paré wie folgt schreibt: Dieser Komet war so schrecklich und furchtbar und versetzte die Menschen in Angst und Schrecken, dass sie starben, einige allein aus Angst, andere an Krankheiten, die durch die Angst ausgelöst wurden. Er war von ungeheurer Länge und blutroter Farbe; an seiner Spitze sah man die Gestalt eines gekrümmten Armes, der ein großes Schwert in der Hand hielt, als wolle er zuschlagen. An der Spitze dieses Schwertes befanden sich drei Sterne und zu beiden Seiten eine Anzahl von Äxten, Messern und Schwertern, die mit Blut bedeckt waren, darunter viele hässliche menschliche Gesichter mit struppigen Bärten und Haaren.

Solche Besonderheiten der Form und auch solche, die sich auf die Position und die Bewegungen von Kometen auswirken, galten als bedeutungsvoll. Wie Bayle in seinen "Thoughts about the Comet of 1680" feststellte, sind diese Phantasien sehr alt. Plinius berichtet, dass Astrologen zu seiner Zeit behaupteten, die Bedeutung der Position und des Aussehens eines Kometen zu deuten, ebenso wie die der Richtung, in die seine Strahlen zeigten. Außerdem konnten sie die Wirkungen der Fixsterne erklären, deren Strahlen sich mit denen des Kometen verbanden. Wenn ein Komet einer Flöte ähnelt, dann sind Musiker im Visier; wenn sich Kometen in den weniger würdigen Teilen der Sternbilder befinden, verheißen sie Unheil für unbescheidene Menschen; wenn der Kopf eines Kometen ein gleichseitiges Dreieck oder ein Quadrat mit Fixsternen bildet, dann ist es Zeit für Mathematiker und Männer der Wissenschaft zu zittern. Stehen sie im Zeichen des Widders, so deuten sie auf große Kriege und weit verbreitete Sterblichkeit, auf die Erniedrigung der Großen und die Erhöhung der Kleinen, außerdem auf furchtbare Dürren in den Regionen, in denen dieses Zeichen vorherrscht; im Zeichen der Jungfrau deuten sie auf viele schwere Übel für den weiblichen Teil der Bevölkerung hin; im Zeichen des Skorpions deuten sie auf eine Reptilienplage, vor allem Heuschrecken, hin; im Zeichen der Fische deuten sie auf große Unruhen aufgrund religiöser Differenzen hin, außerdem auf Krieg und Pestilenz. Wenn sie, wie in dem von Milton beschriebenen Fall, "die Länge des Ophiuchus gewaltig befeuern", zeigen sie an, dass es viel Sterblichkeit durch Vergiftung geben wird.

Der Komet von 1680, der Bayle dazu veranlasste, die soeben erwähnte Abhandlung zu schreiben, war durchaus geeignet, Schrecken zu verbreiten. In der Tat, wenn die Wahrheit bekannt wäre, brachte dieser Komet wahrscheinlich eine größere Gefahr für die Bewohner der Erde mit sich als jeder andere, mit Ausnahme des Kometen von 1843 - die Gefahr ist jedoch nicht diejenige, die sich aus einem möglichen Zusammenstoß zwischen der Erde und einem Kometen ergibt, sondern diejenige, die sich aus dem möglichen Sturz eines großen Kometen auf die Sonne und dem daraus resultierenden enormen Anstieg der Sonnenwärme ergibt. Das ist nach Newton die große Gefahr, die der Mensch von den Kometen zu fürchten hat, und der Komet von 1680 war in diesem Sinne ein sehr gefährlicher Komet. Es gibt keinen Grund, warum ein Komet aus dem Weltall nicht geradewegs auf die Sonne zustürzen sollte, wie es einst beim Kometen von 1680 vermutet wurde. Der einzige Trost, den die Wissenschaft der Welt in diesem Punkt geben kann, ist, dass eine solche Bahn für einen Kometen nur eine von vielen Millionen möglicher Bahnen ist, die alle völlig gleich wahrscheinlich sind; und dass daher die Chance, dass ein Komet auf die Sonne fällt, nur eine unter vielen Millionen ist. Dennoch hat der Komet von 1680 die Sonne sehr gut getroffen, und eine geringfügige Änderung seiner Bahn durch Jupiter oder Saturn hätte die von Newton befürchtete Katastrophe herbeiführen können. Ob bei einem tatsächlichen Einschlag eines Kometen in die Sonne etwas sehr Schreckliches passieren würde, ist nicht so klar. Newtons Vorstellungen über Kometen entstanden in Unkenntnis vieler physikalischer Tatsachen und Gesetze, die in unserer Zeit das Denken über dieses Thema vergleichsweise einfach machen. Doch selbst in unserer Zeit kann man nicht mit Sicherheit behaupten, dass solche Befürchtungen unbegründet sind. Während des Sonnenausbruchs, den Carrington und Hodgson im September 1859 beobachteten, soll die Sonne eine große meteorische Masse verschluckt haben; und da auf große Cornets wahrscheinlich viele solcher Massen folgen, scheint es vernünftig zu sein, daraus zu schließen, dass, wenn ein solcher Komet auf die Sonne fallen würde, seine Oberfläche, die mit solch außergewöhnlich großen Massen beworfen und mit diesen mächtigen meteorischen Kugeln übersät wäre, überall (oder fast) so hell leuchten würde, wie ein kleiner Fleck dieser Oberfläche bei dieser Gelegenheit leuchtete. Dieser Teil war so hell, dass Carrington dachte, "dass durch irgendeinen Zufall ein Lichtstrahl durch ein Loch in dem am Objektglas angebrachten Schirm eingedrungen war, durch den das allgemeine Bild in den Schatten geworfen wird, denn die Helligkeit war völlig gleich der des direkten Sonnenlichts. Es liegt auf der Hand, dass, wenn die gesamte Sonnenoberfläche oder ein großer Teil der Oberfläche mit dieser überragenden Leuchtkraft zum Glühen gebracht würde, die das gewöhnliche Sonnenlicht in demselben Maße übertrifft, wie das gewöhnliche Sonnenlicht das schattierte Sonnenbild in Carringtons Beobachtungen übertrifft, das Ergebnis für die Bewohner der Erdhälfte, die sich zu diesem Zeitpunkt zufällig im Sonnenlicht befand, äußerst katastrophal wäre; und wenn die Dauer dieses anormalen Glanzes mehr als einen halben Tag betragen würde (was kaum auszuschließen ist), dann würde wahrscheinlich die ganze Erde durch die intensive Hitze entvölkert werden. Die Gefahr ist, wie gesagt, gering - zum einen, weil die Wahrscheinlichkeit eines Zusammenstoßes zwischen der Sonne und einem Kometen gering ist, zum anderen, weil wir keine sicheren Gründe für die Annahme haben, dass auf einen Zusammenstoß die Erhitzung der Sonne für eine Weile auf eine sehr hohe Temperatur folgen würde. Wenn wir uns die Sonnen im Weltraum ansehen und ihre Geschichte, soweit sie uns bekannt ist, in den letzten zweitausend Jahren betrachten, finden wir wenig Anlass zur Sorge. Diese Sonnen scheinen größtenteils vor plötzlichen oder raschen Wärmezuflüssen sicher gewesen zu sein; und wenn sie auf ihren gewaltigen Reisen durch den Raum so sicher reisen, können wir wohl glauben, dass auch unsere Sonne sicher ist. Dennoch *hat es* hier und da Katastrophen gegeben. Mal hat die eine, mal die andere Sonne mit einem hundertfachen ihres üblichen Glanzes geglüht, um dann allmählich ihr neues Feuer zu verlieren und zu ihrer gewohnten Helligkeit zurückzukehren; aber nach welcher Zerstörung unter den Bewohnern ihres Weltensystems, wer kann das sagen? Die spektroskopische Analyse, das mächtige Hilfsmittel des modernen astronomischen Forschers, hat in einem dieser Fälle gezeigt, dass genau solche Veränderungen stattgefunden haben, wie wir sie beim Einschlag eines gewaltigen Kometen in die Sonne erwarten können. Wenn diese Interpretation richtig ist, dann sind wir nicht ganz sicher. Jeden Tag könnte uns die Nachricht von einem Kometen erreichen, der aus den Tiefen des Weltraums voll auf unsere Sonne trifft. Dann hätten die Astronomen vielleicht die Gelegenheit, sich von der Harmlosigkeit eines Zusammenstoßes zwischen dem Herrscher unseres Systems und einem der langschwänzigen Besucher aus den himmlischen Räumen zu überzeugen. Oder aber die Astronomen und die Erdenbewohner im Allgemeinen könnten das Gegenteil herausfinden, obwohl ihnen das Wissen nicht viel nützen würde, da der Bote, der es bringen würde, der König des Schreckens selbst wäre.

Es war vielleicht gut, dass Newtons Entdeckung des Gravitationsgesetzes und die Anwendung dieses Gesetzes auf die Kometen von 1680 und 1682 (der letztere, unser alter Freund, der Halleysche Komet, wurde damals zu Recht so genannt, weil er von ihm erforscht worden war), rechtzeitig dazu beitrugen, den alten Aberglauben in Bezug auf Kometen ein wenig zu beseitigen. Denn in England erinnerten sich viele an die Kometen der Großen Pest und des Großen Brandes von London. Diese Kometen fielen so genau in die Zeit der Pest bzw. des Feuers, dass es nicht verwunderlich war, wenn selbst die Klügeren von diesem Zusammentreffen überrascht waren und es kaum als zufällig ansehen konnten. Es ist für den Studenten der Wissenschaft in unserer Zeit, in der die Bewegungen der Kometen so gut verstanden werden wie die der geordnetsten Planeten, nicht leicht, sich in die Lage der Menschen in der Zeit zu versetzen, als niemand wusste, auf welchen Wegen die Kometen kamen oder wohin sie sich zurückzogen, nachdem sie unsere Sonne besucht hatten. Da die Menschen einerseits gelehrt wurden, dass es böse sei, die scheinbare Lehre der Heiligen Schrift in Frage zu stellen, dass Veränderungen oder neue Erscheinungen am Himmel die Menschheit vor nahendem Unheil warnen sollten, und andererseits durch das Fehlen jeglicher wirklicher Kenntnisse über Kometen und Meteore verwirrt waren, war es nicht so leicht, wie wir es uns aufgrund unserer eigenen Sichtweise dieser Dinge vorstellen können, einen Aberglauben abzuschütteln, der die Gemüter der Menschen seit Tausenden von Jahren beherrscht hatte.

Keine Sekte war von diesem Aberglauben verschont geblieben. Päpste und Priester hatten ihre Anhänger gelehrt, gegen die bösen Einflüsse von Kometen und anderen himmlischen Vorzeichen zu beten; Luther und Melanchthon hatten die Unverfrorenheit und den Leichtsinn derer, die zu zeigen versuchten, dass sich die Himmelskörper und die Erde in Übereinstimmung mit dem Gesetz bewegten - jener "Narren, die die gesamte Wissenschaft der Astronomie auf den Kopf stellen wollen" -, in nicht geringem Maße verurteilt. Zwischen der Zeit, als die kopernikanische

Theorie um ihre Existenz kämpfte - als diese astronomische Ketzerei wahrscheinlich in Blut erstickt worden wäre, wenn nicht ernstere Irrlehren die Aufmerksamkeit der Menschen auf sich gezogen und das religiöse Volk bei den Ohren gehalten hätten -, und dem Schmieden des letzten Gliedes der Argumentationskette, auf der die moderne Astronomie beruht, durch Newton war ein langer Zeitraum vergangen; aber in jenen Zeiten bewegte sich der Verstand der Menschen langsamer als in unseren. Die Massen hielten immer noch an den alten Überzeugungen über die Himmelskörper fest. Defoe sagt über den Schrecken der Menschen zur Zeit der Großen Pest, dass sie "mehr an Prophezeiungen und astrologischen Beschwörungen, Träumen und Ammenmärchen hingen als jemals zuvor oder danach". Aber in Wirklichkeit war es nur wegen des großen Elends, das damals herrschte, dass die Menschen abergläubischer zu sein schienen als sonst; denn das Elend bringt den Aberglauben zum Vorschein - den Fetischismus, wenn wir so sagen dürfen -, der in vielen Köpfen steckt, aber in wohlhabenden Zeiten aus Scham oder vielleicht aus einem besseren Gefühl heraus vor anderen verborgen wird. Sogar in unserer Zeit würden große nationale Katastrophen zeigen, dass es viele Aberglauben gibt, die man für ausgestorben hielt, und wir würden unter den Ungebildeten jene besondere Form der Verfolgung erregt sehen, die nicht aus Eifer für die Religion und nicht aus Intoleranz entsteht, sondern aus dem Glauben, dass die Unruhen wegen des Unglaubens und der Furcht, dass das Böse nicht aus der Mitte des Volkes verschwinden wird, wenn nicht irgendeine Sühne geleistet wird, geschickt wurden. Gerade in solchen Zeiten allgemeiner Bedrängnis haben sich die Gemüter der einfachen Leute als "eifrig bis zum Töten" erwiesen.

Welchen Einfluss seltsame Himmelserscheinungen in solchen Zeiten des allgemeinen Unheils selbst auf nachdenkliche und vernünftige Gemüter haben, zeigen Defoes Bemerkungen über die Kometen der Jahre 1664 und 1666. Die alten Frauen", sagt er, "und der phlegmatische, hypochondrische Teil des anderen Geschlechts, die ich fast auch als alte Frauen bezeichnen könnte, bemerkten, dass diese beiden Kometen direkt über der Stadt vorbeizogen" [obwohl diese Erscheinung von der Position abhängen muss, von der aus diese alten Frauen, männlich und weiblich, den Kometen beobachteten], "und zwar so nahe an den Häusern, dass es offensichtlich war, dass sie etwas einbrachten, was nur der Stadt eigen war; und dass der Komet vor der Pestilenz eine schwache, dumpfe, träge Farbe hatte und sich sehr schwer, feierlich und langsam bewegte; der Komet vor dem Feuer aber war hell und funkelnd, oder, wie andere sagten, flammend, und seine Bewegung schnell und heftig: und dass demnach der eine ein schweres, langsames, aber strenges, schreckliches und furchtbares Gericht voraussagte, wie die Pest; der andere aber einen plötzlichen, schnellen und feurigen Schlag, wie die Feuersbrunst. Ja, einige Leute waren so besonders, dass sie, als sie den Kometen sahen, der dem Feuer vorausging, meinten, sie sähen ihn nicht nur schnell und heftig vorbeiziehen und könnten die Bewegung mit dem Auge wahrnehmen, sondern sie hörten ihn sogar;

dass er ein mächtiges, rauschendes Geräusch machte, heftig und schrecklich, obwohl er in der Ferne und nur gerade wahrnehmbar war. Ich sah diese beiden Sterne und muss gestehen, dass ich so sehr die gewöhnliche Vorstellung von solchen Dingen in meinem Kopf hatte, dass ich geneigt war, sie als Vorboten und Warnungen von Gottes Gerichten zu betrachten, und besonders, als die Pest auf die erste folgte und ich noch eine weitere derselben Art sah, konnte ich nicht umhin zu sagen, dass Gott die Stadt noch nicht ausreichend gegeißelt hatte" [London].

Die Kometen von 1680 und 1682 brachten zwar nicht sofort Seuchen oder Feuersbrünste mit sich, doch wurde angenommen, dass sie nicht gänzlich ohne Einfluss waren. Die bequeme Fiktion, dass einige Kometen schnell und andere langsam wirken, machte es sehr schwierig, einen Kometen zu finden, dem man nicht irgendwelche bösen Auswirkungen zuschreiben konnte. Wenn jemand ein einziges Datum finden kann, seit die Aufzeichnungen der Geschichte sorgfältig geführt werden, das so günstig gelegen war, dass während keiner Zeit, die innerhalb von fünf Jahren darauf folgte, ein Fürst, König, Kaiser oder Papst starb, kein Krieg begonnen wurde oder für die eine oder andere Seite, die darin verwickelt war, katastrophal endete, keine Revolution durchgeführt wurde, weder Pest noch Seuchen auftraten, weder Dürren noch Überschwemmungen eine Nation heimsuchten, keine großen Wirbelstürme, Erdbeben, Vulkanausbrüche oder andere Unruhen zu verzeichnen waren, dann wird er die bloße Möglichkeit aufgezeigt haben, dass ein Komet erschienen sein könnte, der weder plötzliche noch langsam voranschreitende Katastrophen anzukündigen schien. Aber es ist nicht möglich, ein solches Datum zu nennen, nicht einmal ein Datum, auf das nicht innerhalb von höchstens zwei Jahren ein Unglück folgte, wie es der Aberglaube einem Kometen zuschreiben könnte. Und solche Unglücke folgten in der Regel so dicht aufeinander, dass kaum ein Komet auftauchen konnte, der nicht als Vorbote eines sehr schnell herannahenden Unglücks angesehen werden konnte. Selbst wenn ein Komet gekommen wäre, der kein Unglück zu bringen schien, ja, wenn viele solcher Kometen gekommen wären, hätten die Menschen immer noch das Fehlen einer offensichtlichen Erfüllung der vorhergesagten Unglücke übersehen. Heinrich IV. bemerkte treffend, als ihm gesagt wurde, dass Astrologen seinen Tod vorhersagten, weil ein bestimmter Komet beobachtet worden war: 'Eines Tages werden sie es wahrhaftig vorhersagen, und die Menschen werden sich besser an die eine Gelegenheit erinnern, bei der sich die Vorhersage erfüllt, als an die vielen anderen Gelegenheiten, bei denen sie durch das Ereignis verfälscht wurde.

Die Unruhen im Zusammenhang mit den Kometen von 1680 und 1682 waren weiter von den eigentlichen Ereignissen entfernt als üblich, zumindest was die englische Interpretation der Kometen betrifft. Der große Komet von 1680", so heißt es, "gefolgt von einem kleineren Kometen im Jahr 1682, war offensichtlich der Vorläufer all jener bemerkenswerten und katastrophalen Ereignisse, die in der Revolution von 1688 endeten. Er war auch ein Vorbote der Aufhebung des Edikts von Nantes und der grausamen Verfolgung der Protestanten durch den französischen König Ludwig XIV. und der anschließenden schrecklichen Kriege, die mit nur wenigen Unterbrechungen fast vierundzwanzig Jahre lang die schönsten Teile Europas verwüsteten.

Wenn auch in mancher Hinsicht die Ängste vor den Kometen durch die modernen wissenschaftlichen Entdeckungen in Bezug auf diese Körper verringert wurden, so hat sich doch in anderer Hinsicht gerade das Vertrauen, das durch die Genauigkeit der modernen astronomischen Berechnungen hervorgerufen wurde, als Quelle des Schreckens erwiesen. So gibt es in der Geschichte des Kometen-Aberglaubens nichts Bemerkenswerteres als die Panik, die sich im Jahre 1773 in Frankreich ausbreitete, als das Gerücht umging, der Mathematiker Lalande habe den Zusammenstoß eines Kometen mit der Erde vorausgesagt, der unweigerlich katastrophale Folgen haben werde. Die Grundlage des Gerüchts war nach bestem Wissen und Gewissen gering. Es war lediglich angekündigt worden, dass Lalande vor der Akademie der Wissenschaften ein Referat mit dem Titel "Überlegungen zu den Kometen, die sich der Erde nähern können" halten würde. Das war absolut alles; doch aufgrund dieser einen Tatsache verbreiteten sich nicht nur vage Gerüchte über bevorstehende kometische Unruhen, sondern es wurde auch definitiv die Behauptung aufgestellt, dass am 20. oder 21. Mai 1773 "ein Komet der Erde begegnen würde". [43] Die dadurch ausgelöste Angst war so groß, dass Lalande, um sie zu beruhigen, in der "Gazette de France" vom 7. Mai 1773 die folgende Anzeige aufgab: "M. Lalande hatte keine Zeit, seine Denkschrift über Kometen zu lesen, die sich der Erde nähern und Veränderungen in ihrer Bewegung verursachen können; aber er möchte bemerken, dass es unmöglich ist, die Zeitpunkte solcher Ereignisse zu bestimmen. Der nächste Komet, dessen Rückkehr erwartet wird, ist derjenige, der in achtzehn Jahren wiederkehren soll; aber es ist keiner von denen, die der Erde schaden können.

Diese Notiz trug nicht im Geringsten dazu bei, den Frieden in den Köpfen der unwissenschaftlichen Franzosen wiederherzustellen. Das Arbeitszimmer von M. Lalande war überfüllt mit besorgten Menschen, die sich nach seinen Memoiren erkundigten. Einige fromme Leute, "ebenso unwissend wie schwachsinnig", wie es in einer zeitgenössischen Zeitschrift heißt, baten den Erzbischof von Paris, ein vierzigstündiges Gebet anzusetzen, um die Gefahr abzuwenden und die schreckliche Flut zu verhindern. Denn die meisten Menschen waren sich einig, dass die Gefahr genau diese Form annehmen würde. Der Prälat war tatsächlich im Begriff, der Bitte nachzukommen, und hätte dies auch getan, aber einige Mitglieder der Akademie erklärten ihm, dass er sich dadurch lächerlich machen würde.

Weitaus wirksamer und, um die Wahrheit zu sagen, weitaus besser beurteilt, war die Ironie Voltaires in seinem zu Recht gefeierten "Brief über den angeblichen Kometen". Er lautete wie folgt:-

Grenoble, 17. Mai 1773.

Gewisse Pariser, die keine Philosophen sind, und die, wenn man ihnen glauben soll, keine Zeit haben werden, solche zu werden, haben mir mitgeteilt, dass das Ende der Welt naht und mit Sicherheit am 20. dieses Monats Mai eintreten wird. Sie erwarten an diesem Tag einen Kometen, der unsere kleine Weltkugel von hinten nehmen und zu ungreifbarem Pulver machen soll, gemäß einer bestimmten Vorhersage der Akademie der Wissenschaften, die noch nicht gemacht worden ist.

Nichts ist wahrscheinlicher als dieses Ereignis; denn James Bernouilli sagte in seiner "Abhandlung über den Kometen" von 1680 ausdrücklich voraus, dass der berühmte Komet von 1680 am 19. Mai 1719 mit furchtbarem Aufruhr zurückkehren würde; er versicherte uns, dass sein perruque in Wahrheit nichts Böses bedeuten würde, dass aber sein Schweif ein unfehlbares Zeichen des Zorns des Himmels sei. Wenn James Bernouilli sich geirrt hat, so ist das immerhin eine Sache von vierundfünfzig Jahren und drei Tagen.

Nun, da ein so kleiner Fehler wie dieser von allen Geometern als von geringer Bedeutung in der Unermesslichkeit der Zeitalter angesehen wird, ist es offensichtlich, dass nichts vernünftiger sein kann, als auf das Ende der Welt am 20. dieses Monats Mai 1773 oder in einem anderen Jahr zu hoffen (*sic, espérer*). Sollte es nicht eintreten, so ist "omittance is no quittance" (*ce qui est différé, n'est pas perdu*).

Es gibt keinen Grund, über den dreifachen Idioten Trissotin (*tout Trissotin qu'il est*) zu lachen, wenn er zu Madame Philaminte sagt (Molières "Femmes Savantes", acte iv. scène 3),

> 'Nous l'avons en dormant, madame, échappé belle;
> Un monde près de nous a passé tout du long,
> Est chu tout au travers de notre tourbillon;
> Et, s'il eût en chemin rencontré notre terre,
> Elle eût été brisée en morceaux comme verre.

Ein Komet, der sich auf seiner parabolischen Bahn bewegt, kann mit voller Wucht auf unsere Erde treffen. Aber was wird dann passieren? Entweder hat der Komet die gleiche Kraft wie unsere Erde, oder eine größere, oder eine geringere. Wenn er gleich stark ist, werden wir dem Kometen so viel Schaden zufügen, wie er uns zufügen wird, da Aktion und Reaktion gleich sind; wenn er stärker ist, wird der Komet uns mit sich forttragen; wenn er schwächer ist, werden wir den Kometen forttragen.

Dieses große Ereignis kann sich auf tausend Arten ereignen, und niemand kann behaupten, dass unsere Erde und die anderen Planeten nicht mehr als eine Umdrehung erlebt haben, weil sie auf ihrer Bahn zufällig einem Kometen begegnet sind.

Die Pariser werden ihre Stadt am 20. Januar nicht verlassen, sie werden Lieder singen, und das Stück "Der Komet und das Ende der Welt" wird in der Opéra Comique aufgeführt.

Die letzte Bemerkung ist auf ihre Art so schön wie die von Sydney Smith, dass, wenn London durch ein Erdbeben zerstört würde, die überlebenden Bürger das Ereignis mit einem öffentlichen Abendessen inmitten der Trümmer feiern würden. Voltaires Vorhersage erfüllte sich nicht ganz, aber was tatsächlich geschah, war noch lustiger als das, was seine lebhafte Phantasie erahnen ließ. Ein Pariser Professor stellte 1832 fest (als Grund, warum die Akademie der Wissenschaften eine damals verbreitete Behauptung widerlegen sollte, der Komet von Biela werde in jenem Jahr die Erde treffen), dass es während der kometischen Panik von 1773 "nicht an Leuten fehlte, die die Kunst beherrschten, die durch den herannahenden Kometen ausgelöste Beunruhigung zu ihrem Vorteil zu nutzen, und *Plätze im Paradies wurden zu einem sehr hohen Preis verkauft.* [44] Die Ankündigung des Kometen von 1832 könnte ähnliche Auswirkungen haben", sagte er, "wenn die Autorität der Akademie nicht sofort Abhilfe schafft; und dieses heilsame Eingreifen wird in diesem Moment von vielen wohlwollenden Personen erfleht".

In den letzten Jahren war die Wirkung der Kometen auf die Menschen weniger ausgeprägt als in früheren Zeiten und scheint stark von den Umständen abhängig gewesen zu sein. Der Komet des Jahres 1858 (Donati genannt) zum Beispiel löste keine besonderen Befürchtungen aus, zumindest bis Napoleon III. seine berühmte Neujahrsansprache hielt, nach der viele zu glauben begannen, der Komet habe Unheil angerichtet. Der Komet von 1861 war zwar weniger auffällig, löste aber ernstere Befürchtungen aus. Viele in Italien glaubten, dass er ein sehr großes Unglück ankündigte, nämlich die Wiedereinsetzung von Franz II. auf den Thron der beiden Sizilien. Andere meinten, es bedeute den Untergang der weltlichen Macht des Papsttums und den Tod von Papst Pius IX. Ich habe nicht gehört, dass nach dem Erscheinen des Kometen von Coggia im Jahre 1874 sehr ernste Konsequenzen erwartet wurden . Die große Hitze, die während eines Teils des Sommers 1876 herrschte, wurde von vielen in irgendeiner Weise mit einem Kometen in Verbindung gebracht, den ein sehr ungeschickter Teleskopist in seiner Phantasie aus dem Glanz des Jupiter im Objektglas seines Teleskops konstruierte. Ein anderer Unbedarfter, der die Plejaden tief unten durch einen Nebel sah, machte sie etwa zur gleichen Zeit zu einem Kometen. Möglicherweise war der Gedanke, dass, da Kometen angeblich große Hitze verursachen, große Hitze irgendwo auf einen Kometen hindeuten könnte; und bei einem so vorbereiteten Geist war es vielleicht nicht verwunderlich, dass die Blendung durch das Teleskop oder ein unvollkommener Blick auf unsere alten Freunde, die Plejaden, für eine Vision des Hitze erzeugenden Kometen gehalten wurde.

Es sollte für diejenigen, die immer noch Kometen als Zeichen großer Katastrophen ansehen, ein bemerkenswerter Umstand sein, dass ein Krieg, der in vielerlei Hinsicht bemerkenswerter ist als jeder andere, der jemals zwischen zwei großen Nationen geführt wurde - ein Krieg, der schnell in seinen Operationen und entscheidend in seinen Auswirkungen war - ein Krieg, in dem drei Armeen, jede größer als alle von Napoleon I. während des Feldzuges von 1813 befehligten Truppen, gefangen genommen wurden - ohne das Erscheinen eines großen Kometen begonnen und bis zu seinem Ende geführt wurde. Der Bürgerkrieg in Amerika, ein noch schrecklicheres Unglück für diese große Nation als der Erfolg von Moltkes Operationen für die Franzosen, kann von den Gläubigen als Vorzeichen des großen Kometen von 1861 angesehen werden. Der Krieg zwischen Frankreich und Deutschland fand jedoch zufällig in der Mitte eines der längsten Intervalle statt, das in den astronomischen Annalen ohne einen einzigen auffälligen Kometen verzeichnet ist - das Intervall zwischen den Jahren 1862 und 1874.

Auch wenn der Fortschritt der gerechten Ideen in Bezug auf die Kometen langsam war, so muss er doch im Großen und Ganzen als zufriedenstellend angesehen werden . Wenn wir uns daran erinnern, dass es nicht eine bloße Phantasie war, die bekämpft werden musste, nicht bloße Ängste, die beruhigt werden mussten, sondern dass die Vorstellung von der Bedeutung der Veränderungen am Himmel von der Menschheit als ein Teil ihrer Religion angesehen wurde, kann es nur als ein hoffnungsvolles Zeichen angesehen werden, dass alle vernünftigen Menschen in unserer Zeit die Idee aufgegeben haben, dass Kometen geschickt werden, um die Bewohner dieser kleinen Erde zu warnen. Die Kometen, die in ihren Bewegungen demselben Gravitationsgesetz gehorchen, das auch die Planeten in ihren Bahnen lenkt, werden vom geschickten Mathematiker auf jenen entlegenen Abschnitten ihrer Bahn verfolgt, auf denen selbst das Fernrohr sie nicht im Auge behalten kann. Nicht nur, dass man nicht mehr davon ausgeht, dass sie das Schicksal der Menschen auf der Erde vorhersagen, sondern die Menschen auf der Erde sind auch in der Lage, das Schicksal der Kometen vorherzusagen. Es wird nicht nur festgestellt, dass sie das Schicksal der Erde oder anderer Planeten nicht beeinflussen können, sondern wir erkennen, dass die Erde und die Planeten durch ihre Anziehungskräfte das Schicksal dieser Besucher aus dem Weltraum in nicht unerheblichem Maße beeinflussen. Wirklich ermutigend ist die Lehre, die wir aus dem Erfolg ernsthafter Studien und sorgfältiger Untersuchungen ziehen können, wenn es darum geht, zumindest einige der Gesetze zu bestimmen, die Körper regieren, die einst als die wildesten und unberechenbarsten Kreaturen im gesamten Universum Gottes galten.

IX. DER MONDSCHWINDEL.

Dann gab er ihnen einen Bericht über den berühmten Mondschwindel, der 1835 heraus-kam. Er war voll von den unverschämtesten Absurditäten, doch die Leute schluckten alles; und selbst Arago soll ihn ernsthaft als eine Sache behandelt haben, die nicht wahr sein konnte, denn Herr Herschel hätte ihn sicherlich über diese wunderbaren Entdeckungen informiert. Der Verfasser hatte sich nicht die Mühe gemacht, Wahrscheinlichkeiten zu er-finden, sondern hatte seine Szenerie aus "Tausendundeiner Nacht" und seine Mondbewohner aus "Peter Wilkins" entliehen - Oliver WENDELL HOLMES (in "Der Dichter am Frühstückstisch").

IN einer der frühesten Ausgaben des "Macmillan's Magazine" gab der verstorbene Professor De Morgan in einem Artikel über "Scientific Hoaxing" einen kurzen Bericht über den so genannten "Lunar Hoax" - ein Beispiel für wissenschaftliche Trickserei, das häufig erwähnt wird, obwohl wahrscheinlich nur wenige mit den tatsächlichen Fakten vertraut sind. De Morgan selbst besaß ein Exemplar der zweiten englischen Ausgabe des Pamphlets, das 1836 in London veröffentlicht wurde. Aber die Originalausgabe des Pamphlets, die im September 1835 in Amerika veröffentlicht wurde, ist nicht leicht zu bekommen. Die Eigentümer der New Yorker "Sun", in der die fiktive Erzählung zuerst erschien, gaben eine Auflage von 60.000 Exemplaren heraus, und jedes Exemplar war in weniger als einem Monat verkauft. Kürzlich wurde ein einziges Exemplar dieser Ausgabe für drei Dollar fünfundsiebzig Cents verkauft. [45]

Das Pamphlet ist in vielerlei Hinsicht interessant, und ich schlage vor, hier einen kurzen Bericht darüber zu geben. Zunächst sollte jedoch kurz beschrieben werden, wie der Schwindel entstanden ist.

Nach der französischen Revolution von 1830 soll Nicollet, ein französischer Astronom von einigem Ruf, insbesondere für einige sehr heikle und schwierige Mondbeobachtungen, Frankreich verschuldet und in schlechtem Geruch bei der republikanischen Partei verlassen haben. Dieser Geschichte zufolge war der Astronom Arago für Nicollet besonders unangenehm, und Nicollet schrieb die Mondfabel nicht nur, um sich an seinem Feind zu rächen, sondern auch, um ein wenig Geld zu verdienen. Es heißt weiter, dass Arago, wie von Nicollet gewünscht, in eine Falle gelockt wurde und die im Pamphlet erzählten Wunder in ganz Paris verbreitete, bis Nicollet seinem Freund Bouvard schrieb und den Trick erklärte. So heißt es, aber die Geschichte kann nicht ganz wahr sein. Nicollet mag die Erzählung vorbereitet und teilweise geschrieben haben, aber es gibt Passagen in der Broschüre, wie sie in Amerika veröffentlicht wurde, die kein Astronom geschrieben haben kann. Möglicherweise ist an De Morgans Vermutung, dass das Originalwerk französisch war, etwas dran. Es könnte das von Nicollet gewesen sein: und die amerikanische Ausgabe wurde wahrscheinlich vom Übersetzer erweitert, der nach dieser Darstellung Richard Alton Locke war, [46] dem in Amerika gemeinhin der ganze Ruhm oder Misskredit des Schwindels zugeschrieben wird. Es kann kein Zweifel daran bestehen, dass entweder die französische Version viel sorgfältiger gestaltet war als die amerikanische, oder dass an der Geschichte , dass Arago durch die Erzählung getäuscht wurde, nichts Wahres dran war; denn in ihrer jetzigen Form hätte die Geschichte, so raffiniert sie auch sein mag, nicht einen Augenblick lang jemanden täuschen können, der mit den elementarsten Gesetzen der Optik vertraut ist. Die ganze Geschichte beruht eher auf optischen als auf astronomischen Überlegungen; aber jeder Astronom mit den geringsten Kenntnissen ist mit den Grundsätzen vertraut, auf denen die Konstruktion optischer Instrumente beruht. Obwohl der Erfolg der Täuschung, die der Fälscher der Pascalschen Papiere kürzlich an M. Chasles begangen hat, als Beweis dafür angesehen wurde, wie leicht Mathematiker in die Falle gehen können, wäre selbst M. Chasles nicht durch schlechte Mathematik getäuscht worden; und Arago, ein Meister der optischen Wissenschaft, hätte optische Fehler entdecken müssen, die dem durchschnittlichen Cambridge-Studenten auffallen würden.

Aber kommen wir zur Geschichte selbst.

Der Bericht beginnt mit einer Passage, die unverkennbar von amerikanischer Hand stammt, obwohl sie angeblich aus dem "Supplement zum Edinburgh Journal of Science" zitiert wird. In dieser ungewöhnlichen Ergänzung unseres Journals haben wir das Glück, der britischen Öffentlichkeit und von da aus der ganzen zivilisierten Welt die jüngsten Entdeckungen in der Astronomie bekannt zu machen, die dem Zeitalter, in dem wir leben, ein unvergängliches Denkmal setzen und der gegenwärtigen Generation des Menschengeschlechts eine stolze Auszeichnung für alle künftigen Zeiten verleihen werden. Es ist poetisch gesagt worden" [wo und von wem?], "dass die Sterne des Himmels die erblichen Insignien des Menschen sind, als der geistige Herrscher der tierischen Schöpfung. Er kann jetzt den Tierkreis um sich herum mit einem erhabeneren Bewusstsein seiner geistigen Vorherrschaft falten". Dem amerikanischen Geist mag die Einhüllung in den mit Sternen geschmückten Tierkreis so natürlich erscheinen wie ihre gewöhnlichen rednerischen Verweise auf das Sternenbanner; aber die Idee ist im Wesentlichen transatlantisch, und nicht einmal der poetischste europäische Astronom hätte sich zu einer solchen Höhe der Bildersprache erheben können.

Nach einer mehrseitigen Einleitung wird die Methode beschrieben, mit der Sir John Herschel ein Teleskop mit ausreichender Vergrößerungsleistung konstruierte, um Lebewesen auf dem Mond zu erkennen. Dem älteren Herschel schien es in den Sinn gekommen zu sein, eine verbesserte Reihe von parabolischen und sphärischen

Reflektoren zu konstruieren, die "alle verdienstvollen Punkte der gregorianischen und Newtonschen Instrumente mit der hochinteressanten achromatischen Entdeckung von Dolland" (*sic*) vereinen. [Das ist ungefähr so, als ob man sagen würde, dass ein kluger Ingenieur auf die Idee gekommen wäre, eine verbesserte Reihe von Eisenbahnmotoren zu konstruieren, die alle verdienstvollen Punkte der stationären und der Lokomotivmotoren mit *Isaac* Watts' höchst genialer Entdeckung des Schraubenantriebs verbindet. Denn das gregorianische und das newtonsche Instrument unterscheiden sich lediglich darin, dass sie die vom großen Spiegel empfangenen Strahlen in verschiedene Richtungen schicken, und Dollands Entdeckung bezieht sich auf die gewöhnlichen Formen von Teleskopen mit großer Linse, nicht mit großem Spiegel]. Doch zunehmende Gebrechen und schließlich der Tod hinderten Sir William Herschel an der Umsetzung seines Plans, der "von der gründlichsten Forschung in der optischen Wissenschaft und dem geschicktesten Einfallsreichtum in der mechanischen Konstruktion zeugt". Doch sein Sohn Sir John Herschel, der in der Sternwarte aufwuchs und von klein auf ein praktischer Astronom war, beschloss, den Plan um jeden Preis zu testen. Innerhalb von zwei Jahren nach dem Tod seines Vaters stellte er seinen neuen Apparat fertig und passte ihn mit nahezu perfektem Erfolg an das alte Teleskop an. Es folgt ein kurzer Bericht über die Beobachtungen, die mit diesem Instrument, das nun eine sechstausendfache Vergrößerung aufweist, gemacht wurden. Die meisten astronomischen Aussagen sind sehr korrekt und treffend formuliert, da sie aus einer Abhandlung von Sir W. Herschel über die Beobachtung des Mondes mit genau dieser Leistung übernommen wurden.

Aber diese große Verbesserung gegenüber allen früheren Teleskopen ließ den Beobachter immer noch in einer Entfernung von vierzig Meilen vom Mond; und in dieser Entfernung konnte kein Objekt mit einem Durchmesser von weniger als zwanzig Yards unterschieden werden, und selbst Objekte dieser Größe "würden nur als schwache, unförmige Punkte erscheinen". Sir John "hatte die Genugtuung zu wissen, dass, selbst wenn er rittlings auf eine Kanonenkugel springen und auf ihren Flügeln der Wut für die respektable Zeitspanne von mehreren Millionen Jahren reisen könnte, er keinen größeren Blick auf die entfernteren Sterne erhalten würde, als er jetzt in ein paar Minuten Zeit besitzen könnte; und dass es eine Ultra-Eisenbahn-Geschwindigkeit von fünfzig Meilen pro Stunde für fast das ganze lebende Jahr erfordern würde, um ihm eine günstigere Inspektion des sanften Leuchtkörpers der Nacht zu sichern;' aber 'die aufregende Frage, ob dieses "Beobachtete" aller Menschensöhne, von den Tagen Edens bis zu denen Edinburghs, von Wesen bewohnt wird, die wie wir ein Bewusstsein und eine Neugier haben, wurde dem wohlwollenden Index der natürlichen Analogie überlassen, oder der strengen Tradition, dass der Mond nur von dem heiseren *Solitär* bewohnt wird, den das Strafgesetzbuch der Kinderstube dorthin verbannt hatte, weil er am Sabbat Brennstoff sammelte. [47] Aber die Zeit war gekommen, in der die große Entdeckung gemacht werden sollte, durch die der Mond endlich mit Hilfe des Teleskops so nahe gebracht werden konnte, dass man die Lebewesen auf seiner Oberfläche sehen konnte, falls es welche gab.

Der Bericht über die plötzliche Entdeckung der neuen Methode, während eines Gesprächs zwischen Sir John Herschel und Sir David Brewster, ist eine der am besten durchdachten (wenn auch auch eine der absurdesten) Passagen des Pamphlets. Vor etwa drei Jahren, im Verlauf einer Diskussion mit Sir David Brewster über die Vorzüge einiger genialer Vorschläge des letzteren in seinem Artikel über Optik in der "Edinburgh Encyclopædia", S. 644, für Verbesserungen der Newton'schen Reflektoren, wies Sir John Herschel auf die bequeme Einfachheit der alten astronomischen Teleskope hin, die ohne Röhren waren und deren Objektglas, auf einer hohen Stange platziert, das fokale Bild in eine Entfernung von 150 und sogar 200 Fuß warf. Dr. Brewster gab bereitwillig zu, dass ein Tubus nicht notwendig sei, vorausgesetzt, dass das fokale Bild in eine dunkle Wohnung geleitet und dort von Reflektoren richtig empfangen werde.... Das Gespräch drehte sich dann um den unbesiegbaren Feind, den Lichtmangel bei starken Lupen. Nach einigen Augenblicken stillen Nachdenkens erkundigte sich Sir John zaghaft, ob es nicht möglich sei, *künstliches Licht durch den Brennpunkt des Sehobjekts zu leiten*! Sir David, etwas erschrocken über die Originalität der Idee, hielt eine Weile inne und verwies dann zögernd auf die Reflexionsfähigkeit von Strahlen und den Einfallswinkel. Sir John wurde zuversichtlicher und führte das Beispiel des Newtonschen Reflektors an, bei dem die Brechbarkeit durch ein zweites Spekulum korrigiert und der Einfallswinkel durch ein drittes wiederhergestellt wurde.

Dieser ganze Teil der Erzählung ist einfach herrlich absurd. Zögernde Verweise auf die Brechbarkeit und den Einfallswinkel wären unter den angenommenen Umständen schlichtweg idiotisch gewesen; und im Newtonschen Reflektor (der nur zwei Spekula oder Spiegel hat) gibt es keine Brechbarkeit zu korrigieren; abgesehen davon hat "Korrektur der Brechbarkeit" nicht mehr Bedeutung als "Wiederherstellung des Einfallswinkels".

Und", fuhr Sir John fort, "warum kann nicht das Lichtmikroskop, sagen wir das Hydro-Sauerstoff-Mikroskop, eingesetzt werden, um das fokale Objekt deutlich zu machen und, wenn nötig, sogar zu vergrößern?" Sir David sprang in einer Ekstase der Überzeugung von seinem Stuhl auf, sprang halb zur Decke und rief: "Du bist der Mann!" Jeder Philosoph kam dem anderen zuvor, indem er die prompte Veranschaulichung präsentierte, dass, wenn die Strahlen des Hydro-Sauerstoff-Mikroskops durch einen Wassertropfen, der die Larven einer Stechmücke und andere für das bloße Auge unsichtbare Objekte enthielt, diese nicht nur scharf, sondern auch stark vergrößert auf Dimensionen von vielen Fuß wiedergaben, dass dasselbe künstliche Licht, das durch das schwächste fokale Objekt eines Teleskops hindurchging, dessen schwächste Bestandteile sowohl unterscheiden (um ein neues Wort für eine außergewöhnliche Gelegenheit zu prägen) als auch vergrößern konnte. Das einzige offensichtliche Desiderat war ein Empfänger für das fokale Bild, der es, ohne es zu verzerren, auf die Oberfläche übertragen sollte, auf der es unter dem belebenden Licht der mikroskopischen Reflektoren betrachtet werden sollte.

Die hier erwähnte Idee erscheint vielen gar nicht so absurd, wie sie in Wirklichkeit ist. Es ist bekannt, dass das Bild, das von der großen Linse eines gewöhnlichen Teleskops oder dem großen Spiegel eines Spiegelteleskops erzeugt wird, ein reales Bild ist, nicht nur ein virtuelles Bild, wie das, das man in einem Spiegel sieht. Es kann auf einem Blatt Papier oder einer anderen weißen Oberfläche empfangen werden, genauso wie das Bild der umgebenden Objekte auf den weißen Tisch der Camera obscura geworfen werden kann. Es ist in der Tat dieses reale Bild, das wir betrachten, wenn wir ein Teleskop irgendeiner Art benutzen, wobei der Teil eines solchen Teleskops, der dem Auge am nächsten ist, in Wirklichkeit ein Mikroskop ist, um das Bild zu betrachten, das von der großen Linse oder dem Spiegel gebildet wird, je nachdem. Und es erscheint manchen nicht ganz abwegig, von einer Beleuchtung dieses Bildes durch transfundiertes Licht zu sprechen oder mit Hilfe eines Beleuchtungsmikroskops ein stark vergrößertes Bild dieses Bildes auf einen Schirm zu werfen. Da aber das Bild einfach durch den Durchgang von Strahlen (die ursprünglich von dem Gegenstand, dessen Bild sie bilden, stammen) durch einen bestimmten kleinen Raum gebildet wird, bedeutet die *Aussendung anderer* Strahlen (die von einem anderen leuchtenden Gegenstand stammen) durch denselben kleinen Raum nicht eine Verbesserung, sondern, soweit überhaupt eine Wirkung eintritt, eine Beeinträchtigung der Deutlichkeit des Bildes. Wenn diese Lichtstrahlen das Auge erreichten, würden sie die Unterscheidbarkeit des Bildes ernsthaft beeinträchtigen. Ihre Wirkung kann genau mit der Wirkung von Lichtstrahlen verglichen werden, die in einer Camera obscura auf das Bild geworfen werden; und um zu sehen, wie die Wirkung solcher Strahlen wäre, brauchen wir nur zu bedenken, warum die Kamera "obscura" oder dunkel gemacht wird. Die Wirkung der Übertragung von Licht durch ein Teleskopbild kann von jedem, der das Experiment machen will, leicht ausprobiert werden. Er braucht nur den Tubus seines Fernrohrs abzuschaffen (und das Glas durch zwei oder drei gerade Stäbe zu ersetzen) und dann das Fernrohr bei starker Sonneneinstrahlung auf einen Gegenstand zu richten, der fast in Richtung der Sonne liegt. Oder wenn er künstliches Licht für den Versuch bevorzugt, dann soll er das so vorbereitete Fernrohr nachts auf den Mond richten, während ein starkes elektrisches Licht auf die Stelle gerichtet wird, an der sich das Brennbild bildet (dicht vor dem Auge). Das Experiment lässt nicht gerade auf ein gutes Ergebnis durch die Zufuhr von künstlichem Licht hoffen. Dennoch haben meines Wissens nicht wenige, die sich durchaus bewusst waren, dass der Mondschwindel nicht auf Tatsachen beruhte, ernsthaft argumentiert, dass das vorgeschlagene Prinzip solide sein könnte, und dass sie in der Tat keinen Grund sehen konnten, warum Astronomen es nicht versuchen sollten, auch wenn es zunächst als Scherz vorgeschlagen worden war.

Doch zurück zur Erzählung. Die genossenschaftlichen Philosophen hatten ihre Methode gefunden und beschlossen, sie praktisch zu testen. Sie beschlossen, dass ein Medium aus reinstem Flachglas (das sie, wie es heißt, mit Zustimmung aus dem Schaufenster von M. Desanges, dem Juwelier seiner Ex-Majestät Karl X., in der High Street erhielten) das geeignetste sei, das sie entdecken konnten. Mit einem Teleskop mit hundertfacher Vergrößerung und einem Mikroskop mit etwa dreifacher Vergrößerung war es perfekt zu erkennen. Auf diese Weise durch Experimente gestärkt und durch die hohe optische Autorität von Sir David Brewster bestätigt, legte Sir John seinen Plan der Royal Society vor und richtete insbesondere die Aufmerksamkeit seiner königlichen Hoheit, des Herzogs von Sussex, des stets großzügigen Mäzens von Wissenschaft und Kunst, darauf. Das mit der Untersuchung beauftragte Komitee stimmte dem Plan sofort begeistert zu, und der Vorsitzende, der königliche Präsident" (diese ständige Erwähnung des Königshauses soll dem Bericht offensichtlich einen britischen Anstrich verleihen), "zeichnete seinen Namen für einen Beitrag von 10.000 Pfund, verbunden mit dem Versprechen, dass er das vorgeschlagene Instrument eifrig als geeignetes Objekt für die Schirmherrschaft der königlichen Kasse vorschlagen würde. Er tat dies unverzüglich, und als seine Majestät erfuhr, dass sich die geschätzten Kosten auf 70.000 Pfund beliefen, erkundigte er sich naiv, ob das kostspielige Instrument zu irgendeiner Verbesserung der *Schifffahrt* beitragen würde. Als er erfuhr, dass dies zweifellos der Fall sein würde, versprach der Seemannskönig einen *Freibrief* für jeden Betrag, der erforderlich sein könnte.

All dies ist sehr klug. Der "Seemannskönig" verleiht der Erzählung ebenso *viel Lebendigkeit* wie "Crabtrees kleiner bronzener Shakspeare, der über dem Kamin stand", und der "Postbote, der gerade mit einem Doppelbrief aus Northamptonshire an die Tür kam".

Dann folgt eine Beschreibung der Konstruktion des Objektglases mit einem Durchmesser von vierundzwanzig Fuß, "gerade sechsmal so groß wie das des älteren Herschel", der übrigens nie ein Teleskop mit einem Objektglas gebaut hat. Die Schilderung von Sir John Herschels Reise aus England und sogar einige Einzelheiten des Baus der Sternwarte beruhten auf Tatsachen, und in der Tat waren so viele Personen sowohl in Amerika als auch in England mit einigen dieser Umstände vertraut, dass es unerlässlich war, den Fakten so genau wie möglich zu folgen. Natürlich musste auch der Umstand erklärt werden, dass man zuvor nichts von dem gigantischen Instrument gehört hatte, das Sir John Herschel mitgenommen hatte. Ob", so heißt es, "die britische Regierung dem versprochenen Glanz der Entdeckungen skeptisch gegenüberstand oder sie peinlich genau verschleiern wollte, bis sie der Nation und der Herrschaft, aus der sie stammten, zu vollem Ruhm verholfen hatten, ist eine Frage, die wir nur mutmaßlich lösen können. Sicher ist jedoch, dass die königlichen Gönner des Astronomen ihm und seinen Freunden eine freimaurerische Schweigsamkeit auferlegten, bis er die Ergebnisse seines großen Experiments offiziell mitgeteilt hatte.

Erst in der Nacht des 10. Januar 1835 wurde das mächtige Teleskop endlich auf unseren Trabanten gerichtet. Der ausgewählte Teil des Mondes befand sich auf dem östlichen Teil seiner Scheibe. Die ganze immense Kraft des Teleskops wurde eingesetzt, und auf sein Brennbild wurde etwa die Hälfte der Kraft des Mikroskops angewandt. Als man den Schirm des Mikroskops entfernte, war das gesamte Gesichtsfeld mit einer wunderbar deutlichen und sogar lebhaften Darstellung von *Basaltgestein* bedeckt. Seine Farbe war ein grünliches Braun, und die Breite der Säulen, wie sie durch ihre Zwischenräume auf der Leinwand definiert ist, betrug stets achtundzwanzig Zoll. In der Masse, die sich zuerst zeigte, war kein einziger Bruch zu erkennen; aber nach einigen Sekunden erschien ein schichtartiger Haufen von fünf oder sechs Säulen, die eine sechseckige Form hatten und deren Gliederung derjenigen der Basaltformation von Staffa ähnelte. Diese steile Klippe war üppig mit einer dunkelroten Blume bedeckt, die, wie Dr. Grant sagt, dem Papaver Rhœus oder Rosenmohn unserer sublunaren Kornfelder sehr ähnlich ist; und dies war die erste organische Produktion der Natur in einer fremden Welt, die sich den Augen der Menschen zeigte.

Es wäre ermüdend, die ganze Reihe der so fabelhaften Beobachtungen aufzuführen, und es müssen nur einige der auffälligsten Merkmale genannt werden. Die Entdeckungen sind sorgfältig nach ihrem Interesse geordnet. So haben wir gesehen, wie die Beobachter nach dem Erkennen von Basaltformationen Blumen entdeckten: als Nächstes sahen sie einen Mondwald, dessen "Bäume von einer einzigen Art waren und anders als alle anderen auf der Erde, mit Ausnahme der größten Eiben auf den englischen Kirchhöfen". (Dieser Satz klingt übrigens amerikanisch, wie auch ein paar Zeilen weiter, wo der Erzähler, nachdem er festgestellt hat, dass die Beobachter irrtümlich das Wolkenmeer statt eines östlicheren Punktes im Blickfeld hatten, sagt: "Aber der Mond war ein freies Land, und wir waren noch an keine bestimmte Provinz gebunden"). Als nächstes wird ein Mondozean beschrieben: "Das Wasser war fast so blau wie das der Tiefsee und brach sich in großen weißen Wogen an der Küste, während die Wirkung sehr hoher Gezeiten über mehr als hundert Meilen an den Klippen deutlich zu sehen war. Nach einer Beschreibung mehrerer Täler, Hügel, Berge und Wälder kommen wir zur Entdeckung des tierischen Lebens. Als Schauplatz wird ein ovales Tal gewählt, das von Hügeln umgeben ist, die so rot sind wie das reinste Zinnoberrot. Kleine Ansammlungen von Bäumen jeder erdenklichen Art waren über das gesamte üppige Gebiet verstreut, und hier segneten unsere Lupen unsere keuchenden Hoffnungen mit Exemplaren bewusster Existenz. Im Schatten der Wälder sahen wir braune Vierbeiner, die alle äußeren Merkmale des

Bisons aufwiesen, aber kleiner waren als alle Arten der Gattung Bos in unserer Naturgeschichte.' Dann werden Herden von flinken, antilopenähnlichen Tieren beschrieben, die sich auf den Lichtungen des Waldes tummelten". Bei der Betrachtung dieser rüstigen Tiere wird der Erzähler ganz lebhaft. Diese schöne Kreatur", sagt er, "bot uns die vorzüglichste Unterhaltung. Die Nachahmung ihrer Bewegungen auf unserer weiß gestrichenen Leinwand war so treu und leuchtend wie die der Tiere, die sich nur wenige Meter von der Camera obscura entfernt befanden. Oft, wenn wir versuchten, unsere Finger auf seinen Bart zu legen, sprang es plötzlich weg, als ob es sich unserer irdischen Unverschämtheit bewusst wäre; aber dann erschienen andere, die wir nicht daran hindern konnten, das Gras zu knabbern, und sagten oder taten mit ihnen, was wir wollten.

Ein seltsames amphibisches Wesen von kugelförmiger Gestalt, das mit großer Geschwindigkeit an einem Kiesstrand entlangrollt, ist das nächste interessante Objekt, das aber bald in einer starken Strömung, die von der Ecke einer Insel ausgeht, aus den Augen verloren wird. Danach folgen drei oder vier Seiten, auf denen verschiedene Mondszenen und -tiere beschrieben werden, wobei letztere eine in Anbetracht der Umstände merkwürdige, aber für den Erzähler sehr angenehme Tendenz aufweisen, im Laufe der Entdeckungen immer höher zu steigen, bis ein Tier entdeckt wird, das so etwas wie das fehlende Glied darstellt. Es wird im Endymion (einer kreisförmig ummauerten Ebene) in Gesellschaft einer kleinen Rentierart, des Elchs, des Elchs und des Hornbären gefunden und als zweibeiniger Biber beschrieben. Er "ähnelt dem Biber der Erde in jeder anderen Hinsicht als in seinem Fehlen eines Schwanzes und seiner unveränderlichen Gewohnheit, nur auf zwei Füßen zu laufen. Er trägt seine Jungen wie ein menschliches Wesen auf den Armen und bewegt sich mit einer leicht gleitenden Bewegung. Seine Hütten sind besser und höher gebaut als die vieler Stämme menschlicher Wilder, und aus dem Auftreten von Rauch in fast allen von ihnen, gibt es keinen Zweifel daran, dass er mit dem Gebrauch des Feuers vertraut ist. Dennoch unterscheiden sich sein Kopf und sein Körper nur in den genannten Punkten von dem des Bibers; und er wurde nie gesehen, außer an den Rändern von Seen und Flüssen, in denen er beobachtet wurde, dass er mehrere Sekunden lang untertauchte.

Der nächste Schritt auf dem Weg zum Höhepunkt bringt uns zu den Haustieren, "guten, großen Schafen, die den Bauernhöfen von Leicestershire oder den Trümmern von Leadenhall Market keine Schande gemacht hätten; wir lachten geradezu über das Erkennen einer so vertrauten Bekanntschaft in einem so fernen Land. Bald tauchten sie in großer Zahl auf, und als wir die Linsen reduzierten, fanden wir sie in Herden über einen großen Teil des Tals verteilt. Ich brauche nicht zu sagen, wie sehr wir uns wünschten, Hirten für diese Herden zu finden, und selbst ein Mann mit blauer Schürze und hochgekrempelten Ärmeln wäre für uns ein willkommener Anblick gewesen, wenn auch nicht für die Schafe; aber sie weideten in Frieden, Herren ihrer eigenen Weiden, ohne Beschützer oder Zerstörer in Menschengestalt.

In der Zwischenzeit war eine Diskussion darüber entbrannt, wo auf dem Mond am ehesten Menschen oder menschenähnliche Lebewesen zu finden seien. Herschel hatte dazu eine Theorie: Dort, wo der ausgleichende oder libratorische Schwung des Mondes die größte Ausdehnung jenseits der östlichen oder westlichen Teile der Hemisphäre, die in der mittleren oder durchschnittlichen Position des Mondes der Erde zugewandt ist, ins Blickfeld rückt, würden wahrscheinlich Mondbewohner zu finden sein, und nirgendwo sonst. Dies ist übrigens (ernsthaft gesprochen) eine ziemlich merkwürdige Vorwegnahme einer Ansicht, die lange Zeit später von Hansen vertreten und eine Zeit lang von Sir J. Herschel übernommen wurde, dass nämlich die entfernte Hemisphäre des Mondes möglicherweise ein geeigneter Aufenthaltsort für Lebewesen sein könnte, da die Ozeane und die Atmosphäre, die auf der näheren Hemisphäre fehlen, (nach dieser Hypothese) aufgrund einer Verschiebung des Mondschwerpunkts auf die entferntere gezogen wurden. In einem meiner ersten Bücher über Astronomie habe ich es gewagt, auf Einwände gegen diese Theorie hinzuweisen, deren Stichhaltigkeit Sir J. Herschel in einem an mich gerichteten Brief zu diesem Thema zugab.

Die Beobachter nutzten also die Gelegenheit, als der Mond gerade an die äußerste Grenze seines Gleichgewichts geschwenkt war, oder, um es technisch auszudrücken, als er seine maximale Libration in der Länge erreicht hatte, und näherten sich der ebenen Öffnung zum Langrenus-See, wie der Erzähler diese schöne, von Mauern umgebene Ebene nennt, die übrigens dreißig Grad lunarer Länge innerhalb der durchschnittlichen westlichen Grenze der sichtbaren Hemisphäre des Mondes liegt. Hier verengt sich das Tal auf eine Meile in der Breite und zeigt auf beiden Seiten eine malerische und romantische Landschaft, die jenseits der Möglichkeiten einer prosaischen Beschreibung liegt. Die Vorstellungskraft, getragen von den Flügeln der Poesie, konnte allein Gleichnisse sammeln, um die wilde Erhabenheit dieser Landschaft zu beschreiben, in der dunkle, riesige Felsen über den Stirnen hoher Abgründe standen, als ob sie ein Schutzwall im Himmel wären, und Wälder schienen in der Luft zu schweben. Auf der östlichen Seite befand sich ein hoch aufragender, mit Bäumen bewachsener Felsen, der in einer Kurve wie drei Viertel eines gotischen Bogens herabhing und von einer satten karminroten Farbe war. Aber als wir sie aus einer Perspektive von etwa einer halben Meile betrachteten, waren wir mit Erstaunen erfüllt, als wir vier aufeinanderfolgende Schwärme großer geflügelter Kreaturen, ganz anders als jede Art von Vögeln, mit einer langsamen, gleichmäßigen Bewegung von den Klippen auf der Westseite herabsteigen und auf der Ebene landen sahen. Sie wurden zuerst von Dr. Herschel bemerkt, der daraufhin ausrief: "Nun, meine Herren, meine Theorien gegen Ihre Beweise, die Sie oft eine ziemlich gleichmäßige Wette gefunden haben, wir haben hier etwas, das es wert ist, betrachtet zu werden. Ich war zuversichtlich, dass, wenn wir jemals Wesen in menschlicher Gestalt finden würden, es in diesem Längengrad sein würde, und dass sie von ihrem Schöpfer mit einigen außergewöhnlichen Fähigkeiten der Fortbewegung ausgestattet sein würden." ... Wir zählten drei Gruppen dieser Wesen, zwölf, neun und fünfzehn an der Zahl, die aufrecht zu einem kleinen Wäldchen am Fuße der östlichen Abhänge gingen. Sicherlich *waren* sie wie menschliche Wesen, denn ihre Flügel waren jetzt verschwunden, und ihre Haltung beim Gehen war sowohl aufrecht als auch würdevoll.... Sie waren im Durchschnitt etwa einen Meter groß und hatten, außer im Gesicht, kurzes, glänzendes, kupferfarbenes Haar, das ihnen von den Schultern bis zu den Waden auf dem Rücken lag. Das Gesicht, das eine gelbliche Fleischfarbe hatte, war eine leichte Verbesserung gegenüber dem großen Orang-Outang, da es offener und intelligenter in seinem Ausdruck war und eine viel größere Ausdehnung der Stirn hatte. Der Mund war jedoch sehr auffällig, wenn auch durch einen dicken Bart am Unterkiefer und durch Lippen, die weitaus menschlicher waren als die aller anderen Arten der Gattung Simia, etwas gemildert. In der allgemeinen Symmetrie des Körpers und der Gliedmaßen waren sie dem Orang-Outang unendlich überlegen; so sehr, dass Leutnant Drummond sagte, dass sie, abgesehen von ihren langen Flügeln, auf einem Exerzierplatz genauso gut aussehen würden wie einige der alten Cockney-Milizen.... Diese Kreaturen waren offensichtlich in ein Gespräch vertieft; ihre Gestik, vor allem die vielfältigen Bewegungen ihrer Hände und Arme, wirkten leidenschaftlich und nachdrücklich. Daraus schlossen wir, dass es sich um vernunftbegabte Wesen handelte, und dass sie, obwohl sie vielleicht nicht von so hohem Rang waren wie andere, die wir im nächsten Monat an den Ufern der Regenbogenbucht entdeckten, in der Lage waren, Kunstwerke und Erfindungen zu schaffen.... Sie besaßen Flügel von großer Ausdehnung, die denen der Fledermaus ähnelten. Sie bestanden aus einer halbtransparenten Membran, die durch gerade Radien in gekrümmte Abschnitte unterteilt war und am Rücken durch die Dorsalelemente verbunden war. Was uns aber sehr erstaunte, war der Umstand, dass sich diese Membran von den Schultern bis zu den Beinen fortsetzte, und zwar durchgängig, wenn auch allmählich in der Breite abnehmend" (ganz ähnlich wie Füssli die Flügel seiner satanischen Majestät darstellte, obwohl H.S.M. den Vorteil der Mondfledermäuse zu haben scheint, nicht von der Schwerkraft beeinflusst zu werden [48]). Die Flügel schienen völlig unter dem Kommando des Willens zu stehen, denn diejenigen der Kreaturen, die wir im Wasser baden sahen, spreizten sie augenblicklich zu ihrer vollen Breite, schwenkten sie wie Enten ihre, um das Wasser abzuschütteln, und schlossen sie dann ebenso augenblicklich wieder in eine kompakte Form. Unsere weitere Beobachtung der Gewohnheiten dieser Geschöpfe beiderlei Geschlechts führte zu so bemerkenswerten Ergebnissen, dass ich es vorziehe, sie zuerst in Dr. Herschels eigenem Werk der Öffentlichkeit vorzustellen, wo ich Grund habe zu wissen, dass sie vollständig und wahrheitsgetreu wiedergegeben sind, wie ungläubig sie auch aufgenommen werden mögen.... Wir haben sie wissenschaftlich als Vespertilio-homo oder

Fledermausmenschen bezeichnet; und sie sind zweifellos unschuldige und glückliche Geschöpfe, auch wenn einige ihrer Vergnügungen mit unseren irdischen Vorstellungen von Anstand nur schlecht vereinbar sind. Die ausgelassenen Passagen wurden auf Dr. Grants private Anweisung hin gestrichen. Diese und andere verbotene Passagen sollten jedoch in Kürze von Dr. Herschel veröffentlicht werden, zusammen mit den Bescheinigungen der zivilen und militärischen Behörden der Kolonie sowie mehrerer bischöflicher, wesleyanischer und anderer Geistlicher, denen es im März letzten Jahres unter der Bedingung vorübergehender Geheimhaltung gestattet wurde, das Observatorium zu besuchen und Augenzeugen der Wunder zu werden, die sie zu bezeugen gebeten wurden. Wir sind zuversichtlich, dass seine kommenden Bände gleichzeitig die wissenschaftlich erhabensten und allgemein interessantesten sein werden, die je erschienen sind.

Der eigentliche Höhepunkt der Erzählung ist jedoch noch nicht erreicht. Die Bewohner von Langrenus sind zwar vernünftig, gehören aber nicht zur höchsten Ordnung der intelligenten Lunarier. Herschel, der immer mit Theorien aufwarten konnte, hatte darauf hingewiesen, dass die kultiviertesten Rassen wahrscheinlich an den Hängen eines aktiven Vulkans leben würden, und insbesondere, dass die Nähe des flammenden Berges Bullialdus (etwa zwanzig Grad südlich und zehn östlich des riesigen Kraters Tycho, dem Zentrum, von dem aus sich jene großen Strahlen ausbreiten , die dem Mond das Aussehen einer geschälten Orange verleihen) "für die Bewohner dieses Tals während der langen periodischen Abwesenheit des Sonnenlichts ein so großer lokaler Vorteil sein muss, dass er ein beliebter Zufluchtsort für die Bewohner aller angrenzenden Regionen ist, zumal sein Bollwerk aus Hügeln eine unfehlbare Sicherheit gegen jeden möglichen Vulkanausbruch bietet.' Unsere Beobachter setzten daher ihre ganze Kraft ein, um sie zu erforschen. Und wir wurden reich belohnt. Das allererste Objekt in diesem Tal, das auf unserer Leinwand erschien, war ein großartiges Kunstwerk. Es war ein Tempel - ein Gotteshaus der Hingabe oder der Wissenschaft, das, wenn es dem Schöpfer geweiht ist, eine Hingabe der höchsten Ordnung ist, denn es zeigt seine Attribute in Reinform, frei von der Maskerade und der blasphemischen Karikatur kontroverser Glaubensbekenntnisse, und hat das Siegel und die Unterschrift seiner eigenen Hand, um seine Bestrebungen zu sanktionieren. Es war ein rechteckiger Tempel, erbaut aus poliertem Saphir oder aus einem anderen strahlend blauen Stein, der wie dieser eine Myriade von goldenen Lichtpunkten aufwies, die in den Sonnenstrahlen funkelten und funkelten.... Das Dach bestand aus gelbem Metall und war in drei Abteilungen unterteilt, die nicht dreieckige, zur Mitte hin geneigte Flächen waren, sondern so unterteilt, gekrümmt und voneinander getrennt, dass sie eine Masse von heftig bewegten Flammen darstellten, die aus einer gemeinsamen Quelle der Feuersbrunst aufstiegen und in wild wogenden Spitzen endeten. Diese Konstruktion war zu offensichtlich und zu geschickt ausgeführt, als dass man sie auch nur einen Moment lang hätte missverstehen können. Durch ein paar Öffnungen in diesen metallischen

Flammen sahen wir eine große Kugel aus einer dunkleren Art von Metall, fast von trüber Kupferfarbe, die sie umschlossen und scheinbar wüteten, als ob sie sie hieroglyphisch verzehrten.... Was meinten die erfinderischen Baumeister mit der von Flammen umgebenen Weltkugel? Haben sie damit irgendein vergangenes Unglück *ihrer* Welt aufgezeichnet oder ein zukünftiges *unserer* Welt vorausgesagt?" (Warum übrigens sollte die vergangene Theorie dem Mond und die zukünftige unserer Erde zugeordnet werden?) "Ich verzweifle keineswegs an der endgültigen Lösung nicht nur dieser, sondern auch tausend anderer Fragen, die sich in Bezug auf die Objekte dieses Planeten stellen; denn nicht der millionste Teil seiner Oberfläche ist bisher erforscht worden, und wir waren eher bestrebt, die größtmögliche Anzahl neuer Fakten zu sammeln, als uns spekulativen Theorien hinzugeben, so verführerisch sie auch für die Phantasie sein mögen.

Danach folgt ein Bericht über das Verhalten des Vespertilio-homo bei den Mahlzeiten. Sie schienen außerordentlich glücklich und sogar höflich zu sein, denn sie suchten sich große und leuchtende Früchte aus und warfen sie in einem Bogen zu einem Freund hinüber, der die Nahrung aus den um ihn herum verstreuten Früchten herausgeholt hatte. Im Großen und Ganzen sind die Mondmenschen nach dieser Schilderung jedoch keine besonders interessanten Wesen. Soweit wir es beurteilen konnten, verbrachten sie ihre glücklichen Stunden damit, in den Wäldern verschiedene Früchte zu sammeln, zu essen, zu fliegen, zu baden und auf den Gipfeln von Abgründen herumzulungern. Man kann über sie sagen, was Huxley über die von Spiritualisten beschriebenen Geister gesagt haben soll, nämlich dass kein Student der Wissenschaft seine Zeit damit verschwenden würde, sich mit solch einem dummen Volk zu befassen.

Dies sind die interessantesten und charakteristischsten Teile einer Erzählung, die im Original vierzig oder fünfzig große Oktavseiten umfasst. Zu ihrer Zeit erregte die Geschichte großes Aufsehen, und selbst als alle den Trick durchschaut hatten, interessierten sich noch viele für eine *Broschüre*, die so raffiniert ausgedacht war und so viele getäuscht hatte. Noch heute spricht man in Amerika über den Mondschwindel, wo er ursprünglich seinen größten - man könnte auch sagen: einzigen - Erfolg als Schwindel hatte. Sie erreichte England zu spät, um nur diejenigen zu täuschen, die mit Herschels wirklichen Taten nicht vertraut waren, und ich glaube, dass kein Redakteur einer öffentlichen Zeitschrift sie überhaupt zur Kenntnis genommen hat. Im Gegenteil, in Amerika gaben viele Redakteure der Erzählung einen Ehrenplatz in ihren Spalten. Einige äußerten in der Tat Zweifel, und andere folgten dem sicheren Kurs des "Philadelphia Inquirer", der seine Leser darüber informierte, dass sie "nach aufmerksamer Lektüre der ganzen Geschichte selbst entscheiden könnten" und hinzufügte, dass "ob wahr oder falsch, die Erzählung mit vollendetem Können geschrieben ist und intensives Interesse besitzt". Doch andere waren leichtgläubiger. Dem "Mercantile Advertiser" zufolge enthielt die Geschichte "eindeutige Beweise dafür, dass es sich um ein authentisches Dokument handelt". Der

"Albany Daily Advertiser" hatte den Artikel "mit unaussprechlichen Gefühlen der Freude und des Erstaunens" gelesen. Die "New York Times" verkündete, dass "der Autor (Dr. Andrew Grant) die umfangreichsten und genauesten Kenntnisse der Astronomie aufweist; und die Beschreibung von Sir Johns kürzlich verbesserten Instrumenten, das Prinzip, auf dem die unschätzbaren Verbesserungen beruhen, der Bericht über die wunderbaren Entdeckungen auf dem Mond usw., alles ist wahrscheinlich und plausibel und hat einen Hauch von intensiver Wahrhaftigkeit". Der "New Yorker" war der Ansicht, dass die Entdeckungen "von erstaunlichem Interesse sind und eine neue Ära in der Astronomie und Wissenschaft im Allgemeinen einleiten". [49]

In unserer Zeit könnte man kaum erwarten, dass ein solcher Trick so gut gelingen würde, selbst wenn er so klug erdacht und so gut ausgeführt wäre. Die Fakten der populären Astronomie und der allgemeinen populären Wissenschaft sind weiter verbreitet worden. Auch Amerika hat in der Zwischenzeit mehr als jede andere große Nation Fortschritte gemacht. Etwa zwei Jahre nach dem Erscheinen dieser Broschüre sprach sich J. Quincy Adams mit folgenden Worten für die Errichtung eines astronomischen Observatoriums in Washington aus: "Ohne Stolz als Amerikaner darf die Bemerkung gemacht werden, dass es auf der vergleichsweise kleinen Fläche Europas mehr als 130 dieser Leuchttürme des Himmels gibt, während es auf der gesamten amerikanischen Hemisphäre nur einen einzigen gibt. Gegenwärtig befinden sich einige der besten Observatorien der Welt in amerikanischen Städten oder sind mit amerikanischen Colleges verbunden; und ein Großteil der interessantesten astronomischen Arbeiten dieses Landes wurde von amerikanischen Beobachtern geleistet.

Dennoch hören wir von Zeit zu Zeit von der versuchten Veröffentlichung von mehr oder weniger raffinierten Falschmeldungen. Es ist eigenartig (und meiner Meinung nach bezeichnend), wie oft diese sich auf den Mond beziehen. Unser Satellit scheint einen gewissen Reiz auf Paradoxisten und Fälscher im Allgemeinen auszuüben. Auch werden diese Tricks nicht immer sofort von der breiten Öffentlichkeit oder sogar von Personen mit einer gewissen Kultur erkannt. Ich erinnere mich, dass ich (im Januar 1874) ernsthaft gefragt wurde, ob ein Bericht in der "New York World", der angeblich beschrieb, wie der Rahmen des Mondes allmählich Risse bekam und schließlich in mehrere Fragmente zu zerfallen drohte, in Wirklichkeit auf Tatsachen beruhte. Im fernen Westen, in Lincoln, Nebraska, fragte mich vor kurzem ein Rechtsanwalt, warum ich nicht die großen Entdeckungen beschrieben habe, die kürzlich mit Hilfe eines in der Nähe von Paris errichteten leistungsstarken Reflektors gemacht wurden. Der "Chicago Times" zufolge hatte dieses mächtige Instrument Gebäude auf dem Mond sichtbar gemacht, und es waren Scharen von Arbeitern zu sehen, die sich offensichtlich in einer Art Strafknechtschaft befanden, denn sie waren aneinander gekettet. Aus der Anwesenheit dieser und der Abwesenheit anderer Bewohner wurde deutlich, dass die der Erde zugewandte Seite des Mondes ein trostloser und unangenehmer Aufenthaltsort ist, während die wahren "glücklichen Jagdgründe" des Mondes auf seiner abgelegenen und unsichtbaren Hemisphäre liegen.

Als Gradmesser für das allgemeine Wissen haben wissenschaftliche Hoaxes ihren Nutzen, ebenso wie paradoxe Werke. Niemand, schon gar nicht ein Student der Wissenschaft, kann gründlich verstehen, wie wenig manche Menschen von der Wissenschaft wissen, bevor er nicht beobachtet hat, wie viel geglaubt wird, wenn es nur mit der scheinbaren Autorität einiger bekannter Namen veröffentlicht und mit einer ausreichenden Parade von Fachausdrücken verkündet wird; auch ist es nicht so leicht, wie man denken könnte, selbst für diejenigen, die mit den Tatsachen vertraut sind, einen Schwindel oder ein Paradoxon zu widerlegen. Nichts kann einen Studenten der Wissenschaft mehr verwirren und verwirren, als wenn man ihn bittet zu beweisen, dass die Erde nicht flach ist oder der Mond nicht von Lebewesen wie uns bewohnt wird; denn der Umstand, dass eine solche Frage gestellt wird, setzt eine so gründliche Unkenntnis der Tatsachen voraus, auf die sich der Beweis stützen muss, dass die Argumentation von vornherein nahezu aussichtslos ist. Ich habe eine recht umfassende Erfahrung mit Paradoxisten gemacht und die Erfahrungen von De Morgan und anderen, die wie er versucht haben, sie von ihrer Torheit zu überzeugen, zur Kenntnis genommen. Ich bin zu dem Schluss gekommen, dass es eine leichte Aufgabe ist, ein Seil aus Sand zu knüpfen, verglichen mit dem Versuch, die einfacheren Tatsachen der Wissenschaft in paradoxe Köpfe einzupflanzen.

Abschließend möchte ich noch einige Bemerkungen zu wissenschaftlichen oder quasi-wissenschaftlichen Abhandlungen machen, die nicht zur Täuschung dienen sollen, aber dennoch imaginäre Szenen, Ereignisse usw. darstellen, die mehr oder weniger in Übereinstimmung mit wissenschaftlichen Fakten beschrieben werden. Imaginäre Reisen zur Sonne, zum Mond, zu den Planeten und zu den Sternen, Reisen in noch unerforschte Regionen der Erde, Reisen unter das Meer, durch die Eingeweide der Erde und andere derartige Erzählungen können vielleicht manchmal nützlich geschrieben und gelesen werden, solange der Erzähler bestimmte Bedingungen erfüllt. Erstens sollte er, um die Einheitlichkeit zu wahren, den Ton eines Erzählers annehmen, der Tatsachen schildert, die sich tatsächlich ereignet haben, und er sollte nicht zulassen, dass auch nur der einfachste unter seinen Lesern dem geringsten Irrtum über die wahre Natur der Erzählung unterliegt. Da in einer solchen Erzählung zwangsläufig feststehende Tatsachen zusammen mit den Ergebnissen mehr oder weniger wahrscheinlicher Vermutungen auftauchen müssen, sollte der Leser ein Mittel haben, um zu unterscheiden, wo die Tatsachen aufhören und die Vermutungen anfangen. So habe ich zum Beispiel in einem Aufsatz mit dem Titel

"Eine Reise zum Saturn" nicht sorgfältig genug darauf geachtet, dass die bei der Annäherung an den Planeten beschriebenen Erscheinungen in Wirklichkeit auf den beobachteten Erscheinungen beruhen, wenn immer höhere Teleskopleistungen auf den Planeten angewandt werden, während andere Erscheinungen, die von den Besuchern des Saturn gesehen worden sein sollen, als sie sich tatsächlich in seinem System befanden, nur solche waren, die möglicherweise oder wahrscheinlich gesehen werden konnten, für die wir aber keinen wirklichen Beweis haben. Infolge dieser Auslassung erhielt ich mehrere Anfragen zu diesen Dingen. Ist es wahr", schrieben einige, "dass der kleine Satellit Hyperion" (der in starken Teleskopen kaum zu erkennen ist, während Titan und Japetus zu beiden Seiten groß sind) "nur einer von einem Ring kleiner Satelliten ist, der zwischen den Bahnen der größeren Monde wandert" - so wie die gleichen Planeten zwischen den Bahnen von Mars und Jupiter wandern. Andere fragten, mit welcher Begründung die Reisenden kleine Monde gefunden hätten, die um Titan, den Riesenmond des Saturnsystems, kreisen, so wie die Monde von Jupiter und Saturn um diese Riesen des Sonnensystems kreisen. In jedem Fall sah ich mich gezwungen, zu erklären, dass es keine Beweise für den behaupteten Zustand gibt, der aber dennoch existieren könnte. Wissenschaftliche Fiktion, die auf diese Weise interpretiert werden muss, ist so schlecht wie ein Witz, der erklärt werden muss. In meiner "Reise zur Sonne" war ich erfolgreicher (es war allerdings der frühere Aufsatz); insofern, als Professor Young vom Dartmouth College (Hanover, N.H.), einer der geschicktesten lebenden Sonnenbeobachter, mir versicherte, dass die verschiedenen beschriebenen Phänomene mit kaum einer einzigen Ausnahme genau mit den Vorstellungen übereinstimmten, die er sich über den wahrscheinlichen Zustand unseres Himmelskörpers gebildet hatte. [50]

Aber ich muss gestehen, dass meine eigenen Erfahrungen mit dieser Art von populärwissenschaftlichen Texten im Großen und Ganzen nicht günstig waren. Mir scheint, je gründlicher der Verfasser eines solchen Aufsatzes ein bestimmtes wissenschaftliches Thema studiert hat, desto weniger ist er in der Lage, eine fiktive Erzählung darüber zu schreiben. So wie die Unwissenden oft am ehesten in der Lage sind, über ein Thema zu theoretisieren, weil sie durch genaues Wissen am wenigsten behindert werden, so denke ich, dass die sorgfältige Vermeidung einer genauen Untersuchung der Details eines wissenschaftlichen Themas das Schreiben einer fiktiven Erzählung über dieses Thema sehr erleichtern muss. Aber leider kann eine unter solchen Bedingungen geschriebene Erzählung, so interessant sie auch für den allgemeinen Leser sein mag, kaum die Verbreitung wissenschaftlicher Kenntnisse fördern, eine der Eigenschaften, die für Fabeln dieser Art beansprucht werden. Als Beispiel kann ich Jules Vernes "Reise zum Mond" anführen, in der (natürlich abgesehen von der inhärenten und absichtlichen Absurdität des Plans selbst) die beschriebenen Umstände darauf ausgelegt sind, völlig falsche Vorstellungen über die Gesetze der Bewegung zu vermitteln. Nichts könnte amüsanter, aber auch wissenschaftlich absurder sein als die Geschichte des toten Hundes Satellite, der, aus dem reisenden Projektil herausgeschleudert, zu einem regelrechten Satelliten wird, der sich immer neben den Reisenden bewegt; denn mit welcher Geschwindigkeit der Hund auch immer von ihnen ausgestoßen worden wäre, mit der gleichen Geschwindigkeit hätte er sich immer wieder aus dem Aufenthaltsort des Projektils zurückgezogen, dessen eigene Anziehungskraft auf den Hund keine nennenswerte Wirkung gehabt hätte, um seine Abreise zu verhindern. Auch die Szene, in der das Projektil den neutralen Punkt zwischen Erde und Mond erreicht, so dass die Reisenden nicht mehr durch die Schwerkraft auf dem Boden ihres Wagens gehalten werden, ist gut ausgedacht (wenn auch teilweise etwas profan); aber in Wirklichkeit hätte der dort beschriebene Zustand während der gesamten Reise geherrscht. Die Reisenden würden genauso wenig zur Erde gezogen (im Vergleich zum Projektil selbst), wie wir Reisende auf der Erde in Bezug auf die Erde zur Sonne gezogen werden. Die Anziehungskraft der Erde auf das Projektil und auf die Reisenden wäre während der gesamten Reise gleich, nicht nur, wenn das Projektil den neutralen Punkt erreicht; und da sie auf beide gleich ist, würde sie sie nicht zusammenziehen. Man könnte einwenden, dass die Anziehungskräfte gleich waren, bevor das Projektil seine Reise antrat, und dass daher, wenn die soeben dargelegte Argumentation ( ) richtig wäre, die Reisenden kein Gewicht hätten haben dürfen, das sie auf dem Boden des Projektils gehalten hätte, bevor es startete, "was absurd ist". Aber der Druck auf den Boden des ruhenden Projektils wird dadurch verursacht, dass der Boden daran gehindert wird, sich zu bewegen; wenn er frei ist, der Schwerkraft zu gehorchen, wird es keinen Druck mehr geben: und während der gesamten Reise zum Mond gehorcht das Projektil, wie die Reisenden, die es enthält, der Wirkung der Schwerkraft. Leider sind diejenigen, die in der Lage sind, die richtige Argumentation in solchen Angelegenheiten zu verfolgen, nicht diejenigen, denen Jules Vernes Bericht falsche Vorstellungen über die dynamischen Dinge suggerieren würde; der junge Lernende, der durch solche Erzählungen in die Irre geführt wird, ist weder in der Lage, die Angelegenheit selbst zu durchdenken, noch die wahre Argumentation in Bezug auf sie zu verstehen. Er ist daher geneigt, durch solche Erzählungen und vor allem durch die fadenscheinigen Begründungen, die zur Erklärung der geschilderten Ereignisse eingeführt werden, völlig verunsichert zu werden. Kurzum, es scheint, dass solche Erzählungen wegen ihres eigentlichen Interesses geschätzt werden müssen, genau wie andere Romane oder Romanzen, und nicht wegen der Eigenschaft, die ihnen manchmal zugeschrieben wird, nämlich Belehrung mit Unterhaltung zu verbinden.

X. ÜBER EINIGE ASTRONOMISCHE PARADOXA.

Viele Jahre LANG HAT der verstorbene Professor De Morgan in den Spalten des "Athenæum" eine Reihe von Aufsätzen veröffentlicht, in denen er sich mit den seltsamen Abhandlungen befasste, in denen die Erde abgeflacht, der Kreis quadriert, der Winkel gedrittelt, der Würfel verdoppelt (das berühmte Problem, das das Orakel von Delphi den Astronomen stellte) und die gesamte moderne Astronomie als eine Täuschung und ein Fallstrick dargestellt wird. Er behandelte diese Werke auf eine merkwürdige Art und Weise: nicht unfreundlich, denn er war ein freundlicher Mensch; nicht einmal ernsthaft, obwohl er es durchaus ernst meinte; aber doch so, dass er die Empörung der unglücklichen Paradoxisten erregte. Man beschimpfte ihn heftig für das, was er sagte, aber noch heftiger, als er eine weitere Kontroverse ablehnte. Paradoxisten der unwissenden Sorte (denn man darf nicht vergessen, dass nicht alle unwissend sind) sind in der Tat gut geübt in Beschimpfungen und haben lange gelernt, Mathematiker und Astronomen als Betrüger und Scharlatane zu bezeichnen. Sie nutzten ihr Vokabular ausgiebig zugunsten von De Morgan, den sie als skurrilen Schreiberling, als verleumderischen, unehrlichen, beleidigenden, unhöflichen und verleumderischen Betrüger anprangerten.

Er ertrug diesen Schauer von Beschimpfungen mit außerordentlicher Geduld und Gutmütigkeit. Er war in der Tat nicht völlig unvorbereitet darauf gewesen; und da er ein Ziel hatte, mit den Paradoxisten umzugehen, begnügte er sich damit, die ruhige Analyse ihrer Arbeit fortzusetzen, die ihre Empörung so sehr erregte. Er fand in ihnen ein merkwürdiges Studienobjekt; und er fand ein ebenso merkwürdiges Studienobjekt in ihren Jüngern. Die einfacheren - um nicht zu sagen törichteren - Paradoxisten, deren wunderbare Entdeckungen lediglich verblüffende Irrtümer sind, waren für De Morgan sogar noch interessanter als die verschlagenere Sorte, die mit ihren angeblichen Theorien ihren Lebensunterhalt verdient oder zu verdienen versucht. Letztere behandelte er, wie es ihnen gebührte, mit einer beißenden Satire, die sich von seinen humorvollen und nicht unsympathischen Kommentaren zu den wunderbaren Theorien der ehrlichen Paradoxisten deutlich unterschied.

Es gibt einen besonderen Zweck, zu dem das Studium der paradoxen Literatur angewandt werden kann, dem - soweit ich weiß - bisher nicht viel Aufmerksamkeit gewidmet worden ist. Man kann sich fragen, ob die Hälfte der seltsamen Vorstellungen, in die Paradoxisten verfallen, nicht auf die Ungenauigkeit zu vieler unserer wissenschaftlichen Abhandlungen zurückzuführen ist. Eine halbverstandene Erklärung oder eine nachlässig formulierte Darstellung eines Naturphänomens veranlasst den Paradoxisten, dessen Wesen aus Eitelkeit und Einfalt besteht, eine eigene Theorie zu diesem Thema aufzustellen. Ist eine solche Theorie erst einmal aufgestellt, ergreift sie vollständig Besitz vom Geist des Paradoxonisten. Alle Tatsachen, die er von nun an erfährt und die im geringsten mit seiner Lieblingsverrücktheit zu tun haben, scheinen für sie zu sprechen, obwohl sie in Wirklichkeit ganz offensichtlich dagegen sprechen. Er lernt, sich selbst als einen unbeachteten Newton zu betrachten und in denen, die es wagen, seine absurden Vorstellungen in Frage zu stellen, die bitterste Bösartigkeit zu sehen. Er kann sich glücklich schätzen, wenn er nicht zulässt, dass seine Theorien ihn von seinem Lebensunterhalt abhalten, oder wenn er seine Substanz nicht damit vergeudet, sie zu propagieren und zu verteidigen.

Eines der beliebtesten Themen für die Bildung von Paradoxen ist die anerkannte Theorie des Sonnensystems. In unseren Büchern über Astronomie wird diese Theorie allzu oft so dargestellt, dass sie nur als *Nachfolgerin* der ptolemäischen Theorie erscheint; und es wird der Eindruck erweckt, dass sie, wie die ptolemäische, eines Tages von einer anderen Theorie abgelöst werden könnte. Für den Paradoxonisten ist das völlig ausreichend. Wenn eine neue Theorie die jetzt akzeptierte ersetzen soll, warum sollte *er dann* nicht der neue Kopernikus sein? Er macht sich auf den Weg, ohne ein Zehntel des Wissens, das der alte Ptolemäus besaß, ohne die Schwierigkeiten zu kennen, denen Ptolemäus begegnete und mit denen er sich auseinandersetzte - frei also, aufgrund seiner vollkommenen Unwissenheit Theorien aufzustellen, über die Ptolemäus gelächelt hätte. Er hat wahrscheinlich von der

Zentrik und Exzentrik gekritzelt auf
Zyklus und Epizyklus, Umlaufbahn in Umlaufbahn,

die die Theorien der Alten entstellten; aber er ist sich ganz und gar nicht bewusst, dass jede dieser Kritzeleien eine wirkliche Bedeutung hatte, da jede dazu diente, eine beobachtete Besonderheit der Planetenbewegung zu erklären, die von jeder Theorie, die Akzeptanz beanspruchen will, erklärt werden *muss*. In dieser glücklichen Unkenntnis, dass es irgendwelche Besonderheiten gibt, die einer Erklärung bedürfen, weiß er nichts von den seltsamen Bahnen, denen die Planeten auf dem Himmelsgewölbe zu folgen scheinen,

Ihr Zauberstabkurs mal hoch, mal tief, dann wieder versteckt,
Fortschreitend, rückläufig oder stillstehend,

stellt er gelassen eine Theorie auf, die nichts von alledem erklärt, und drängt darauf, diese Theorie mit Nachdruck zu vertreten.

Ich hatte oft den Eindruck, dass ein großer Teil des Unheils - denn die veröffentlichten Irrtümer des Paradoxonisten sind ein Hinweis auf viele unveröffentlichte Irrtümer - aus der unverdienten Verachtung resultiert, mit der unsere Bücher der Astronomie allzu oft die Arbeit von Ptolemäus, Tycho Brahe und anderen behandeln, die falsche Theorien vertraten. Würde man die einfache Wahrheit sagen, dass die Theorie des Ptolemäus ein Meisterwerk des Einfallsreichtums war und dass sie von seinen Anhängern in einer Weise ausgearbeitet wurde, die höchstes Lob verdient, während die Theorie von Tycho Brahe in Wirklichkeit auf einer solideren Grundlage als die des Kopernikus stand und die beobachteten Erscheinungen ebenso gut und einfach erklärte, würde der Student beginnen, die edle Natur des Problems zu erkennen, mit dem sich diese großen Astronomen beschäftigten. Und wenn man die Tatsache hervorhebt, dass Tycho Brahe Jahre seines Lebens der Beobachtung der Planeten widmete, um die strittigen Fragen zu klären, würde der Student etwas von dem Geist erfahren, in dem der wahre Liebhaber der Wissenschaft vorgeht.

Ich habe auch den Eindruck, dass viel zu wenig über die Art der Arbeit gesprochen wird, mit der Kepler und Newton schließlich die anerkannten Theorien aufgestellt haben. Die Geschichte jener zwanzig Jahre in Keplers Leben, in denen er die Beobachtungen von Tycho Brahe analysierte, hat einen seltsamen Reiz. Umgeben von häuslichen Prüfungen und Sorgen, die seine ganze Aufmerksamkeit hätten beanspruchen können, schwer gezeichnet von Krankheit und körperlichen Qualen, arbeitete er all die Jahre an irrigen Theorien. Die allerschlimmste von ihnen hatte unendlich mehr Beweise zu ihren Gunsten als die beste, die die Paradoxisten hervorgebracht haben. Es gab keine einzige dieser Theorien, die neun von zehn seiner wissenschaftlichen Zeitgenossen nicht widerwillig akzeptiert hätten. Und doch hat er diese Theorien eine nach der anderen zu ihrem eigenen Widerlegen gebracht. *Neunzehn* von ihnen versuchte er und verwarf sie - die zwanzigste war die wahre Theorie des Sonnensystems. Vielleicht gibt es in der gesamten Geschichte der Astronomie keine edlere Lektion für den Studenten der Wissenschaft - es sei denn, es handelt sich um die ruhige Philosophie, mit der Newton achtzehn Jahre lang die Theorie des Universums in der Schwebe ließ, weil fehlerhafte Messungen der Erde verhinderten, dass seine Berechnungen mit den beobachteten Fakten übereinstimmten. Doch wie Professor Tyndall treffend bemerkt hat - und der Paradoxonist sollte sich die Lektion gut einprägen -, war Newtons Vorgehen in dieser Angelegenheit das normale Vorgehen des wissenschaftlichen Geistes. Wäre es anders - wenn die Wissenschaftler nicht daran gewöhnt wären, eine Überprüfung zu verlangen, wenn sie sich mit dem Unvollkommenen zufrieden gäben, solange das Vollkommene erreichbar ist -, dann wäre ihre Wissenschaft, anstatt, wie es der Fall ist, eine Festung aus Adamant zu sein, ein Haus aus Lehm, das schlecht geeignet wäre, die theologischen Stürme zu ertragen, denen es von Zeit zu Zeit ausgesetzt war und gegenwärtig ist.

Der Ruhm Newtons hat auf viele Paradoxisten eine unwiderstehliche Anziehungskraft ausgeübt; er war für diese Unglücklichen wie die Kerze für die flatternde Motte. Die Kreisberechnung hatte, wie wir gleich sehen werden, ihre Reize, und auch die Erdfixierung und die Abflachung der Erde wurden nicht vernachlässigt; aber das Gravitationsgesetz anzugreifen, war die Lieblingsarbeit der Paradoxisten. Newton ist gepriesen worden, weil er das ganze Menschengeschlecht an Genialität übertrifft; Mathematiker und Astronomen haben ihn übereinstimmend als unvergleichlich gepriesen; warum sollte Paradoxus ihn nicht verdrängen und in gleicher Weise gepriesen werden? Es wäre vielleicht ungerecht, zu behaupten, dass der Paradoxist bewusst so argumentiert. Zweifellos ist er in den meisten Fällen davon überzeugt, dass er wirklich einen Fehler in der Gravitationstheorie entdeckt hat. Dennoch ist es unmöglich, nicht als das wahre Motiv eines jeden Paradoxonisten den Wunsch zu erkennen, dass von ihm gesagt wird, was von Newton gesagt wurde: "*Genus humanum ingenio superavit.*'

Ich erinnere mich an einen kuriosen Fall, der sich kurz nach dem Erscheinen des Kometen von 1858 ereignete. Es geschah, dass während der Diskussion über diesen Gegenstand auf die Wirkung einer abstoßenden Kraft hingewiesen wurde, die von der Sonne auf die Materie des Kometenschweifs ausgeübt wird. Daraufhin schrieb jemand einen langen Brief an eine Zeitung in Glasgow, in dem er verkündete, er habe vor langer Zeit bewiesen, dass die Anziehungskraft der Sonne allein nicht ausreicht, um die Bewegungen der Planeten zu erklären. Seine Argumentation war verblüffend einfach. Wenn die Anziehungskraft der Sonne stark genug ist, um die äußeren Planeten in ihrer Bahn zu halten, muss sie für Venus und Merkur in der Nähe der Sonne zu stark sein; wenn sie nur gerade ausreicht, um diese in ihrer Bahn zu halten, kann sie unmöglich stark genug sein, um die äußeren Planeten zurückzuhalten. Der Verfasser dieses Briefes sagte, er sei von den wissenschaftlichen Gremien sehr schlecht behandelt worden. Er habe seine Entdeckung der Königlichen Astronomischen Gesellschaft, der Königlichen Gesellschaft, der Kaiserlichen Akademie in Paris und anderen wissenschaftlichen Gremien mitgeteilt, aber alle hätten sich geweigert, ihm zuzuhören. Mehrere Jahre lang hatte er seinen Beruf aufgegeben oder vernachlässigt, um sich der neuen und (wie er meinte) wahren Theorie des Universums zu widmen. Er beklagte sich in besonders bitterer Weise über die abfälligen Bemerkungen, die Männer der Wissenschaft in privaten Briefen, die an ihn als Antwort auf seine Mitteilungen gerichtet waren, über seine Ansichten gemacht hatten.

Selbst das Lächerlichste in solchen Fällen hat etwas Melancholisches. Die Einfalt, mit der man annimmt, dass so offensichtliche Überlegungen wie die angeführten der Prüfung entgehen könnten, und zwar nicht nur von Newton, sondern von allen, die zwei Jahrhunderte lang dieselbe Spur verfolgt haben, ist gewiss erstaunlich; und man kann auch nicht umhin zu lächeln, wenn man sieht, wie eine Schwierigkeit, die sich einem Anfänger ganz natürlich aufdrängt und die ein halbes Dutzend Worte eines Fachmanns aufklären würden, ernsthaft als eine Entdeckung betrachtet wird, die ihren Urheber für alle Zeiten berühmt machen würde. Wenn man jedoch die wahrscheinlichen Folgen des Fehlers für den unglücklichen Enthusiasten und vielleicht auch für seine Familie bedenkt, ist es schwierig, kein Mitleid zu empfinden, ganz abgesehen von jenem Mitleid, das mit der Verachtung verbunden ist, die durch seinen Fehler hervorgerufen wird. Ein paar Worte, die dem

Bericht über Newtons Theorie hinzugefügt wurden und die der Paradoxonist wahrscheinlich in einer astronomischen Abhandlung gelesen hatte, hätten all dieses Unheil verhindert. In der Tat sollte diese Schwierigkeit, die, wie wir gesagt haben, eine natürliche ist, in jeder für Anfänger bestimmten Darstellung des Planetensystems behandelt und beseitigt werden. Die einfache Feststellung, dass die äußeren Planeten sich langsamer bewegen als die inneren und daher eine geringere Kraft *benötigen*, um sie in ihrer Bahn zu halten, hätte ausgereicht, vielleicht nicht ganz, um die Schwierigkeit zu beseitigen, aber um dem Anfänger zu zeigen, wo die Erklärung zu suchen ist.

Im Zusammenhang mit diesem Thema der Gravitation geriet einer der wohlmeinendsten Paradoxisten - der verstorbene James Reddie - in die Kritik von Professor De Morgan. Herr Reddie war mehr als nur wohlmeinend. Er war ernsthaft bestrebt, die Interessen der Wissenschaft zu fördern und die Religion vor den seiner Meinung nach gefährlichen Lehren der Newtonianer zu verteidigen. Zu diesen Zwecken gründete er das Victoria Institute, dessen Sekretär er von der Gründung bis zu seinem Tod vor einigen Jahren war. Wahrscheinlich wussten viele, die sich wegen der antinewtonschen Neigungen des Sekretärs weigerten, dieser Gesellschaft beizutreten, nicht, dass das Institut seine Existenz diesem Sekretär verdankte.

So kam es, dass ich selbst einen regen Briefwechsel mit Herrn Reddie hatte (der mir allerdings persönlich unbekannt war). Dieser Briefwechsel warf ein ganz neues Licht auf die geistigen Gewohnheiten und Denkweisen des ehrlichen Paradoxisten. Ich glaube, dass Professor De Morgan Herrn Reddie die vollkommene Ehrlichkeit, die er wirklich besaß, kaum zugetraut hat. Es mag sein, dass ein klarer Denker wie De Morgan (trotz seiner großen Erfahrung) die Verwirrung des Geistes, die das normale Merkmal des Paradoxisten ist, kaum einschätzen konnte. Aber die sehr freimütige Art und Weise, in der Herr Reddie in der oben genannten Korrespondenz zugab, dass er einige Fakten nicht gekannt und andere missverstanden hatte, lieferte meiner Meinung nach die zufriedenstellendsten Beweise für seine Aufrichtigkeit.

Es mag lehrreich sein, einige der Paradoxien von Herrn Reddie zu betrachten, die Professor De Morgan vor allem zum Anlass nahm, sie zu pulverisieren.

In einem Brief an den Königlichen Astronomen kündigte Reddie an, dass er im Begriff sei, "eine Abhandlung zu schreiben, die später veröffentlicht werden soll und in der er die eklatanten Irrtümer aus der Zeit Newtons in Bezug auf die Bewegung des Mondes genauer als bisher darlegt und diskutiert". Er fuhr fort, "die Art der Fragen, die er aufwerfen wollte, anzugeben". Er hatte herausgefunden, dass der Mond die Erde nicht mit einer Geschwindigkeit von 2288 Meilen pro Stunde umrundet, wie die Astronomen behaupten, sondern auf einer wellenförmigen Bahn mit einer Geschwindigkeit zwischen 65.000 und 70.000 Meilen pro Stunde um die Sonne kreist; denn während der Mond die Erde zu umrunden scheint, bewegt sich diese mit einer Geschwindigkeit von 67.500 Meilen pro Stunde um die Sonne.

Natürlich hatte er mit seinen Tatsachen recht und mit seinen Schlussfolgerungen völlig unrecht, wie der Astronom-Royal in einem kurzen Brief feststellte, der mit der Bemerkung schloss, dass Mr. Airy "als ein sehr stark beschäftigter Mann" "nicht weiter auf die Sache eingehen" könne. Aber Herr Reddie reiste weiter, obwohl er keine weiteren Briefe aus Greenwich erhielt. Seine Antwort an Sir G. Airy enthielt eigentlich genug Stoff für ein kleines Pamphlet.

Das war nun wirklich eine erstaunliche Tatsache. Ein wohlbekannter astronomischer Zusammenhang, den Astronomen immer wieder beschrieben und erklärt haben, wird so behandelt, als ob es sich um etwas handelte, das durch alle Zeiten hindurch der Aufmerksamkeit entgangen war. Verblüffend ist hier nicht das Unvermögen, die *Logik* einer einfachen Erklärung zu begreifen, sondern die Vorstellung, dass eine offensichtliche Tatsache völlig übersehen worden war.

Von ähnlicher Art war der Fehler, der Herrn Reddie besonders unter die Aufmerksamkeit von Professor De Morgan brachte. Es ist bekannt, dass die Sonne, die ihre Planetenfamilie mit sich führt, schnell durch den Raum rast - ihre Geschwindigkeit wird auf wahrscheinlich nicht weniger als 20.000 Meilen pro Stunde geschätzt. Daraus folgt natürlich, dass die wirklichen Bahnen der Planeten im Raum keine geschlossenen Kurven sind, sondern Spiralen unterschiedlicher Ordnung. Wie kann dann die Theorie von Kopernikus richtig sein, nach der die Planeten in geschlossenen Bahnen um die Sonne kreisen? Hier lag die Schwierigkeit für Herrn Reddie, und wie die andere erschien sie ihm als eine große Entdeckung. Der Gedanke, dass die Astronomen diese Schwierigkeit sicher schon früher hätten bemerken müssen, beunruhigte ihn nicht im Geringsten. Es schien ihm nicht im Geringsten verwunderlich, dass er durch die leichte Lektüre von ein oder zwei Büchern der populären Astronomie etwas entdeckte, was Laplace, die Herschels, Leverrier, Airy, Adams und viele andere, die ihr ganzes Leben der Astronomie gewidmet haben, nicht bemerkt hatten. Dementsprechend schickt Herr Reddie der British Association (die in Newcastle tagt) ein Papier, das die Theorie der Sonnenbewegung widerlegt. Das Papier wurde von diesem bigotten Gremium "als Gegner der Newtonschen Astronomie" mit Dank abgelehnt. Diese Abhandlung veröffentlichte ich", sagt Herr Reddie, "im September 1863 mit einem Anhang, in dem ich die unlogische Argumentation und die Absurditäten der Theorie ausführlich darlegte; und mit welchem Ergebnis? Die Mitglieder der Sektion A der British Association und die Mitglieder der Royal Society und der Royal Astronomical Society, denen ich Kopien meines Papiers schickte, waren ausnahmslos *stumm*. Professor De Morgan jedoch, der einige Zeit später Gelegenheit hatte, die Veröffentlichungen von Herrn Reddie zu prüfen, war keineswegs stumm, sondern wies in sehr klaren und deutlichen Worten auf deren Absurdität hin. Die eigentliche Absurdität bestand jedoch nicht in den Aussagen, die Herr Reddie machte, noch nicht einmal in den Schlussfolgerungen, die er daraus zog, sondern in der verblüffenden Einfalt, die annehmen konnte, dass die Astronomen die Tatsachen nicht kannten, die ihre eigene Arbeit ans Licht gebracht hatte.

In meiner Korrespondenz mit Herrn Reddie erkannte ich die wahre Quelle der erstaunlichen Selbstgefälligkeit, die der wahre Paradoxist an den Tag legt. Gerade die Unzulänglichkeit des Wissens, das ein Paradoxist über sein Thema besitzt, ist der Maßstab für seine Einschätzung der Sorgfalt, mit der andere Menschen dieses Thema studiert haben. Da der Paradoxist bereit ist, sich über Dinge zu äußern, die er nicht studiert hat, erscheint es ihm nicht seltsam, dass Newton und seine Anhänger ebenso bereit sind, über Themen zu diskutieren, die sie nicht erforscht haben.

Ein weiteres sehr bemerkenswertes Beispiel ist die Behandlung des Themas Kometen durch Herrn Reddie. Und hier möchte ich übrigens eine Bemerkung zitieren, die Sir John Herschel kurz nach dem Erscheinen des Kometen von 1861 gemacht hat. Ich habe Briefe erhalten", sagte er, "über die Kometen der letzten Jahre, die einem die Haare zu Berge stehen lassen über die Absurdität der Theorien, die sie vorschlagen, und über die Unkenntnis der allgemeinsten Gesetze der Optik, der Bewegung, der Wärme und der allgemeinen Physik, die sie in ihren Schreibern verraten. Im vorliegenden Fall zeigte die Korrespondenz, dass der Paradoxonist davon ausging, dass die parabolischen Bahnen einiger Kometen von den Astronomen als analog zu den parabolischen Bahnen der Geschosse betrachtet werden. Er zeigte sich sehr erstaunt, als ich ihm mitteilte, dass erstens die Geschosse nicht auf wirklich parabolischen Bahnen verlaufen und zweitens ihre Bewegung sich in jeder Hinsicht wesentlich von der unterscheidet, die die Astronomen den Kometen zuschreiben. Letztere bewegen sich immer schneller, bis sie den so-genannten Scheitelpunkt der Parabel erreichen (den Punkt einer solchen Bahn, der der Sonne am nächsten liegt); die Projektile dagegen bewegen sich immer lang-samer, je mehr sie sich dem entsprechenden Punkt ihrer Bahn nähern; und außerdem nähert sich der Komet erst dem Anziehungszentrum und entfernt sich dann wieder davon - das Projektil entfernt sich erst vom Anziehungszentrum und nähert sich dann wieder.

Die Erdverflacher bilden einen beträchtlichen Teil der paradoxen Familie. Sie er-lebten vor einigen Jahren eine praktische Abfuhr, die ihren Glauben an das der-zeitige Oberhaupt ihres Ordens bis zu einem gewissen Grad erschüttert haben dürfte. Um diesem Oberhaupt gerecht zu werden, ist er wahrscheinlich weit weniger über-zeugt von der Flachheit der Erde als irgendeiner seiner Jünger. Unter dem an-genommenen Namen Parallax besuchte er die meisten der wichtigsten Städte Englands und verkündete sein so genanntes System der zetetischen Astronomie. Warum er sich Parallax nannte, ist schwer zu sagen; es sei denn, das Verb, von dem das Wort abgeleitet ist, bedeutet in erster Linie, sich zu bewegen oder auszuweichen, und in zweiter Linie, sich ein wenig zu verändern, vor allem zum Schlechten. Seine

Verwendung des Wortes zetetisch ist weniger zweifelhaft, da er für sein System behauptet, es beruhe allein auf der wahren Suche nach den Geheimnissen der Natur.

Die experimentelle Grundlage der Parallaxentheorie ist im Wesentlichen die folgende: Nachdem er sich zu einem Teil des Bedford-Kanals begeben hatte, wo es eine ununterbrochene Wasserlinie von etwa sechs Meilen gibt, untersuchte er die Wasseroberfläche auf Anzeichen einer Krümmung, und (wie er sagte) fand er keine.

Unglücklicherweise nahm ein Schüler, Herr John Hampden aus Swindon, den Bericht über diese Beobachtung ohne Zweifel an und war so überzeugt davon, dass der Bedford-Kanal eine wirklich ebene Oberfläche hat, dass er fünfhundert Pfund auf seine Meinung wettete und die Gläubigen an die Rundheit der Erde herausforderte, das Experiment zu wiederholen. Die Herausforderung wurde von Mr. Wallace, dem bedeutenden Naturforscher, angenommen, und das Ergebnis lässt sich erahnen. Drei Boote sollten in einer Reihe festgemacht werden, mit einem Abstand von etwa drei Meilen zwischen den Booten. Jedes trug einen Mast von bestimmter Länge. Wenn, wenn die Spitzen des ersten und des letzten Mastes durch ein Teleskop auf in einer Linie gesehen wurden, die Spitze des mittleren Mastes nicht über der Linie lag, sollte Mr. Hampden fünfhundert Pfund von Mr. Wallace erhalten. Befand sich dagegen die Spitze des mittleren Mastes, wie es nach der anerkannten Theorie sein sollte, mehrere Fuß über der Linie, die die Spitzen der beiden äußeren Masten verband, dann sollte Herr Hampden die fünfhundert Pfund verlieren, die er so voreilig gewagt hatte. Alles verlief nach den getroffenen Vereinbarungen. Der Herausgeber einer bekannten Sportzeitung fungierte als Interessenvertreter, und unvoreingenommene Schiedsrichter sollten darüber entscheiden, was tatsächlich durch das Fernrohr zu sehen war. Es bedarf kaum der Erwähnung, dass sich die akzeptierte Theorie durchsetzte und dass Herr Hampden sein Geld verlor. Er ertrug den Verlust kaum mit so viel Gnade, wie man es von einem Philosophen, der lediglich die Wahrheit herausfinden wollte, hätte erwarten können. Sein Zorn richtete sich nicht gegen Parallax, den er vielleicht verdächtigte, ihn in die Irre geführt zu haben; auch scheint er nicht auf sich selbst wütend gewesen zu sein, wie es natürlich gewesen wäre. Sein ganzer Zorn galt denjenigen, die immer noch an die Rundheit der Erde glaubten. Ob er glaubte, dass das Wasser von Bedford unter dem mittleren Boot gestiegen war, um Herrn Wallace zu helfen, oder wie es dazu kam, dass sein selbst gewähltes Experiment fehlschlug, ist nicht ersichtlich.

Die weitere Geschichte dieser Angelegenheit war unerfreulich. Sie veranschaulicht leider nur zu gut das Unheil, das aus den Tricks derjenigen entstehen kann, die mit Paradoxien ihr Geschäft machen - Tricks, die allerdings kaum möglich wären, wenn wissenschaftliche Lehrbücher sorgfältiger und nur von denen geschrieben würden, die das Thema, das sie behandeln, wirklich kennen.

Das Buch, das ursprünglich zu Herrn Hampdens Unglück geführt und nicht wenige in die Irre geführt hat, hätte niemanden täuschen dürfen. Ich habe bereits die

Behauptung erwähnt, auf die Parallax (dessen wahrer Name Rowbotham ist) seine Theorie gestützt hat. Wenn diese Behauptung wahr gewesen wäre - wenn er mit seinem Auge wenige Zentimeter von der Wasseroberfläche des Bedford-Kanals entfernt ein Objekt gesehen hätte, das sich sechs Meilen von ihm entfernt an der Oberfläche befand -, dann wäre natürlich etwas an der akzeptierten Theorie über die Rundheit der Erde falsch gewesen. Wenn also ein Schriftsteller eine neue Theorie der Schwerkraft verkündet und als Grundlage seiner Theorie angibt, dass ein schweres Geschoss, das er in die Luft geworfen hat, in einer Serpentine zum Mond aufsteigt, müsste jeder, der diese Aussage akzeptiert, logischerweise zumindest zugeben, dass die beschriebene Tatsache mit der akzeptierten Theorie unvereinbar ist. Aber niemand würde eine solche Aussage akzeptieren; und niemand hätte die Aussage von Herrn Rowbotham akzeptieren sollen.

Seine Aussage wurde jedoch geglaubt und wird vielleicht immer noch von vielen geglaubt. Vor zwanzig Jahren schrieb De Morgan, dass "der Begründer der zetetischen Astronomie von den Zeitungen der Provinz großes Lob für seinen Einfallsreichtum erhielt, mit dem er bewies, dass die Erde eine flache, von Eis umgebene Scheibe ist", mit dem Nordpolareis in der Mitte. Einige der Zeitungen neigen eher zu dieser Ansicht; aber der "Leicester Advertiser" meint, dass die Aussage "einige der wichtigsten Schlussfolgerungen der modernen Astronomie zu entkräften scheint", während der " Norfolk Herald" klar ist, dass "auf der einen oder anderen Seite ein großer Irrtum vorliegen muss." ... Es ist erwähnenswert, dass von 1849 bis 1857 Argumente über die Rundheit oder Flachheit der Erde aufkamen. Ich bezweifle nicht, dass sie viel Gutes bewirkt haben, denn nur sehr wenige Menschen haben eine klare Vorstellung von den Beweisen für die Rundheit der Erde. Der "Blackburn Standard" und der "Preston Guardian" (12. und 16. Dezember 1849) berichten übereinstimmend, dass der Vortragende von seinem zweiten Vortrag in Burnley weglief, nachdem er am Ende seines ersten Vortrags zu sehr bedrängt worden war, um zu erklären, warum der große Rumpf eines Schiffes vor den Masten verschwand. Die Anwesenden, die auf die zweite Vorlesung warteten, besänftigten ihre Enttäuschung, indem sie zu dem Schluss kamen, dass der Dozent von der Eiskante seiner flachen Scheibe abgerutscht war und erst wieder gesehen werden würde, wenn er auf der gegenüberliegenden Seite auftauchte.' ... "Das zetetische System", fährt De Morgan fort, "lebt immer noch in Vorlesungen und Büchern; das sollte es auch, denn es gibt keine Möglichkeit, eine Wahrheit zu lehren, die mit der Opposition vergleichbar ist. Das letzte Mal hörte ich davon in Vorlesungen in Plymouth, im Oktober 1864. Seit dieser Zeit wurde ein Prospekt für ein Werk mit dem Titel "Die Erde ist kein Globus" herausgegeben; aber ob es veröffentlicht wurde, weiß ich nicht.

Das Buch wurde kurz nach der Niederschrift des obigen Textes veröffentlicht, und De Morgan gibt den folgenden kuriosen Bericht darüber: '28. August 1865. Die zetetische Astronomie ist mir in die Hände gefallen. Als ich 1851 die Weltausstellung besuchte, hörte ich eine Orgel, die von einem Künstler gespielt wurde, der ein bestimmtes Register unbedingt vorführen wollte. "Was halten Sie von diesem Register?" wurde ich gefragt. "Das hängt von seinem Namen ab", sagte ich. "Oh! Was kann der Name mit dem Klang zu tun haben? Das, was wir eine Rose nennen usw." "Der Name hat alles damit zu tun: wenn es ein Flötenregister ist, finde ich es sehr hart; aber wenn es ein Eisenbahnpfeifenregister ist, finde ich es sehr süß." Was dieses Buch betrifft: Wenn es kindisch ist, ist es klug; wenn es männlich ist, ist es ungewöhnlich dumm. Die flache Erde, die unruhig auf dem Meere schwimmt; die Sonne, die sich immer über die Ebene bewegt und Tag gibt, wenn sie nahe genug ist, und Nacht, wenn sie zu weit entfernt ist; der selbstleuchtende Mond, mit einem halbdurchsichtigen unsichtbaren Mond, der geschaffen wurde, um ihr ab und zu eine Verfinsterung zu geben; das neue Gesetz der Perspektive, durch das das Verschwinden des Rumpfes vor den Masten, von dem man gewöhnlich glaubt, es beweise die Kugelgestalt der Erde, in Wirklichkeit beweist, dass sie flach ist;-diese und andere Dinge sind gut geeignet, Übungen für jemanden zu bilden, der die Elemente der Astronomie lernt. Die Art und Weise, wie die Sonne ins Meer eintaucht, insbesondere in tropischen Klimazonen, bringt alles durcheinander. Mungo Park gibt, glaube ich, eine afrikanische Hypothese an, die die Phänomene besser erklärt als diese. Die Sonne taucht in den westlichen Ozean ein, und die Menschen dort schneiden sie in Stücke, braten sie in einer Pfanne, fügen sie dann wieder zusammen, nehmen sie mit auf den Weg und stellen sie im Osten auf. Ich hoffe, dass dieses Buch gelesen wird und dass viele davon verwirrt werden; denn es gibt viele, deren Vorstellungen von der Astronomie kein besseres Schicksal verdient haben. Es gibt kein Thema, über das es so wenig genaue Vorstellungen gibt wie über die Bewegungen der Himmelskörper. [51] Der Autor ist zwar äußerst zuversichtlich, stellt aber weder die Ehrlichkeit derjenigen in Frage, deren Meinung er angreift, noch teilt er ihnen künftige Unannehmlichkeiten zu: in diesen Punkten ist er würdig, auf einem Globus zu leben und sich in vierundzwanzig Stunden zu drehen.

Ich wohnte zufällig in der Nähe von Plymouth, als Mr. Rowbotham dort im Oktober 1864 einen Vortrag hielt. Es ist leicht zu verstehen, dass seine Vorträge in einer Stadt, in der es so viele Marinesoldaten gibt, nicht ganz so erfolgreich waren, wie sie es manchmal in kleinen Städten im Landesinneren waren. Zahlreiche Marineoffiziere, die sich der Tatsache, dass die Erde eine Kugel ist, durchaus sicher waren, waren jedoch nicht in der Lage, die gewieften Argumente von Parallax öffentlich zu widerlegen, während der Diskussionen, die er am Ende jeder Vorlesung herausforderte. Er war zu geschickt in der Art von Ausflüchten, die sein angenommener Name (wie von Liddell und Scott interpretiert) nahelegt, um leicht in die Enge getrieben zu werden. Wenn ein Argument vorgebracht wurde, auf das er nicht ohne Weiteres eingehen konnte, sagte er einfach: "Nun, Sir, Sie haben jetzt Ihren gerechten Anteil an der Diskussion gehabt; lassen Sie jemand anderen an die Reihe kommen. In den Zeitungen wurde berichtet, dass einer der Zuhörer wegen dieser Ausweichmanöver so zornig auf den Dozenten war, dass er versuchte, Parallax am Ende der zweiten Vorlesung mit einem Knüppel zu schlagen; aber wahrscheinlich gab es keine wirkliche Grundlage für diese Geschichte.

Herr Rowbotham unternahm jedoch in Plymouth etwas sehr Kühnes. Er unternahm es, durch Beobachtungen mit einem Teleskop auf dem Eddystone-Leuchtturm von der Hoe und vom Strand aus zu beweisen, dass die Wasseroberfläche flach ist. Vom Strand aus kann man normalerweise nur die Laterne sehen. Vom Hoe aus ist unter günstigen Bedingungen der gesamte Leuchtturm sichtbar. Pünktlich am verabredeten Morgen erschien Mr. Rowbotham. Vom Hoe aus wurde ein Fernrohr auf den Leuchtturm gerichtet, der gut zu sehen war, denn der Morgen war ruhig und still und einigermaßen klar. Beim Abstieg zum Strand stellte man fest, dass nicht wie üblich die ganze Laterne, sondern nur die Hälfte zu sehen war - ein Umstand, der zweifellos darauf zurückzuführen war, dass die Brechkraft der Luft, die normalerweise die durch die Erdkrümmung bedingte Neigung um etwa ein Sechstel verringert, an diesem Morgen weniger wirksam war als sonst. Die Auswirkung dieser Besonderheit war offensichtlich ungünstig für die Theorie von Herrn Rowbotham. Die Erdkrümmung bewirkte einen größeren Unterschied als gewöhnlich zwischen der Erscheinung eines entfernten Objekts von einer bestimmten hohen und einer bestimmten niedrigen Station aus (obwohl der Unterschied immer noch geringer war als der, der sich ergeben würde, wenn keine Luft da wäre). Aber Parallaxe behauptete die an jenem Morgen beobachtete Besonderheit als ein Argument zugunsten seiner flachen Erde. Es ist offensichtlich, sagte er, dass an der akzeptierten Theorie etwas nicht stimmt, denn sie besagt, dass vom Strand aus so viel weniger vom Leuchtturm zu sehen sein sollte als vom Hoe, während noch weniger zu sehen war. Und viele der Leute aus Plymouth verließen an diesem Morgen das Hoe und den zweiten Vortrag, in dem Parallax triumphierend die Ergebnisse der Beobachtung zitierte, mit dem Gefühl, das sieben Jahre zuvor im "Leicester Advertiser" zum Ausdruck gekommen war, dass "einige der wichtigsten Schlussfolgerungen der modernen Astronomie ernsthaft entkräftet worden waren. Hätten unsere Astronomiebücher bei der Erwähnung der Auswirkungen der Erdkrümmung nur darauf geachtet, darauf hinzuweisen, dass Vermesser und Seeleute und diejenigen, die Leuchttürme bauen, die modifizierenden Auswirkungen der atmosphärischen Brechung berücksichtigen, und dass seit langem bekannt ist, dass diese Auswirkungen mit der Temperatur und dem Druck der Luft variieren, wäre dieses Unheil vermieden worden. Es wäre nicht fair, von den Personen, die bei dieser Gelegenheit durch Parallax in die Irre geführt wurden, zu sagen, dass sie es nicht besser verdient hätten; denn der Fehler liegt nicht bei ihnen als Leser, sondern bei den unvorsichtigen oder schlecht informierten Autoren.

Ein weiteres Experiment, das Parallax am selben Morgen durchführte, machte seinem Einfallsreichtum alle Ehre. Vielleicht wurde nie etwas Besseres erdacht, um die Menschen scheinbar durch Augenschein zu täuschen und sie zu der Überzeugung zu bringen, dass die Erde flach ist - noch gibt es einen klareren Beweis für die Größe der Erdkugel im Vergleich zu unseren gewöhnlichen Maßen. Auf der Hoe, etwa neunzig oder hundert Fuß über dem Meeresspiegel, ließ er einen Spiegel senkrecht zum Meer hin aufhängen und lud die Umstehenden ein, in diesen Spiegel auf den Meereshorizont zu schauen. Allem Anschein nach entsprach die Linie des Horizonts genau der Höhe der Augenpupillen des Betrachters. Wenn wir in einen Spiegel blicken, dessen Oberfläche genau vertikal ist, ist die Sichtlinie zu den Augenpupillen unseres Bildes im Spiegel natürlich genau horizontal; wohingegen die Sichtlinie von den Augen zum Bild des Meereshorizonts genau so stark abgesenkt ist wie die Linie von den Augen zum echten Meereshorizont. Hier schien also der Beweis erbracht zu sein, dass es keine Vertiefung des Meereshorizonts gibt; denn die horizontale Linie zum Bild der Augenpupille schien genau mit der Linie zum Bild des Meereshorizonts zusammenzufallen. Es ist nicht notwendig, hier anzunehmen, dass der Spiegel falsch justiert war, obwohl der kleinste Justierungsfehler das Ergebnis entweder positiv oder negativ für die Parallax-Theorie der flachen Erde beeinflussen würde. Es ist eine Tatsache, dass bei einem vollkommen senkrechten Spiegel nur ein sehr scharfes Auge die Vertiefung des Bildes des Meereshorizonts unterhalb des Bildes der Augenpupille erkennen könnte. Diese Vertiefung lässt sich unter den gegebenen Umständen leicht berechnen. Die Parallaxe veranlasste die Beobachter, die Position der Augenpupille im Bild sehr genau zu beachten, so dass die meisten von ihnen sich dem Bild auf etwa zehn Zoll oder dem Glas auf etwa fünf Zoll näherten. In einem solchen Fall würde das Bild des Meereshorizonts bei einer Höhe von hundert Fuß über dem Meeresspiegel um weniger als drei Hundertstel Zoll unter dem Bild der Augenpupille liegen - ein Betrag, der von einem von hundert Augen nicht erkannt werden könnte. Der durchschnittliche Durchmesser der Pupille selbst beträgt ein Fünftel eines Zolls, also etwa siebenmal so viel wie die Vertiefung des Meereshorizonts in dem angenommenen Fall. Es würde eine sehr genaue Beobachtung und ein gutes Auge erfordern, um festzustellen, ob eine horizontale Linie, die auf beiden Seiten des Kopfes zu sehen ist, auf der Höhe der Mittelpunkte der Augenpupillen liegt oder um etwa ein Siebtel der Breite einer der beiden Pupillen tiefer.

Das Experiment ist jedoch hübsch und für jeden, der in der Nähe der Küste und der Klippen lebt, einen Versuch wert. Aber es gibt ein viel effektiveres Experiment, das viel leichter auszuprobieren ist - nur hat es den Nachteil, dass es das Argument unseres Freundes Parallax sofort zunichte macht. Es kam mir in den Sinn, während ich den obigen Absatz schrieb. Man hänge einen sehr kleinen Spiegel (er braucht nicht größer als ein Sixpence zu sein) an einer kleinen Halterung auf und beschwere ihn so, dass er, wenn man ihn sich selbst überlässt, mit der Vorderseite vollkommen senkrecht hängt - eine Anordnung, die jeder fähige Optiker leicht sicherstellen kann - und markiere eine feine horizontale Linie oder mehrere horizontale Linien auf dem Spiegel, der übrigens ein metallischer sein sollte, da seine Anzeigen dann insgesamt vertrauenswürdiger sein werden. Dieser Spiegel kann in die Westentasche gesteckt und bequem in eine viel größere Höhe getragen werden als der von Parallax verwendete Spiegel. Nun schaut man in einer beträchtlichen Höhe - sagen wir fünf- oder sechshundert Fuß über dem Meeresspiegel, aber hundert oder sogar fünfzig reichen aus - in diesen kleinen Spiegel, während man *auf das* Meer *blickt*. Der wahre Horizont wird dann sichtbar unter der Mitte der Augenpupille liegen - sichtbar deshalb, weil die auf dem Spiegel gezogene horizontale Linie genau mit dem Meereshorizont übereinstimmen kann und dann *nicht* mit der Mitte der Augenpupille übereinstimmt. Ein solches Instrument könnte leicht so gebaut werden, dass es die Entfernung des Meereshorizonts anzeigt, was gleichzeitig die Höhe des Beobachters über dem Meeresspiegel bestimmt. Zu diesem Zweck bräuchte man nur eine Möglichkeit, das Auge in einer bestimmten Entfernung von dem kleinen Spiegel zu platzieren, und eine feine vertikale Skala auf dem Spiegel, um die genaue Tiefe des Meereshorizonts anzuzeigen. Für Ballonfahrer wäre ein solches Instrument manchmal nützlich, da es die Höhe unabhängig vom Barometer anzeigt, wenn ein Teil des Meereshorizonts in Sicht ist.

Die Erwähnung der Ballonerfahrungen führt mich zu einem weiteren irreführenden Argument der Erdverflacher. [52] Es ist die Erfahrung aller Aeronauten, dass das Aussehen der Erde beim Aufsteigen des Ballons keineswegs dem entspricht, was man nach den bekannten Lehren unserer Astronomiebücher erwarten würde. In den meisten dieser Bücher gibt es ein Bild, das die Wirkung des Aufstiegs über den Meeresspiegel darstellt, indem es die Sichtlinie zum Horizont absenkt und die konvexe Form der Erdkugel mehr und mehr ins Blickfeld bringt. Man könnte meinen, dass sich die Erde unter dem Betrachter in großer Höhe wie ein großer, runder und gut gekrümmter Schild erhebt, dessen Wölbung ihm zugewandt ist. Stattdessen findet der Aeronaut die Erde wie ein großes hohles Becken oder wie die konkave Seite eines gut gekrümmten Schildes vor. Der Horizont scheint sich zu heben, wenn er aufsteigt, während die Erde unter ihm immer tiefer sinkt. Ein ähnliches Phänomen kann man beobachten, wenn man nach dem Aufstieg auf die Landseite einer hohen Klippe plötzlich einen Blick auf das Meer hat - der Meereshorizont liegt immer höher als erwartet. *Nur* scheint sich in diesem Fall die Meeresoberfläche vom Strand aus konvex und nicht konkav zum fernen Horizont zu erheben, was ich darauf zurückführe, dass die Wellen, insbesondere lange Walzen oder gleichmäßige große Wellen, das Auge lehren, sich ein richtiges Bild von der Form der Meeresoberfläche zu machen, auch wenn das Auge über die Lage des Meereshorizonts getäuscht wird. In der Tat würde ich gerne wissen, wie das Meer von einem Ballon aus aussehen würde, wenn kein Land in Sicht ist (obwohl ich diese Beobachtung nicht unbedingt selbst machen möchte): die Konvexität, die aus dem soeben genannten Grund zu erkennen ist, würde mit der Konkavität, die man sich aus dem jetzt anzugebenden Grund vorstellt, in einem merkwürdigen Widerspruch stehen.

Die Täuschung ergibt sich aus dem Umstand, dass die unter dem Ballon und um ihn herum dargestellte Szene vom Auge aus der Erfahrung vertrauterer Szenen beurteilt wird. Der Horizont ist zwar abgesenkt, aber so wenig, dass das Auge die Absenkung nicht wahrnehmen kann, vor allem dort, wo die Begrenzung des Horizonts unregelmäßig ist. Hier führen die Bilder aus den Lehrbüchern in die Irre, denn sie zeigen die Vertiefung als viel zu groß, um übersehen zu werden, und setzen den Beobachter manchmal etwa zweitausend Meilen über den Meeresspiegel. Das Auge beurteilt also den Horizont als dort, wo er sich gewöhnlich befindet - auf gleicher Höhe mit dem Beobachter; blickt man aber nach unten, so nimmt das Auge die große Tiefe, in der die Erde unter dem Ballon liegt, wahr und schätzt sie sofort ein, wenn es nicht sogar übertreibt. Die Erscheinung ist also, wie das Auge sie beurteilt, die eines mächtigen Beckens, dessen Rand sich rundum bis zur Höhe des Ballons erhebt, während sein Grund zwei oder drei Meilen oder mehr unter dem Ballon liegt.

Die zetetischen Gläubigen argumentieren in dieser Angelegenheit so, als ob die Eindrücke der Sinne unter allen Bedingungen, seien sie vertraut oder nicht, vertrauenswürdig wären, während wir in Wirklichkeit wissen, dass die Sinne oft täuschen, selbst unter vertrauten Bedingungen, und fast immer täuschen unter Bedingungen, die nicht vertraut sind. Ein Mensch zum Beispiel, der an den Nebel und Dunst unserer britischen Luft gewöhnt ist, erfährt durch den Sehsinn, wenn er in einer klareren Atmosphäre reist, dass ein Berg, der vierzig Meilen von ihm entfernt ist, ein Hügel ist, der einige Meilen entfernt ist. Ein Italiener hingegen, der durch die Highlands reist, glaubt, dass alle Landschaftselemente viel größer sind (weil er sie für viel weiter entfernt hält), als sie tatsächlich sind. Es ließen sich leicht hundert solcher Beispiele für Täuschungen anführen. Die Bedingungen, unter denen der Luftfahrer die Erde betrachtet, sind sicherlich weniger vertraut als die, unter denen der Brite die Alpen und Apenninen oder der Italiener den Ben Lomond oder Ben Lawers betrachtet. Es wäre daher voreilig, selbst wenn es keine anderen Beweise gäbe, den Glauben zu verwerfen, dass die Erde eine Kugel ist, weil sie vom Ballon aus gesehen wie eine Schüssel aussieht. Wenn man es genau nimmt, müssten die Anhänger der Parallaxe aus diesem Grund den Glauben annehmen, dass die Erde nicht flach, sondern schüsselförmig ist, wozu sie bisher nicht bereit waren.

Wir haben gesehen, dass Parallax ein bestimmtes Experiment auf der Bedford-Ebene beschreibt, das, wenn es so durchgeführt worden wäre, wie er es angibt, mit Sicherheit gezeigt hätte, dass etwas in dem akzeptierten System nicht stimmt - denn eine sechs Meilen lange gerade Kante entlang des Wassers wäre ein ebenso schwerer Schlag für den Glauben an eine runde Erde wie eine gerade Linie auf der Meeresoberfläche von Queenstown nach New York. Ein weiteres kurioses Experiment ziert sein kleines Buch, das, wenn es vor einem Dutzend vertrauenswürdiger Zeugen erfolgreich wiederholt werden könnte, die Männer der Wissenschaft ziemlich in Erstaunen versetzen würde. Nachdem er sich, wie er sagt, durch bestimmte Überlegungen - die völlig falsch sind, aber das ist ein Detail - davon überzeugt hatte, dass eine senkrecht nach oben abgefeuerte Kugel nach der anerkannten Theorie weit westlich des Ortes, von dem aus sie abgefeuert wurde, fallen müsste, befestigte er sorgfältig ein Luftgewehr in einer vertikalen Position und feuerte vierzig Kugeln senkrecht nach oben ab. Alle diese Kugeln fielen in die Nähe der Kanone - was nicht verwunderlich ist, obwohl es ein solches Experiment ziemlich gefährlich gemacht haben muss -, aber zwei fielen zurück in den Lauf selbst - was in der Tat sehr überraschend war. Man könnte den erfahrensten Kanonier der Welt herausfordern, einen solchen senkrechten Schuss in tausend Versuchen zu erzielen; zwei in vierzig grenzen an ein Wunder.

Die Erdverflacher, von denen ich gesprochen habe, beanspruchen als eines ihrer Ziele die Verteidigung der Heiligen Schrift. Aber einige der Erdverflacher der letzten Generation (oder etwas weiter zurück) vertraten eine ganz andere Auffassung von der Sache. Sir Richard Phillips zum Beispiel, ein noch vehementerer Erdverflacher als Parallax, war so wenig an der Verteidigung der Heiligen Schrift interessiert, dass er 1793 zu einem Jahr Gefängnis verurteilt wurde, weil er ein als atheistisch angesehenes Buch verkauft hatte. 1836 versuchte er, Professor De Morgan zu bekehren, indem er den Briefwechsel mit der Bemerkung eröffnete, er habe "eine unauslöschliche Abscheu vor all der angeblichen Weisheit der Philosophie, die von den Mönchen und Doktoren des Mittelalters stammt, und nicht weniger vor denen mit höherem Namen, die lediglich versuchten, die mönchische Philosophie plausibler zu machen oder sie so zu verschleiern, dass sie den Pöbel der kleinen Denker mystifiziert". Es scheint ihm selbst gelungen zu sein, viele von denen, die er bekehren wollte, zu verwirren. Admiral Smyth berichtet über ein Gespräch, das er mit Phillips hatte: Dieser pseudo-mathematische Ritter suchte mich einmal in Bedford auf, ohne dass ich ihn vorher kannte, um über "die Irrtümer Newtons zu sprechen, die zu benennen er fast errötete" und die in die "Principia" eingefügt wurden, um "das gemeine Volk zu verwirren". Er spottete mit souveräner Verachtung über die "Dreifaltigkeit der Gravitationskraft, der Projektilkraft und des leeren Raums" und bewies, dass alle Ortsveränderungen durch Bewegung zu erklären sind. [Dann veranschaulichte er die Bedingungen, indem er einige Papierstücke auf einen Tisch legte und mit der Hand auf sie schlug, so dass sie davonflogen, was er als Anwendung des Impulses bezeichnete. Alle Bewegung, sagte er, ist in der Richtung der Kräfte; und Atome suchen das Zentrum durch "terrestrische Zentripetation" - eine Eigenschaft, die einen universellen Druck verursacht; aber worin sich diese Attribute des Drückens und Ziehens von Gravitation und Anziehung unterscheiden, wurde nicht erklärt. Viele seiner "Wahrheiten" waren so rätselhaft wie die Rätsel von Rabelais; so wurde nichts aus der Bewegung gemacht.'

Ein beliebtes Thema für paradoxe Ideen war die Drehbewegung des Mondes. Seltsamerweise scheint De Morgan, der mehr über die Paradoxisten der Vergangenheit wusste als jeder andere Mann seiner Zeit ( ), nichts von dem Disput zwischen Keill und Bentley im Jahr 1690 über diese Frage gehört zu haben. Er sagt: "Es gab 1748 einen Disput zu diesem Thema zwischen James Ferguson und einem anonymen Gegner, und ich glaube, es gab noch weitere", aber den älteren und interessanteren Disput erwähnt er nicht. Bentley, der kein Mathematiker war, wies in einer Vorlesung auf bestimmte Gründe hin, die dafür sprechen, dass der Mond sich nicht um seine Achse dreht oder keine Achse hat, um die er sich dreht. Keill, damals erst neunzehn Jahre alt, wies darauf hin, dass die von Bentley verwendeten Argumente bewiesen, dass der Mond sich dreht, anstatt zu zeigen, dass er sich nicht dreht. (Zwanzig Jahre später wurde Keill zum Savilian Professor of Astronomy in Oxford ernannt. Er war der erste Inhaber dieses Amtes, der die Newtonsche Astronomie lehrte).

Wie die meisten meiner Leser wissen, ist das Paradoxon, dass der Mond sich nicht dreht, in jüngster Zeit mehr als einmal wiederbelebt worden. Im Jahre 1855 wurde es von Herrn Jellinger Symons aufrechterhalten, einer seiner treuesten Anhänger, Herr H. Perigal, hatte den Angriff einige Jahre zuvor begonnen. Der Kern des Arguments gegen die Rotation des Mondes liegt natürlich in der Tatsache, dass der Mond der Erde immer die gleiche Seite zugewandt hat, oder zumindest sehr nahe daran. Wenn er das genau täte und wenn sein Abstand zur Erde immer gleich wäre, dann wäre seine Bewegung genau so, als wäre er starr mit der Erde verbunden und würde sich um eine Achse an der Erde drehen. Man kann sich den Fall so vorstellen: Durch die Mitte einer großen Apfelsine stößt man einen kurzen Stab senkrecht und einen anderen langen Stab waagerecht; das andere Ende des letzteren stößt man durch einen kleinen Apfel, und nun dreht man das Ganze um den kurzen senkrechten Stab als Achse. Dann wird sich der Apfel in Bezug auf die Orange so bewegen, wie sich der Mond in Bezug auf die Erde unter den soeben gemachten Annahmen bewegen würde. Niemand würde in diesem Fall sagen, dass sich der Apfel um seine Achse dreht, da seine Bewegung eine Drehung um die aufrechte Achse durch die Orange wäre. Deshalb, sagen die Gegner der Mondrotation, sollte auch niemand sagen, dass sich der Mond um seine Achse dreht.

Natürlich wäre die Antwort auch dann offensichtlich, wenn die Bewegungen des Mondes so wären wie angenommen. Der Mond ist mit der Erde nicht so verbunden wie der Apfel mit der Orange im Beispielsfall. Würde der Apfel, der nicht starr mit der Orange verbunden ist, so um die Orange herumgetragen werden, dass er sich genau so bewegt, als wäre er so verbunden, müsste er sich zweifellos um seine Achse drehen, wie jeder feststellen wird, der das Experiment ausprobiert. Ersetze also den geraden Stab, der durch den Apfel gestochen wird, durch eine gerade horizontale Stange, die ein kleines Wasserbecken trägt, in dem der Apfel schwimmt. Bewegt man die Stange langsam und gleichmäßig, so wird man feststellen (wenn man eine Markierung auf dem Apfel anbringt), dass der Apfel nicht mehr dieselbe Seite in Richtung des Bewegungszentrums behält, sondern dass, um dies zu bewirken, dem Apfel eine langsame Drehbewegung in derselben Richtung und mit derselben Geschwindigkeit (unter Vernachlässigung der Auswirkungen der Reibung des Wassers an den Seiten des Beckens) wie die Drehung der Stange mitgeteilt werden muss. In meiner "Abhandlung über den Mond" habe ich einen einfachen Apparat beschrieben und abgebildet, mit dem dieser Versuch leicht durchgeführt werden kann.

Aber solche Experimente sind natürlich nicht wesentlich für das Argument, mit dem das Paradoxon aufgehoben wird. Dieses Argument besteht einfach darin, dass der Mond auf seiner Umlaufbahn um die Sonne - dem eigentlichen Zentrum seiner Bewegung - jeden Teil seines Äquators einmal im Mondmonat nacheinander der Sonne zuwendet. Bei Neumond beleuchtet die Sonne das Gesicht des Mondes, das uns abgewandt ist; bei Vollmond beleuchtet sie das Gesicht, das ihr allmählich zugewandt ist, während der Mond seine ersten beiden Viertel durchlaufen hat. Bei Neumond wendet sich das Gesicht, das wir sehen, wieder allmählich von ihm ab, bis er das andere Gesicht voll beleuchtet. Und so weiter während der aufeinanderfolgenden Lunationen. Dies könnte nicht geschehen, wenn sich der Mond nicht drehen würde. Würden wir auf dem Mond leben, müssten wir feststellen, dass sich der Himmel der Fixsterne einmal in etwas mehr als siebenundzwanzig Tagen von Osten nach Westen dreht; und wenn wir nicht annehmen, was wir wahrscheinlich lange Zeit tun würden, dass unsere kleine Welt das Zentrum des Universums ist und sich die Sterne um sie drehen, müssten wir zugeben, dass sie sich in der genannten Zeit einmal um ihre eigene Achse von Westen nach Osten dreht. Es gäbe kein Entkommen. Die bloße Tatsache, dass sich die Erde während der ganzen Zeit, in der sich die Sterne um den Mond zu drehen schienen, nicht so zu bewegen schien, sondern immer in derselben Richtung lag, würde in keiner Weise dazu beitragen, die Schwierigkeit zu beseitigen. Die Mondparadoxisten würden wahrscheinlich argumentieren, dass sie in irgendeiner Weise fest mit dem Mond verbunden sei; aber auch sie würden niemals auf die Idee kommen zu behaupten, dass sich ihre Welt nicht um ihre Achse dreht, *es sei denn,* sie würden behaupten, dass sie der Mittelpunkt des Universums sei. Ich denke, dass sie dies sehr wahrscheinlich tun würden; aber bis jetzt haben die irdischen Paradoxisten diese Hypothese meines Erachtens noch nicht vertreten. Ich habe Herrn Perigal einmal gefragt, ob dies die wahre Theorie des Universums sei - der Mond im Zentrum, die Erde, die Sonne und der Himmel um ihn herum. Er gab zu, dass sich seine Einwände gegen die akzeptierten Ansichten keineswegs auf die Rotation des Mondes beschränkten, und wenn ich mich recht erinnere, sagte er, dass die Idee, die ich im Scherz geäußert hatte, näher an der Wahrheit sei, als ich dachte, oder er benutzte Worte in diesem Sinne. Aber bis jetzt ist die Theorie, dass der Mond der Chef des Universums ist, noch nicht endgültig ausgesprochen worden.

Kometen sind, wie bereits erwähnt, Gegenstand unzähliger Paradoxa gewesen; aber bis jetzt sind Kometen selbst von Astronomen so wenig verstanden worden, dass Paradoxa, die sie betreffen, nicht so leicht behandelt werden können wie jene , die sich auf wohlbekannte Fakten beziehen. Unter den durchaus paradoxen Ideen in Bezug auf Kometen sei jedoch eine erwähnt, deren Autor ein Mathematiker mit wohlverdientem Ruf ist - Professor Taits "Seevogeltheorie" der Kometenschweife. Nach dieser Theorie lassen sich die rasche Bildung langer Schweife und die raschen Veränderungen ihrer Position nach demselben Prinzip erklären wie die rasche Veränderung des Aussehens eines Seevogelflugs, wenn der Flug von einer Position, in der das Auge quer zu ihm schaut, in eine Position übergeht, in der das Auge ihn von der Seite her anschaut. In der ersten Position ist er kaum sichtbar (wenn er in der Ferne ist), in der zweiten ist er als ein gut definierter Streifen zu sehen; und so wie eine sehr leichte Veränderung der Position jedes Vogels oft ausreicht, um einen ausgedehnten Flug in seiner gesamten Länge sichtbar zu machen, der nur wenige Augenblicke zuvor unsichtbar war, so kann die gesamte Länge eines Kometenschweifs ins Blickfeld gebracht werden und scheinbar in wenigen Stunden durch eine vergleichsweise leichte Verschiebung der einzelnen Meteoriten, aus denen er besteht, gebildet werden.

Dieses Paradoxon - denn es ist zweifellos ein Paradoxon - bietet eine merkwürdige Veranschaulichung des Einflusses, den die mathematische Macht auf das Denken der Menschen hat. Jeder weiß, dass Professor Tait über eine potentielle mathematische Energie verfügt, die in der Lage ist, in kürzester Zeit alle mit seiner Theorie verbundenen Schwierigkeiten zu beseitigen; daher scheinen sich nur wenige zu fragen, ob diese potentielle Energie jemals in Aktion getreten ist. Es ist auch merkwürdig, dass andere bedeutende Mathematiker sich damit begnügt haben, die Theorie im Vertrauen zu übernehmen. So beschrieb Sir W. Thomson auf der Tagung der British Association in Edinburgh, dass die Theorie die Schwierigkeiten, die der Newtonsche Komet im Jahre 1680 aufgeworfen hatte, leicht beseitigen könne. Glashier spricht in seiner Übersetzung von Guillemins "Les Comètes" von der Theorie als einer Theorie, deren Richtigkeit nicht unwahrscheinlich ist, die aber nur durch eine strenge Untersuchung der damit verbundenen mathematischen Probleme bestätigt werden kann ( ).

In Wirklichkeit bedarf es keiner fünfminütigen Untersuchung, um jedem, der mit der Geschichte der langschwänzigen Kometen vertraut ist, zu zeigen, dass Taits Theorie völlig unhaltbar ist. Nehmen wir den Kometen Newton. Er hatte einen neunzig Millionen Meilen langen Schweif, der sich direkt von der Sonne aus erstreckte, als der Komet sich ihm näherte, und der vier Tage später in der gleichen Entfernung und immer noch direkt von der Sonne aus gesehen wurde, als sich der Komet in einer völlig anderen Richtung von ihm entfernte. Nach Taits Seevogeltheorie befand sich die Erde zu diesen beiden Zeitpunkten in der Ebene eines Meteoritenblattes, das den Schweif bildete; aber jedes Mal befand sich auch die Sonne in derselben Ebene, denn der Rand des Meteoritenblattes wurde direkt in einer Linie mit der Sonne gesehen. Der Kopf des Kometen befand sich natürlich in derselben Ebene; aber drei Punkte, die nicht in einer geraden Linie liegen, bestimmen eine Ebene. Das eindeutige Ergebnis der Seevogeltheorie ist also, dass die Meteoritenschicht, die den Schweif des Newtonschen Kometen bildete, in der gleichen Ebene lag, in der auch die Sonne, die Erde und der Komet lagen. Aber der Komet kreuzte die Ekliptik (die Ebene, in der sich die Erde um die Sonne bewegt) zwischen den genannten Epochen und kreuzte sie in einem großen Winkel. Bei der Durchquerung befand sich also die große Meteoritenschicht in der Ebene der Ekliptik; vor der Durchquerung war die Schicht in einer Richtung stark zu dieser Ebene geneigt, und nach der Durchquerung war die Schicht in einer anderen Richtung stark zu dieser Ebene geneigt. Wir sind also keineswegs der Schwierigkeit entgangen, die mit der Seevogeltheorie beseitigt werden sollte. Wenn es eine erstaunliche und in der Tat unglaubliche Sache war, dass die Partikel entlang eines Kometenschweifs in vier Tagen von der ersten zur zweiten Position des Schweifs, die oben betrachtet wurde, gelangt sein sollten, so ist es ebenso erstaunlich und unglaublich, dass eine mächtige Schicht von Meteoriten sich körperlich in der Weise verschoben haben sollte, wie es die Seevogeltheorie verlangt. Nein, es gibt ein Element in unserem Ergebnis, das noch verblüffender ist als jede der bisher erwähnten Schwierigkeiten, und das ist die einzigartige Sorgfalt, die die große Meteoritenschicht gezeigt zu haben scheint, um ihre Ebene immer durch die Erde zu halten, mit der sie in keiner Weise verbunden war. Warum sollte der Meteoritenschwarm diese Vorliebe für unsere Erde vor allen anderen Mitgliedern des Sonnensystems gezeigt haben? Denn die Seevogeltheorie *verlangt, dass* dieser Komet, und nicht nur der Newtonsche Komet, sondern alle anderen, die einen Schweif haben, nicht nur unserer kleinen Erde gegenüber so entgegenkommend sein sollten, sondern sich auch gegenüber jedem anderen Mitglied der Sonnenfamilie völlig anders verhalten sollten.

Wir können verstehen, dass es zwar einige gibt, die das Seevogel-Paradoxon begrüßen, weil es zur Erklärung der Kometenschweife beitragen *könnte*, dass aber die Befürworter des Paradoxons noch nicht viel getan haben, um es mit der kometischen Beobachtung in Einklang zu bringen.

Das zuletzt veröffentlichte astronomische Paradoxon ist vielleicht noch verblüffender. Es bezieht sich auf den Planeten Venus und soll das Aussehen dieses Planeten erklären, wenn er die Sonne kreuzt, oder, technisch gesehen, wenn er sich im Transit befindet. Zu diesem Zeitpunkt ist sie von einem Lichtring umgeben, der etwas heller erscheint als die Sonnenscheibe selbst. Auch der Teil der Venuskugel, der sich noch außerhalb der Sonnenscheibe befindet, wird vor dem vollständigen Eintritt in die Sonne von einem Ring äußerst hellen Lichts umgeben - so hell, dass er auf Fotografien zu sehen ist, die nur für den kleinen Bruchteil einer Sekunde belichtet wurden, der bei einem so intensiv leuchtenden Körper wie der Sonne zulässig ist. Den Astronomen ist es nicht schwergefallen, diese beiden Eigenheiten zu erklären. Es wurde auf andere Weise eindeutig bewiesen, dass die Venus eine

Atmosphäre hat, die unserer eigenen ähnelt, aber wahrscheinlich dichter ist. So wie die Sonne durch die Biegekraft unserer Luft auf ihre Strahlen über den Horizont gehoben wird (nachdem sie in Wirklichkeit unter der Horizontebene vorbeigegangen ist), so bringt die Biegekraft der Venusluft die Sonne um den dunklen Körper des Planeten herum in unser Blickfeld. Aber das neue Paradoxon stellt eine viel kühnere Theorie auf. Statt einer Atmosphäre wie die unsrige hat die Venus eine gläserne Hülle; und statt einer Oberfläche aus Erde und Wasser, die in manchen Fällen mit Wolken bedeckt ist, hat die Venus eine metallisch glänzende Oberfläche. [53]

Der Autor dieser Theorie, Herr Jos. Brett, verblüffte die Astronomen, als er vor einigen Jahren verkündete, dass er mit einem gewöhnlichen Teleskop das Licht der Sonnenkorona ohne die Hilfe einer Sonnenfinsternis sehen konnte, obwohl Astronomen beobachtet hatten, dass das zarte Licht der Korona mit den ersten zurückkehrenden Strahlen der Sonne nach einer totalen Sonnenfinsternis verschwindet.

Der neueste Paradoxonist, der durch den falschen Begriff "Zentrifugalkraft" in die Irre geführt wird, schlägt vor, die altmodische Astronomie zu "modifizieren, wenn nicht gar zu verbannen". Was als Zentrifugalkraft bezeichnet wird, ist in Wahrheit nur Trägheit. In dem bekannten Fall eines Körpers, der von einer Schnur herumgewirbelt wird, bedeutet das Reißen der Schnur ebenso wenig, dass eine aktive Kraft den Körper weggezogen hat, wie das Reißen eines Seils, an dem ein Gewicht gezogen wird, bedeutet, dass das Gewicht einen aktiven Widerstand ausgeübt hat. Natürlich sind hier wieder die Lehrbücher der Hauptfehler.

Dies sind nur einige der Paradoxa verschiedener Art, mit denen die Astronomen, wie auch die Studenten anderer Wissenschaften, von Zeit zu Zeit belustigt wurden. Es ist nicht gänzlich, wie es auf den ersten Blick scheinen mag, "eine Sünde gegen die vierundzwanzig Stunden", solche Dinge zu betrachten; denn man kann viel lernen, nicht nur durch das Studium des richtigen Weges in der Wissenschaft, sondern auch durch die Beobachtung, wo und wie Menschen in die Irre gehen können. Ich kenne in der Tat nur wenige nützlichere Übungen für den Lernenden, als einige Paradoxa zu untersuchen, wenn es die Muße erlaubt, und zu überlegen, wie er sie widerlegen würde, wenn er sich selbst überlassen wäre.

XI. ÜBER EINIGE ASTRONOMISCHE MYTHEN.

DER Ausdruck "astronomischer Mythos" wurde kürzlich auf dem Titelblatt einer Übersetzung aus dem Französischen als Synonym für falsche Systeme der Astronomie verwendet. Ich verwende ihn hier jedoch nicht in diesem Sinne. Die Geschichte der Astronomie enthält die Aufzeichnungen einiger recht verwirrender Beobachtungen, die durch spätere Forschungen nicht bestätigt wurden, aber dennoch nicht einfach wegzuerklären oder zu erklären sind. Solche Beobachtungen beschrieb Humboldt als zu den Mythen einer unkritischen Zeit gehörend; und in diesem Sinne verwende ich den Begriff "astronomischer Mythos" in diesem Aufsatz. Ich schlage vor, einige der interessanteren dieser Beobachtungen kurz zu beschreiben und zu kommentieren, die, in welchem Sinne auch immer sie zu interpretieren sind, eine nützliche Lektion bieten werden.

Es ist wohl kaum notwendig, darauf hinzuweisen, dass ich die Fälle, die ich hier aufführe, als echte Fälle betrachte, in denen Astronomen durch Schein-beobachtungen getäuscht wurden. Andere Astronomiestudenten mögen in Bezug auf einige dieser Fälle anderer Meinung sein als ich. Ich möchte nicht dogmatisieren, sondern einfach die Tatsachen beschreiben, wie ich sie sehe, und die Eindrücke, die ich aus ihnen ziehe. Diejenigen, die die Tatsachen anders sehen, werden sich meines Erachtens nicht darüber beschweren müssen, dass ich sie falsch beschrieben habe.

Zu Beginn möchte ich darauf hinweisen, dass sich einige Beobachtungen die lange Zeit als mythisch galten, als exakt erwiesen haben. So wurde beispielsweise Galileis Entdeckung der Monde, die den Jupiter umkreisen, als es noch sehr wenige Teleskope gab und diese sehr schwach waren, als eine Illusion abgetan, für die der Satan den Hauptanteil der Anerkennung erhielt. In seinem Bericht über seine früheren Saturnbeobachtungen findet sich ein amüsanter und in einem Punkt fast pathetischer Hinweis darauf. Er hatte gesehen, dass der Planet anscheinend auf beiden Seiten von zwei kleineren Planeten begleitet wurde, als ob sie dem alten Saturn auf die Sprünge helfen würden. Doch als er am 4. Dezember 1612 [54] sein Fernrohr auf den Planeten richtete, fand er zu seinem unendlichen Erstaunen, dass von den Begleitplaneten keine Spur zu sehen war; im Blickfeld seines Fernrohrs war die goldfarbene Scheibe des Planeten so glatt gerundet wie die Scheibe von Mars oder Jupiter. Was", schrieb er, "soll man zu einer so seltsamen Metamorphose sagen? Sind die beiden kleineren Sterne nach der Art der Sonnenflecken verzehrt? Sind sie verschwunden oder plötzlich geflohen? Hat Saturn vielleicht seine Kinder verschlungen? Oder waren die Erscheinungen tatsächlich eine Täuschung oder ein Betrug, mit dem die Brille mich und viele andere, denen ich sie gezeigt habe, so lange getäuscht hat? Vielleicht ist jetzt die Zeit gekommen, die fast verdorrten Hoffnungen derjenigen wiederzubeleben, die, von tieferen Betrachtungen geleitet, die Täuschung der neuen Beobachtungen entdeckt und die völlige Unmöglichkeit der Existenz der Dinge bewiesen haben, die das Fernrohr zu zeigen scheint. Ich weiß nicht, was ich in einem so überraschenden, so unerwarteten und so neuartigen Fall sagen soll. Die Kürze der Zeit, die Unerwartetheit des Ereignisses, die Schwäche meines Verstandes und die Angst, mich zu irren, haben mich sehr verwirrt.' Heute wissen wir, dass diese Beobachtungen ebenso wie die bald darauf von Hevelius gemachten, wenn auch falsch interpretierten, so doch richtig waren. Nein, wir wissen, dass, wenn Galilei oder Hevelius sich die Mühe gemacht hätten, die Bedeutung des abwechselnden Sichtbarwerdens und Verschwindens von Objekten, die wie Begleitplaneten aussehen, zu ergründen, sie die 1656 von Huyghens gemachte Entdeckung vorweggenommen haben müssen, dass die Saturnkugel von einem dünnen, flachen Ring umgeben ist, der so groß ist, dass, wenn man eine Reihe von Kugeln wie unsere Erde nebeneinander stellen würde, die Reichweite dieser Reihe von Welten geringer wäre als die Spannweite des Saturnringsystems.

In Galileis Brief ist von den Sonnenflecken die Rede: "Sind die beiden kleineren Sterne", sagt er, "nach Art der Sonnenflecken verzehrt? Als er dies schrieb, gehörten die Flecken zu den Mythen oder Fabeln der Astronomie, und diejenigen, die sie nicht völlig ablehnten, boten eine Erklärung an, die ihren Platz unter den aufgegebenen Lehren, diesen zerbrochenen Spielzeugen der Astronomen, eingenommen hat. Als Scheiner, selbst Jesuit, dem Provinzial der Jesuiten seine Entdeckung der Flecken auf der Sonne mitteilte, soll dieser, ein überzeugter Aristoteliker, ihn gewarnt haben, diese Dinge nicht zu sehen. Ich habe die Schriften des Aristoteles viele Male von Anfang bis Ende gelesen", sagte er, "und ich kann Ihnen versichern, dass ich nirgends etwas Ähnliches gefunden habe wie das, was Sie erwähnen" [erstaunliche Umstände!] "Gehen Sie also, mein Sohn, beruhigen Sie sich; seien Sie sicher, dass das, was Sie für Flecken auf der Sonne halten, die Fehler Ihrer Brille oder Ihrer Augen sind. Da die Vorstellung, dass ein Himmelskörper durch Flecken gekennzeichnet sein könnte, offensichtlich unzulässig war, wurde die Theorie aufgestellt, dass die dunklen Objekte, die scheinbar auf dem Sonnenkörper zu sehen waren, in Wirklichkeit kleine Planeten waren, die sich um die Sonne drehten, und es entstand ein Wettbewerb um den Besitz dieser mythischen Planeten. Tardé vertrat die Ansicht, dass sie *Astra Borbonia* heißen sollten, zu Ehren der königlichen Familie von Frankreich, aber C. Malapert bestand darauf, dass sie *Sidera Austriaca* genannt werden sollten. In der Zwischenzeit lachte die Außenwelt über die Flecken und ihre Namen und über die Astronomen, von denen man annahm, dass sie beides erfunden hatten. Fabritius gibt nur drei Flecken an", schrieb Burton in seiner "Anatomie der Melancholie", "und die in der Sonne; Apelles 15, und die ohne Sonne, die wie die Kyanäischen Inseln im Euxinischen Meer schwimmen. Tardé, der Franzose, hat 33 beobachtet, und das sind weder Flecken noch Wolken, wie Galilei vermutete, sondern Planeten, die konzentrisch zur Sonne und nicht weit von ihr entfernt sind, mit regelmäßigen Bewegungen. Christopher Schemer" [eine bezeichnende Schreibweise des Namens Scheiner], "ein deutscher Suisser Jesuit, teilt sie *in maculas et faculas,* und will sie *in solis superficie* fixiert haben und ihre periodischen und regelmäßigen Bewegungen in 27 oder 28 dayes absolvieren; sie halten alle die Rotation der Sonne auf ihrem Zentrum, und sind alle so zuversichtlich, dass sie Schemata und Tabellen von ihren Bewegungen gemacht haben. Der Holländer tadelt alle; und so sind sie untereinander uneinig, alte und neue, unversöhnlich in ihren Meinungen; so Aristarchus, so Hipparchus, so Ptolomæus, so Albategnius, usw., mit ihren Anhängern, variieren und bestimmen diese Himmelskörper; und so, während diese Männer über die Sonne und den Mond streiten, wie die Philosophen bei Lukian, ist zu befürchten, dass die Sonne und der Mond sich verstecken und genauso beleidigt sein werden, wie sie es mit jenen war, und eine weitere Botschaft an Jupiter schicken, durch irgendeinen neumodischen Ikaromenippus, um all diesen merkwürdigen Kontroversen ein Ende zu machen und sie in alle Winde zu zerstreuen.'

Es ist gut zu bemerken, wie in diesem wie in vielen anderen Fällen gerade der Umstand, der die wissenschaftliche Forschung vertrauenswürdig macht, die Unwissenschaftlichen zum Zweifel veranlasst. Würden die Männer der Wissenschaft im Voraus miteinander vereinbaren, welche Beobachtungen sie veröffentlichen, wie ihre Berichte enden und welche Theorien sie aufstellen wollen ( ), so würden ihre Ergebnisse weitaus vertrauenswürdiger und ihre Theorien weitaus wahrscheinlicher erscheinen, als nach der tatsächlich angewandten Methode. Die Wissenschaft, die genau sein sollte, scheint ganz und gar ungenau zu sein, weil ein Beobachter ein Ergebnis zu erhalten scheint, ein anderer ein anderes. Wissenschaftliche Theorien scheinen nicht vertrauenswürdig zu sein, weil wissenschaftliche Männer lange Zeit rivalisierende Lehren vertreten. Aber in einem anderen und würdigeren Sinn als dem, in dem die Worte im "Kritiker" verwendet werden, ist die Übereinstimmung zwischen den Wissenschaftlern wunderbar. Sie *ist* wunderbar, aller Bewunderung würdig, weil vor ihrer Erreichung lange gehegte Irrtümer ehrlich zugegeben werden mussten; weil der Spott der Inkonsequenz für den Studenten der Wissenschaft nicht angenehmer ist als für andere, und der Mann, der lange Zeit eine Lehre vertreten hat, eine andere annimmt und durchsetzt (gegen die er sich vielleicht lange gewehrt hatte), ist sicher, von vielen der Inkonsequenz beschuldigt zu werden, während der wahrhaft wissenschaftliche Charakter seines Vorgehens nur von wenigen anerkannt wird. Die Einigkeit der Wissenschaftler ist auch in einem anderen Sinne als höchst bedeutsam anzusehen. Solange die Möglichkeit besteht, eine wichtige Theorie eines Wissenschaftlers nicht anzuerkennen, ist es nur natürlich, dass andere Wissenschaftler dies auch nicht tun; denn wenn sie die neue Theorie anerkennen, geben sie einem Konkurrenten die Hand. Streng prinzipiell dürfte diese Überlegung natürlich keinen Einfluss haben; da aber die Menschen der Wissenschaft immer Menschen sind und nicht notwendigerweise durch die wissenschaftliche Arbeit gegen die Fehler der Menschheit gestärkt werden, hat und muss diese Überlegung immer einen Einfluss haben. Wenn also die Mitschreiber und Konkurrenten Newtons oder seiner Anhänger der Newtonschen Theorie die Treue hielten, wenn in unserer Zeit - aber lassen wir unsere Zeit in dieser Hinsicht allein - wenn, allgemein gesprochen, eine neue Lehre oder eine neue Verallgemeinerung oder eine große und überraschende Entdeckung von den rivalisierenden Studenten des Zweiges der Astronomie, zu dem sie gehört, anerkannt wird, dann ist die Wahrscheinlichkeit groß, dass das Gewicht der Beweise als überwältigend empfunden wurde.

Wenden wir uns nun aber den Fällen zu, in denen viele Beobachtungen zwar auf ein bestimmtes Ergebnis hinzuweisen scheinen, sich aber herausgestellt hat, dass diese Beobachtungen im Nachhinein illusorisch gewesen sein müssen.

Ein eindrucksvolles Beispiel dafür ist die verwirrende Geschichte des angeblichen Trabanten der Venus.

Am 25. Januar 1672 sah der berühmte Astronom J.D. Cassini auf der Westseite des Planeten eine Sichel, die wie die Venus geformt war, aber kleiner. Mehr als vierzehn Jahre später sah er eine Mondsichel östlich des Planeten. Im letzteren Fall blieb das Objekt eine halbe Stunde lang sichtbar, bis das eintretende Tageslicht den Planeten und diesen Phantommond aus dem Blickfeld verschwinden ließ. Die scheinbare Entfernung des Mondes von der Venus war in beiden Fällen gering, nämlich nur ein Durchmesser des Planeten im ersten Fall und nur drei Fünftel dieses Durchmessers im zweiten Fall.

Am 23. Oktober 1740 sah der Optiker Short, der über beträchtliche Beobachtungserfahrung verfügte, einen kleinen Stern, der perfekt definiert war, aber weniger leuchtete als die Venus, in einer Entfernung von dem Planeten, die etwa einem Drittel des scheinbaren Durchmessers unseres Mondes entspricht. Dies ist eine große Entfernung und würde einer Entfernung von der Venus entsprechen, die sicherlich nicht geringer ist als die Entfernung des Mondes von der Erde. Short war sich der Gefahr optischer Täuschungen in solchen Fällen bewusst und beobachtete die Venus daher mit einem zweiten Teleskop; außerdem benutzte er vier Okulare mit unterschiedlicher Vergrößerungsstärke. Er sagt, dass die Venus sehr deutlich zu sehen war, die Luft sehr rein, so dass er eine Vergrößerung von 240 verwenden konnte. Der scheinbare Mond hatte einen Durchmesser von weniger als einem Drittel des Venusdurchmessers und zeigte die gleiche Phase wie der Planet. Seine Scheibe war außerordentlich gut definiert. Er beobachtete ihn mehrere Male während eines Zeitraums von etwa einer Stunde.

Noch überzeugender ist allem Anschein nach der Bericht über die von Montaigne gemachten Beobachtungen, den Baudouin 1761 der Akademie der Wissenschaften in Paris vorlegte. Der Venustransit, der am 6. Juni desselben Jahres stattfinden sollte, führte zu einigen Nachforschungen über den Trabanten, der von Cassini und Short gesehen worden sein sollte, denn ein Transit wäre natürlich eine günstige Gelegenheit, den Trabanten zu beobachten. Montaigne, der nicht an die Existenz eines solchen Begleiters glaubte, ließ sich überreden, Anfang 1761 nach ihm zu suchen. Am 3. Mai sah er eine kleine Mondsichel, die etwa zwanzig Bogenminuten (fast zwei Drittel des scheinbaren Durchmessers unseres Mondes) vom Planeten entfernt war. Er wiederholte seine Beobachtung in dieser Nacht mehrmals und sah den kleinen Körper immer wieder, war sich aber trotz seiner Sichelform nicht ganz sicher, ob es sich nicht um einen kleinen Stern handeln könnte. Am nächsten Abend und erneut am 7. und 10. Mai sah er den kleinen Begleiter offenbar etwas weiter von der Venus entfernt und in einer anderen Position. Er stellte fest, dass er zu sehen war, wenn die Venus nicht im Blickfeld war. In einem französischen Werk, dem "Dictionnaire de Physique", das 1789 veröffentlicht wurde, finden sich folgende Bemerkungen zu diesen Beobachtungen: "Das Jahr 1761 wird in der Astronomie wegen der am 3. Mai gemachten Entdeckung eines um die Venus kreisenden Satelliten gefeiert werden. Wir verdanken sie M. Montaigne, Mitglied der Gesellschaft von Limoges. M. Baudouin las vor der Akademie der Wissenschaften in Paris eine sehr interessante Denkschrift vor, in der er eine Bestimmung des Umlaufs und der Entfernung des Satelliten gab. Aus den Berechnungen dieses erfahrenen Astronomen erfahren wir, dass der neue Stern einen Durchmesser von etwa einem Viertel des Venusdurchmessers hat, von der Venus fast so weit entfernt ist wie der Mond von unserer Erde, eine Periode von neun Tagen und sieben Stunden hat" [übrigens viel zu kurz, um wahr zu sein, obwohl M. Baudouin ein Experte gewesen sein soll], "und seinen aufsteigenden Knoten" - aber wir müssen uns nicht um seinen aufsteigenden Knoten kümmern.

Drei Jahre später, am 3. und 4. März 1764, sah Rödkier in Kopenhagen den Trabanten der Venus mit einem Refraktor von 38 Fuß Länge, was bei der geografischen Länge durchaus möglich gewesen wäre. Mit einem anderen Teleskop, das er ausprobierte, konnte er den Trabanten nicht sehen. Aber mehrere seiner Freunde sahen ihn mit dem langen Teleskop. Unter anderem sah Horrebow, Professor für Astronomie, den Satelliten am 10. und 11. März, nachdem er mehrere Vorsichtsmaßnahmen getroffen hatte, um optische Täuschungen zu vermeiden. Einige Tage später sah Montbaron in Auxerre, der nichts von diesen Beobachtungen gehört hatte, einen Satelliten, und am 28. und 29. März erschien er erneut, immer in einer anderen Position.

Es sollte hinzugefügt werden, dass Scheuten behauptete, dass die Venus während des Transits von 1761 von einem kleinen Satelliten bei ihrer Bewegung über das Gesicht der Sonne begleitet wurde.

Viele glaubten so fest an diesen Trabanten der Venus, dass Friedrich der Große, der sich aus irgendeinem Grund einbildete, über den neu entdeckten Körper nach Belieben verfügen zu können, vorschlug, ihn dem Mathematiker D'Alembert zu überlassen, der sich mit folgenden Worten von der Annahme der fragwürdigen Ehre entschuldigte

Eure Majestät erweisen mir zu viel Ehre, wenn sie diesen neuen Planeten mit meinem Namen taufen wollen. Ich bin weder groß genug, um der Trabant der Venus am Himmel zu werden, noch gut genug (*assez bien portant*), um es auf der Erde zu sein, und ich bin zu zufrieden mit dem kleinen Platz, den ich in dieser niederen Welt einnehme, um nach einem Platz am Firmament zu streben.

Es ist gar nicht so einfach zu erklären, wie dieser Phantomsatellit zu sehen war. Pater Hell aus Wien - derselbe Astronom, den Sir G. Airy verdächtigt, während des Venustransits 1769 eingeschlafen zu sein - machte einige Experimente, die zeigten, wie ein falsches Bild des Planeten neben dem echten zu sehen war, wobei das falsche Bild kleiner und schwächer war, wie die von Schort (wie Hell Short nannte), Cassini und den anderen gesehenen Monde. Und in jüngerer Zeit erklärte Sir David Brewster, dass Wargentin "in seinem Besitz ein gutes achromatisches Teleskop hatte, das die Venus immer mit einem solchen Satelliten zeigte". Aber Hell gab zu, dass die Täuschung der unwirklichen Venus leicht zu erkennen war, und Brewster fügt seinem Bericht über Wargentins Phantommond hinzu, dass "die Täuschung durch Drehen des Teleskops um seine Achse entdeckt wurde". Wie Admiral Smyth treffend bemerkt, ist der Versuch, die von Cassini und Short gemachten Beobachtungen auf diese Weise zu erklären, "eine reine Spielerei, denn es ist unmöglich, dass so genaue Beobachter durch eine so grobe Nachlässigkeit getäuscht werden konnten. Smyth glaubte übrigens an den Mond der Venus. Der umstrittene Trabant ist vielleicht äußerst winzig", sagt er, "und einige Teile seines Körpers sind vielleicht weniger in der Lage, das Licht zu reflektieren als andere; und wenn man die Pracht seiner primären Erscheinung und unseren ungünstigen Beobachtungsort in Betracht zieht, muss man zugeben, dass man die Suche nicht aufgeben sollte, wie gering die Hoffnung auch sein mag.

Abgesehen davon, dass Scheuten behauptete, während des Transits von 1761 einen dunklen Körper in der Nähe der Venus erkannt zu haben, ist die Venus während des Transits immer ohne Begleiter erschienen. Da niemand sonst behauptete, das gesehen zu haben, was Scheuten 1761 sah, obwohl der Transit von Hunderten beobachtet wurde, von denen viele weitaus feinere Teleskope benutzten als er, müssen wir annehmen, dass er sich von seiner Phantasie täuschen ließ. Während des Transits von 1769 und erneut am 8. und 9. Dezember 1874 hatte die Venus mit Sicherheit keinen Begleiter während ihres Transits.

Was war es dann, das Cassini, Short, Montaigne und die anderen zu sehen glaubten? Herr Webb hat die Idee geäußert, dass eine Luftspiegelung die Illusion verursacht hat. Aber er scheint die Tatsache übersehen zu haben, dass ein durch eine Fata Morgana entstandenes Bild der Venus zwar schwächer als der Planet wäre, aber nicht kleiner. Es könnte sich je nach den Umständen über oder unter der Venus befinden, oder sogar etwas zu beiden Seiten, und es könnte entweder ein direktes oder ein umgekehrtes Bild sein, aber es könnte unmöglich ein verkleinertes Bild sein.

Einzelne Beobachtungen wie die von Cassini oder Short könnten als subjektive Phänomene erklärt werden, aber diese Erklärung wird im Falle der Kopenhagener Beobachtungen nicht ausreichen.

Ich lehne, wie jeder Astronomiestudent, die Idee einer vorsätzlichen Täuschung ab. Gelegentlich mag ein Beobachter vorgeben, etwas zu sehen, was er nicht gesehen hat, obwohl ich glaube, dass dies sehr selten geschieht. Aber selbst wenn Cassini und die anderen notorisch unzuverlässige Personen gewesen wären, anstatt dass sich einige von ihnen durch die Sorgfalt und Genauigkeit, mit der sie ihre Beobachtungen gemacht und aufgezeichnet haben, ausgezeichnet hätten, sind diese gelegentlichen Ansichten eines Phantomsatelliten keineswegs solche Beobachtungen, die sie erfunden hätten. Mit Beobachtungen, die nicht von Astronomen mit leistungsfähigeren Teleskopen bestätigt werden konnten, wollte man sich nicht profilieren. Cassini zum Beispiel wusste sehr wohl, dass nichts als sein wohlverdienter Ruf ihn vor Verdächtigungen oder Spott hätte bewahren können, als er verkündete, er habe die Venus in Begleitung eines Satelliten gesehen.

Es scheint mir wahrscheinlich, dass der falsche Satellit eine optische Täuschung war, die auf eine andere Weise zustande kam als die von Hell und Brewster erwähnten, wenngleich ich es nicht unternehme, unter den verschiedenen Umständen, die bei einem unvollkommenen Instrument ein solches Ergebnis verursachen könnten, eine Auswahl zu treffen. Es ist sicher, dass der Venussatellit mit der Verbesserung der Teleskope verschwunden ist, während es ebenso sicher ist, dass selbst mit den besten modernen Instrumenten gelegentlich Täuschungen auftreten, die sogar die Auserwählten der Wissenschaft täuschen. Drei Jahre sind vergangen, seit ich hörte, wie der hervorragende Beobachter Otto Struve von Pulkowa zur Erbauung des Astronomer-Royal und vieler anderer Beobachter einen ausführlichen Bericht über einen Begleiter des Sterns Procyon gab, in dem er die scheinbare Helligkeit, Entfernung und Bewegungen dieses Begleitkörpers beschrieb. Ich hatte nur wenige Monate zuvor das Observatorium in Washington besucht, wo mit einem viel leistungsfähigeren Teleskop systematisch, aber erfolglos nach diesem Begleiter von Procyon gesucht worden war, und ich war trotz der Indizien, die Struve in seinem Bericht anführte, und seiner Zuversicht (die von den anwesenden Beobachtern fraglos geteilt wurde) der festen Überzeugung, dass er in irgendeiner Weise getäuscht worden war. Aber ich konnte damals nicht sehen, noch hat irgendjemand erklärt, wie das sein könnte. Die Tatsache, dass er getäuscht worden war, steht jedoch inzwischen außer Zweifel. Spätere Forschungen haben gezeigt, dass das Pulkowa-

Teleskop, obwohl es ein sehr gutes Instrument ist, die unerwünschte Eigenschaft besitzt, für alle Sterne erster Klasse eine Begleiterkugel in der Position zu erzeugen, in der O. Struve und sein Assistent Lindenau den angeblichen Begleiter von Procyon gesehen haben.

Ich kann aber auch darauf hinweisen, dass in letzter Zeit so wilde Theorien über die Venus aufgestellt wurden, dass man heute nach weitaus interessanteren Erklärungen des Rätsels als dieser optischen suchen kann. Der Künstler Jos. Brett hat ernsthaft behauptet, dass die Venus eine metallisch glänzende Oberfläche mit einer gläsernen Atmosphäre hat, was nur so verstanden werden kann, dass es sich um einen Glaskasten handelt. Diese erstaunliche Theorie geht auf eine interessante Beobachtung zurück, die von den Astronomen (es ist wohl kaum nötig zu sagen) etwas anders erklärt wird. Wenn die Venus zu Beginn des Transits teilweise in die Sonne eingetreten ist, sieht man rund um den Teil ihrer Scheibe, der noch außerhalb der Sonne verbleibt, einen Lichtbogen, der so brillant ist, dass er bei der für die Sonnenfotografie erforderlichen augenblicklichen Belichtung seine fotografische Spur aufnimmt. Es ist mathematisch nachweisbar, dass dieser Lichtbogen genau das ist, was zu sehen sein *müsste*, wenn Venus eine Atmosphäre wie unsere Erde hätte. Aber die mathematische Beweisführung ist für manche Köpfe nicht ausreichend (oder vielleicht ist sie sogar zu viel). Deshalb wurde die Venus der Einfachheit halber mit einer Spiegelfläche und einem Glaskasten versehen. (Weitere Einzelheiten finden Sie im vorangegangenen Aufsatz über astronomische Paradoxien).

Das nächste zu betrachtende Rätsel ist von zweifelhafterem Charakter als der Mythos um den Trabanten der Venus. Die Astronomen sind sich ziemlich einig, dass die Venus keinen Mond hat, aber viele, darunter einige verdienstvolle Persönlichkeiten, glauben noch immer an die Geschichte des Planeten Vulkan.

Vor mehr als siebzehn Jahren wurde die astronomische Welt durch die Ankündigung aufgeschreckt, dass ein neuer Planet entdeckt worden sei, und zwar unter Umständen, die mit der Entdeckung neuer Mitglieder des Sonnensystems nichts gemein hatten. Zu diesem Zeitpunkt hatten sich die Astronomen bereits daran gewöhnt, Jahr für Jahr mehrere Asteroiden zu entdecken, die in Wirklichkeit Planeten sind, wenn auch kleine. In der Tat waren damals nicht weniger als sechsundfünfzig dieser Körper bekannt, von denen einundfünfzig in den Jahren 1847 bis einschließlich 1858 entdeckt worden waren, wobei kein einziges dieser Jahre ohne die Entdeckung eines Asteroiden verging. Aber alle diese Planeten gehörten zu einer Familie, und da es allen Grund zu der Annahme gab, dass sich Tausende weitere in der gleichen Region des Sonnensystems bewegten, war die Entdeckung einiger weniger unter ihnen für die Astronomen nicht mehr von besonderem Interesse. Die Entdeckung des ersten bekannten Mitglieds der Familie war in der Tat von großem Interesse gewesen und hatte das gegenwärtige Jahrhundert am ersten Tag, an dem sie gemacht wurde, würdig eingeleitet. Denn sie war nach einem bestimmten Plan gemacht worden, und die Astronomen hatten fast alle Hoffnungen auf einen Erfolg dieses Plans aufgegeben, als Piazzi seine Entdeckung der kleinen Ceres bekannt gab. Auch die Entdeckung der nächsten Mitglieder der Familie war interessant gewesen, denn enthüllte die Existenz einer neuen Ordnung von Körpern im Sonnensystem. Niemand hatte die Möglichkeit in Betracht gezogen, dass es neben den großen Körpern, die entweder einzeln oder in Begleitung untergeordneter Familien von Monden um die Sonne kreisen, auch einen Ring von vielen Planeten geben könnte. Darauf schien die Entdeckung von Ceres, Pallas, Juno und Vesta hinzudeuten, es sei denn - und das war noch seltsamer - es handelte sich nur um Bruchstücke eines mächtigen Planeten, der in längst vergangenen Zeiten durch eine gewaltige Explosion zerschmettert worden war. Seither ist diese verblüffende Theorie jedoch (selbst) explodiert. Jahr für Jahr werden neue Mitglieder des Rings der unzähligen Planeten entdeckt, und zwar nicht, wie kürzlich vorhergesagt, in allmählich abnehmender Zahl, sondern so schnell, dass in den letzten zehn Jahren mehr entdeckt wurden als in den zwanzig Jahren zuvor.

Die Entdeckung des Riesenplaneten Uranus, der unsere Erde an Masse um das Zwölfeinhalbfache und an Volumen um das Vierundsiebzigfache übertrifft, war für die Würde des Planetensystems von weitaus größerer Bedeutung, denn es ist bekannt, dass der gesamte Ring der Asteroiden zusammen nicht einmal ein Zehntel der Masse der Erde ausmacht, während Uranus die gesamte Familie der terrestrischen Planeten - Merkur, Venus, Erde und Mars - an Volumen um ein Vielfaches übertrifft. Die Entdeckung des Uranus erfolgte im Gegensatz zu der von Ceres durch einen Zufall. Sir W. Herschel war auf der Suche nach Doppelsternen einer bestimmten Art im Sternbild Zwillinge, als er durch einen glücklichen Zufall den Fremden entdeckte.

Das Interesse, mit dem die Astronomen die Ankündigung der Entdeckung des Uranus aufnahmen, war zwar groß, aber nicht zu vergleichen mit dem, mit dem sie die Entdeckung des Neptun begrüßten, eines größeren und massereicheren Planeten, der in einer Entfernung umläuft, die um die Hälfte größer ist als der gewaltige Raum, der Uranus von der Sonne trennt, ein Raum, der so groß ist, dass im Vergleich dazu die Entfernung von 184.000.000 Meilen, die den Durchmesser unserer Erdumlaufbahn bildet, ganz unbedeutend erscheint. Es war jedoch nicht die Weite der Masse oder des Volumens von Neptun oder die schreckliche Abgelegenheit der Bahn, auf der er seinen düsteren Kurs verfolgt, die das Interesse der Astronomen auf sich zog, sondern die Merkwürdigkeit der Umstände, unter denen der Planet entdeckt worden war. Sein Einfluss war viele Jahre lang zu spüren, bevor die Astronomen auf die Idee kamen, nach ihm zu suchen, und selbst als der Gedanke bei dem einen oder anderen aufkam, wurde er als zu chimärisch angesehen, um vernünftigerweise in Erwägung gezogen zu werden, und das auch noch von einem so verdienten und angesehenen Astronomen wie Sir G. Airy. Alle Welt weiß heute, wie Leverrier, der größte lebende Meister der physikalischen Astronomie, und Adams, der damals außerhalb von Cambridge kaum bekannt war, auf die Idee kamen, den Planeten zu finden, und zwar nicht durch die einfache Methode, ihn mit einem Teleskop zu suchen, sondern durch die mathematische Analyse des störenden Einflusses des Planeten auf bekannte Mitglieder des Sonnensystems. Alle wissen auch, dass diese Mathematiker mit ihren Berechnungen Erfolg hatten und dass der Planet genau in der Region und in der Nähe des Punktes gefunden wurde, der zuerst von Adams und später, aber unabhängig davon, und (zum Glück für ihn mehr öffentlich) von Leverrier angegeben wurde.

Keines dieser Beispiele für die Entdeckung von Mitgliedern des Sonnensystems ähnelte in Methode oder Details der Entdeckung, die Anfang des Jahres 1859 bekannt gegeben wurde. Der neue Planet wurde nicht in den Tiefen der Sterne und in der Dunkelheit der Nacht gesucht, sondern am hellen Tag und im Angesicht der Sonne selbst. Nicht am Rande des Sonnensystems wurde der Planet vermutet, sondern innerhalb der Umlaufbahn des Merkurs, der bis dahin als der sonnennächste aller Planeten galt. Man hoffte nicht, dass eine Berechnung der Störungen anderer Planeten den Ort des Fremden zeigen würde, obwohl bestimmte Veränderungen in der Merkurbahn deutlich genug auf die Existenz des Fremden hinzuweisen schienen.

Anfang 1860 hatte Leverrier bekannt gegeben, dass die Position der Merkurbahn nicht genau mit den Berechnungen übereinstimmte, die auf den angenommenen Schätzungen der Massen derjenigen Planeten beruhten, die die Bewegungen des Merkurs am stärksten stören. Der Teil der Bahn, in dem Merkur der Sonne am nächsten ist und in dem er sich daher am schnellsten bewegt, hatte sich geringfügig von seiner berechneten Position verschoben. Es wurde erwartet, dass sich dieser Teil der Bahn bewegen würde, aber er hatte sich mehr bewegt als erwartet; und natürlich bewegte sich Merkur, dessen Bereich der schnellsten Bewegung etwas anders platziert war als erwartet, selbst etwas anders.

Leverrier stellte fest, dass zur Erklärung dieser Eigenschaft der Merkurbewegung entweder die Masse der Venus als ein Zehntel größer als angenommen angesehen werden muss, oder dass eine unbekannte Ursache die Bewegung des Merkurs beeinflussen muss. Ein Planet von der Größe des Merkurs, der sich etwa in der Mitte zwischen Merkur und Sonne befindet, würde die beobachtete Störung erklären; aber Leverrier lehnte die Existenz eines solchen Planeten ab, weil er nicht glauben konnte, dass er bei totalen Sonnenfinsternissen unsichtbar sein würde. Alle Schwierigkeiten verschwinden", fügte er hinzu, "wenn man anstelle eines einzigen Planeten kleine Körper annimmt, die zwischen Merkur und der Sonne zirkulieren. Da er ihre Existenz für nicht unwahrscheinlich hielt, riet er den Astronomen, nach ihnen Ausschau zu halten.

Am 2. Januar 1860 schrieb Leverrier diesen Brief. Am 22. Dezember 1859 hatte ein Herr Lescarbault aus Orgères über den Generalinspektor für Straßen und Brücken, Herrn Vallée, einen Brief an Leverrier gerichtet, in dem er mitteilte, dass er am 26. März 1859 gegen vier Uhr nachmittags einen runden schwarzen Fleck auf der Sonne gesehen und beobachtet hatte, wie er wie ein Planet im Transit vorbeizog - nicht mit der langsamen Bewegung eines gewöhnlichen Sonnenflecks. Die tatsächliche Zeit, in der der runde Fleck zu sehen war, betrug eine Stunde, siebzehn Minuten und neun Sekunden, wobei die Geschwindigkeit der Bewegung so war, dass der Transit mehr als vier Stunden gedauert hätte, wenn der Fleck die Mitte der Sonnenscheibe mit der gleichen Geschwindigkeit durchquert hätte. Der Fleck streifte also nur die Sonnenscheibe und war zu keinem Zeitpunkt weiter als ein Sechsundvierzigstel des scheinbaren Durchmessers der Sonne vom Rand der Sonne entfernt. Lescarbault gab seiner Überzeugung Ausdruck, dass an einem zukünftigen Tag ein schwarzer, vollkommen runder und sehr kleiner Fleck über der Sonne vorbeiziehen wird, und "dieser Punkt wird sehr wahrscheinlich der Planet sein, dessen Bahn ich am 26. März 1859 beobachtet habe. Ich bin überzeugt", fügte er hinzu, "dass es sich bei diesem Körper um den Planeten oder einen der Planeten handelt, deren Existenz in der Nähe der Sonne M. Leverrier vor einigen Monaten bekannt gemacht hatte" (er bezog sich dabei auf die vorläufige Bekanntgabe der Ergebnisse, die Leverrier später mit größerer Bestimmtheit veröffentlichte).

Als Leverrier von Lescarbaults Beobachtung erfuhr, wunderte er sich, dass die Beobachtung nicht früher bekannt gegeben wurde. Er hielt die Verzögerung durch Lescarbaults Erklärung, er wolle die Stelle noch einmal sehen, nicht für ausreichend gerechtfertigt. Er machte sich daher in Begleitung von M. Vallée auf den Weg nach Orgères. Das vorherrschende Gefühl in Leverriers Gemüt", so Abbé Moigno, "war der Wunsch, einen Versuch zu entlarven, ihn als die Person aufzudrängen, die am ehesten auf die Behauptung hören würde, seine Prophezeiung habe sich erfüllt.

Man hätte M. Lescarbault sehen müssen", sagt Moigno, "so klein, so einfach, so bescheiden und so schüchtern, um die Erregung zu verstehen, die ihn ergriff, als Leverrier ihn aus großer Höhe und mit dem unverblümten Tonfall, den er beherrscht, so ansprach: "Sie sind es also, mein Herr, der vorgibt, den innermercurialen Planeten beobachtet zu haben, und der das schwere Vergehen begangen hat, seine Beobachtung neun Monate lang geheim zu halten. Ich warne Sie, dass ich hierher gekommen bin, um Ihren Behauptungen Gerechtigkeit widerfahren zu lassen und zu beweisen, dass Sie entweder unehrlich waren oder sich getäuscht haben. Sagen Sie mir also unumwunden, was Sie gesehen haben."' Diese eigenartige Ansprache führte nicht, wie man hätte erwarten können, zu einem abrupten Ende des Gesprächs. Das Lamm, wie der Abbé den Arzt nennt, stammelte zitternd einen Bericht über das, was er gesehen hatte. Er erklärt, wie er den Durchgang des schwarzen Flecks zeitlich bestimmt hat. Wo ist Ihr Chronometer?", fragte Leverrier. 'Es ist diese Uhr, der treue Begleiter meiner beruflichen Reisen. Was! Mit dieser alten Uhr, die nur Minuten anzeigt, wagen Sie es, von einer Sekundenschätzung zu sprechen. Mein Verdacht hat sich bereits zu gut bestätigt. 'Pardon, ich habe ein Pendel, das die Sekunden anzeigt.' 'Zeigen Sie es mir.' Der Doktor holt einen Seidenfaden herunter, an dem eine

Elfenbeinkugel befestigt ist. Er befestigt das obere Ende an einem Nagel, zieht die Kugel ein wenig aus der Senkrechten, zählt die Anzahl der Schwingungen und zeigt, dass sein Pendel Sekunden schlägt; er erklärt auch, dass er aufgrund seines Berufes, in dem er Pulse fühlen und zählen muss, keine Schwierigkeiten hat, die aufeinanderfolgenden Sekunden im Kopf zu behalten.

Nachdem ihm das Teleskop gezeigt worden war, mit dem die Beobachtung gemacht worden war, und die Aufzeichnung der Beobachtung (auf einem Stück Papier, das mit Fett und Laudanum bestrichen war und als Markierung in der "Connaissance des Temps", dem französischen nautischen Almanach, diente), erkundigte sich Leverrier, ob Lescarbault versucht habe, den Abstand des Planeten von der Sonne aus der Dauer seines Transits abzuleiten. Der Arzt gab zu, dass er dies versucht hatte, aber da er kein Mathematiker war, hatte er keinen Erfolg mit diesem Problem. Er zeigte die groben Entwürfe seiner vergeblichen Berechnungsversuche auf einer Tafel in seiner Werkstatt, "denn", so sagte er naiv, "ich bin sowohl Tischler als auch Astronom".

Das Gespräch überzeugte Leverrier davon, dass tatsächlich ein neuer Planet in der Umlaufbahn des Merkurs entdeckt worden war. Mit einer Anmut und Würde voller Güte", so heißt es in einem zeitgenössischen Bericht über diese Ereignisse, [55] "beglückwünschte er Lescarbault zu der wichtigen Entdeckung, die er gemacht hatte". In dem Bestreben, dem Entdecker des Vulkans ein Zeichen des Respekts zu verschaffen, erkundigte sich Leverrier nach seinem privaten Charakter und erfuhr vom Dorfpfarrer, dem Friedensrichter und anderen Funktionären, dass er ein geschickter Arzt und ein ehrenwerter Mann sei. Auf der Grundlage dieser Empfehlungen beantragte Leverrier bei Rouland, dem Minister für das öffentliche Unterrichtswesen, die Verleihung des Ordens der Ehrenlegion für Lescarbault. Der Minister übermittelte diesen Antrag in einer kurzen, aber interessanten Begründung an den Kaiser, der dem Dorfastronomen mit Dekret vom 25. Januar die ihm gebührende Ehrung zukommen ließ. Seine Berufskollegen in Paris waren ebenfalls bestrebt, ihre Wertschätzung zu bezeugen, und MM. Felix Roubaud, Legrande und Caffe, als Vertreter der wissenschaftlichen Presse, schlugen dem medizinischen Gremium und der wissenschaftlichen Welt in Paris vor, Lescarbault am 18. Januar zu einem Bankett im Hôtel du Louvre einzuladen.

Die Ankündigung der vermeintlichen Entdeckung veranlasste die Astronomen, die Aufzeichnungen früherer Beobachtungen schwarzer Flecken, die sich über die Sonne bewegten, erneut zu überprüfen. Es gab zwar mehrere solcher Aufzeichnungen, aber sie wurden allmählich als unwichtig eingestuft. Wolff aus Zürich veröffentlichte eine Liste von nicht weniger als zwanzig solcher Beobachtungen seit 1762. Carrington fügte viele weitere Fälle hinzu. Wolff vergleicht drei dieser Beobachtungen und stellt fest, dass ein Planet mit einer Umlaufzeit von 19 Tagen ausreicht, was mit der von Leverrier für den Planeten von Lescarbault ermittelten Periode von etwas mehr als 19-1/3 Tagen übereinstimmt. Die Gesamtheit der Beobachtungen schwarzer Flecken setzt jedoch voraus, dass es mindestens drei neue Planeten gibt, die zwischen Merkur und der Sonne unterwegs sind. Viele Beobachter machten sich auch auf die Suche nach Vulkan, wie der vermeintliche neue Planet genannt wurde. Zu diesem Zweck haben sie bis heute vergeblich die Sonne beobachtet.

Während die Aufregung über Lescarbaults Entdeckung auf dem Höhepunkt war, zweifelte ein anderer Beobachter nicht nur die Entdeckung, sondern auch die Ehrlichkeit des Entdeckers an.

M. Liais, ein französischer Astronom von beachtlicher Kompetenz, früher am Pariser Observatorium tätig, aber zur Zeit der Errungenschaft von Lescarbault im Dienst der brasilianischen Regierung, veröffentlichte eine Abhandlung "Sur la Nouvelle Planète annoncée par M. Lescarbault", in der er versuchte, die folgenden vier Punkte zu belegen:-

Erstens: Die Beobachtung von Lescarbault wurde nie gemacht.

Zweitens irrte sich Leverrier in der Annahme, dass ein Planet wie Vulkan der Entdeckung entgangen sein könnte, wenn er sich außerhalb der Sonne befand.

Drittens wäre Vulkan bei totalen Sonnenfinsternissen mit Sicherheit zu sehen gewesen, wenn der Planet wirklich objektiv existiert hätte.

Viertens stützt sich M. Leverriers Glaube an die Existenz des Planeten auf die Annahme, dass die astronomischen Beobachtungen präziser sind als sie tatsächlich sind.

Wahrscheinlich hätten die Einwände von Liais bei Leverrier mehr Gewicht gehabt, wenn der vierte Punkt weggelassen worden wäre. Es war unvorsichtig von einem ehemaligen Untergebenen, das Urteil des Leiters des Pariser Observatoriums in einer Angelegenheit anzufechten, die zu jenem speziellen Bereich der Astronomie gehört, von dem man erwarten kann, dass ein Leiter eines Observatoriums ihn gründlich versteht. Es wird als äußerst gewagt angesehen, wenn jemand außerhalb der Kreise der offiziellen Astronomie (wie Newton zur Zeit von Flamstead, Sir W. Herschel zur Zeit von Maskelyne und Sir J. Herschel im gegenwärtigen Jahrhundert) eine Meinung vertritt oder aufrechterhält, die im Gegensatz zu der eines offiziellen Chefs steht, aber wenn ein Untergebener (auch wenn er es nicht mehr ist) sich eines solchen unbesonnenen Vorgehens schuldig macht, "ist das höchst erträglich und nicht zu ertragen", wie ein typischer Beamter sagte. Daher schenkte Leverrier den Einwänden von Liais nur wenig Beachtung.

In mancherlei Hinsicht war das, was Herr Liais zu sagen hatte, jedoch sehr treffend.

Genau zu dem Zeitpunkt, als Lescarbault den schwarzen Fleck auf der Sonnenoberfläche beobachtete, untersuchte Liais die Sonne mit einem Teleskop mit viel stärkerer Vergrößerung und sah keinen solchen Fleck. Seine Aufmerksamkeit galt besonders dem Rand der Sonne (wo Lescarbault den Fleck sah), weil er damit beschäftigt war, die Abnahme der Sonnenhelligkeit in der Nähe des Randes zu bestimmen. Außerdem untersuchte er genau den Teil des Sonnenrandes, in den Lescarbault den Planeten eintreten sah, und zwar zu einem Zeitpunkt, an dem er sich zwölf Minuten vor der Sonne befunden haben muss und weit innerhalb des Randes der Sonnenscheibe. Die negativen Beweise sind hier sehr stark, obwohl man immer bedenken muss, dass negative Beweise überwältigend stark sein müssen, bevor sie als wirksam gegen positive Beweise anerkannt werden können. Auf den ersten Blick scheint es völlig unmöglich, dass Liais, der die Region, in der Lescarbault den Fleck sah, mit einem stärkeren Teleskop untersuchte, ihn nicht gesehen hätte, wenn er dort gewesen wäre; aber die Erfahrung zeigt, dass es für einen Beobachter, der mit der Untersuchung von Phänomenen einer Klasse beschäftigt ist, nicht unmöglich ist, ein Phänomen einer anderen Klasse zu übersehen, selbst wenn es ganz offensichtlich ist. Alles, was wir sagen können, ist, dass es unwahrscheinlich ist, dass Liais den Planeten von Lescarbault übersehen hätte, wenn es ihn gegeben hätte; und wir müssen diese Wahrscheinlichkeit gegen die Existenz von Vulkan mit Argumenten kombinieren, die sich aus anderen Überlegungen ergeben. Es besteht auch die Möglichkeit eines Zeitfehlers. Wie der Autor der "North British Review" bemerkt, "sind zwölf Minuten eine so kurze Zeit, dass es durchaus möglich ist, dass der Planet während der Zeit, in der Liais ihn beobachtete, nicht in die Sonne eingetreten ist.

Das zweite und dritte Argument sind stärker. In der Tat sehe ich nicht, wie man ihnen widerstehen kann.

Erstens geht aus Lescarbaults Schilderung klar hervor, dass Vulkan einen beträchtlichen Durchmesser haben muss - wenn der Durchmesser von Vulkan in Meilen nur halb so groß wäre wie der von Merkur, wäre es für Lescarbault mit seinem kleinen Teleskop fast unmöglich gewesen, Vulkan überhaupt zu sehen, während er den schwarzen Fleck sehr deutlich sah. Nehmen wir an, dass Vulkan den halben Durchmesser von Merkur hat, und vergleichen wir die Helligkeit dieser beiden Planeten, wenn sie sich in ihrer größten scheinbaren Entfernung von der Sonne befinden, d.h. wenn sie wie Halbmonde aussehen. Die Entfernung von Merkur übersteigt die geschätzte Entfernung von Vulkan von der Sonne um das 27-fache von 10, so dass Vulkan im Verhältnis 27 mal 27 zu 10 mal 10 oder 729 zu 100 - also mindestens 7 zu 1 - stärker beleuchtet wird. Aber mit einem Durchmesser, der nur halb so groß ist, könnte die Scheibe von Vulkan bei der gleichen Entfernung von uns nur etwa ein Viertel der von Merkur sein (und sie würden sich bei der Betrachtung als Halbmonde in etwa der gleichen Entfernung von uns befinden). Daher wäre Vulkan heller als Merkur im Verhältnis 7 zu 4. Da er sich so nahe an der Sonne befindet, wäre er natürlich nicht so leicht zu sehen; und wir könnten nicht erwarten, ihn überhaupt mit dem bloßen Auge zu sehen - obwohl selbst das nicht sicher ist. Aber Merkur, wenn er sich in der gleichen scheinbaren Entfernung von der Sonne befindet und weniger Licht abgibt als in seiner größten scheinbaren Entfernung, ist im Fernrohr recht leicht zu sehen. Umso leichter sollte Vulkan zu sehen sein, wenn das Fernrohr zu einem solchen Zeitpunkt richtig ausgerichtet wäre oder wenn Vulkan sich in der Nähe seiner größten scheinbaren Entfernung von der Sonne befände. Nun ist es wahr, dass Astronomen nicht genau wissen, wann oder wo sie nach ihm suchen sollen. Aber er geht von seiner größten Entfernung auf der einen Seite der Sonne bis zu seiner größten Entfernung auf der anderen Seite in weniger als zehn Tagen, nach der berechneten Zeit, und sicherlich (das heißt, wenn der Planet existiert) in einer sehr kurzen Zeit. Der Astronom braucht dann nur Tag für Tag eine Region von geringer Ausdehnung auf beiden Seiten der Sonne zehn oder zwölf Tage hintereinander zu untersuchen (eine Stunde Beobachtung pro Tag würde genügen), um sicher zu sein, Vulkan zu sehen. Doch viele Astronomen haben diese Suche schon mehrmals durchgeführt, ohne eine Spur des Planeten zu sehen. Auch bei totalen Sonnenfinsternissen wurde wiederholt erfolglos nach dem Planeten gesucht - obwohl er zu einer solchen Zeit ein sehr auffälliges Objekt sein sollte, wenn er günstig steht, und kaum verfehlen könnte, sehr deutlich gesehen zu werden, wo immer er steht.

Das vierte Argument von Lescarbault ist nicht so wirkungsvoll, und in der Tat geht er bei seiner Behandlung über seine Grenzen hinaus. Es ist jedoch zu bemerken, dass ein beträchtlicher Teil der Diskrepanz zwischen den beobachteten und den berechneten Bewegungen des Merkurs längst durch die veränderte Schätzung der Masse der Erde im Vergleich zur Sonne erklärt wurde, die sich aus der neuen Bestimmung der Sonnenentfernung ergibt. Die Argumente, die sich auf diese Überlegung stützen, wären jedoch für diese Seiten nicht geeignet.

Der Beitrag von Liais war in einem Punkt etwas unglücklich. Er stellte die Ehrlichkeit von Lescarbault in Frage. Er sagte: "Lescarbault widerspricht sich selbst, indem er zuerst behauptet, er habe den Planeten in die Sonnenscheibe eintreten sehen, und danach gegenüber Leverrier zugegeben hat, dass er sich einige Sekunden vor dem Eintreten auf der Scheibe befunden habe, und dass er den Zeitpunkt des Eintretens lediglich aus der Geschwindigkeit seiner späteren Bewegung abgeleitet habe. Wenn diese eine Behauptung gefälscht ist, kann das ganze so sein.' Er ist der Ansicht, dass diese Argumente durch die Behauptung gestärkt werden, die, wie wir gesehen haben, Leverrier selbst verblüfft hat, dass nämlich M. Lescarbault, wenn er tatsächlich einen Planeten auf der Sonne gesehen hätte, dies nicht neun Monate lang hätte geheim halten können", so die "North British Review".

Dieser an sich schon unglückliche Vorwurf der Unredlichkeit hatte den unglücklichen Effekt, dass weder Lescarbault noch der Abbé Moigno etwas erwidern konnten. Letzterer bemerkte lediglich, dass die Anschuldigung so beschaffen sei, dass er nicht verpflichtet sei, sie zu widerlegen. Das war eine Fehleinschätzung, kann ich nur meinen, wenn eine wirksame Antwort wirklich möglich gewesen wäre.

Die Bemerkungen, mit denen der North British Reviewer seinen Bericht schließt, können jetzt, soweit sie sich auf die Kraft der negativen Beweise beziehen, mit zehnfacher Wirkung wiederholt werden. Seit der ersten Bekanntmachung der Entdeckung Anfang Januar 1860 ist die Sonne von den Astronomen sorgfältig beobachtet worden; und das begrenzte Gebiet um sie herum, in dem *sich* der Planet *befinden muss*, wenn er sich nicht auf der Sonne befindet, ist zweifellos mit der gleichen Sorgfalt durch Teleskope von hoher Leistung und Verfahren erforscht worden, durch die das direkte Licht der Sonne sowohl von der Röhre des Teleskops als auch vom Auge des Beobachters ausgeschlossen worden ist, und dennoch ist kein Planet gefunden worden. Diese Tatsache würde uns zu der Schlussfolgerung berechtigen, dass es einen solchen Planeten nicht gibt, wenn seine Existenz nur vermutet worden wäre, oder wenn er aus einem der Gesetze der Planetenentfernung abgeleitet worden wäre, oder selbst wenn Leverrier oder Adams ihn als wahrscheinliches Ergebnis planetarischer Störungen angekündigt hätten. Wenn die besten Teleskope nicht in der Lage sind, einen Planeten zu entdecken, der mit der geringen Leistung, die Lescarbault verwendet hat, eine sichtbare Scheibe innerhalb eines so begrenzten Gebietes hat, dessen Mittelpunkt die Sonne ist, oder vielmehr innerhalb eines schmalen Gürtels dieses Kreises, müssten wir ohne zu zögern erklären, dass es keinen solchen Planeten gibt. Aber die Frage nimmt einen ganz anderen Aspekt an, wenn es um moralische Überlegungen geht. Wenn", fährt der Rezensent im August 1860 fort, "nach der strengen Prüfung, der die Sonne und ihre Umgebung vor und nach und während ihrer totalen Verfinsterung im Juli unterzogen werden, kein Planet zu sehen sein wird; und wenn kein runder schwarzer Fleck, der sich deutlich von den üblichen Sonnenflecken unterscheidet, auf den Sonnenflecken zu sehen sein wird" (*sic*, vermutlich war die Sonnenscheibe gemeint), "werden wir es nicht wagen zu sagen, dass er nicht existiert. Wir können nicht an der Ehrlichkeit von Herrn Lescarbault zweifeln, und wir können kaum glauben, dass er sich geirrt hat. Kein Sonnenfleck, keine schwebende Schlacke, könnte bei seinem Durchgang durch die Sonne eine kreisförmige und gleichmäßige Form beibehalten, und wir sind überzeugt, dass keine andere Hypothese als die eines intra-mercurialen Planeten die Phänomene erklären kann, die von M. Lescarbault gesehen und gemessen wurden, einem Mann von hohem Charakter, der über ausgezeichnete Instrumente verfügte und in jeder Hinsicht fähig war, sie gut zu benutzen und die Ergebnisse seiner Beobachtungen klar und korrekt zu beschreiben. Die Zeit prüft jedoch nicht nur Spekulationen, sondern auch Fakten. Die von dem französischen Astronomen beobachteten Phänomene werden vielleicht nie wieder auftreten, und die Störung des Merkurs, die sie wahrscheinlich machte, kann anders erklärt werden. Sollte dies der Fall sein, müssen wir den runden Fleck auf der Sonne auf eine jener Täuschungen des Auges oder des Gehirns zurückführen, die manchmal die Ruhe der Wissenschaft gestört haben.

Die Beweise, die sich in der Zeit seit der Niederschrift dieses Artikels gegen Vulkan angesammelt haben, sind nicht nur negativ, sondern teilweise auch positiv, wie das folgende Beispiel zeigt, das ich meinem eigenen Bericht in einer Wochenzeitschrift entnehme: Nach mehr als sechzehn Jahren erfolgloser Beobachtung erfuhren die Astronomen im vergangenen August (1876), dass Vulkan im Monat April in China auf der Sonnenscheibe gesehen worden war. Am 4. April hatte Herr Weber, ein sehr geschickter Beobachter, der in Pecheli stationiert war, einen kleinen runden Fleck auf der Sonne gesehen, der so aussah, wie man es von einem kleinen Planeten erwarten würde. Ein paar Stunden später richtete er sein Teleskop auf die Sonne, und siehe da, der Fleck war verschwunden, genau so, als ob der Planet nach der Art der Planeten im Transit verschwunden wäre. Er übermittelte die Nachricht von seiner Beobachtung nach Europa. Der für seine Sonnenfleckenstudien bekannte Astronom Wolff berechnete sorgfältig die Zeitspanne, die verstrichen war, seit Lescarbault Vulkan am 26. März 1859 gesehen hatte, und konnte zu seiner großen Zufriedenheit verkünden, dass diese Zeitspanne genau die berechnete Periode des Planeten enthielt, und zwar mehrere Male. Leverrier in Paris nahm die Mitteilung noch freudiger auf, während der Abbé Moigno, der Vulkan seinen Namen gab und immer fest an die Existenz des Planeten geglaubt hat, Lescarbault herzlich zu dieser neuen Ansicht des schamhaften Vulkans beglückwünschte. Keiner derjenigen, die bereits an den Planeten glaubten, hatte den geringsten Zweifel an der Realität von Webers Beobachtungen, und von diesen nahm nur Lescarbault selbst die Nachricht ohne Freude auf. Er scheint den Deutschen die Zerstörung seines Observatoriums und seiner Bibliothek während des Einmarsches in Frankreich 1870 nie verziehen zu haben und würde es offenbar vorziehen, dass sein Planet nie wieder gesehen wird, als dass ein deutscher Astronom ihn gesehen hat. Aber die Freude der anderen und Lescarbaults Trauer waren gleichermaßen verfrüht. Es stellte sich heraus, dass der von Weber gesehene Fleck nicht nur in der Madrider Sternwarte beobachtet worden war, wo die Sonne sorgfältig beobachtet wird, sondern auch in Greenwich fotografiert worden war; und als die Beschreibung seines Aussehens, wie es in einem starken Teleskop an der einen Station gesehen wurde, und sein Bild, wie es von einem feinen Teleskop an der anderen Station fotografiert wurde, geprüft wurden, wurde eindeutig bewiesen, dass der Fleck ein gewöhnlicher Sonnenfleck (nicht einmal ganz rund) war, der nach einigen Stunden verschwunden war, wie es auch größere Sonnenflecken in noch kürzerer Zeit zu tun pflegen.

Es ist klar, dass, wenn Webers Fleck nicht in Madrid gesehen und in Greenwich fotografiert worden wäre, seine Beobachtung der Liste der aufgezeichneten Erscheinungen von Vulkan im Transit hinzugefügt worden wäre, denn sie passte perfekt zu , der Theorie von Vulkans realer Existenz. Ich selbst glaube, dass das Glück Webers war. Hätte das dichte Wetter in Madrid und Greenwich die Beweise dafür zerstört, dass das, was Weber beschrieb, tatsächlich zu sehen war, obwohl es nicht das war, was er glaubte, hätten einige der misstrauischeren unter ihnen in Frage gestellt, ob - in der wohlklingenden Sprache des North British Reviewer - "der runde Fleck auf der Sonne" nicht auf "eine jener Illusionen des Auges oder des Gehirns zurückzuführen ist, die manchmal die Ruhe der Wissenschaft gestört haben. Natürlich würde niemand, der die Vorgeschichte von Herrn Weber kennt, auch nur einen Moment lang annehmen, dass er die Beobachtung erfunden hat, auch wenn die objektive Realität seines Flecks nicht erwiesen ist. Aber wenn eine völlig unbekannte Person angibt, Vulkan gesehen zu haben, spricht von vornherein eine gewisse Wahrscheinlichkeit dafür, dass die Beobachtung ebenso ein Mythos ist wie der Planet selbst. Einige Beobachtungen von Vulkan sind sicherlich erfunden worden. Ich habe mehrere Briefe erhalten, die angeblich Beobachtungen von Körpern im Transit über die Sonne beschreiben, wobei entweder die Geschwindigkeit des Transits, die Größe des Körpers oder die Bahn, auf der er sich angeblich bewegte, völlig unvereinbar mit der Theorie waren, dass es sich um einen intramercurialen Planeten handelte, während (hier liegt der verdächtige Umstand solcher Erzählungen) die Epoche des Transits in bemerkenswerter Weise mit der Vulkan zugewiesenen Periode übereinstimmte. Ein amerikanischer Paradoxonist (aus Louisville, Kentucky), der eine Theorie des Wetters erfunden hatte, in der die Planeten durch ihren Einfluss auf die Sonne alle Wetterveränderungen hervorrufen sollten, wobei die näheren Planeten am wirksamsten waren, fand, dass seine Theorie Vulkan sehr entgegenkam. Dementsprechend sah er Vulkan im September die Sonne kreuzen, was ein halbes Jahr nach dem März ein Monat ist, in dem nach Lescarbaults Beobachtung Vulkan im Transit zu sehen ist, und durch einen seltsamen Zufall enthielt das Intervall zwischen der Beobachtung unseres Paradoxisten und der von Lescarbault genau eine bestimmte Anzahl von Malen die von Leverrier für Vulkan berechnete Periode. Dies war eine großartige Leistung unseres Paradoxonisten. Sie begründete mit einem Schlag seine Theorie des Wetters und versprach, ihm als einem der Beobachter von Vulkan Unsterblichkeit zu sichern. Aber unglücklicherweise wies ein in St. Louis ansässiger Student der Wissenschaft, nachdem er dem Paradoxonisten von Louisville viel Zeit gelassen hatte, seine Entdeckung zu präsentieren, unbarmherzig darauf hin, dass eine genaue Anzahl von Umdrehungen Vulkans nach Lescarbaults März-Beobachtung den Planeten notwendigerweise auf die Seite der Sonne gebracht haben musste, auf der die Erde im März liegt, so dass Vulkan im September so auf dem Gesicht der Sonne zu sehen, bedeutete, Vulkan durch die Sonne zu sehen, was in der Tat eine sehr bemerkenswerte Leistung war. Der Paradoxonist war beschämt, wie sich der Leser vielleicht vorstellt. Nicht im Geringsten. Die Periode des Planeten muss von Leverrier falsch berechnet worden sein - das war alles: die wirkliche Periode war weniger als halb so lang, wie Leverrier angenommen hatte; und anstatt eine bestimmte Anzahl von Umläufen gemacht zu haben, seit Lescarbault ihn gesehen hatte, hatte Vulkan doppelt so viele Umläufe und einen halben Umlauf hinter sich gebracht. Der Umstand, dass, wenn die Periode Vulkans so kurz gewesen wäre, die Zeit der Durchquerung des Sonnengesichts viel kürzer gewesen wäre, als sie nach Lescarbaults Darstellung tatsächlich war, war dem Wetterpropheten von Louisville nicht in den Sinn gekommen. [56]

Leverriers Glaube an Vulkan ist jedoch unerschüttert geblieben. Er hat alle Beobachtungen von Flecken verwendet, die, wie die von Weber, nur für kurze Zeit gesehen wurden. Zumindest hat er alle verwendet, die sich nicht, wie bei Weber, als vorübergehende Sonnenflecken erwiesen haben. Er hat diejenigen ausgewählt, die gut zu Lescarbaults Beobachtung passen, und hat darauf hingewiesen, wie bemerkenswert es ist, dass sie diese Übereinstimmung zeigen. Die Möglichkeit, dass einige von ihnen so erklärbar sein könnten wie die von Weber, und dass einige sogar ebenso vollständig, aber weniger zufriedenstellend, auf andere Weise erklärbar gewesen sein könnten, scheint kaum eine Überlegung wert gewesen zu sein. Unter Verwendung der unvollkommenen Materialien, die zur Verfügung standen, aber mit exquisiter Kunstfertigkeit - wie ein Phidias eine exquisite Figur aus Materialien modellieren könnte, die bald zu Staub zerfallen würden - kam Severrier zu dem Schluss, dass Vulkan die Sonnenscheibe am oder um den 22. März 1876 durchqueren würde. Deshalb", so Sir G. Airy vor der Astronomischen Gesellschaft, "verteilte er eine Depesche an seine Freunde, in der er sie aufforderte, die Sonne am 22. März sorgfältig zu beobachten. Sir G. Airy machte seinem verehrten Freund eine Freude und schickte Telegramme nach Indien, Australien und Neuseeland, in denen er darum bat, alle zwei Stunden oder öfter Beobachtungen zu machen. Leverrier selbst schrieb nach Santiago de Chile und an andere Orte, so dass die Sonne am 21., 22. und 23. März, einschließlich der amerikanischen und europäischen Beobachtungen, während der gesamten vierundzwanzig Stunden beobachtet werden konnte. Ohne zu sagen, ob er an die Existenz des Planeten glaubte oder nicht", heißt es in dem Bericht, "war Sir G. Airy der Meinung, dass, da Herr Leverrier so zuversichtlich war, niemand, der sich für den Fortschritt der Planetenastronomie interessierte, diese Gelegenheit ungenutzt verstreichen lassen dürfe".

Es ist vielleicht unnötig, hinzuzufügen, dass die Beobachtungen wie gewünscht durchgeführt wurden. Es wurden auch viele Fotos von der Sonne gemacht, und zwar in den Stunden, in denen Vulkan, wenn er überhaupt existiert, die Sonne überqueren sollte. Aber der "Planet der Romantik", wie Abbé Moigno Vulkan genannt hat, erschien nicht, und die Meinung, die ich im Oktober letzten Jahres ("English Mechanic and World of Science" vom 27. Oktober 1876, S. 160) geäußert hatte, dass Vulkan vielleicht besser als "Planet der Fiktion" bezeichnet werden könnte, wurde *pro tanto* bestätigt. Dennoch möchte ich nicht so verstanden werden, dass ich mit dem Wort "Fiktion" etwas meine, das nach Betrug riecht, soweit es Lescarbault betrifft - ich bevorzuge die Ansicht des Nord-Briten über Lescarbaults Stelle, dass sie sozusagen

> ... der Fleck auf seinem Gehirn,
> dersich ohne zeigen *würde*.

Ich habe wenig Platz gelassen, um andere vermeintliche Entdeckungen unter den Himmelskugeln zu behandeln. Dennoch gibt es einige, die nicht nur interessant, sondern auch lehrreich sind, da sie zeigen, wie selbst die sorgfältigsten Beobachter in die Irre geführt werden können. In dieser Hinsicht sind die Fehler, in die Beobachter von großer und wohlverdienter Eminenz verfallen sind, besonders beachtenswert. Mit der Beschreibung dreier solcher Fehler, die keinem Geringeren als Sir W. Herschel unterlaufen sind, möchte ich diesen Beitrag abschließen.

Als Sir W. Herschel den Planeten Uranus mit seinem stärksten Teleskop untersuchte, sah er, dass der Planet allem Anschein nach von zwei rechtwinklig zueinander stehenden Ringen umschlossen war. Die Täuschung war so vollkommen, dass Herschel mehrere Jahre lang glaubte, die Ringe seien echt. Es handelte sich jedoch nur um eine optische Täuschung, die auf die unvollkommenen Abbildungseigenschaften des Teleskops zurückzuführen war, mit dem er den Planeten beobachtete. Später schrieb er, dass "die Beobachtungen, die darauf abzielen, die Existenz von Ringen festzustellen" (anzuzeigen?), "nicht zufriedenstellend unterstützt werden können, so dass es angemessen sein wird, Vermutungen darüber entweder als unbegründet aufzugeben oder zumindest zurückzustellen, bis bessere Instrumente zur Verfügung gestellt werden können.

Sir W. Herschel wurde von den falschen Uranus-Satelliten noch mehr in die Irre geführt. Er hatte, wie er vermutete, keine weniger als sechs dieser Körper gesehen. Da nur zwei von ihnen wieder gesehen wurden, während zwei weitere von Lassell entdeckt wurden, wurde daraus gefolgert, dass Uranus insgesamt acht Trabanten hat. Diese Behauptungen hielten sich lange Zeit in unseren Lehrbüchern der Astronomie; und viele Autoren, die auf die Sorgfalt und das Können von Sir W. Herschel vertrauten, konnten lange Zeit nicht glauben, dass er sich getäuscht hatte. So schrieb Admiral Smyth in seinem "Celestial Cycle" über diejenigen, die an den zusätzlichen Satelliten zweifelten: "Sie müssen nur eine dürftige Vorstellung von Sir W. Herschels mächtigen Mitteln, seiner Geschicklichkeit in deren Anwendung und seiner Methode des überlegten Vorgehens haben. Weit davon entfernt, an der Existenz von sechs Satelliten zu zweifeln" (dies war, bevor Lassell die beiden anderen entdeckt hatte), "ist es höchst wahrscheinlich, dass es noch mehr gibt. Auch Whewell sagt in seinem "Bridgewater Treatise", "dass, obwohl es nicht mehr wahrscheinlich erscheint, dass Uranus einen Ring wie Saturn hat, er mindestens fünf Satelliten hat, die für uns sichtbar sind, und wir glauben, dass der Astronom kaum leugnen wird, dass er" (Uranus, nicht der Astronom), "möglicherweise Tausende von kleineren hat, die um ihn kreisen. Aber in diesem Fall hat sich Sir W. Herschel, so sehr er sich auch bemühte, die Möglichkeit eines Irrtums auszuschließen, sicherlich geirrt. Der Uranus mag, soweit nichts Gegenteiliges bekannt ist, viele kleine

Trabanten haben, die um ihn kreisen, aber er hat sicher nicht vier Trabanten (außer den bekannten), die Sir W. Herschel mit dem von ihm benutzten Teleskop hätte sehen können. Denn die Nachbarschaft des Planeten ist mit viel stärkeren Teleskopen von Beobachtern sorgfältig untersucht worden, die mit diesen Teleskopen weit schwächere Objekte gesehen haben als die Trabanten, die der ältere Herschel gesehen haben soll.

Der dritte der Herschel'schen Mythen war der ausbrechende Mondvulkan, den er in dem Teil des Mondes gesehen haben will, der zu dieser Zeit nicht von den Sonnenstrahlen beleuchtet wurde . Er sah einen hellen sternförmigen Lichtpunkt, der in seiner Position mit dem Krater des Mondberges Aristarchus übereinstimmte. Er schloss auf einen aktiven Vulkanausbruch, weil die Helligkeit des Lichtpunktes von Zeit zu Zeit schwankte und weil er sich nicht daran erinnern konnte, ihn schon einmal unter den gleichen Bedingungen gesehen zu haben. Die Art und Weise, in der dieser Teil der Mondoberfläche leuchtet, wenn er nicht von der Sonne beschienen wird, ist zweifellos sehr bemerkenswert. Wäre er immer hell, müsste man sofort zu dem Schluss kommen, dass das Licht der Erde ihn sichtbar gemacht hat. Denn man muss bedenken, dass der Teil des Mondes, der dunkel erscheint (oder dem es an der vollen Scheibe zu fehlen scheint), von unserer Erde beleuchtet wird, die am Himmel des Mondes als eine Scheibe erscheint, die dreizehnmal so groß ist wie die des Mondes, den wir sehen, und bei der derselbe Anteil ihrer Scheibe von der Sonne beleuchtet wird, der in der Mondscheibe dunkel ist. Wenn also der Mond fast neu ist, leuchtet unsere Erde am Mondhimmel wie ein fast voller Mond, der dreizehnmal so groß ist wie der unsere. Das Licht dieses edlen Mondes muss die Mondoberfläche viel heller erleuchten, als eine irdische Landschaft vom Vollmond erhellt wird, und wenn Teile ihrer Oberfläche sehr weiß sind, werden sie sich von der Oberfläche ringsum abheben, so wie der schneebedeckte Gipfel eines Berges in einer mondhellen Nacht zwischen den dunkleren Hügeln und Tälern, Felsen und Wäldern der Landschaft hervorleuchtet. Herschel war jedoch der Ansicht, dass die gelegentliche Helligkeit des Kraters Aristarchus nicht auf diese Weise erklärt werden konnte. Der Fleck war bereits vor Herschels Beobachtungen von Cassini und anderen gesehen worden. Seitdem wurde er von Kapitän Kater, Francis Baily und vielen anderen gesehen. Dr. Maskelyne berichtet uns, dass er im März 1794 von zwei Personen mit bloßem Auge gesehen wurde.

Baily beschreibt das Aussehen dieses Mondkraters am 22. Dezember 1835 wie folgt: Ich richtete das Teleskop auf den Mond und richtete es auf den dunklen Teil in der Nähe von Aristarchus und sah bald die Umrisse dieses Berges sehr deutlich, der wie ein unregelmäßiger Nebel geformt war. Fast in der Mitte war ein Licht, das dem eines Sterns der neunten oder zehnten Größenordnung ähnelte. Es erschien nur flüchtig, war aber zuweilen hell und mehrere Sekunden lang sichtbar.

Es kann jedoch kaum ein Zweifel daran bestehen, dass die scheinbare Helligkeit dieses Mondkraters bzw. seines Gipfels auf eine besondere Beschaffenheit der Oberfläche zurückzuführen ist, die vielleicht von einer kristallinen oder glasartigen Substanz bedeckt ist, die in der weit zurückliegenden Zeit, als der Krater aktiv war, ausgegossen wurde. Prof. Shaler, der den Krater mit dem feinen 15-Zoll-Teleskop des Harvard-Observatoriums (Cambridge, USA) untersuchte, als er nur vom Erdlicht beleuchtet wurde, sagt, dass er in der Lage war, fast alle Krater mit einem Durchmesser von über 15 Meilen im dunklen Teil zu erkennen. Es gibt mehrere Helligkeitsstufen", sagt er, "die in den verschiedenen Objekten zu beobachten sind, die durch das Erdlicht aufleuchten. Diese Tatsache erklärt wahrscheinlich den größten Teil der verwirrenden Aussagen über die Beleuchtung bestimmter Krater. Sie erklärt sicherlich die vulkanische Aktivität, die so oft von Aristarchus vermutet wurde. Unter der Beleuchtung durch das Erdlicht ist dies bei weitem das hellste Objekt auf dem dunklen Teil der Mondoberfläche, und es ist viel länger und mit schlechteren Gläsern sichtbar als jedes andere Objekt dort.

An dieser Stelle muss ich meine Aufzeichnungen über astronomische Mythen abschließen. Es wird auffallen, dass in jedem Fall entweder die Illusion die tatsächlichen Beobachtungen bedeutender und geschickter Astronomen beeinträchtigt hat oder diese Astronomen dazu veranlasst hat, eine Zeit lang auf illusorische Beobachtungen zu vertrauen. Hätte ich die Fehler, die von weniger erfahrenen Beobachtern gemacht wurden oder sie in die Irre geführt haben, mit einbeziehen wollen, hätte ich viele Seiten dieses Artikels füllen können. Aber es mir lehrreicher erschienen, zu zeigen, wie Irrtümer die Beobachtungen selbst der sorgfältigsten und verdientermaßen angesehensten Astronomen beeinträchtigen können, wie selbst die vorsichtigsten Beobachter eine Zeit lang durch die Fehler minderwertiger Beobachter irregeführt werden können, besonders wenn die angeblich beobachtete Tatsache mit vorgefassten Meinungen übereinstimmt.

XII. DER URSPRUNG DER KONSTELLATIONSFIGUREN.

OBWOHL die seltsamen Figuren, die die Astronomen immer noch auf ihren Sternkarten herumschwirren lassen, kein wirkliches wissenschaftliches Interesse mehr haben, besitzen sie immer noch einen gewissen Reiz, nicht nur für die Studenten der Astronomie, sondern auch für viele, die sich wenig oder gar nicht für die Astronomie als Wissenschaft interessieren. Als ich in Boston, Amerika, einen Kurs von zwölf Vorlesungen hielt, sagte eine Person von beträchtlicher Kultur zu mir: "Ich wünschte, Sie würden eine Vorlesung über die Sternbilder halten; ich kümmere mich wenig um die Sonne und den Mond und die Planeten und nicht viel mehr um die Kometen; aber ich habe immer großes Interesse an den Bären und Löwen, den gefesselten und gefesselten Damen, dem König Kepheus und dem Retter Perseus, Orion, Ophiuchus, Herkules und dem Rest der mythischen und phantasievollen Wesen, mit denen die alten Astronomen den Himmel bevölkerten, empfunden. Ich sage mit Carlyle: "Warum lehrt mich nicht jemand die Sternbilder und macht mich zu Hause im Sternenhimmel, der immer über mir ist und den ich bis heute nicht halb kenne.'" Man kann auch feststellen, dass die Dichter fast einhellig den poetischen Aspekt der Sternbilder erkannt haben, während sie über Themen, die speziell zur Astronomie als Wissenschaft gehören, wenig zu sagen haben. Milton hat zwar einen Erzengel (für Miltons Zeit nicht ungeschickt) über das ptolemäische und das kopernikanische System argumentieren lassen, während Tennyson häufig auf astronomische Theorien Bezug nimmt. Dort versinkt der neblige Stern, den wir Sonne nennen, wenn ihre Hypothese stimmt", sagte Ida; aber sie sagte nichts weiter, als dass sie sich ausruhen wollte, als ob das Thema sie ermüdete. Im Palast der Kunst wiederum baute sich die Seele des Dichters das "große Haus, das so königlich, reich und weit ist", und sie...

... als der ganze tiefe, ungetönte Himmel
mit stillen Sternen bebte,
Und wie mit optischen Brillengläsern ihre scharfen Augen
die mystische Kuppel durchdrangen,
Regionen luzider Materie, die Formen annehmen,
Feuerpinsel, trübe Schimmer,
Haufen und Weltenbetten und bienengleiche Schwärme
von Sonnen und Sternenströmen:
Sie sah die schneebedeckten Pole des mondlosen Mars,
die wunderbare Runde des milchigen Lichts
unterhalb des Orion, und jene Doppelsterne
, von denen der eine heller
von dem anderen umkreist wird.

Aber die Seele des Dichters wurde dieser astronomischen Forschungen so überdrüssig, dass die schönen Zeilen, die ich zitiert habe, aus der zweiten und allen späteren Ausgaben verschwanden (was sehr schade ist). Solche Ausnahmen bestätigen in der Tat die Regel. Die Dichter haben sich bei der Erwähnung astronomischer Forschungen und Ergebnisse zurückgehalten, auch wenn diese voll unsagbarer Poesie waren, während die Sternbilder, die "den Himmel schmücken", von Homer bis Tennyson immer ein beliebtes Thema für poetische Bilder waren.

Es ist jedoch nicht mein Ziel, den poetischen Aspekt der Sternbilder zu erörtern. Ich beabsichtige zu erforschen, wie diese einzigartigen Figuren ihren Weg zum Himmel gefunden haben, und, soweit Fakten für diesen Zweck verfügbar sind, , die Geschichte und das Alter einiger der berühmteren Sternbilder zu bestimmen.

Lange bevor es die Astronomie als Wissenschaft gab, betrachteten die Menschen die Sterne mit Staunen und Ehrfurcht. Diese scheinbar zahllosen Kugeln, die das dunkle Gewand der Nacht umspannen, haben ihren eigenen Reiz und ihre eigene Schönheit, abgesehen von der Bedeutung, die ihnen die Astronomie verliehen hat. Der am wenigsten phantasievolle Geist wird dazu verleitet, auf der himmlischen Konkavität die Embleme irdischer Objekte zu erkennen, die mehr oder weniger deutlich unter den geheimnisvollen Sternengruppen abgebildet sind. Wir können uns vorstellen, dass die Menschen lange bevor die Bedeutung der Sternkunde erkannt wurde, begonnen hatten, mit bestimmten Sterngruppen die Namen bekannter belebter oder unbelebter Gegenstände zu verbinden. Die Herden, die die ersten Himmelsbeobachter hüteten, gaben bestimmten Sternengruppen Namen, und so erschienen am Himmel der Stier, der Widder, die Zicklein. Andere Gruppen erinnerten die frühen Beobachter an die Tiere, vor denen sie ihre Herden bewachen mussten, oder an die Tiere, auf deren Wachsamkeit sie zum Schutz vertrauten, und so fanden der Bär, der Löwe und die Hunde ihren Platz unter den Sternen. Die Gestalten von Menschen und Pferden, von Vögeln und Fischen würden natürlich erkannt werden, und auch die Geräte der Landwirtschaft oder die Waffen, mit denen der Jäger seine Beute sicherte, blieben in den Sterngruppen nicht unberücksichtigt. Und schließlich würde auch der Altar, auf dem die ersten Früchte der Ernte und der Weinlese dargebracht oder das Fleisch von Lämmern und Ziegen verzehrt wurden, zu den unzähligen Kombinationen gehören, die ein phantasievolles Auge unter den Himmelskugeln erkennen kann.

Mit meiner Vermutung, dass die ersten Himmelsbeobachter Hirten, Jäger und Landwirte waren, möchte ich keine Theorie zu den schwierigen Fragen aufstellen, die mit dem Ursprung der exakten Astronomie verbindet. Die ersten Himmelsbeobachtungen wurden zwangsläufig von Menschen gemacht, die für ihren Lebensunterhalt auf die Kenntnis des Verlaufs und der Wechselhaftigkeit der Jahreszeiten angewiesen waren, und sie gingen dem Studium der Astronomie als Wissenschaft zweifellos um viele Jahrhunderte voraus. Und doch sind die Beobachtungen dieser frühen Hirten und Jäger, so unwissenschaftlich sie auch gewesen sein müssen, für den Studenten der modernen exakten Astronomie von großem Interesse. Die Behauptung mag auf den ersten Blick seltsam anmuten, ist aber nichtsdestoweniger absolut wahr: Wenn wir mit Sicherheit die Namen erfahren könnten, die bestimmten Sterngruppen zugewiesen wurden, bevor die Astronomie überhaupt existierte, könnten wir aus den groben Beobachtungen, die diese alten Namen nahelegten, Lektionen von äußerster Wichtigkeit ableiten. In der heutigen Zeit, in der täglich und nächtlich Beobachtungen von so erstaunlicher Genauigkeit gemacht werden, in der Instrumente verwendet werden, die die tatsächliche Beschaffenheit der Sterne offenbaren können, und in der es so viele Beobachter gibt, mag es seltsam erscheinen, der Frage, ob halbwilde Völker in dieser oder jener Sternengruppe die Ähnlichkeit eines Bären oder in einer anderen Gruppe die eines Schiffes erkannten, irgendein Interesse beizumessen. Aber obwohl wir natürlich durch genauere Beobachtungen mehr erfahren könnten, hätten selbst solche groben und unvollkommenen Aufzeichnungen ihren Wert. Wenn wir sicher sein könnten, dass eine Sternengruppe in längst vergangenen Zeitaltern wirklich einem bekannten Objekt ähnelte, hätten wir in der gegenwärtigen Ähnlichkeit dieser Gruppe mit demselben Objekt einen Beweis für die allgemeine Konstanz des Sternenglanzes, oder wenn keine Ähnlichkeit erkannt werden könnte, hätten wir Grund zu zweifeln, ob andere Sonnen (und damit auch unsere eigene Sonne) nicht großen Veränderungen unterworfen sein könnten.

Das Thema der Sternbildfiguren, wie sie zuerst bekannt waren, ist auch in anderer Hinsicht interessant. Zum Beispiel ist es für den Antiquar (und die meisten von uns sind bis zu einem gewissen Grad Antiquare) von großem Interesse, da es sich um die älteste aller menschlichen Wissenschaften handelt. Dieselbe geistige Qualität, die uns veranlasst, mit Interesse auf die in längst vergangenen Zeitaltern errichteten Gebäude oder auf die Geräte und Waffen des Altertums zu blicken, macht den Gedanken beeindruckend, dass die Sterne, die wir sehen, in den Kinderschuhen der menschlichen Rasse vielleicht nicht weniger staunend betrachtet wurden. Es ist wiederum ein für den Chronisten interessantes Thema, sich zu fragen, in welcher Epoche der Weltgeschichte die exakte Astronomie begann, dem Mond seine achtundzwanzig Tierkreiszeichen und der Sonne seine zwölf Tierkreiszeichen zugewiesen wurden. Es ist bekannt, dass Newton selbst nicht davor zurückschreckte, die so aufgeworfenen Fragen zu untersuchen, und die Spekulationen des genialen Dupuis fanden bei dem großen Mathematiker Laplace Anklang.

Leider sind die Beweise nicht genau genug, um sehr vertrauenswürdig zu sein. Wenn man zum Beispiel die chronologischen Untersuchungen Newtons betrachtet, kann man sich des Eindrucks nicht erwehren, dass das Vertrauen, das er auf die Aussagen verschiedener Autoren setzt, nicht durch die Art dieser Aussagen gerechtfertigt ist, die größtenteils äußerst vage waren. Viele von ihnen verdanken wir Dichtern, die, da sie wenig von der Astronomie wussten, die Phänomene ihrer eigenen Zeit mit denen verwechselten, die sie in den Schriften der Astronomen aufgezeichnet fanden. Einige der von den antiken Schriftstellern hinterlassenen Aussagen sind in der Tat lächerlich widersprüchlich, so dass Grotius nicht zu Unrecht von der Darstellung der Sternbilder durch den Dichter Aratus sagte, dass sie keiner festen Epoche und keinem festen Ort zugeordnet werden könne. Es ist hier jedoch nicht der richtige Ort, um Einzelheiten zu erörtern, die mit genauen Untersuchungen verbunden sind. Ich habe einige von ihnen in einem Anhang zu meiner Abhandlung über den "Saturn" und andere im Vorwort zu meinem "Gnomonischen Sternenatlas" angegeben; aber zum größten Teil lassen sie sich nicht ohne weiteres beschreiben. Wenden wir uns nun weniger technischen Überlegungen zu, die in diesem Fall glücklicherweise genauso wichtig sind wie exakte Nachforschungen, da es für solche Nachforschungen keine wirkliche Grundlage in den verfügbaren Beweisen gibt.

Das erste offensichtliche Merkmal der alten Konstellationen ist eines, das irgendwie nicht die Aufmerksamkeit erhalten hat, die es verdient. Es ist ebenso aufschlussreich wie alle anderen, die Gegenstand eingehender Untersuchungen waren.

Es gibt einen großen Raum am Himmel, über den sich keine der alten Konstellationen erstreckt, mit Ausnahme des Flusses Eridanus, wie er heute dargestellt wird, aber wir wissen nicht, wo dieser gewundene Strom von Sternen nach Meinung der alten Beobachter enden sollte. Dieser große Raum umgibt den Südpol des Himmels und zeigt somit, dass die ersten Sternbeobachter nicht mit den Sternbildern vertraut waren, die nur von weit südlich gelegenen Orten in Chaldäa, Persien, Ägypten, Indien, China, ja in allen Regionen, denen die Erfindung der Astronomie zugeordnet wurde, zu sehen sind. Was auch immer die ersten Astronomen waren, wie profund ihre Kenntnisse der Astronomie auch gewesen sein mögen (wie manche meinen), sie waren sicher nicht weit genug nach Süden gereist, um die Sternbilder um den Südpol zu kennen. Wären sie mit der Geographie so gut vertraut gewesen, wie manche behaupten, und wäre auch nur ein einziger Astronom bis zum Süden des Äquators gereist, so hätten wir in den alten Sternkarten sicherlich einige Sternbilder in jener Himmelsregion abgebildet, in der die modernen Astronomen den Oktanten, den Paradiesvogel, den Schwertfisch, den fliegenden Fisch, den Tukan, das Netz und andere außerirdische Objekte platziert haben.

Am Rande sei bemerkt, dass diese Tatsache eine in letzter Zeit vertretene Theorie, wonach die Sternbilder auf der südlichen Hemisphäre erfunden wurden und die alte Überlieferung, wonach die Sonne und die Sterne ihren Lauf geändert haben, damit zu erklären ist, weitestgehend widerlegt. Denn obwohl alle nördlichen Sternbilder von Teilen der südlichen Hemisphäre in der Nähe des Äquators aus mehr oder weniger sichtbar gewesen wären , ist es absurd anzunehmen, dass ein südlicher Beobachter ein volles Viertel des Himmels um den südlichen oder sichtbaren Pol herum unbesetzt lassen würde, während er den Raum um den nördlichen oder unsichtbaren Pol herum sorgfältig mit unvollständigen Sternbildern auffüllen würde, deren nördliche unbekannte Teile diesen Pol einschließen würden. Angenommen, es wäre wahr, wie ein moderner Verfechter der Südtheorie anmerkt, dass "ein Mensch, der von der einen Seite des Äquators zur anderen wandert, seine Position von der Sonne ableitet und meint, dass er in dieselbe Richtung blickt, wenn er sie zur Mittagszeit betrachtet, und daher denkt, dass sich die Bewegung der Sterne verändert hat, anstatt dass er sich umgedreht hat", so kann die Theorie, dass die Astronomie von südlich des Äquators zu uns gebracht wurde, angesichts dieser enormen leeren Region um den Südpol unmöglich zugelassen werden. Abgesehen davon bin ich der Meinung, dass ein Volk, das so unwissend ist, dass es so etwas annimmt und sich einbildet, nach Norden zu schauen, während es in Wirklichkeit nach Süden schaut, kaum als die ersten Begründer der Astronomie angesehen werden kann.

Die große Lücke, von der ich gesprochen habe, ist seit langem bekannt. Aber eine bemerkenswerte Besonderheit in ihrer Lage ist, soweit ich mich erinnere, nicht berücksichtigt worden - der leere Raum ist exzentrisch in Bezug auf den Südpol des Himmels. Die alten Sternbilder, der Altar, der Kentaur und das Schiff Argo, erstrecken sich innerhalb von zwanzig Grad des Pols, während der Südliche Fisch und das große Seeungeheuer Cetus, die südlichsten Sternbilder auf der anderen Seite, nicht näher als sechzig Grad an den Pol heranreichen.

Wenn ich sage, dass diese Besonderheit nicht berücksichtigt wurde, will ich damit natürlich nicht sagen, dass sie nicht bemerkt wurde, oder dass ihre Ursache in irgendeiner Weise zweifelhaft oder unbekannt ist. Wir wissen, dass die Erde nicht nur einmal am Tag um ihre Achse wirbelt und auf ihrer gewaltigen Bahn um die Sonne (die sich über 184.000.000 Meilen erstreckt) wie ein gigantischer Kreisel taumelt, mit einer so langsamen Bewegung, dass 25.868 Jahre für einen einzigen Umlauf der schwankenden Achse um eine imaginäre Linie senkrecht zur Ebene, in der sich die Erde bewegt, erforderlich sind. Und wir wissen, dass sich als Folge dieser taumelnden Bewegung die den Erdpolen gegenüberliegenden Himmelspunkte zwangsläufig verändern. So war der Südpol, der heute exzentrisch inmitten der Region liegt, in der es früher keine Sternbilder gab, einst anders gelegen. Aber der Umstand, der übersehen worden zu sein scheint, ist der, dass wir durch Rückrechnung auf die Zeit, in der der Südpol in der Mitte dieser leeren Region lag, eine viel bessere Chance haben, das Datum (sagen wir lieber das Jahrhundert) zu finden, an dem die älteren Sternbilder entstanden sind, als durch irgendein anderes Verfahren. Wir können sicher sein, dass wir nicht sehr weit in die Irre geführt werden; denn wir werden nicht von einem, sondern von mehreren Sternbildern geleitet, während alle anderen Hinweise, denen man gefolgt ist, von der angenommenen alten Position einzelner Sternbilder abhängen. Und die meisten der anderen Hinweise sind solche, die sehr wohl zu Perioden gehören könnten, die lange nach der Erfindung der Sternbilder selbst liegen. Ein Astronom könnte zum Beispiel festgestellt haben, dass die Sonne im Frühling in einem bestimmten Teil des Widders oder der Fische steht, und später könnte ein Dichter wie Aratus diese Beziehung (fälschlicherweise für seine eigene Epoche) als charakteristisch für das eine oder andere Sternbild beschreiben; aber wer kann uns versichern, dass der Astronom, der die Beziehung richtig notiert hat, seine Beobachtung nicht viele hundert Jahre nach der Erfindung dieser Sternbilder gemacht haben könnte? Hingegen gab es eine Zeit, und nur eine Zeit, in der das südlichste der alten Sternbilder die Grenzen der Himmelsregion markieren konnte, die von einer nördlichen Region aus sichtbar war. So können wir uns auch eine Vorstellung davon machen, in welchen Breitengraden die ersten Beobachter lebten. Denn in hohen Breitengraden wären die südlichsten der alten Sternbilder überhaupt nicht zu sehen gewesen, und in Breitengraden, die viel niedriger als ein bestimmter Breitengrad liegen, der jetzt zu beachten ist, würden diese Sternbilder hoch über dem südlichen Horizont stehen, während darunter andere Sterngruppen zu sehen wären, die nicht zu den alten Sternbildern gehören.

Während ich schreibe, habe ich ein von mir gezeichnetes Bild des Südhimmels vor mir, auf dem dieser leere Raum - exzentrisch in der Position, aber kreisförmig in der Form - dargestellt ist. Das Zentrum liegt in der Nähe der Kleinen Magellanschen Wolke - zwischen den Sternen Kappa Toucani und Eta Hydri auf unseren modernen Karten, aber viel näher an letzterem. In der Nähe dieses Punktes lag also mit Sicherheit der Südpol der Sternensphäre, als die alten Sternbilder, oder zumindest die südlichen, erfunden wurden. (Hätte es auf der südlichen Hemisphäre Astronomen gegeben, wäre Eta Hydri sicherlich ihr Polarstern gewesen.)

Nun ist es nicht schwer, die Epoche zu bestimmen, in der der Südpol des Himmels auf diese Weise positioniert war. [57] Zwischen 2100 und 2200 Jahren vor der christlichen Zeitrechnung hatten die südlichen Sternbilder die beschriebene Position, wobei der unsichtbare Südpol im Zentrum des freien Raumes der Sternensphäre - oder besser gesagt des Raumes, der frei von Sternbildern ist - lag. Es ist bemerkenswert, dass diese Periode oder vielmehr eine bestimmte Epoche innerhalb dieser Periode aus anderen Gründen als diejenige angegeben wird, auf die der Beginn der exakten Astronomie bezogen werden muss. Unter anderem muss erwähnt werden, dass im Jahr 2170 v. Chr. *quam proximè* die Plejaden zur Mittagszeit ihren höchsten Stand über dem Horizont erreichten (oder technisch gesehen ihren Mittagskulminationspunkt hatten), zur Frühlings-Tagundnachtgleiche. Wir können leicht verstehen, dass diese Tatsache für Menschen, die fest an den Einfluss der Sterne auf die Erde glauben, von großer Bedeutung ist. Die Veränderungen, die zu dieser Jahreszeit eintreten, sind in Wirklichkeit natürlich auf die allmählich zunehmende Wirkung der Sonnenstrahlen zurückzuführen, die sich immer höher über den Himmelsäquator erheben, und zumindest teilweise auf den bemerkenswerten Sternhaufen, der sich zu diesem Zeitpunkt, wenn auch unsichtbar, in der Nähe der Sonne am Himmel befindet. So lässt sich der Hinweis in Hiob auf die "süßen Einflüsse der Plejaden" leicht verstehen. Wiederum zur gleichen Zeit, 2170 v. Chr. als die Sonne und die Plejaden das Jahr (mit dem beginnenden Frühling) gemeinsam eröffneten, hatte der Stern Alpha des Drachen, der der Polarstern dieser Zeit war, genau die Position in Bezug auf den wahren Himmelspol, die durch die Neigung des langen Ganges angezeigt wird, der sich schräg von der Nordseite der großen Pyramide nach unten erstreckt; Das heißt, wenn er sich genau nördlich unterhalb des Pols befand (oder an dem, was technisch als subpolarer meridionaler Durchgang bezeichnet wird), leuchtete der Polarstern der Periode direkt auf diesen langen Durchgang hinunter, und ich bezweifle nicht, dass er nicht nur gesehen werden konnte, wenn er während der Nacht in diese Position kam, sondern auch, wenn er während des Tages dorthin kam.

Aber im Zusammenhang mit der von mir genannten Epoche sind noch einige andere besondere Beziehungen zu beachten.

Es ist ziemlich klar, dass die frühen Beobachter bei der Vorstellung von Figuren bestimmter Himmelsobjekte nicht dazu neigten, sich diese Objekte in ungewöhnlichen Positionen vorzustellen. Eine Gruppe von Sternen kann eine Figur bilden, die der eines bekannten Objekts so sehr ähnelt, dass selbst eine falsche Position nicht verhindern würde, dass die Ähnlichkeit bemerkt wird, wie zum Beispiel der "Stuhl", der "Pflug" und so weiter. Aber solche Fälle sind nicht zahlreich; in der Tat muss man, um die Wahrheit zu sagen, "viel glauben", um eine Ähnlichkeit zwischen den Sterngruppen und den *meisten* Sternbildfiguren zu sehen, selbst unter den günstigsten Bedingungen. Wenn es keine sehr große Ähnlichkeit gibt, wie es bei allen großen Sternbildern der Fall ist, muss die Position bei der Bestimmung der Verbindung zwischen einer Sterngruppe und einem bekannten Objekt eine Rolle gespielt haben.

Nun nehmen die Sternbilder nördlich des Äquators so viele und so unterschiedliche Positionen ein, dass diese besondere Betrachtung auf sie nicht sehr zwingend zutrifft. Diejenigen, die sich südlich des Äquators befinden, sind jedoch nur über dem Südhorizont zu sehen und ändern ihre Position auf ihrem Weg von Osten nach Westen nur wenig. Je tiefer sie liegen, desto weniger ändern sie ihre Position. Und die ganz tief liegenden - wie zum Beispiel die, die ich bei der Bestimmung der Position des Südpols in Betracht gezogen habe - sind nur dann vollständig sichtbar, wenn sie genau nach Süden zeigen. Sie müssen also aller Wahrscheinlichkeit nach aufrecht oder in ihrer natürlichen Position gestanden haben, als sie so platziert wurden, denn wenn sie nicht richtig platziert waren, dann waren sie es nur, wenn sie sich unter dem Horizont befanden und folglich unsichtbar waren.

Fragen wir also nach der Position der südlichsten Sternbilder, wenn sie um Mitternacht vollständig über dem Südhorizont zu sehen sind.

Der Kentaur stand damals wie heute aufrecht; nur - während sich heute in Ägypten, Chaldäa, Indien, Persien und China nur die oberen Teile seiner Gestalt über den Horizont erheben, stand er damals, der edelste aller Sternbilder außer Orion, mit seinen Füßen (gekennzeichnet durch die hellen Alpha und Beta, die noch zu dem Sternbild gehören, und durch die Sterne des Kreuz des Südens, die ihm entnommen wurden) auf dem Horizont selbst. In zwanzig Grad nördlicher Breite kann man ihn immer noch so sehen, wenn er nach Süden ausgerichtet ist.

Der Kentaur wurde in alten Zeiten so dargestellt, dass er eine Opfergabe auf den Altar legt, der, so Manilius, ein Weihrauchfeuer trägt, das durch Sterne dargestellt wird. Für einen Studenten unserer modernen Karten scheint dies völlig verwirrend zu sein. Der Kentaur trägt den Wolf am Ende seines Speers; aber anstatt den Wolf (kein sehr akzeptables Fleischopfer, würde man annehmen) auf den Altar zu legen, richtet er dieses Tier auf die Basis des Altars, dessen Spitze nach unten zeigt, wobei die dort dargestellten Flammen (natürlich) auch nach unten tendieren. Es ist ziemlich sicher, dass die antiken Beobachter sich nichts dergleichen vorgestellt haben. Wie ich schon sagte, sagt uns Aratus, dass der himmlische Zentaur eine Opfergabe *auf den* Altar legte, der daher aufrecht stand, und Manilius beschreibt den Altar als

Ferens thuris, stellis imitantibus, ignem,

so dass sich das Feuer dort befand, wo es hingehörte, nämlich auf der Spitze eines aufrechten Altars, wo auch am Himmel selbst Sterne zu sehen waren, die wie der Rauch von Weihrauchfeuern aussahen. Wenn wir den Altar aufrecht über dem südlichen Horizont aufstellen (d.h. das absurde Bild, das wir heute von ihm haben, umkehren), sehen wir ihn genau dort, wo er stehen sollte, um die Opfergabe des Zentauren zu empfangen. Ein höchst bemerkenswerter Teil der Milchstraße befindet sich dann direkt über dem Altar, und zwar so, dass er eine sehr gute Imitation des von ihm aufsteigenden Rauchs darstellt. Dieser Teil der Milchstraße wird von Sir J. Herschel, der sie während seines Aufenthalts am Kap der Guten Hoffnung sorgfältig studierte, als ein kompliziertes System von ineinander verschlungenen Streifen und Massen beschrieben, das den Schweif des Skorpions bedeckt (der sich vom Altar aus erstreckt, der unmittelbar südlich des Skorpionschweifs liegt). Die Milchstraße teilt sich in der Tat genau über dem Altar, so wie das Sternbild vor 4000 Jahren über dem südlichen Horizont gesehen wurde, wobei der eine Zweig der soeben beschriebene ist und der andere (wie ein anderer Strom aus Rauch) "über die Sterne Iota des Altars, Theta und Iota des Skorpions usw. bis zu Gamma des Bogenschützen verläuft", sagt Herschel, "wo sie sich plötzlich zu einer lebhaften ovalen Masse sammelt, die so reich an Sternen ist, dass ihre Zahl bei einer sehr mäßigen Berechnung 100.000 übersteigt. Nichts könnte besser mit den Beschreibungen von Aratus und Manilius übereinstimmen.

Aber es gibt noch ein anderes Sternbild, das deutlicher als der Zentaur oder der Altar zeigt, dass das Datum, an dem die Sternbilder erfunden wurden, in der Nähe des von mir genannten Datums gelegen haben muss. Sowohl Ara als auch Centaurus sehen heute in geeigneten Breitengraden (etwa zwanzig Grad Nord) so aus, wie sie vor 4000 Jahren in höheren Breitengraden (etwa vierzig Grad Nord) aussahen. Denn die taumelnde Bewegung unserer Erde hat die Lage des Himmelspols so verändert, dass diese Sternbilder nur nach Süden gedrückt werden, ohne dass sich ihre *Position* wesentlich ändert; sie stehen jetzt fast aufrecht, wenn sie nach Süden ausgerichtet sind, wie vor 4000 Jahren, nur weiter unten. Aber das große Schiff Argo hat eine viel schwerwiegendere Verschiebung erlitten. Man kann dieses Schiff jetzt weder zu irgendeiner Zeit noch von irgendeinem Ort auf der Erdoberfläche aus *wie ein* Schiff sehen. Wenn wir nach Süden reisen, bis das ganze Sternbild zur richtigen Jahreszeit (Januar und Februar um Mitternacht) über dem Südhorizont sichtbar wird, ist der Kiel des Schiffes schräg, das Heck ist hoch über der Taille (der vordere Teil fehlt). Wenn wir noch weiter nach Süden reisen, können wir in der Tat Orte erreichen, an denen der Kurs des Schiffes so verbreitert und die Positionsveränderungen so verstärkt sind, dass es auf einem Teil seiner Reise auf einem ebenen Kiel zu stehen scheint, aber dann ist es hoch über dem Horizont. Jetzt, vor 4000 Jahren, stand das Schiff an seinem südlichen Kulminationspunkt selbst am Horizont, mit ebenem Kiel und aufrechtem Mast.

Am Rande sei bemerkt, dass ich mir vorstelle ( ), dass dieses große Schiff die Arche darstellte, deren vorderer Teil ursprünglich der Teil des Kentauren war, der jetzt das Pferd bildet, so dass der Kentaur als Mensch (nicht als Mensch-Pferd) dargestellt wurde, der eine Gabe auf dem Altar darbringt. So erkenne ich in dieser Gruppe von Sternbildern die Arche und Noah, der aus der Arche zum Altar hinaufsteigt, "den er dem Herrn baute, und nahm von allen reinen Tieren und von allen reinen Vögeln und opferte Brandopfer auf dem Altar". Ich bin ferner der Ansicht, dass die Sternbilder des Schiffs, des Mannes mit der Opfergabe und des Altars, die in einem alten astrologischen Tempel gemalt oder gemeißelt wurden, zu einem späteren Zeitpunkt so verstanden wurden, dass sie eine bestimmte Reihe von Ereignissen darstellen, die von einem Dichter zu einer vollständigen Erzählung interpretiert und erweitert wurden. Ohne auf einer so heterodoxen Vorstellung bestehen zu wollen, möchte ich als merkwürdigen Zufall anmerken, dass ein solches Bild oder eine solche Skulptur wahrscheinlich den vom Altar aufsteigenden Rauch gezeigt hätte, den ich bereits beschrieben habe, und dass in diesem Rauch der Bogen des Schützen zu sehen gewesen wäre; was, in der von mir erwähnten Weise interpretiert und erweitert, den "Bogen in den Wolken, als Zeichen eines Bundes" erklärt haben könnte. Es ist bemerkenswert, dass alle übrigen Sternbilder, die die südliche Grenze der alten Sternenkuppeln oder -karten bildeten, wässrig waren - der Südliche Fisch, über den der Wassermann einen völlig unnötigen Wasserstrom ergießt, das große Meeresungeheuer, dem wiederum die Ströme des Flusses Eridanus zufließen. Auch der Äquator wurde damals über einen großen Teil seiner Länge von der großen Seeschlange Hydra eingenommen, die ihr Haupt über dem Äquator erhob, der damals sehr wahrscheinlich durch einen Wasserhorizont angezeigt wurde, denn fast alle Zeichen darunter waren damals wässrig. Da die Hydra damals in ihrer ganzen Länge waagerecht über dem Schiff lag, dessen Masten bis zu ihr reichten, können wir jedenfalls annehmen, dass dieser Teil des Himmelsbildes einen Meereshorizont und ein Schiff zeigte, wobei die große Seeschlange am Horizont lag. Auf dem Rücken der Hydra befindet sich der Rabe, von dem wiederum diejenigen, die die oben erwähnte Theorie akzeptieren, annehmen, dass er den Raben darstellt, der von der Arche aus hin- und herflog. Er ist nahe genug an der Takelage der Argo, um eine leichte Reise daraus zu machen. Die Taube darf jedoch nicht mit dem modernen Sternbild Columba verwechselt werden, obwohl dieses (passenderweise) in der Nähe der Arche steht. Wir müssen annehmen, dass die Idee der Taube von einem Vogel stammt, der in der Takelage des Himmelsschiffes abgebildet ist. Die Reihenfolge, in der die Sternbilder im Laufe des Jahres über den Horizont traten, entsprach dieser Theorie sehr gut, auch wenn sie manchen phantasievoll erschien. Zuerst der Wassermann, der Wasserströme ausschüttet, die drei Fische (Pisces und Piscis australis) und das große Meeresungeheuer Cetus, das zeigt, wie das Wasser über die höchsten Hügel herrscht, dann die Arche, die auf dem Wasser fährt, etwas später der Rabe (Corvus), der Mann, der von der Arche herabsteigt und eine Gabe auf dem Altar darbringt, und schließlich der Bogen inmitten der Wolken.

Die soeben beschriebene Theorie mag nicht auf viel Gegenliebe stoßen. Aber wildere Theorien über die Geschichte der Sintflut sind mit beträchtlichem Vertrauen angenommen und vertreten worden. Eine der wildesten, fürchte ich, ist die des Astronomer-Royal, die besagt, dass die Sintflut einfach ein großer Anstieg des Nils war; und Sir G. Airy ist diesbezüglich so zuversichtlich, dass er sagt: "Ich kann nicht den geringsten Zweifel hegen, dass die Flut Noahs eine Flut des Nils war;" genau wie er sagen könnte: "Ich kann nicht den geringsten Zweifel hegen, dass sich die Erde um die Sonne bewegt. In einem Punkt können wir in der Tat sehr wenig Zweifel hegen. Wenn es vor der Sintflut jemals geregnet hat, was wahrscheinlich ist, und wenn die Sonne jemals auf den fallenden Regen geschienen hat, was ebenfalls wahrscheinlich ist, dann hätte nichts außer einem Wunder verhindern können, dass der Regenbogen vor der Sintflut erschien. Die wildeste Theorie, die man sich ausdenken kann, um die Geschichte der Sintflut zu erklären, kann nicht wilder sein als die Annahme, dass die Sonnenstrahlen, die auf die fallenden Regentropfen scheinen, jemals nicht die prismatischen Farben hätten zeigen können. Die Theorie, die ich oben vorgeschlagen habe, ohne so weit zu gehen, sie nachdrücklich zu befürworten, geschweige denn auf ihr zu bestehen, ist auf jeden Fall frei von Einwänden in diesem besonderen Punkt, was man von der gewöhnlichen Theorie nicht sagen kann. Ich bin jedoch noch nicht in der Lage zu sagen, dass ich an meiner Theorie nicht den geringsten Zweifel hegen kann".

Wir können mit ziemlicher Sicherheit davon ausgehen, dass der Zeitraum, in dem die alten südlichen Sternbilder entstanden sind, zwischen 2400 und 2000 Jahren vor unserer Zeitrechnung liegt, ein Zeitraum übrigens, der das Datum einschließt, das man gewöhnlich der Sintflut zuschreibt, der uns aber eigentlich nicht weiter beschäftigen darf. Verlassen wir nämlich die wässrigen Sternbilder, die unterhalb des Äquators jener fernen Zeiten liegen, und suchen wir sofort den höchsten Himmel darüber auf.

Hier, am Nordpol dieser Tage, finden wir den großen Drachen, der in jedem astrologischen Tempel jener Zeit das höchste oder krönende Sternbild gewesen sein muss, das den Schlüsselstein der Kuppel umgab. Seither ist er von dieser stolzen Position abgefallen. Selbst vor 4000 Jahren hielt er sich sozusagen nur mit seinem Schwanz am Pol fest, und wir müssen etwa 2000 Jahre zurückkreisen, um den Pol in einem Teil der Länge des Drachen zu finden, der als zentral angesehen werden kann. Mit etwas Phantasie könnte man fast die allmähliche Verdrängung des Drachens von seinem alten Ehrenplatz in bestimmten Überlieferungen über den Untergang des großen Drachens erkennen, dessen "Schwanz den dritten Teil der Sterne des Himmels an sich zog".

Die zentrale Position des Drachens, denn selbst als der Polarstern sich dem Schwanz des Drachens genähert hatte, war das Sternbild immer noch zentral, wird den klassischen Leser an Homers Beschreibung des Schildes des Herkules erinnern -

> Das schuppige Grauen eines Drachens,
> Voll im zentralen Feld, unaussprechlich,
> Mit schräg gestellten Augen erwidert, das aufsteigende
> Schoss gleißendes Feuer.(*Übersetzung von Elton.*)

Ich sage Homers Beschreibung, denn ich kann nicht verstehen, wie jemand, der die Beschreibung des Schildes des Achilles in der Ilias und die des Schildes des Herkules in der fragmentarischen Form, in der wir sie haben, miteinander vergleicht, auch nur einen Augenblick daran zweifeln kann, dass beide Beschreibungen von derselben Hand stammen. (Die Theorie, dass Hesiod das letztgenannte Gedicht verfasst hat, kann von kaum einem Gelehrten vertreten werden.) Wie ich schon vor langer Zeit in meinem Aufsatz 'A New Theory of Achilles' Shield' ('Light Science,' first series) dargelegt habe, kann kein Dichter, der so minderwertig ist, Homers Worte in einem Teil der Beschreibung des Schildes des Herkules zu entlehnen, die anderen Teile, die nicht im Schild des Achilles zu finden sind, geschrieben haben. Ich für meinen Teil kann nicht den geringsten Zweifel hegen - das heißt, ich halte es für sehr wahrscheinlich -, dass Homer die Zeilen, die den Schild des Herkules beschreiben sollen, lange vor der Einführung der Beschreibung, beschnitten und verstärkt, in den Teil der Ilias schrieb, wo sie seinem Zweck am besten diente. Und ich habe ebenso wenig Zweifel daran, dass sich die ursprüngliche Beschreibung, von der wir in beiden Gedichten nur Fragmente erhalten, auf etwas weitaus Wichtigeres als einen Schild bezog. Die Sternbilder sind kein geeigneter Schmuck für den Schild eines kämpfenden Mannes, auch wenn er unter der besonderen Obhut einer himmlischen Mutter stand und seine Rüstung von einem himmlischen Schmied anfertigen ließ. Dennoch erfahren wir, dass Achilles' Schild...

> Die Sternenlichter, die des Himmels hochgewölbte Krone
> Die Plejaden, Hyaden und der nördliche Strahl,
> Und der große Orion mit seinem strahlenden Strahl,
> Auf den, um den Zyklus des Himmels,
> Der Bär, der sich dreht, sein goldenes Auge richtet,
> noch immer erhaben leuchtet.

Und so weiter. Der Schild des Herkules zeigte in seinem Zentrum das Polarsternbild des Drachen. Wir lesen auch, dass...

> Dort wurde der Ritter der blonden Danae geboren,
> Perseus.

Orion wird nicht speziell erwähnt, aber Orion, Lepus und die Hunde scheinen gemeint zu sein.

> Jäger
> fingen die flinken Hasen; zwei scharfzahnige Hunde
> liefen daneben.

Homer hätte keine Schwierigkeiten, den mächtigen Jäger und den Hasen in Jäger und Hasen zu pluralisieren, wenn er eine Beschreibung verwendet, die sich ursprünglich auf das Sternbild bezieht.

Ich gehe davon aus, dass sich die ursprüngliche Beschreibung auf einen jener Tierkreistempel bezog, deren Überreste noch in Ägypten zu finden sind, obwohl die ägyptischen Tempel dieser Art wahrscheinlich nur Kopien von älteren chaldäischen Tempeln waren. Von assyrischen Skulpturen wissen wir, dass Darstellungen der Sternbilder (und insbesondere der Tierkreiszeichen) bei den Babyloniern üblich waren; und wie ich in dem oben erwähnten Aufsatz betone, "scheint es wahrscheinlich, dass in einem Land, in dem der Sabäismus oder die Sternenanbetung die vorherrschende Form der Religion war, die Tierkreistempel noch imposantere Ausmaße hatten als in Ägypten". Meine Theorie in Bezug auf die beiden berühmten "Schilde" ist also, dass Homer auf seinen Reisen in den Osten imposante Tempel besuchte, die der astronomischen Beobachtung und dem Sternenkult gewidmet waren, und dass fast jede Zeile in beiden Beschreibungen einem Gedicht entnommen ist, in dem er einen solchen Tempel, seinen kuppelförmigen Tierkreis und jene Illustrationen der Arbeiten der verschiedenen Jahreszeiten und der militärischen oder gerichtlichen Verfahren beschrieb, die die astrologischen Neigungen der Sternanbeter dazu brachten, sie mit den verschiedenen Sternbildern in Verbindung zu bringen. Für die Argumente, auf denen diese Theorie beruht, habe ich hier keinen Platz. Sie werden in dem Aufsatz, aus dem ich zitiert habe, behandelt.

Neben den bereits erwähnten Punkten muss ich hier nur noch auf einen weiteren eingehen. Man mag einwenden, dass die Beschreibung eines Tierkreistempels nichts mit dem Thema der Ilias zu tun hat. Das ist sicherlich richtig; aber niemand, der Homers Art und Weise kennt, kann daran zweifeln, dass er, wenn er die Gelegenheit dazu sähe, ein Gedicht über ein Thema außerhalb der Ilias einbauen würde, wobei er die Sprache so abwandeln würde, dass die Beschreibung mit dem vorliegenden Thema übereinstimmt. Sowohl in der Ilias als auch in der Odyssee gibt es viele Passagen, wenn auch keine von solcher Länge, die auf diese Weise in das Gedicht eingebracht worden zu sein scheinen; und andere Passagen, die nicht genau dieser Art sind, zeigen dennoch, dass Homer nicht unempfänglich für den Vorteil war, gelegentlich die Erinnerung anstelle der Erfindung zu benutzen.

Wer das Sternbild Draco am Himmel aufmerksam betrachtet, wird feststellen, dass die Zeichnung des Kopfes in den Karten nicht korrekt ist; der Kopf ist nicht mehr so abgebildet, wie er von denjenigen, die das Sternbild zuerst schufen, aufgefasst worden sein muss. Die beiden hellen Sterne Beta und Gamma befinden sich jetzt auf einem Kopf im Profil. Früher markierten sie die beiden Augen. Ich möchte nicht die Beschreibung des Drachens im Schild des Herkules hervorheben, der "mit schräg gestellten Augen, die fragend glänzendes Feuer ausstießen", denn nicht alle Leser werden meiner Meinung zustimmen, dass sich diese Beschreibung auf das Sternbild Draco bezieht. Aber die Beschreibung des Sternbildes selbst durch Aratus reicht aus, um zu zeigen, dass die beiden hellen Sterne, die ich genannt habe, die Augen des imaginären Ungeheuers markierten - in der Tat ähnelt der Bericht des Aratus auf merkwürdige Weise dem des Schildes des Herkules. 'Swol'n ist sein Hals', sagt Aratus über den Drachen -

> ... Mit funkelndem Feuer geladene Augen
> erhellen sein Haupt mit dem Scheitel. Wie im Zorn
> wendet er Helice sein schäumendes Maul
> und schleudert seine Zunge, die mit einem glühenden Stern durchbohrt ist.

Und der Drachenkopf mit den funkelnden Augen ist auch heute noch zu erkennen, sobald diese Veränderung in der Gestalt vorgenommen wird, während niemand die geringste Ähnlichkeit mit einem Drachenkopf im Profil erkennen kann. Der Stern, der die Zunge des Drachens bindet, wäre nach Aratus' Darstellung Xi des Drachens, denn nur so wären die Augen auf Helice den Bären gerichtet. Aber als

Aratus schrieb, war es üblich, die Sternbilder voneinander zu trennen; tatsächlich bezog er sein Wissen über sie hauptsächlich von Eudoxus, dem Astronomen und Mathematiker, der eine Vermischung der Sternbilder sicher nicht zugelassen hätte. Es gibt Gründe für die Annahme, dass es anfangs anders war, und wenn eine Gruppe von Sternen einem bekannten Objekt ähnelte, wurde sie nach diesem Objekt benannt, auch wenn einige der Sterne, die zur Bildung der Figur notwendig waren, bereits zu einer anderen Figur gehörten. Wenn wir uns dies in Erinnerung rufen, können wir ohne Schwierigkeiten den Kopf des Drachens auf natürlichere Weise erwidern - nicht mit dem Stern Xi des Drachens, sondern mit dem Stern Iota des Herkules. Die vier Sterne sind so angeordnet, die größeren stellen die Augen dar; und was den Kopf betrifft, so ist es gleichgültig, ob der untere oder der obere kleine Stern die Zunge darstellt. Aber wie jeder sehen wird, der diese Sterne betrachtet, wenn der Drache am besten für die gewöhnliche (nicht teleskopische) Beobachtung positioniert ist, ist die Haltung des Tieres viel natürlicher, wenn der Stern Iota des Herkules die Zunge markiert, denn dann befindet sich das Geschöpf wie eine geflügelte Schlange, die über dem Horizont schwebt und nach unten schaut, während, wenn der Stern Xi die Zunge markiert, der schwebende Drache nach oben schaut und sich in einer unnatürlich gezwungenen Position befindet. (Ich behaupte zwar nicht, alle Verhaltensweisen der Drachen perfekt zu verstehen; dennoch kann man davon ausgehen, dass ein über dem Horizont schwebender Drache eher in einer natürlichen Haltung nach unten als in einer ungünstigen nach oben schaut).

Der Stern Iota des Herkules markiert die Ferse dieses Riesen, der von alters her der Kniende (Engonasin) genannt wurde. Er muss eine wichtige Figur auf den alten Tierkreistempeln gewesen sein, und es ist nicht unwahrscheinlich, dass seine Anwesenheit dort als eine der größten und höchsten menschlichen Figuren dazu geführt hat, dass eine Tierkreiskuppel nach Herkules benannt wurde. Der Dom des Herkules käme dem Titel "Der Schild des Herkules", den das oben behandelte fragmentarische Gedicht trägt, sehr nahe. Der Fuß des knienden Mannes wurde auf dem Kopf des Drachens dargestellt, wobei der Drache die Ferse festhielt. Und auch hier stellen sich einige vor, dass eine bildhauerische Darstellung dieser imaginären Figuren am Himmel interpretiert und zur Erzählung eines Kampfes zwischen dem Menschen und der alten Schlange, dem Drachen, erweitert worden sein könnte, wobei Ophiuchus, der Schlangenträger, die letztendliche Niederlage des Drachens verkörpern soll. Diese Fantasie könnte ähnlich wie die über die Sintflut weiterverfolgt werden, doch wäre der gegenwärtige Ort für weitere Untersuchungen in dieser Richtung ungeeignet.

Das Sternbild Ophiuchus ist meines Erachtens insofern interessant, als es Aufschluss über die Art und Weise gibt, in der die Sternbilder anfangs miteinander vermischt waren. Ich habe einen Fall erwähnt, in dem, wie ich glaube, die späteren Astronomen zwei Sternbilder getrennt haben, die einst zusammengehörten. Viele andere lassen sich erkennen, wenn wir die tatsächlichen Sterngruppen mit den Sternbildfiguren, wie sie heute dargestellt werden, vergleichen. Niemand kann in der Sternengruppe, die heute dem Heck der Argo zugeordnet wird, den Rumpf eines Schiffes erkennen, aber wenn wir die Sterne des Großen Hundes und andere in der Nähe einbeziehen, kann man deutlich einen wohlgeformten Rumpf erkennen. Der Kopf des Löwen auf unseren Karten ist, was die Sterne betrifft, wie der Kopf eines Hundes; aber wenn man die Sterne des Krebses auf der einen und der Jungfrau auf der anderen Seite in die Figur einbezieht, und vor allem das Haar der Berenice, um das Büschel des Löwenschwanzes zu bilden, kann man mit ein wenig Anstrengung der Phantasie einen sehr schönen Löwen mit wehender Mähne erkennen. So auch bei Bootes, dem Hirten. Er war früher "ein stattlicher Mann", der mit den Armen winkte und, wie sein Name schon sagt, den fliehenden Bären lautstark anbrüllte. Heute, und sicherlich schon seit der Zeit vor Eudoxus, ist ein Arm abgehackt, um die nördliche Krone zu formen, und der Hirte hält seine Keule so dicht an seiner Seite wie ein Soldat seine geschulterte Muskete. Das Sternbild des Großen Bären, einst wohl der einzige Bär (obwohl der Kleine Bär ein sehr altes Sternbild ist), hat schwer gelitten. Ursprünglich muss es ein viel größerer Bär gewesen sein, denn die Sterne, die jetzt den Schwanz bilden, markieren einen Teil des Umrisses des Rückens; aber zuerst haben einige Leute, die mit der Natur des Bären nicht vertraut waren, die drei Sterne (die Pferde des Pfluges) in einen langen Schwanz verwandelt und dem Tier den gesamten entsprechenden Teil seines Körpers entzogen, und dann haben moderne Astronomen, die einen großen leeren Raum fanden, wo sich früher der große Rahmen des Bären erstreckte, die Sterne dieses Raumes inkonsequent zu einem neuen Sternbild geformt, den Jagdhunden. Niemand kann einen Bären in dem Sternbild erkennen, wie es heute geformt ist, aber jeder, der aufmerksam den Teil des Himmels betrachtet, der von dem Sternbild eingenommen wird, wird einen monströsen Bären erkennen, mit dem typischen kleinen Kopf von Kreaturen aus der Familie der Bären und mit äußerst gut entwickelten plantigraden Füßen. Natürlich kann diese Gestalt nicht zu jeder Zeit mit gleicher Leichtigkeit erkannt werden; aber in den letzten vier oder fünf Monaten des Jahres nimmt der Bär vor Mitternacht eine Position ein, die seine Erkennung begünstigt , indem er entweder aufrecht auf seinen Füßen steht, oder so, als ob er einen Abhang hinabsteigt, oder auf seinen großen Lenden hockt. Als Langschwanztier ähnelt die Kreatur eher einem jener hölzernen Spielzeugaffen, die früher für Kinder hergestellt wurden und vielleicht auch heute noch werden, bei denen die gleitende Bewegung eines ringförmigen Stabes den Affen über die Spitze eines Stockes trug. Der kleine Bär ist wohl dem Drachen entlehnt, der ursprünglich sicherlich ein geflügeltes Ungeheuer war.

Nun scheinen die Astronomen, die sich voneinander getrennt und damit die alten Sternbildfiguren verdorben haben, daran verzweifelt zu sein, Ophiuchus aus seinen Verstrickungen zu befreien. Die Schlange ist um seinen Körper gewunden, der

Skorpion krallt sich an einem Bein fest. Die Sternbildmacher haben *per fas et nefas den* Skorpion vom Schlangenhalter getrennt und damit beide Figuren verunstaltet. Aber die Schlange war zu viel für sie, so dass sie sich gezwungen sahen, einen Teil der Schlange auf der einen Seite der Region zu belassen, die sie dem Ophiuchus zugestehen, und den anderen Teil der Schlange auf der anderen Seite.

Eine Gruppe von Sternbildern, deren Ursprung und Bedeutung wenig bekannt sind, muss noch erwähnt werden. In der Nähe des Drachens befindet sich König Kepheus, daneben seine Frau Kassiopeia (die sitzende Dame), in deren Nähe Andromeda, die gefesselte Dame, liegt. Das Seeungeheuer Cetus ist nicht weit entfernt, wenn auch nicht nahe genug, um ihre Sicherheit zu bedrohen, denn der Widder und das Dreieck befinden sich zwischen dem Kopf des Ungeheuers und ihren Füßen, während die Fische zwischen dem Körper des Ungeheuers und ihrer schönen Gestalt stehen. Ganz in der Nähe befindet sich Perseus, der Retter, mit einem Schwert in der rechten Hand (das auf allen alten Bildern einem Mähdrescher ähnelt) und dem Haupt der Medusa in der linken Hand. Die allgemeine Erklärung für die so verbundenen Figuren war die Annahme, dass die Menschen aufgrund einer bestimmten Tradition über Cepheus und seine Familie eine bildliche Darstellung der Ereignisse am Himmel vorstellten, die Tradition. Ich habe lange geglaubt, dass die tatsächliche Reihenfolge in diesem und anderen Fällen umgekehrt war, dass die Menschen sich bestimmte Figuren am Himmel vorstellten, diese Figuren in ihren astronomischen Tempeln oder Observatorien bildlich darstellten und danach Geschichten erfanden, die zu den Bildern passten, wahrscheinlich viele Generationen danach. Wie dem auch sei, wir können gegenwärtig keine zufriedenstellende Erklärung für die Gruppe der Sternbilder geben.

Wilford berichtet in seinen "Asiatischen Forschungen" von einem Gespräch mit einem Pandit oder Astronomen über die Namen der indischen Sternbilder. Als ich ihn bat, mir am Himmel das Sternbild Antarmada zu zeigen, zeigte er sofort auf Andromeda, obwohl ich ihm vorher keine Informationen darüber gegeben hatte. Danach brachte er mir ein sehr seltenes und merkwürdiges Werk in Sanskrit, das ein Kapitel über *Upanachatras* oder außerkörperliche Sternbilder enthielt, mit Zeichnungen von *Capuja* (Cepheus) und *Casyapi* (Kassiopeia), die sitzend eine Lotusblume in der Hand hielt, von Antarmada, die mit dem Fisch neben ihr verzaubert war, und schließlich von *Paraseia* (Perseus), der nach der Erklärung des Buches den Kopf eines Ungeheuers hielt, das er im Kampf erschlagen hatte; Blut tropfte von ihm, und er hatte Schlangen als Haare.' Einige haben aus dem Umstand, dass die indischen Karten die kassiopeischen Sternbilder zeigten, gefolgert, dass der Ursprung dieser Figuren in Indien zu suchen ist. Aber wahrscheinlich stammen sowohl die indischen als auch die griechischen Sternbildfiguren aus einer viel älteren Quelle.

Die Zwölf des Tierkreises sind in mancher Hinsicht die wichtigsten und interessantesten aller antiken Sternbilder. Wenn wir den Ursprung dieser Figuren, ihre genaue Konfiguration, so wie sie zuerst erdacht wurde, und die genauen Einflüsse, die ihnen in den alten astrologischen Systemen zugewiesen wurden, bestimmen könnten, hätten wir einen wichtigen Beweis für den Ursprung der Astronomie selbst. Es ist nicht so, dass die zwölf Tierkreiszeichen am Anfang oder gar in den frühen Kinderschuhen der Astronomie entstanden wären. Es scheint völlig klar zu sein, dass sich die Einteilung des Tierkreises (die sowohl die Bahn des Mondes als auch die der Sonne umfasst) ursprünglich auf die Bewegungen des Mondes bezog. Er umrundet die Sternensphäre in etwa siebenundzwanzig Tagen und einem Drittel, während die Lunation oder das Intervall von Neumond zu Neumond, wie wir alle wissen, etwa neunundzwanzigeinhalb Tage lang ist. Es hat den Anschein, dass die frühesten Astronomen, die natürlich auch Astrologen waren, aller Nationen - die indischen, ägyptischen, chinesischen, persischen und chaldäischen Astronomen - achtundzwanzig Tage (wahrscheinlich als groben Mittelwert zwischen den beiden soeben genannten Perioden) für ihre Hauptmondperiode annahmen und den Weg des Mondes um die Ekliptik in achtundzwanzig Abschnitte oder Abschnitte aufteilten. Wie sie mit den noch ausstehenden Bruchteilen von Tagen umgingen - ob sie die gewöhnliche Lunation berücksichtigten oder die Bewegung des Mondes um die Sternenkugel - ist nicht bekannt. Allein der Umstand, dass sie sich lange Zeit mit ihren achtundzwanzig Mondphasen begnügten, zeigt jedoch, dass sie anfangs keine große Genauigkeit anstrebten. Zweifellos benutzten sie ein grobes System von "Schaltmonaten", durch das der Monatsverlauf je nach Bedarf mit dem Verlauf des Mondes in Einklang gebracht wurde, so wie bei unseren Schaltjahren der Verlauf des Jahres mit dem Verlauf der Sonne oder der Jahreszeiten in Einklang gebracht wird.

Die Verwendung des Achtundzwanzigtageszeitraums legte natürlich die Einteilung der Zeit in Wochen von jeweils sieben Tagen nahe. Der gewöhnliche Mondmonat wird durch die Mondaspekte auf sehr offensichtliche Weise in vier gleiche Teile unterteilt. Jeder kann ungefähr die Zeit des Vollmonds und die Zeiten des Halbmonds vor und nach dem Vollmond erkennen, während die Zeit des Neumonds an diesen beiden letzten Epochen zu erkennen ist. So wären die vier Viertel des Monats, oder ungefähr die vier Wochen des Monats, das erste Zeitmaß, an das man denkt; nach dem Tag, der die notwendige Grundlage aller Zeitmaße ist. Die nächstliegende Annäherung an einen Viertelmonat ist die Sieben-Tage-Woche; und obwohl die Tatsache, dass sich vier Wochen deutlich von einem Mondmonat unterscheiden, eine gewisse Unbeholfenheit hervorruft, würde dies die Annahme der Woche als Zeitmaß nicht lange verhindern. So wie unsere Jahre an verschiedenen Wochentagen beginnen, ohne dass dies irgendwelche Unannehmlichkeiten mit sich brächte, könnten auch die alten Monate mit verschiedenen Wochentagen beginnen.

Alles, was nötig wäre, um die Woche mit den Vierteln des Monats in Einklang zu bringen, wäre der Beginn jedes Monats am richtigen oder nächstgelegenen Wochentag. Um die Menschen darüber zu informieren, könnte eine Zeremonie für den Tag des Neumondes festgelegt und ein Signal verwendet werden, um die Zeit anzuzeigen, zu der diese Zeremonie stattfinden sollte. Das Neumondfest und das Blasen der Trompeten bei Neumond waren ein wesentlicher Bestandteil der Vorkehrungen, die von den Völkern getroffen wurden, die die Woche als Hauptmaß für die Zeit verwendeten. Die sieben Tage wurden von den Neumonden nicht berührt, soweit es um die Benennung dieser Tage oder um besondere Pflichten im Zusammenhang mit einem dieser Tage ging.

Ursprünglich mag die Idee gewesen sein, Feste und Opfer zur Zeit des Neumondes, des ersten Viertels, des Vollmondes und des dritten Viertels abzuhalten; aber diese Anordnung würde natürlich (und wurde, wie wir wissen, tatsächlich) bald einem Neumondfest weichen, das den Monat und die Feste des siebten Tages regelt, wobei jede Klasse von Festen ihre entsprechenden Opfer und Pflichten hat. Dies war, wie ich meine, der natürliche Weg. Seine Einführung *mag* durch die Erkenntnis begünstigt worden sein, dass die sieben Planeten des alten Systems der Astronomie bequem als Herrscher über die Tage und Stunden angesehen werden konnten, wie es im Aufsatz über Astrologie beschrieben wurde. Dass diese Nomenklatur und dieses System der Verbindung zwischen den Planeten und den Stunden, Tagen und Wochen der Zeitmessung schließlich angenommen wurde, ist sicher; aber ob die Bequemlichkeit und offensichtliche mystische Eignung dieser Anordnung zur Verwendung von wöchentlichen Festen in Verbindung mit monatlichen führte, oder ob diese wöchentlichen Feste zuerst auf die oben beschriebene Weise angenommen wurden, oder ob (was insgesamt wahrscheinlicher scheint) beide Gruppen von Überlegungen zu der Anordnung führten, können wir nicht sicher sagen. Die Regelung war in jeder Hinsicht natürlich, und man kann sagen, dass sie in Anbetracht aller Umstände fast unvermeidlich war.

Es gab jedoch noch eine andere Möglichkeit, nämlich die Einteilung der Zeit in zehntägige Perioden, drei für jeden Monat, mit entsprechenden Neumondfesten. Da aber die Ankunft des Mondes in den *Dritteln* seines Laufes nicht so deutlich zu erkennen ist wie seine Ankunft in den Vierteln, und da es keine Verbindung zwischen der Zahl Zehn und den Planeten gibt, wurde diese Einteilung weit weniger wahrscheinlich angenommen als die andere. Dementsprechend finden wir, dass nur ein oder zwei Völker sie übernommen haben. Sechs Gruppen von fünf Tagen wären praktisch die gleiche Einteilung; fünf Gruppen von sechs Tagen für jeden Monat würden kaum in Betracht kommen, da bei dieser Einteilung die Verwendung einfacher direkter Beobachtungen des Mondes zur Zeitmessung, die das eigentliche Ziel aller derartigen Einteilungen war, für die Allgemeinheit weder bequem noch überhaupt möglich wäre. Nur wenige könnten leicht erkennen, wann der Mond zu zwei Fünfteln oder zu vier Fünfteln voll ist, während jeder erkennen kann, wann er halb oder ganz voll ist (die Voraussetzung für die Wochenmessung); und es wäre möglich, ziemlich genau zu erraten, wann er zu einem Drittel oder zu zwei Dritteln voll ist, die Voraussetzung für die Dreijahresteilung.

Bei der obigen Erörterung des Ursprungs der Woche (im Unterschied zum Ursprung des Sabbats, den ich in der Abhandlung über Astrologie behandelt habe) ging es mir darum zu zeigen, dass der Verwendung der zwölf Tierkreiszeichen in jedem Fall die Verwendung der achtundzwanzig Mondhäuser vorausging. Man ist davon ausgegangen, dass die Völker, in deren Astronomie die achtundzwanzig Gestirne noch vorkommen, ein System übernommen haben, während die Verwendung der zwölf Zeichen darauf hindeutet, dass ein anderes System übernommen wurde. So findet sich in Blakes Version von Flammarions "History of the Heavens" folgende Passage: "Die Chinesen haben achtundzwanzig Sternbilder, obwohl das Wort *sion* nicht eine Gruppe von Sternen bedeutet, sondern einfach ein Haus oder Hotel. In der koptischen und altägyptischen Sprache hat das Wort für Sternbilder dieselbe Bedeutung. Auch sie haben achtundzwanzig, und die gleiche Anzahl findet sich bei den Arabern, Persern und Indern. Bei den Chaldäern oder Akkadiern finden wir kein Zeichen für die Zahl Achtundzwanzig. Die Ekliptik oder das "Joch des Himmels" war bei ihnen, wie wir in der neu entdeckten Tafel sehen, in zwölf Abschnitte unterteilt, wie bei uns, und die einzige Verbindung, die man sich zwischen dieser und der Zahl Achtundzwanzig vorstellen kann, ist die Meinung von M. Biot, der meint, dass die Chinesen die Zahl Achtundzwanzig nicht kannten. Biot, der der Meinung ist, dass die Chinesen ursprünglich nur vierundzwanzig Häuser besaßen, zu denen Chenkung 1100 V. CHR. vier weitere hinzufügte, und dass diese mit den vierundzwanzig Sternen, zwölf im Norden und zwölf im Süden, übereinstimmten, die bei den Chaldäern die zwölf Tierkreiszeichen markierten. Aber unter dieser Annahme haben die Achtundzwanzig keinen Bezug zum Mond, während wir allen Grund zu der Annahme haben, dass sie einen haben. Die letzte Bemerkung ist zweifellos richtig - die achtundzwanzig Häuser sind von Anfang an Häuser des Mondes gewesen. Aber gerade in diesem Umstand, wie auch in den Tafeln, auf die sich der vorhergehende Abschnitt bezieht, finden wir alle notwendigen Beweise, um zu zeigen, dass die Chaldäer den Tierkreis ursprünglich in achtundzwanzig Teile aufteilten. Aus den Tafeln geht hervor, dass die Chaldäer wie die anderen Völker, die achtundzwanzig Tierkreisabschnitte hatten, eine siebentägige Periode benutzten, die von den Bewegungen des Mondes abgeleitet wurde, wobei jeder siebte Tag *sabbatu* genannt wurde und als Ruhetag galt. Daraus können wir schließen, dass die chaldäischen Astronomen, die weiter fortgeschritten waren als die anderer Völker, die Notwendigkeit erkannten, den Tierkreis nach den Bewegungen der Sonne und nicht des Mondes einzuteilen. Sie verwarfen daher die achtundzwanzig Mondhäuser und nahmen stattdessen zwölf Sonnenzeichen an; diese Zahl zwölf wurde, wie die Zahl achtundzwanzig selbst, lediglich als die bequemste Annäherung an die Anzahl der Teile gewählt, in die der Tierkreis auf natürliche Weise durch eine andere Periode unterteilt war. So entspricht der achtundzwanzigste Teil des Tierkreises in etwa der täglichen Bewegung des Mondes, und der zwölfte Teil des Tierkreises entspricht in etwa der monatlichen Bewegung des Mondes; und sowohl die Zahlen achtundzwanzig als auch zwölf lassen eine Unterteilung zu, während neunundzwanzig (eine nähere Annäherung als achtundzwanzig an die Anzahl der Tage in einer Lunation) und dreizehn (eine fast ebenso nahe Annäherung wie zwölf an die Anzahl der Monate in einem Jahr) dies nicht tun.

Es scheint mir sehr wahrscheinlich, dass das Datum, auf das alle Untersuchungen über den Ursprung der Sternbilder und der Tierkreiszeichen hindeuten - nämlich 2170 V. CHR. - das Datum war, an dem die chaldäischen Astronomen das neue System, die lunisolare statt der lunaren Einteilung des Tierkreises und der Zeit, endgültig annahmen. Es ist nicht unwahrscheinlich, dass die Architekten der Großen Pyramide (nicht der König, der sie baute) unter anderem dieses Ziel verfolgten: die Errichtung eines Gebäudes, das die Epoche angibt, in der das neue System eingeführt wurde, und das in seinen Proportionen, seinen inneren Gängen und anderen Merkmalen grundlegende Elemente des neuen Systems definiert. Die große Schwierigkeit, eine überwältigende Schwierigkeit, wie es mir immer schien, bei der Annahme, dass das Jahr 2170 V. CHR. den Beginn der exakten Astronomie definierte, bestand darin, dass mehrere der Umstände, auf die zur Bestimmung dieses Datums bestanden wurde, eine beträchtliche Kenntnis der Astronomie voraussetzten. So müssen die Astronomen große Fortschritte in ihrer Wissenschaft gemacht haben, bevor sie als Tag für die Zählung den Zeitpunkt wählen konnten, an dem die langsame Drehbewegung der Erde (die so genannte Präzessionsbewegung) die Plejaden zur Mittagszeit des Frühlingsäquinoktiums in die Mitte des Südens brachte. Der Bau der Großen Pyramide wiederum lässt in all seinen astronomischen Merkmalen auf eine beträchtliche Beherrschung der astronomischen Beobachtung schließen. So kann das Jahr 2170 V. CHR. sehr wohl als die Einführung eines neuen Systems der Astronomie angesehen werden, aber sicherlich nicht als der Beginn der Astronomie selbst. Natürlich können wir den Knoten dieser Schwierigkeit durchschlagen, wie es Prof. Smyth und Abbé Moigno tun, indem wir sagen, dass die Astronomie 2170 V. CHR. begann, wobei die ersten Astronomen auf übernatürliche Weise unterwiesen wurden, so dass die astronomische Minerva zu einem vollwertigen Wesen wurde. Aber ich glaube, dass Argumente gegen einen solchen Glauben so unnötig sind, wie sie sicherlich nutzlos wären.

Betrachten wir nun, inwieweit diese Theorie mit dem Ergebnis übereinstimmt, zu dem wir durch die Position des großen leeren Raums um den Südpol geführt wurden. Was das Datum anbelangt, so haben wir bereits gesehen, dass die Epoche

2170 v. CHR. hervorragend mit den Beweisen für den leeren Raum übereinstimmt. Aber dieser Beweis, wie ich eingangs erwähnte, begründet mehr als das Datum; er gibt den Breitengrad des Ortes an, an dem die älteste der achtundvierzig Konstellationen des Ptolemäus zum ersten Mal von den Astronomen definitiv angenommen wurde. Wenn wir davon ausgehen, dass an diesem Ort die südlichsten Sternbilder gerade vollständig gesehen wurden, wenn sie nach Süden ausgerichtet waren, finden wir für den Breitengrad etwa achtunddreißig Grad Nord. (Der Astronomiestudent, der meine Ergebnisse überprüfen möchte, sei an dieser Stelle daran erinnert, dass es nicht ausreicht, zu zeigen, dass jeder Stern eines Sternbildes bei Südausrichtung über dem Horizont des Ortes steht, sondern dass das gesamte Sternbild bei Südausrichtung auf einen Blick sichtbar sein muss. Es kann jedoch sein, dass das gesamte Sternbild nicht alle Sterne umfasste, die heute zu ihm gehören). Der Standort der Astronomen, die das neue System begründeten, kann kaum mehr als ein oder zwei Grad nördlich dieses Breitengrades gelegen haben. Auf der anderen Seite können wir noch ein wenig weiter gehen, denn dadurch heben wir die Sternbilder nur etwas höher über den südlichen Horizont, wogegen weniger einzuwenden ist als gegen eine Änderung, die einen Teil der Sternbilder unter den Horizont drückt. Dennoch kann bezweifelt werden, dass der Ort, an dem die Sternbilder zuerst entstanden, weniger als 32 oder 33 Grad nördlich des Äquators lag. Die Große Pyramide liegt bekanntlich etwa 30 Grad nördlich des Äquators; wir wissen aber auch, dass ihre Erbauer nach Süden reisten, um einen geeigneten Platz für sie zu finden. Eines ihrer Ziele könnte darin bestanden haben, einen besseren Blick auf die Sternensphäre südlich ihrer Sternbilder zu erhalten. Ich denke, dass 35 bis 39 Grad nördlicher Breite die wahrscheinlichsten Grenzen sind, und 32 bis 41 Grad nördlicher Breite die sicheren Grenzen der Station der ersten Begründer der solaren Zodiakalastronomie.

Wo sie sich tatsächlich aufhielten, ist nicht so leicht festzustellen. Einige meinen, dass die Region zwischen den Quellen des Oxus (Amoor) und des Indus lag, andere, dass die Station dieser Astronomen nicht sehr weit vom Berg Ararat entfernt war - eine Ansicht, zu der ich vor langer Zeit durch andere Überlegungen, die im ersten Anhang zu meiner Abhandlung über "Saturn und sein System" erörtert wurden, geführt wurde.

In der angegebenen Epoche war das erste Sternbild des Tierkreises nicht wie heute die Fische und auch nicht wie bei Hipparchus der Widder, sondern der Stier, wovon sich eine Spur in Vergils Worten findet.

Candidus auratis aperit cum cornibus annum Taurus.

Der Stier war damals das Frühlingszeichen, und die Plejaden und der rötliche Aldebaran vereinigten ihre Strahlen mit denen der Sonne zur Zeit des Frühlingsäquinoktiums. Das Mittsommerzeichen war der Löwe (der helle Cor Leonis markiert fast den höchsten Punkt der Sonne). Das Herbstzeichen war der Skorpion, wobei der rötliche Antares und die Sterne, die sich im Kopf des Skorpions ballen, ihre Strahlen zur Zeit der Herbsttagundnachtgleiche mit der Sonne vereinen. Und schließlich war das Winterzeichen der Wasserträger, der helle Fomalhaut, der seine Strahlen mit denen der Sonne zur Wintersonnenwende vereinigte. Es ist bemerkenswert, dass alle diese vier Sternbilder tatsächlich eine gewisse Ähnlichkeit mit den Objekten aufweisen, nach denen sie benannt sind. Der Skorpion ist am besten gezeichnet, aber auch der Stierkopf ist gut zu erkennen, und, wie bereits erwähnt, ist ein springender Löwe zu erkennen. Die Sternenströme aus der Wassermann-Urne und die Urne selbst sind viel besser definiert als der Urnenträger.

Ich habe mir nicht viel Zeit gelassen, um über das schönste aller Sternbilder zu sprechen, den glorreichen Orion - den Riesen in seiner Macht, wie er früher genannt wurde. In diesem edlen Sternbild ist die Figur eines Riesen, der einen Hang hinaufsteigt, leicht zu erkennen, wenn das Sternbild nach Süden ausgerichtet ist. Zu der Zeit, auf die ich mich beziehe, befand sich das Sternbild Orion deutlich unterhalb des Äquators, und anstatt bei Südausrichtung hoch über dem Horizont zu stehen, wie jetzt in unseren nördlichen Breiten, erhob er sich aufrecht über dem südöstlichen Horizont. Die Ähnlichkeit mit einer riesigen Figur muss damals noch auffälliger gewesen sein als heute (außer in hohen nördlichen Breitengraden, wo Orion bei Südausrichtung gerade ganz über dem Horizont steht). Der Riese Orion wurde lange Zeit mit Nimrod identifiziert; und wer die Antitypen der Arche in Argo, des alten Drachen in Draco und des ersten und zweiten Adams in dem knienden Herkules, der von der Schlange besiegt wird, und dem aufrechten Ophiuchus, der über die Schlange triumphiert, wiedererkennt, kann, wenn er will, in dem Riesen Orion, den beiden Hunden, dem Hasen und dem Stier (mit dem Orion in direkterer Weise zu tun hat) die Darstellungen Nimrods, dieses mächtigen Jägers vor dem Herrn, seiner Jagdhunde und der Tiere, die er jagte, finden. Pegasus, früher Pferd genannt, galt in der Antike als das Ross Nimrods.

In der modernen Astronomie haben die Sternbilder nicht mehr die Bedeutung, die man ihnen einst beimaß. Sie bieten ein bequemes Mittel zur Benennung der Sterne, obwohl ich glaube, dass viele Beobachter die weniger attraktiven, aber geschäftsmäßigeren Methoden von Piazzi und anderen vorziehen würden, nach denen ein Stern keinen auffälligeren Titel trägt als "Piazzi XIIIh. 273," oder "Struve, 2819". Sie dienen jedoch immer noch dazu, Anfängern die Sterne beizubringen, und wahrscheinlich werden noch viele Jahre vergehen, bevor selbst die exakte Astronomie sie ganz in die Vorhölle der verworfenen Symbolik entlässt. Es ist in der Tat etwas seltsam, dass es den Astronomen leichter fällt, neue Absurditäten in die

Sternbilder einzuführen, als die alten loszuwerden. Die neuen und völlig absurden Figuren, die von Bode eingeführt wurden, sind trotz so unbequemer Namen wie *Honores Frederici, Globum Ærostaticum* und *Machina Pneumatica* immer noch in vielen Karten zu finden; und ich habe kaum Zweifel daran, dass ein neues Sternbild, wenn es nur einen besonders unbequemen Titel hätte, akzeptiert würde. Aber als Francis Baily versuchte, den Himmel zu vereinfachen, indem er viele von Bodes absurden Konstellationen entfernte, wurde er von vielen so heftig beschimpft, als hätte er die Ablehnung des Newtonschen Systems vorgeschlagen. Ich selbst habe in den drei ersten Ausgaben meines "Bibliotheksatlas" eine kleine Reform versucht, fand es aber wünschenswert, in der vierten Ausgabe zur alten Nomenklatur zurück-zukehren.

ENDE.

FUSSNOTEN:

[1] Diese Überlegungen wurden Tacitus durch das Verhalten von Thrasyllus (Chefastrologe des Kaisers Tiberius) nahegelegt, als seine Fähigkeiten von seinem kaiserlichen Arbeitgeber auf eine für diesen sympathischen Monarchen charakteristische Weise geprüft wurden. Die Geschichte geht so (ich folge Whewells Version): Diejenigen, die in einer wichtigen Angelegenheit zu Tiberius kamen, wurden zu einer Unterredung in einer Wohnung auf einem hohen Felsen auf der Insel Capreæ zugelassen. Sie erreichten diesen Ort über einen schmalen Pfad, begleitet von einem einzigen Freier von großer Körperkraft; und wenn der Kaiser bei ihrer Rückkehr Zweifel an ihrer Vertrauenswürdigkeit hegte, begrub ein einziger Schlag das Geheimnis und sein Opfer im Meer unter sich. Nachdem Thrasyllus in dieser Klausur die Ergebnisse seiner Kunst in Bezug auf den Kaiser dargelegt hatte, fragte ihn Tiberius, ob er berechnet habe, wie lange er selbst zu leben habe. Der Astrologe untersuchte den Aspekt der Sterne und zeigte dabei Zögern, Beunruhigung, zunehmende Angst und erklärte schließlich, dass "die gegenwärtige Stunde für ihn kritisch, vielleicht tödlich sei." Tiberius umarmte ihn und teilte ihm mit, er habe Recht, wenn er annehme, dass er sich in Gefahr befinde, aber er werde ihr entgehen, und machte ihn fortan zu seinem vertraulichen Berater." Angenommen, die Geschichte ist wahr (was hinreichend wahrscheinlich erscheint), so ist es offensichtlich, dass der Kaiser dem Scharlatan an List nicht gewachsen war. Es war ein natürlicher Gedanke des Kaisers, die Fähigkeiten seines Astrologen zu testen, indem er ihm eine Falle stellte, wie sie in der Geschichte beschrieben wird - ein Gedanke, der so natürlich war, dass er wahrscheinlich Thrasyllus selbst in den Sinn kam, lange bevor Tiberius den Plan in die Tat umsetzte. Selbst wenn Thrasyllus nicht schon auf der Hut vor einer solchen List gewesen wäre, so wäre er doch selbst ein armer Betrüger gewesen, wenn er sie nicht in dem Augenblick erkannt hätte, in dem sie versucht wurde, oder wenn er nicht den einzigen sicheren Weg gesehen hätte, der ihm offenstand. Wahrscheinlich wäre bei einem Mann vom Temperament des Tiberius ein solcher Gegentrick wie der von Galeotti bei Quentin Durward unsicher gewesen.

[2] Der Glaube an den Einfluss der Sterne und Planeten auf das Schicksal des neugeborenen Kindes war noch weit verbreitet, als Shakespeare den Glendower prahlen ließ:

Bei meiner Geburt
war die Front des Himmels voll feuriger Gestalten
Von brennenden Kressen; wisse, dass bei meiner Geburt
Das Gerüst und das riesige Fundament der Erde
wie ein Feigling bebte.

Und Shakespeare zeigte sich in gefährlicher Weise vom Freidenkertum befleckt, als er (sogar dem feurigen Hotspur) die Antwort zuwies:

So hätte es
zur selben Zeitgetan, wenn die Katze deiner Mutter
ein Kätzchen bekommen hätte, obwohl du nie geboren worden wärst.

In ähnlicher Weise machte sich Butler in Hudibras über die Torheit derjenigen lustig, die an Horoskope und Geburtsdaten glauben:

Als ob der erste Aspekt des Planeten
Den zarten Säugling infizierte
In Seele und Körper, und einflößte
Alles künftige Gute und künftige Übel;
Die in ihrem dunklen Verhängnis lauern,
Zu bestimmten Zeiten wirken,
Und ausbrechen, wie die verborgenen Samen
Von langen Krankheiten, in Taten,
In Freundschaften, Feindschaften und Streit.
Und allen Nöten des Lebens.

[3] Vorwort zu den Rudolphinischen Tafeln.

[4] Es wird allgemein behauptet, dass Bacon die kopernikanische Theorie ablehnte, weil er Gilbert, der sie vertrat, nicht leiden konnte. Bacon", sagt einer seiner Herausgeber, "war zu eifersüchtig auf Gilbert, um auch nur einen Moment lang eine von ihm vertretene Doktrin zu akzeptieren". Aber abgesehen von der unglaublichen geistigen Beschränktheit, die diese Erklärung Bacon unterstellt, wäre es auch eine unglaubliche Dummheit von Bacon gewesen, eine minderwertige Theorie zu vertreten, während ein Rivale eine bessere Theorie vertrat. Bacon sah deutlich genug, dass sich die Menschen auf dem Weg zur Entdeckung der wahren Theorie befanden, und soweit es in seiner Macht lag, gab er ihnen Hinweise, wie sie vorgehen sollten, um die Wahrheit am leichtesten zu erreichen. Es muss also aus Überzeugung und nicht aus bloßem Widerspruch geschehen sein, dass Bacon sich für das ptolemäische System aussprach. In der Tat spricht er von der Tagesbewegung der Erde als "einer Meinung, die wir als höchst falsch erweisen können"; zweifellos hatte er einige solcher Argumente im Kopf, die Tycho Brahe in die Irre führten.

[5] Bacons theologischen Zeitgenossen muss dies als schreckliche Ketzerei erschienen sein, und vielleicht würde man in unseren Tagen kaum weniger hart mit dieser Behauptung ins Gericht gehen, denn die Einhaltung des (so genannten) Sabbats hängt unmittelbar von dem Glauben an einen ganz anderen Ursprung der Woche ab. Dennoch kann kaum ein Zweifel daran bestehen, dass die Woche tatsächlich auf astrologische Formeln zurückgeht.

[6] In der Ausgabe von Bohn wird hier das Wort "defekt" verwendet, was den Sinn des Satzes völlig verändert. Bacon zählt eine Astrologia Sana zu den Dingen, die für den Fortschritt der Gelehrsamkeit notwendig sind, wohingegen er sagt, dass eine solche Astrologie als mangelhaft registriert werden muss.

[7] *Die Astrologen waren äußerst einfallsreich, wenn es darum ging zu zeigen, dass ihre Kunst vor der großen Pest und dem Brand von London gewarnt hatte. So soll der Stern, der das nördliche Horn des Stiers markiert und von Ptolemäus als marsähnlich beschrieben wird, 1666 genau in dem Teil des Zeichens Zwillinge gestanden haben, der der Aszendent von London ist. Lilly, dem man das Verdienst zuschreibt, das Jahr dieses Unglücks vorhergesagt zu haben, erhebt jedoch selbst keinen Anspruch auf diese Leistung; nein, er leugnet insbesondere, dass er wusste, wann das Feuer stattfinden würde. Die Geschichte ist recht kurios. Im Jahr 1651 hatte Lilly sein Werk Monarchy or no Monarchy veröffentlicht, das eine Reihe merkwürdiger Hieroglyphen enthielt. Darunter befanden sich zwei Hieroglyphen (siehe Titelbild), die anscheinend die Pest bzw. das Feuer ankündigten. Die Hieroglyphe der Pest stellt drei in Totengewänder gehüllte Leichen dar, für die zwei Särge bereitstehen und zwei Gräber ausgehoben werden; daraus sollte gefolgert werden, dass die Zahl der Todesfälle den Vorrat an Särgen und Gräbern übersteigen würde. Die Hieroglyphe des Feuers stellt mehrere Personen dar, Herren auf der einen und Bürger auf der anderen Seite, die Wassergefäße in ein wütendes Feuer leeren, in das zwei Kinder kopfüber stürzen. Das Auftreten der Pest im Jahr 1665 erregte keine besondere Aufmerksamkeit für Lillys angebliche Vorhersage dieses Ereignisses, obwohl wahrscheinlich viele von diesem Zusammentreffen als bemerkenswert sprachen. Doch als sich 1666 der große Brand ereignete, lud das Unterhaus Lilly vor den Ausschuss, der die Ursache des Feuers untersuchen sollte. Um zwei Uhr am Freitag, dem 25. Oktober 1666, erschien er im Sitzungssaal des Parlamentspräsidenten, um die Fragen zu beantworten, die ihm dort gestellt werden sollten. Sir Robert Brooke ergriff das Wort: "Herr Lilly, dieses Komitee hielt es für angebracht, Sie heute vorzuladen, um zu erfahren, ob Sie etwas über die Ursache des letzten Brandes sagen können, oder ob es irgendeine Absicht darin geben könnte. Sie werden vielmehr hierher gerufen, weil Sie in einem Ihrer Bücher, das längst gedruckt ist, mit einer Ihrer Hieroglyphen auf etwas Derartiges hingewiesen haben. Darauf antwortete er: "Wenn es Euren Ehren recht ist, habe ich nach der Enthauptung des verstorbenen Königs und in Anbetracht der Tatsache, dass das Parlament in den drei darauffolgenden Jahren nichts unternahm, was den Frieden der Nation betraf, und da ich sah, dass die Allgemeinheit des Volkes unzufrieden war, die Bürger Londons unzufrieden und die Soldaten zur Meuterei neigten, wollte ich nach bestem Wissen und Gewissen, das Gott mir gegeben hatte, mit Hilfe der Kunst, die ich studiert hatte, nachforschen, was von dieser Zeit an mit dem Parlament und der Nation im Allgemeinen geschehen würde. Endlich, nachdem ich mich selbst so gut wie möglich befriedigt und mein Urteil darin vervollkommnet hatte, hielt ich es für das Beste, meine Absichten und Vorstellungen davon in Formen, Gestalten, Typen, Hieroglyphen usw. ohne jeglichen Kommentar zu bezeichnen, damit mein Urteil vor dem gemeinen Volk verborgen und nur den Weisen offenkundig würde; ich ahmte hierin das Beispiel vieler weiser Philosophen nach, die das Gleiche getan hatten. Nachdem ich herausgefunden hatte, dass die große Stadt London von einer großen Seuche heimgesucht werden sollte, und nicht lange danach von einem großen Feuer, entwarf ich diese beiden Hieroglyphen, wie sie im Buch dargestellt sind, die sich in der Tat als sehr wahr erwiesen haben. 'Hast du das Jahr vorausgesehen?', fragte einer. Ich habe es nicht vorausgesehen", sagte*

Lilly, "und es war auch nicht mein Wunsch, das habe ich nicht geprüft. Nun, Sir, ob es irgendeine Absicht gab, die Stadt niederzubrennen, oder ob jemand zu diesem Zweck eingesetzt wurde, muss ich Ihnen ganz offen sagen, dass ich seit dem Brand viel Mühe auf die Suche danach verwandt habe, mir aber nicht die geringste Befriedigung dabei verschaffen kann oder konnte. Ich schließe daraus, dass es allein der Finger Gottes war; aber welche Mittel er dazu benutzte, weiß ich nicht.

[8] Sir Toby Belch und Sir Andrew Aguecheek waren offensichtlich nicht gut in Astrologie unterrichtet. Sollen wir uns ein wenig amüsieren?", sagt letzterer. Was sollen wir sonst tun?", sagt Toby, "sind wir nicht im Stier geboren?" "Stier, das sind die Seiten und das Herz", sagt der kluge Andrew. 'Nein, Sir', antwortet Toby, 'das sind Beine und Schenkel. Lass mich sehen, wie du dich schlägst.

[9] "Das ist die vorzügliche Narretei der Welt, dass wir, wenn wir vom Glück krank sind (oft die Überfülle unseres eigenen Verhaltens), Sonne, Mond und Sterne für unser Unglück verantwortlich machen: als wären wir Schurken aus Notwendigkeit; Narren durch himmlischen Zwang; Buben, Diebe und Verräter durch sphärische Vorherrschaft; Trunkenbolde, Lügner und Ehebrecher durch erzwungenen Gehorsam des planetarischen Einflusses; und alles, was wir sind, böse, durch einen göttlichen Anstoß.Shakespeare (König Lear).

[10] Es gibt nur wenige Dinge, die bemerkenswerter oder für den Verstand unerklärlicher sind als die Bereitschaft, mit der die Menschen in alten Zeiten und auch heute noch versuchen, Omen zu deuten und zufälligen Ereignissen prophetische Bedeutung zuzuschreiben. Man kann verstehen, dass törichte Menschen an Omen glauben und nach den Vorstellungen handeln, die ihr Aberglaube nahelegt. Die Schwierigkeit besteht darin, zu verstehen, wie dieser Aberglaube zustande gekommen ist. Wer ist zum Beispiel auf die Idee gekommen, dass eine bestimmte Linie in der Handfläche die Linie des Lebens ist, und wie kommt man auf diese absurde Idee? Wem kam zum ersten Mal der Gedanke, dass die Punkte auf den Spielkarten auf zukünftige Ereignisse hinweisen, und warum hat er das gedacht? Wie kam der "Boden" einer Teetasse zu der tiefen Bedeutung, die er jetzt für Mrs. Gamp und Betsy Prig hat? Fragt man die Anhänger dieser Absurditäten, warum sie daran glauben, so antworten sie ohne weiteres, dass sie selbst oder ihre Freunde bemerkenswerte Erfüllungen der ominösen Hinweise von Karten oder Teegläsern erlebt haben, was zwangsläufig der Fall sein muss, wenn täglich Millionen von Vorhersagen durch diese lehrreichen Methoden gemacht werden. Aber die Personen, die diese Mittel der Weissagung zuerst erfunden haben, können keine solchen Gründe gehabt haben. Sie müssen eine Phantasie von einzigartiger Lebendigkeit besessen haben, der es nicht an Einfallsreichtum fehlte. Es ist schade, dass wir so wenig über sie wissen.

[11] Wellington lebte für die Astrologen zu lange, denn sein Tod innerhalb eines Jahres wurde von ihnen in den letzten fünfzehn Jahren seines Lebens leider mehrfach vorhergesagt. Einige Astrologen waren jedoch vorsichtiger. Mir liegt sein Horoskop vor, das Raphaël 1828 sorgfältig berechnet hat, mit Ergebnissen, die "die überraschende Richtigkeit und einzig-

artige Genauigkeit der astrologischen Berechnungen hinreichend belegen, wenn sie auf der richtigen Geburtszeit beruhen und mathematisch berechnet werden. Ich habe", so fährt er fort, "die Geburt dieses berühmten Mannes vor anderen gewählt, da er noch lebt, und folglich ist jede Möglichkeit, ein fiktives Horoskop zu erstellen, von vornherein ausgeschlossen, was mir einen mächtigen Schutz gegen die heimtückischen Darstellungen der neidischen und unwissenden Verleumder meiner erhabenen Wissenschaft bietet. Durch ein seltsames Versehen unterlässt es Raphaël jedoch, irgendetwas über das künftige Schicksal Wellingtons zu erwähnen, und zeigt nur, wie wunderbar Wellingtons bisheriger Werdegang mit seinem Horoskop übereingestimmt hat.

[12] "Ich habe immer noch beobachtet", sagt ein alter Autor, "dass Euer rechter Martialist selten größer als ein oder höchstens anderthalb Yards groß ist" (was sicherlich ein knappes Maß ist). Das war schon immer so", sagte der rechte Martialist Sir Geoffrey Hudson zu Julian Peveril, "und in der Geschichte aller Zeitalter hat sich der saubere, stramme, adrette kleine Kerl als übermächtig für seinen stämmigen Gegner erwiesen. Ich brauche nur aus der Heiligen Schrift den berühmten Untergang Goliaths und eines anderen Lubbards zu zitieren, der mehr Finger an der Hand und mehr Zoll an seiner Statur hatte, als einem ehrlichen Mann zustehen, und der von einem Neffen des guten Königs David erschlagen wurde; und von vielen anderen, an die ich mich nicht erinnere; dennoch waren sie alle Philister von gigantischer Statur. Auch in den Klassikern gibt es Tydeus und andere stämmige Helden, deren zierliche Körper große Geister beherbergten.

[13] Es ist wahrscheinlich, dass Swedenborg in seiner Jugend Astrologie studiert hat, denn in seinen Visionen haben die Merkurianer dieses Verlangen nach Wissen als ihr charakteristisches Merkmal.

[14] Es ist merkwürdig, dass Whewell angesichts dieser völlig einfachen Erklärung für den Ursprung der Nomenklatur der Wochentage, die von den antiken Historikern gegeben und allgemein anerkannt wurde, feststellt, dass "verschiedene Erklärungen gegeben werden, wobei alle Methoden auf bestimmten willkürlichen arithmetischen Verfahren beruhen, die in irgendeiner Weise mit astrologischen Ansichten verbunden sind". In Bezug auf die Anordnung der Planeten in der Reihenfolge ihrer angeblichen Entfernungen und der Reihenfolge, in der die Planeten in den Wochentagen erscheinen, sagt er: "Es wäre schwierig, mit Sicherheit zu bestimmen, warum die erste Reihenfolge angenommen wurde und wie und warum die zweite daraus abgeleitet wurde. Aber in Wirklichkeit gibt es in beiden Punkten keine Schwierigkeiten. Die erste Anordnung entsprach genau den periodischen Zeiten der sieben Planeten des alten ägyptischen Systems (das zweifellos viel älter ist als das von den Griechen übernommene System), während die zweite sich direkt aus der ersten ergibt. Ordnet man den Stunden des Tages nacheinander die sieben Planeten in der alten Reihenfolge zu und setzt die Abfolge Tag für Tag ohne Unterbrechung fort, so wird im Laufe von sieben Tagen jeder der Planeten die erste Stunde eines Tages beherrscht haben, und zwar in der Reihenfolge: Saturn, Sonne, Mond, Mars, Merkur, Jupiter und Venus. Welch willkürlicher arithmetischer Prozess darin steckt, ist schwer vorstellbar. Die Arithmetik beherrscht die

Methode überhaupt nicht. Es ist auch nie eine andere Methode vorgeschlagen worden, obwohl diese Methode auf verschiedene Arten dargestellt wurde, einige arithmetisch und einige geometrisch. Wir brauchen also keine Schwierigkeiten zu haben, das zu verstehen, was Whewell so verwirrend erscheint, nämlich die Allgemeingültigkeit der Vorstellungen, "die dieses Ergebnis hervorgebracht haben", denn die Vorstellungen waren nicht phantastisch, sondern solche, die sich aus den Ideen ergeben, auf denen die Astrologie selbst beruht.

[15] Die folgenden Bemerkungen des Astronomer-Royal zu diesem Thema scheinen mir im Wesentlichen richtig zu sein. Sie stimmen mit dem überein, was ich früher in meinem Aufsatz über Saturn und den Sabbat der Juden gesagt habe ("Unser Platz unter den Unendlichkeiten", 11. Aufsatz). Die Bedeutung, die Moses ihr [der hebdomadalen Ruhe] beimaß, ist offensichtlich; und bei aller Ehrfurcht erkenne ich die Gerechtigkeit seiner Ansichten in höchstem Maße an. Es wurde keine Anweisung für ein religiöses Zeremoniell gegeben" (er scheint Numeri xxviii. 9 und verwandte Passagen übersehen zu haben), "aber es wurde wahrscheinlich gesehen, dass die Gesundheit, die dem Geist durch eine Ruhepause von den gewöhnlichen Sorgen und durch die Gelegenheit zur Meditation gegeben wurde, eine äußerst wohltuende religiöse Wirkung haben konnte. Um dieses Gebot zu bekräftigen, bedurfte es jedoch der Autorität zumindest eines Mythos. Ich glaube, dass der Mythos von den sechs Schöpfungstagen nur aus diesem Grund erhalten geblieben ist. Er wird ausdrücklich in der ersten Überlieferung der Gebote als feierliche Autorität (Exodus xxxi. 17) für das Gebot angeführt. Es ist bemerkenswert, dass bei der zweiten Erwähnung des Gebots (Deuteronomium v.) kein Bezug auf die Schöpfung genommen wird; vielleicht hatten die Israeliten nach der vollständigen Etablierung der jehovistischen Ideen in ihrem Denken die Erinnerung an den elohistischen Bericht fast verloren, und man hielt es nicht für wünschenswert, sich darauf zu beziehen" (Airy, "On the Early Hebrew Scriptures", S. 17). Wenn diese Ansicht richtig ist, muss es als ein einzigartiges Beispiel für die Hartnäckigkeit von Mythen angesehen werden, dass ein Mythos, der für die Juden zwischen der Zeit Moses und der Zeit des Verfassers (wer auch immer er gewesen sein mag), der das so genannte mosaische Buch Deuteronomium verfasste, obsolet geworden war, danach wiederbelebt wurde und von den Juden selbst und von den Christen als das Wort Gottes angesehen wurde.

[16] Natürlich kann man argumentieren, dass nichts in der Welt das Ergebnis eines bloßen Zufalls ist, und einige mögen behaupten, dass sogar Dinge, die gemeinhin als völlig zufällig angesehen werden, speziell geplant wurden. Es wäre nicht leicht, eine genaue Trennlinie zu ziehen zwischen Ereignissen, die alle Menschen als in jeder Hinsicht zufällig ansehen würden, und solchen, die manche Menschen als Ergebnis einer besonderen Vorsehung betrachten würden. Aber der gesunde Menschenverstand macht eine ausreichende Unterscheidung, zumindest für unseren heutigen Zweck.

[17] Dieser Stern, der nach dem arabischen al-Thúban, der Drache, Thuban genannt wird, ist heute nicht mehr sehr hell, da er kaum über die vierte Größenklasse hinausgeht, aber er war früher der hellste Stern des Sternbildes, wie sein Name besagt. Bayer wies ihm auch den ersten Buchstaben des griechischen Alphabets zu; dies ist jedoch kein eindeutiger

Beweis dafür, dass er noch zu seiner Zeit seine Überlegenheit gegenüber den Sternen zweiter Größenordnung behielt, denen Bayer den zweiten und dritten griechischen Buchstaben zuordnete. Im Jahr 2790 v. CHR. oder so ähnlich befand sich der Stern am nächsten zum wahren Nordpol des Himmels, wobei der Durchmesser des kleinen Kreises, in dem er sich damals bewegte, deutlich weniger als ein Viertel des scheinbaren Durchmessers des Mondes betrug. Zu dieser Zeit muss der Stern allen gewöhnlichen Beobachtern als ein absolut festes Zentrum erschienen sein, um das sich alle anderen Sterne drehten. Zu der Zeit, als die Pyramide gebaut wurde, war dieser Stern etwa sechzigmal weiter vom wahren Pol entfernt und drehte sich auf einem Kreis, dessen scheinbarer Durchmesser etwa siebenmal so groß war wie der des Mondes. Dennoch würde er immer noch als ein sehr nützlicher Polarstern angesehen werden, zumal es in der Nähe nur wenige auffällige Sterne gibt.

[18] Selbst der geschickte Astronom Hipparchus, der mit Recht als Vater der beobachtenden Astronomie bezeichnet werden kann, hat diese Besonderheit übersehen, die Ptolemäus wohl als erster erkannt hat.

[19] Es wäre natürlich nur ein glücklicher Zufall, wenn die Richtung der Achse des schrägen Tunnels und die der Senkrechten vom gewählten zentralen Punkt aus in derselben vertikalen Ebene liegen würden. Das Ziel des Tunnelbaus bestünde also darin, den Abstand der durch diese Punkte verlaufenden vertikalen Ebenen zu bestimmen, und die Wahrscheinlichkeit, dass das Ergebnis gleich Null ist, wäre groß.

[20] Der Leser wird sich vielleicht fragen, welcher Durchmesser der Erde, die als perfekte Kugel angenommen wird, sich aus einem Breitengrad ergibt, der mit absoluter Genauigkeit in der Nähe von 30° gemessen wird. Ein in den Polarregionen gemessener Breitengrad würde einen Durchmesser angeben, der sogar größer ist als der äquatoriale; ein in den Äquatorialregionen gemessener Breitengrad würde einen Durchmesser angeben, der sogar kleiner ist als der polare. In der Nähe des 30. Breitengrades würde die Messung eines Breitengrades einen Durchmesser anzeigen, der dem wahren polaren Durchmesser der Erde sehr nahe kommt. Könnte man beweisen, dass die Erbauer der Pyramide für ihre Längeneinheit eine exakte Unterteilung des polaren Durchmessers verwendet haben, so würde daraus gefolgert, dass zwar die Übereinstimmung selbst rein zufällig war, ihre Messung eines Breitengrades in ihrem eigenen Land jedoch außerordentlich genau war. Durch eine ungefähre Berechnung stelle ich fest, dass, wenn man die Erdkompression mit 1/300 annimmt, der Durchmesser der Erde, der aus der genauen Messung eines Breitengrades in der Nähe der großen Pyramide geschätzt wurde, die heilige Elle - angenommen bei einem 20.000.000stel des Durchmessers - gleich 24-98 britische Zoll gemacht hätte; eine nähere Annäherung als die von Professor Smyth an den geschätzten mittleren wahrscheinlichen Wert der heiligen Elle.

[21] Es ist jedoch fast unmöglich, dem, was von einem Zufallsjäger als Beweis für Design angesehen werden kann, irgendwelche Grenzen zu setzen. Ich zitiere das Folgende aus dem "Budget of Paradoxes" des verstorbenen Professors De Morgan. Nachdem er erwähnt hat, dass 7 seltener als jede andere Ziffer in der Zahl vorkommt, die das Verhältnis von Umfang

zu Durchmesser eines Kreises ausdrückt, fährt er fort: "Ein Korrespondent meines Freundes Piazzi Smyth bemerkt, dass 3 die häufigste Zahl ist und dass 3-1/7 die größte Annäherung an sie in einfachen Ziffern ist. Professor Smyth, dessen Arbeit über Ägypten ein Paradoxon höchsten Ranges ist, das durch eine große Menge nützlicher Arbeit unterstützt wird, deren Ergebnisse von denen zur Verfügung gestellt werden, die die Paradoxa nicht erhalten, ist geneigt, in diesen Phänomenen eine Bestätigung für einige seiner Theorien zu sehen. Am Rande sei erwähnt, dass die Zahl 7 in den ersten 110 Ziffern der Quadratwurzel aus 2 mehr als doppelt so häufig vorkommt wie 5 oder 9, die jeweils achtmal, 1 und 2 jeweils neunmal und 7 nicht weniger als achtzehnmal vorkommen.

[22] Ich habe diesen Wert in dem Artikel "Astronomy" der British Encyclopædia anstelle der früher verwendeten Schätzung von 95.233.055 Meilen angegeben. Es gibt jedoch gute Gründe für die Annahme, dass die tatsächliche Entfernung fast 92.000.000 Meilen beträgt.

[23] Sie kann durch andere Zufälle ergänzt werden, die ebenso bemerkenswert und so wenig das Ergebnis der Wirkung eines Naturgesetzes sind. Zum Beispiel die folgende merkwürdige Beziehung, die die Dimensionen der Sonne selbst einführt, die, soweit ich bisher gesehen habe, nirgends unter den Pyramidenbeziehungen eingeführt wurde, nicht einmal von Pyramidalisten: Wenn die Ebene der Ekliptik eine echte Fläche wäre und die Sonne auf dieser Fläche in Richtung auf den Teil der Erdbahn zu rollen beginnen würde, in dem sie sich in ihrer mittleren Entfernung befindet, während die Erde auf der Sonne zu rollen beginnt (um einen ihrer Großkreise), wobei sich jeder Globus in der gleichen Zeit dreht, dann würde die Sonne, wenn die Erde einmal um die Sonne gerollt ist, fast genau die Erdbahn erreicht haben. Dies ist nur eine andere Art zu sagen, dass der Durchmesser der Sonne den der Erde in fast genau demselben Maße übersteigt, wie die Entfernung der Sonne den Durchmesser der Sonne übersteigt.

[24] Es ist bemerkt worden, dass Hipparch, obwohl er den enormen Vorteil hatte, seine eigenen Beobachtungen mit denen der Chaldäer vergleichen zu können, die Länge des Jahres weniger korrekt schätzte als die Chaldäer. Einige sind der Meinung, dass die Chaldäer das wahre System des Universums kannten, aber ich weiß nicht, ob es ausreichende Gründe für diese Annahme gibt. Diodorus Siculus und Apollonius Myndius erwähnen jedoch, dass sie in der Lage waren, die Wiederkehr von Kometen vorherzusagen, und dies impliziert, dass ihre Beobachtungen viele Jahrhunderte lang mit großer Sorgfalt und Genauigkeit durchgeführt wurden.

[25] Die Sprache der modernen Zadkiels und Raphaëls ist zwar in sich selbst bedeutungslos und absurd, stammt aber mit Sicherheit aus der Astrologie der ältesten Zeiten und kann hier zitiert werden. (Sie wurde sicher nicht erfunden, um die Theorie zu stützen, die ich hier vertrete.) So lautet der Jargon des Stammes: Um dem Leser zu verdeutlichen, was die Astrologen mit den "Häusern des Himmels" meinen, sollte er sich die vier Himmelsrichtungen vor Augen halten. Der östliche, der aufgehenden Sonne zugewandt, hat in seinem Zentrum den ersten großen Winkel oder das erste Haus, das als Horoskop oder Aszendent bezeichnet wird.

Die nördliche, gegenüber der Region, in der die Sonne um Mitternacht steht, oder der Scheitelpunkt des unteren Himmels oder Nadir, ist das Imum Cœli und hat in seinem Zentrum das vierte Haus. Der westliche, der untergehenden Sonne zugewandt, hat in seinem Zentrum den dritten großen Winkel oder das siebte Haus oder den Deszendenten. Das südliche schließlich, das der Mittagssonne zugewandt ist, hat in seinem Zentrum das zehnte Haus des Astrologen oder den Mittelhimmel, den mächtigsten Winkel oder das Haus der Ehre. Und obwohl", so fährt der moderne Astrologe fort, "wir im ätherischen Blau diese Linien oder abschließenden Trennungen nicht erkennen können, versichern uns sowohl die Vernunft als auch die Erfahrung, dass sie mit Sicherheit existieren; daher hat der Astrologe gewisse Gründe für die Wahl seiner vier Winkelhäuser" (von insgesamt zwölf), "die in der astralen Wissenschaft als die mächtigsten des Ganzen angesehen werden, da sie einen greifbaren Beweis liefern. Raphaël's Handbuch der Astrologie.

[26] Arabische Schriftsteller berichten über den ägyptischen Fortschritt in der Astrologie und den mystischen Künsten wie folgt: Nacrawasch, der Stammvater von Misraim, war der erste ägyptische Prinz und der erste der Magier, der sich in Astrologie und Zauberei auszeichnete. Er zog sich mit seiner achtzigköpfigen Familie nach Ägypten zurück, baute Essous, die älteste Stadt Ägyptens, und begründete die erste Dynastie der misraimitischen Fürsten, die sich als Kabbalisten, Wahrsager und in den mystischen Künsten im Allgemeinen hervortaten. Die berühmtesten unter ihnen waren Naerasch, der als erster die zwölf Tierkreiszeichen bildlich darstellte, Gharnak, der die bis dahin geheim gehaltenen Künste offen beschrieb, Hersall, der als erster Götzen verehrte, und Sehlouk, der die Sonne verehrte; Saurid (König Saurid nach Ibn Abd Alkohm), der die ersten Pyramiden errichtete und den magischen Spiegel erfand; und Pharao, der letzte König der Dynastie, dessen Name später als Königstitel verwendet wurde, so wie Cæsar später zu einem allgemeinen Kaisertitel wurde.

[27] Es ist bemerkenswert, wie Swedenborg hier einen Ausspruch von Laplace vorwegnimmt, dem größten Mathematiker, den die Welt gekannt hat, außer Newton allein. Newtons Bemerkung, dass er sich wie ein Kind vorkommt, das am Ufer des Ozeans ein paar Muscheln gesammelt hat, ist wohlbekannt. Laplaces Worte "Ce que nous connaissons est peu de chose; ce que nous ignorons est immense" waren nicht, wie gemeinhin behauptet wird, seine letzten. De Morgan berichtet über die letzten Momente von Laplace unter Berufung auf seinen Freund und Schüler, den bekannten Mathematiker Poisson: "Nach der Veröffentlichung (1825) des fünften Bandes der Mécanique Céleste wurde Laplace allmählich schwächer, und damit auch nachdenklicher und abstrakter. Er dachte viel über die großen Probleme der Existenz nach und murmelte oft vor sich hin: "Qu'est-ce que c'est que tout cela! "Nach vielen Wechseln erschien er schließlich so niedergeschlagen, dass sich seine Familie an seinen Lieblingsschüler, M. Poisson, wandte, um ein Wort von ihm zu erhalten. Poisson stattete ihm einen Besuch ab und sagte nach einer kurzen Begrüßung: "J'ai une bonne nouvelle à vous annoncer: on a reçu au Bureau des Longitudes une lettre d'Allemagne annonçant que M. Bessel a vérifié par l'observation vos découvertes théoriques sur les satellites de Jupiter."

Laplace öffnete seine Augen und antwortete mit tiefem Ernst. "L'homme ne poursuit que des chimères. " Er sprach nie wieder. Sein Tod trat am 5. März 1827 ein.

[28] Der von Swedenborg angegebene Grund ist fantasievoll genug. Im geistigen Sinne", sagt er, "bedeutet ein Pferd das intellektuelle Prinzip, das sich aus den Wissenschaften bildet, und da sie sich davor fürchten, die intellektuellen Fähigkeiten durch weltliche Wissenschaften zu kultivieren, kommt daraus ein Zustrom von Angst. Sie kümmern sich nicht um die Wissenschaften, die von menschlicher Gelehrsamkeit sind.

[29] Ähnliche Überlegungen gelten für die Jupitermonde, und so kommt es, dass das Ergebnis in ihrem Fall genau dasselbe ist wie im Fall des Saturns; alle Jupitermonde würden, wenn sie zusammen voll wären, nur den sechzehnten Teil des Lichts reflektieren, das wir vom Vollmond erhalten. Es ist merkwürdig, dass wissenschaftliche Männer von beträchtlicher mathematischer Kraft das Argument des Musters, das die Satelliten anscheinend liefern, benutzt haben, ohne sich die Mühe zu machen, seine Gültigkeit durch die einfachen mathematischen Berechnungen zu prüfen, die notwendig sind, um die Lichtmenge zu bestimmen, die diese Körper zu den Planeten, die sie umkreisen, reflektieren können. Brewster und Whewell, obwohl sie in der Kontroverse über andere bewohnte Welten gegensätzliche Standpunkte vertraten, waren sich in diesem Punkt einig. Brewster, der die Theorie vertrat, dass alle Planeten bewohnt sind, akzeptierte in diesem Fall natürlich das Argument des Designs. Whewell, der diese Theorie ablehnte, ging überhaupt nicht auf das Thema der Satelliten ein. In seinem "Bridgewater Treatise on Astronomy and General Physics" (Bridgewater Abhandlung über Astronomie und allgemeine Physik) sagt er jedoch: "Wenn wir nur die festgestellten Fälle von Venus, Erde, Jupiter und Saturn betrachten, werden wir annehmen, dass eine Person mit gesundem Menschenverstand stark von der Überzeugung beeindruckt sein wird, dass die Satelliten im System platziert sind, um das schwächere Licht der Sonne in größeren Entfernungen auszugleichen. Der Mars stellt eine Ausnahme dar, und manch einer könnte aus diesem Fall die Vermutung ableiten, dass die Anordnung selbst, wie auch andere nützliche Anordnungen, durch ein allgemeineres Gesetz zustande gekommen ist, das wir noch nicht erkannt haben. Aber ob wir eine solche Vermutung hegen oder nicht (mehr kann es nicht sein), wir sehen in anderen Teilen der Schöpfung so viele Beispiele für scheinbare Ausnahmen von Regeln, die sich später als erklärbar erweisen oder durch besondere Erfindungen zustande kommen, dass niemand, der mit solchen Betrachtungen vertraut ist, durch eine Anomalie von der Überzeugung abgebracht wird, dass der Zweck, zu dem die Anordnungen der Satelliten geeignet zu sein scheinen, wirklich einer der Zwecke ihrer Schöpfung ist.

[30] Der Leser, der sich für solche Themen interessiert und die nötige Mühe auf sich nimmt, kann leicht ein kleines Modell des Saturn und seines Ringsystems anfertigen, das sehr schön die Wirkung der Ringe veranschaulicht, die sowohl das Licht auf die verdunkelte Hemisphäre des Planeten reflektieren als auch das Licht von der beleuchteten Hemisphäre des Planeten abschneiden. Nimm einen Ball, z.B. einen gewöhnlichen Handball, und durchstich ihn mit einer feinen Stricknadel in der Mitte. Schneide einen flachen Ring aus Pappe

aus, der zu der Kugel so proportioniert ist wie das Ringsystem des Saturns zu seiner Kugel (wenn die Kugel einen Durchmesser von zwei Zoll hat, zeichne auf einem Blatt Pappe zwei konzentrische Kreise aus, einen mit einem Radius von etwas mehr als eineinhalb Zoll, den anderen mit einem Radius von etwa zwei Zoll und drei Achteln, und schneide den Ring zwischen diesen beiden Kreisen aus). Steche die Stricknadel so durch diesen Ring, dass die Kugel in der Mitte des Rings liegen soll, so wie der Globus des Saturn (ohne Stricknadelverbindungen) in der Mitte seines Ringsystems hängt. Steche eine weitere Stricknadel mittig durch die Kugel im rechten Winkel zur Ringebene und benutze diese zweite Nadel, die wir die polare nennen können, als Griff. Halten Sie nun die Kugel und den Ring ins Sonnenlicht oder in das Licht einer Lampe oder Kerze, so dass der Schatten des Rings so dünn wie möglich ist. Dies stellt die Position des Schattens zur Zeit des Saturnfrühlings oder -herbstes dar. Bringe den Schatten dazu, sich langsam zu verschieben, bis er den Teil der Kugel umgibt, durch den die Polnadel auf einer Seite verläuft. Dies entspricht der Position des Schattens zur Zeit des Mittwinters auf der Hemisphäre, die dieser Seite der Kugel entspricht. Während der Schatten diese Kugelhälfte durchquert, liegt die dieser Kugelhälfte zugewandte Seite des Rings im Schatten, so dass eine Fliege oder ein anderes kleines Insekt auf dieser Kugelhälfte die verdunkelte Seite des Rings sehen würde. Ein entsprechend platzierter Saturnianer würde vom Ringsystem kein Sonnenlicht reflektiert bekommen. Bewegen Sie die Kugel und den Ring so, dass der Schatten langsam in seine ursprüngliche Position zurückkehrt. Damit haben Sie die Veränderungen während einer Hälfte eines Saturnjahres dargestellt. Setzen Sie die Bewegung fort, so dass der Schatten auf die andere Hälfte der Kugel übergeht und schließlich den anderen Punkt umgibt, durch den die Polnadel geht. Der polare Punkt, den der Schatten zuvor umgab, ist nun im Licht zu sehen, und diese Kugelhälfte stellt die Hemisphäre des Saturns dar, in der es Hochsommer ist. Man sieht auch, dass die dieser Kugelhälfte zugewandte Seite des Rings jetzt im Licht liegt, so dass ein kleines Insekt auf dieser Kugelhälfte die helle Seite des Rings sehen würde. Ein entsprechend platzierter Saturnianer würde sowohl bei Tag als auch bei Nacht vom Ringsystem reflektiertes Sonnenlicht abbekommen. Bewegt man die Kugel und den Ring so, dass der Schatten in seine erste Position zurückkehrt, hat man ein ganzes Saturnjahr abgebildet. Diese Veränderungen lassen sich noch besser mit einem Saturn-Orarium darstellen (siehe Tafel viii. meines Saturn), das sich sehr leicht konstruieren lässt.

[31] Natürlich nicht, weil Tycho sie benutzte, denn wie andere fähige Studenten der Wissenschaft unterliefen auch ihm von Zeit zu Zeit Fehler. So argumentierte er, dass die Erde sich nicht um ihre Achse drehen kann, denn wenn sie es täte, würden Körper, die über ihre Oberfläche gehoben wurden, zurückbleiben - ein Argument, das sogar mit dem mechanischen Wissen seiner eigenen Zeit hätte entkräftet werden müssen, obwohl es immer noch von Zeit zu Zeit von Paradoxonisten unserer Zeit verwendet wird.

[32] Die chinesischen Chroniken enthalten weitere Hinweise auf neue Sterne. Die Annalen von Ma-touan-lin, die die offiziellen Aufzeichnungen bemerkenswerter Himmelserscheinungen enthalten, enthalten einige Phänomene, die offensichtlich zu dieser Kategorie

gehören. So berichten sie, dass im Jahr 173 ein Stern zwischen den Sternen erschien, die die Hinterfüße des Zentauren markieren. Dieser Stern blieb von Dezember desselben Jahres bis zum Juli des nächsten Jahres sichtbar (etwa zur gleichen Zeit wie die neuen Sterne von Tycho Brahe und Kepler, die wir gleich beschreiben werden). Ein anderer Stern, der in diesen Annalen dem Jahr 1011 zugeordnet wird, scheint mit einem Stern identisch zu sein, den Hepidannus 1012 n. CHR. AUFTAUCHEN LIESS. Er war von außergewöhnlicher Leuchtkraft und blieb drei Monate lang im südlichen Teil des Himmels sichtbar. Die Annalen von Ma-touan-lin weisen ihm eine Position tief unten im Sternbild Schütze zu.

[33] Dennoch muss ein Umstand erwähnt werden, der darauf hindeutet, dass der Stern einige Stunden früher als von Dr. Schmidt angenommen sichtbar gewesen sein könnte. Herr M. Walter, Chirurg des 4. Regiments, der damals in Nordindien stationiert war, schrieb (seltsamerweise am 12. Mai 1867, dem ersten Jahrestag von Herrn Birminghams Entdeckung) folgendes an Herrn Stone: "Ich bin sicher, dass dieselbe Feuersbrunst hier mindestens sechs Stunden zuvor deutlich wahrnehmbar war. Mein Wissen über diese Tatsache kam auf diese Weise zustande. Die Nacht des 12. Mai letzten Jahres war äußerst schwül, und gegen acht Uhr an diesem Abend stand ich vom Teetisch auf und eilte in meinen Garten, um eine kühlere Atmosphäre zu suchen. Da sich meine Tür nach Osten öffnet, war das erste Objekt, das ich erblickte, die Nordkrone. Meine Aufmerksamkeit wurde sofort durch den Anblick eines seltsamen Sterns außerhalb der Krone erregt" (d. h. außerhalb des Sternenkranzes, der das Diadem bildet, nicht außerhalb des Sternbildes selbst). Der neue Stern "war damals sicherlich genauso hell - ich dachte eher, noch heller - wie sein Nachbar Alphecca", der Hauptstein der Krone. Ich war von seiner Erscheinung so sehr beeindruckt, dass ich zu den Anwesenden ausrief: "Hier ist ein neuer Komet!" Er fertigte ein Diagramm des Sternbildes an, das die Position des neuen Sterns korrekt wiedergibt. Leider gibt Herr Walter nicht an, warum er ein Jahr nach dem Ereignis so sicher ist, dass er den neuen Stern am 12. Mai und nicht am 13. Mai gesehen hat. Wenn er das Datum nur aufgrund des Auftretens des Sterns als Stern der zweiten Größenklasse festlegte, beweist sein Brief nichts; denn wir wissen, dass er am 13. noch so hell wie Alphecca leuchtete, während er am 14. schon deutlich schwächer war.

[34] Die von dem älteren Struve abgeleitete Geschwindigkeit von drei oder vier Meilen pro Sekunde muss nun (wie ich schon vor langer Zeit dargelegt habe) als sehr weit unter der tatsächlichen Geschwindigkeit der Bewegung unseres Systems durch den Sternenraum liegend betrachtet werden.

[35] Die Beobachtungen von M. Cornu sind sehr interessant, und es ist ihm hoch anzurechnen, dass er die wenigen günstigen Gelegenheiten, die sich ihm boten, zu nutzen wusste. Aber er geht über sein Gebiet hinaus, indem er seinem Bericht einige Bemerkungen hinzufügt, die offenbar als Reflexion auf die Spekulationen von Herrn Huggins über den Stern in der Nordkrone gedacht sind. Ich", sagt M. Cornu, "werde nicht versuchen, eine Hypothese über die Ursache des Ausbruchs aufzustellen. Das wäre unwissenschaftlich, und solche Spekulationen sind zwar interessant, belasten aber die Wissenschaft ungemein. Das ist

blanker Unsinn und kommt sehr schlecht von einem Beobachter, dessen Erfolge in der Wissenschaft ausschließlich auf die Anwendung von Beobachtungsmethoden zurückzuführen sind, die es nicht gegeben hätte, wenn andere so wenig bereit gewesen wären, die Bedeutung der beobachteten Tatsachen zu ergründen, wie er selbst es zu sein scheint.

[36] Dieselbe Besonderheit wurde seit der Entdeckung des dunklen Rings beobachtet, wobei Coolidge und G. Bond in Harvard 1856 feststellten, dass der Raum innerhalb dieses Rings offenbar dunkler war als der umgebende Himmel.

[37] Ich kann nicht verstehen, warum Herr Webb in seinem interessanten kleinen Werk "Celestial Objects for Common Telescopes" sagt, dass die Satellitentheorie der Ringe sicherlich nicht ausreicht, um die Phänomene des dunklen Rings zu erklären. Im Gegenteil, es scheint offensichtlich, dass der dunkle Ring kaum anders erklärt werden kann. Die kürzlich gemachten Beobachtungen sind mit keiner anderen Theorie erklärbar.

[38] Ein Herr, den ich bei meiner Rückkehr aus Amerika im letzten Frühjahr kennenlernte, versicherte mir, er habe Beweise dafür gefunden, dass damals eine totale Mondfinsternis stattgefunden habe; denn er konnte beweisen, dass Abrahams Vision zur Zeit des Vollmonds stattfand, so dass es nicht anders dunkel gewesen sein konnte, als die Sonne unterging (V. 17). Aber der Schrecken der großen Finsternis trat auf, als die Sonne unterging, und totale Mondfinsternisse verhalten sich nicht so - zumindest nicht in unserer Zeit.

[39] Es ist nicht leicht zu verstehen, was es sonst gewesen sein könnte. Die Vorstellung, dass eine Konjunktion dreier Planeten, die kurz vor Christi Geburt stattfand, die Tradition des Sterns im Osten begründete, obwohl sie von einem ehemaligen Präsidenten der Astronomischen Gesellschaft vorgebracht wurde, konnte kaum von einem Astronomen vertreten werden, es sei denn, er lehnte den Bericht des Matthäus vollständig ab, was der Autor dieser Theorie als Geistlicher wohl kaum getan haben kann.

[40] Wie zum Beispiel, wenn er Homer über den Mond sagen lässt, dass

Um ihren Thron rollen die lebendigen Planeten,
und unzählige Sterne vergolden den glühenden Pol.

Es ist in der Tat schwer zu verstehen, wie ein so gründlicher Astronom wie der verstorbene Admiral Smyth die Passage, in der diese Zeilen vorkommen, als einen der schönsten Ausbrüche von Poesie in unserer Sprache bezeichnen konnte, es sei denn nach dem Prinzip, das Waller geschickt zitierte, als Karl II. ihn wegen der Wärme seines Lobgesangs auf Cromwell tadelte, dass "Dichter mit Dichtung besser Erfolg haben als mit Wahrheit". Macaulay, obwohl kein Astronom, spricht mit mehr Recht von der Passage, wenn er sagt, dass diese einzelne Passage mehr Ungenauigkeiten enthält als in Wordsworths gesamter "Excursion" zu finden sind.

[41] Es mag notwendig sein, hier ein paar Worte der Erklärung einzufügen, damit der nicht-astronomische Leser nicht auf die Idee kommt, dass die so genannte exakte Wissenschaft in der Tat eine sehr ungenaue Wissenschaft ist, soweit es um Kometen geht. Der Komet

von 1680 war einer von denen, die auf einer sehr exzentrischen Bahn reisen. Er kam aus einer Tiefe, die um ein Vielfaches weiter entfernt war als die Bahn des entferntesten Planeten, Neptun, und näherte sich der Sonne als jeder andere Komet, den die Astronomen je gesehen haben, mit Ausnahme des Kometen von 1843. Als er am nächsten war, befand sich sein Kern nur ein Sechstel des Sonnendurchmessers von seiner Oberfläche entfernt. So war der Teil der Kometenbahn, auf dem die Astronomen seine Bewegung verfolgten, nur ein kleiner Teil an einem Ende eines enorm langen Ovals, und sehr kleine Beobachtungsfehler reichten aus, um sehr große Fehler bei der Bestimmung der Natur der Kometenbahn zu erzeugen. Encke räumte ein, dass die Zeitspanne, soweit es die vergleichsweise unvollkommenen Beobachtungen von 1680 betraf, beliebig sein konnte, von 805 Jahren bis zu vielen Millionen Jahren oder sogar bis ins Unendliche, d.h. der Komet könnte eine Bahn haben, die nicht wieder in sich selbst eintritt, sondern den Kometen nach seinem einmaligen Besuch in unserem System für immer von der Sonne wegführt.

[42] Für einen Teil der Passagen, die ich in diesem Aufsatz zitiert habe, verdanke ich Guillemins "Treatise on Comets", einem nützlichen Beitrag zur Literatur über dieses Thema, wenn auch etwas unzureichend, was die Darstellung betrifft.

[43] Etwas ganz Ähnliches ist erst vor wenigen Jahren geschehen, so dass wir uns nicht erlauben können, über die Schrecken Frankreichs im Jahre 1773 zu lachen. Im Winter 1871-1872 wurde berichtet, dass der Schweizer Astronom Plantamour die Zerstörung der Erde durch einen Kometen am 12. August 1872 vorausgesagt habe. Für dieses Gerücht gab es jedoch keine andere Grundlage als die Tatsache, dass Plantamour in einem Vortrag über Kometen und Meteore erklärt hatte, dass die am 10., 11. und 12. August gesehenen Meteore Körper sind, die der Bahn eines Kometen folgen, dessen Umlaufbahn sehr nahe an der der Erde vorbeiführt. Die Astronomen wussten sehr wohl, dass die Gefahr eines Zusammenstoßes mit diesem Kometen derzeit nicht besteht, denn der Komet hat eine Periode von mindestens 150 Jahren und war zuletzt 1862 nahe an der Erdbahn vorbeigezogen (nicht an der Erde selbst, versteht sich). Aber es war sinnlos, darauf hinzuweisen. Viele Menschen bestanden darauf zu glauben, dass die Erde am 12. August 1872 mit einem mächtigen Kometen kollidieren würde, der von Plantamour entdeckt worden war und von dem er durch eine gründliche Berechnung bewiesen hatte, dass er direkt auf unsere unglückliche Erde zustürmen würde.

[44] Ein recht amüsanter Fehler ist den Stenographen einer New Yorker Zeitung bei der Wiedergabe des obigen Satzes unterlaufen, den ich zufällig bei einem Vortrag über Kometen und Meteore zitiert habe. Anstelle von Paradies schrieben sie Paris. Diejenigen, die mit dem Pitman'schen System der Kurzschrift vertraut sind, das von den Reportern am häufigsten verwendet wird, werden leicht verstehen, wie der Fehler zustande kam, denn die Zeichen für die Konsonanten p, r, d und s unterscheiden sich nur wenig von denen für die Konsonanten p, r und s (der Laut "d" oder "t" wird dargestellt oder kann dargestellt werden, indem man einfach die Länge des Zeichens für den vorhergehenden Konsonanten verkürzt). Der Fehler führte natürlich dazu, dass ich in meiner nächsten Vorlesung bemerkte, dass ich vorher nicht

gewusst hatte, wie sehr die Wörter in Amerika synonym sind, obwohl ich gehört hatte, dass "gute Amerikaner, wenn sie sterben, nach Paris gehen".

[45] Bei meinem ersten Besuch in Amerika im Jahre 1873 gelang es mir zum ersten Mal, ein Exemplar dieser merkwürdigen Broschüre zu erhalten. Es war mir gegenüber (von Emerson, glaube ich) als ein amüsanter Streich erwähnt worden, den ein wissenschaftlicher Mann seinen Brüdern spielte; und Dr. Wendell Holmes, der anwesend war, bemerkte, dass er ein Exemplar in seinem Besitz hatte. Er war so freundlich, mir dieses Exemplar zu leihen. Bald darauf schenkte mir ein geschätzter Freund in New York ein Exemplar.

[46] Dieser Locke ist nicht zu verwechseln mit Richard Lock, dem Kreisquadratierer und allgemeinen Paradoxisten, der ein Jahrhundert früher aufblühte.

[47] Die Krankenschwestern erzählen, dass der Mann von Moses zum Mond geschickt wurde, weil er am Sabbat Stöcke sammelte, und sie verweisen auf die heitere Geschichte in Numeri xv. 32-36. Nach Ansicht der deutschen Krankenschwestern war der Tag nicht der Sabbat, sondern der Sonntag. Ihre Erzählung lautet wie folgt: 'Vor langer Zeit ging eines Sonntags ein alter Mann in den Wald, um Stöcke zu hacken. Er schnitt einen Reisigballen ab, hängte ihn an einen dicken Stab, warf ihn sich über die Schulter und begann, mit seiner Last nach Hause zu stapfen. Unterwegs begegnete er einem stattlichen Mann im Sonntagsanzug, der auf die Kirche zuging. Der Mann blieb stehen und fragte den Lastenträger: "Weißt du, dass heute Sonntag auf Erden ist, an dem alle von ihrer Arbeit ruhen müssen?" "Ob Sonntag auf Erden oder Montag im Himmel, für mich ist das alles eins", lachte der Holzfäller. "Dann trage dein Bündel für immer!", antwortete der Fremde. "Und da du den Sonntag auf Erden nicht schätzt, soll dein Tag im Himmel ein ewiger Mondtag sein; du sollst für alle Ewigkeit im Mond stehen, eine Warnung für alle Sabbatbrecher." Daraufhin verschwand der Fremde, und der Mann wurde mit seinem Stab und seiner Fagge in den Mond hinaufgezogen, wo er noch immer steht. Einigen Erzählern zufolge war der Fremde Christus; aber ob aus deutscher Nachlässigkeit in solchen Dingen oder aus einem anderen Grund, wird kein Text als Beweis zitiert, wie von den orthodoxeren britischen Krankenschwestern. Lukas vi. 1-5 könnte dazu dienen.

[48] Miltons Meinung darf hier gegen mich zitiert werden; und da die erhaltenen Vorstellungen über Engel, gute und böse, den Sündenfall und viele andere derartige Dinge ebenso sehr auf Milton wie auf jede andere Autorität zurückzuführen sind, darf seine Meinung nicht leichtfertig missachtet werden. Doch wenn Miltons Satan "auf eine große Leere trifft", wo seine Flügel ihm nicht mehr weiterhelfen,

Flutt'ring seine Wimpel vergebens, er sinkt
Zehntausend Klafter tief, und bis zu dieser Stunde
wäre er hinabgestürzt, hätte nicht durch einen unglücklichen Zufall
Die starke Abfuhr einer stürmischen Wolke,
Instinkt mit Feuer und Salpeter, ihn
So viele Meilen in die Höhegeschleudert,'

Doch dies wurde fast ein Vierteljahrhundert vor der Aufstellung des Gravitationsgesetzes durch Newton geschrieben. Außerdem gibt es keinen Beweis dafür, in welche Richtung Satan fiel; "oben ist unten und unten oben", sagt Richter, "für einen, der keinen gravitativen Körper hat"; und ob Satan nun unter dem Einfluss der Schwerkraft stand oder nicht, er wäre praktisch von ihrer Wirkung befreit, wenn er sich inmitten dieses "dunklen, unermesslichen Ozeans" des Raums befände,

Ohne Grenzen,
Ohne Dimensionen, wo Länge, Breite und Höhe,
Und Zeit und Ort verloren sind.'

Dass er "auf dem Gipfel des Niphates" zündete und das Tor des Paradieses überschritt, kann als Argument für die eine oder andere Seite angeführt werden. Im Großen und Ganzen muss ich (nach meinen derzeitigen Erkenntnissen) für Satan eine Freiheit von allen wissenschaftlichen Beschränkungen behaupten. Diese Freiheit wird dadurch veranschaulicht, dass er alle Reiche der Welt von einem sehr hohen Berg aus zeigt und damit den ersten praktischen Beweis für die Theorie der flachen Erde liefert, deren Aufrechterhaltung zur Inhaftierung des armen Mr. Hampden führte.

[49] Die Sonne selbst behauptete, den Wahrheitsgehalt des Berichts in einer Weise bewiesen zu haben, die stark an ein bekanntes Argument erinnert, das von orthodoxen Gläubigen in der biblischen Darstellung der Kosmogonie verwendet wird. Entweder habe Moses entdeckt, wie die Welt entstanden sei, oder die Tatsachen seien ihm von jemandem offenbart worden, der die Entdeckung gemacht habe; aber Moses könne die Entdeckung nicht gemacht haben, da er nichts von den höheren Abteilungen der Wissenschaft wisse; daher stamme der Bericht von dem einzigen Wesen, von dem man vernünftigerweise annehmen könne, dass es etwas über den Anfang der Welt wisse. Entweder", so die New York Sun über ein mathematisches Problem, das in dem Artikel erörtert wird, "wurde dieses Problem von uns oder einer anderen Person vorausgesagt, die damit die größte aller modernen Entdeckungen in der mathematischen Astronomie gemacht hat. Wir haben es nicht gemacht, denn wir verstehen nichts von Mathematik; daher wurde es von der einzigen Person gemacht, der es vernünftigerweise zugeschrieben werden kann, nämlich dem Astronomen Herschel, seinem einzigen erklärten und unbestreitbaren Autor. Ungeachtet dieses überzeugenden Arguments wurde das Problem in Wirklichkeit von Locke aus einem kurz zuvor veröffentlichten Aufsatz von Olbers gestohlen und gab die Methode vor, der Beer und Mädler während ihrer selenographischen Forschungen in den Jahren 1833-37 folgten.

[50] Gleichzeitig hatte ich das Glück, einen englischen Sonnenstudenten, der mir damals nicht besonders wohlgesonnen war, in gleichem Maße, wenn auch ganz unerwartet, zufriedenzustellen. Irgendetwas in dem Artikel ließ vermuten, dass er von einer anderen, vermutlich konkurrierenden Hand stammte; während ein Aufsatz, der etwa zur gleichen Zeit (im Frühjahr 1872) erschien, allgemein, aber fälschlicherweise mir zugeschrieben wurde. Dementsprechend war ein Leitartikel in Nature der Vernichtung des vermeintlichen Verfassers gewidmet und der überschwänglichen und völlig unverdienten Lobpreisung des von

mir verfassten Artikels, der als Musterbeispiel für alle guten Eigenschaften, die ein Artikel dieser Art haben sollte, ausgewählt wurde. Diejenigen, die mit den Tatsachen vertraut waren, waren über diesen Irrtum nicht wenig amüsiert.

[Der Königliche Astronom sagte mir einmal, er habe festgestellt, dass nur wenige Menschen eine klare Vorstellung von der Tatsache haben, dass die Sterne auf- und untergehen. Noch weniger wissen, wie sich die Sterne bewegen, welche Sterne auf- und untergehen, welche sich immer über dem Horizont befinden, welche sich auf großen, welche auf kleinen Kreisen bewegen; obwohl eine Beobachtung von ein paar Stunden in einem halben Dutzend Nächten im Jahr (solche Beobachtungen sind fortlaufend, werden aber nur in stündlichen Abständen gemacht) die Bewegung der Sterne sehr gut zeigen würde. Es ist merkwürdig, dass selbst einige, die über Astronomie schreiben, in so elementaren Dingen Fehler machen. In einer kürzlich erschienenen astronomischen Fibel wird zum Beispiel behauptet, dass die Sterne, die in London über den Himmel gehen, schräg auf- und untergehen - in Wirklichkeit gehen diese Sterne überhaupt nicht auf oder unter, da sie nie näher als zwei Dutzend Mondbreiten an den Horizont herankommen.

[52] Am Rande sei bemerkt, dass ich die Argumente der Paradoxisten natürlich nicht in der Absicht diskutiere, sie zu widerlegen. Sie sind in Wirklichkeit die Mühe nicht wert. Aber sie zeigen, wo der allgemeine Leser von astronomischen Lehrbüchern und anderen derartigen Werken in die Irre gehen kann, und weisen so bequem auf Dinge hin, deren Erklärung nützlich oder interessant sein könnte.

[53] Sterne nahm diesen Paradoxonisten vorweg, indem er (scherzhaft) einem minderwertigen Planeten Glasigkeit zuschrieb. Er machte jedoch nicht die Luft, sondern die Bewohner glasig. Die große Hitze des Landes", sagt er über den Planeten Merkur, "muss, glaube ich, vor langer Zeit die Körper der Bewohner verglast haben, um sie an das Klima anzupassen; so dass alle Wohnungen ihrer Seelen nichts anderes sein können, auch wenn die solideste Philosophie das Gegenteil beweisen kann, als ein feiner durchsichtiger Körper aus klarem Glas; so dass, bis der Bewohner alt und einigermaßen faltig wird, wodurch die Lichtstrahlen ungeheuerlich gebrochen werden oder von der Oberfläche zurückgeworfen werden, usw., seine Seele ebenso gut draußen wie in ihrem eigenen Haus den Narren spielen kann.'

[54] Aus der Tabelle X meiner Abhandlung über den Saturn geht hervor, dass der Ring am 12. Dezember verschwand und bis zum Frühjahr 1613 unsichtbar blieb (weil er seine dunkle Seite zur Erde wandte). Aber am 4. Dezember muss der Ring in einem so schwachen Teleskop wie dem von Galilei völlig unsichtbar gewesen sein. Der Ring wäre dann kaum mehr als eine feine Lichtlinie gewesen, wie sie mit einem unserer leistungsfähigen modernen Teleskope zu sehen ist.

[55] North British Review für August 1860.

[56] In der Tat hatte er zu einem früheren Zeitpunkt eine erstaunliche Unkenntnis der Astronomie durch die Bemerkung bewiesen, die ihm zweifellos als sicher erschien, dass, wenn er im September einen Planeten auf der Sonne sah, er annahm, es sei Merkur; ein Septembertransit von Merkur war ebenso unmöglich wie eine Sonnenfinsternis während des dritten Mondviertels.

[57] Es ist übrigens recht amüsant, wenn Baron Humboldt eine Frage dieser Art an den großen Mathematiker Gauß richtet und das Problem so beschreibt, als ob es sich um die gründlichsten Berechnungen handelte. Zehn Minuten sollten ausreichen, um ein Problem dieser Art zu lösen.

BUCHTIPPS

Atemtechnik und -Wissenschaft der Hindi-Yogi
Handbuch der fernöstlichen Atmungsphilosophie einschließlich der spirituellen Entwicklung. Autor: Ramacharaka, Yogi. Viele Autoren haben sich mit den Yogi-Lehren befasst, aber es gibt nur wenige wie der Autor dieses Buchs, die dem westlichen ...

Das Hexenbuch
Woher die Hexe kam, was sie war und ist. Autor: Hueffer, Oliver Madox. Die Hexe nimmt in der Geschichte der Menschheit einen außerordentlich großen Platz ein. Der Autor hat sich bemüht, ein ...

Das Leben jenseits des Todes
Und die Lehre von der Reinkarnation. Autor: Ramacharaka, Yogi. Das, was wir Tod nennen, ist nur die andere Seite des Lebens. Für entwickelte Esoteriker ist die andere Seite kein unerforschtes Meer, sondern ...

Das transzendentale Gesicht der Welt
Der Zusammenhang zwischen Physis und Psyche. Autor: Valier, Max. In dem Buch „Das transzendentale Gesicht der Welt" geht es um eine bisher unbekannte Wellengattung, die psychophysische Welle, welche eine Verbindung der physischen ...

Der Spiritismus
In Neusatz und aktueller Rechtschreibung. Autor: du Prel, Carl. Der Spiritismus ist ohne Zweifel die paradoxeste aller Wissenschaften und er wird es wohl noch lange bleiben. Das liegt offenbar nur daran, dass ...

Die Grenze des Unbekannten
Verbindungen zum Jenseits. Autor: Doyle, Arthur Conan. Doyle beschäftigte sich in seinem letzten Lebensabschnitt intensiv mit dem so genannten „Spiritismus". Die Beiträge in diesem Buch beziehen sich auf dieses Thema, und es ...

Die Hexe
Weise Frauen des Mittelalters. Autor: Michelet, Jules. Die Hexe (La sorcière) ist ein Buch über die Geschichte des Hexenwesens des französischen Historikers Jules Michelet, der den Lehrstuhl für Geschichte am Collège de ...

Die Hohle Erde
Leben wir im Innern einer Kugel? Autor: Ives, F. T. In dieser einfachen gemeinverständlichen Abhandlung werden einige von Wissenschaftlern aufgestellte Theorien überprüft und kritisiert sowie einige neue Theorien vorgestellt werden, die für ...

Die Hypnose und die Hypno-Narkose
Für Medizin-Studierende, Praktische und Fachärzte. Autor: Friedländer, Adolf Albrecht. Die Hypnose ist ein auf künstlichem Weg herbeigeführter Schlafzustand. Einen solchen kann man auch durch Medikamente erzeugen. Gelingt es ohne Medikamente, hat das ...

Die Lebensbotschaft
Außergewöhnliche Argumente für das Leben danach. Autor: Doyle, Arthur Conan. In der „neuen Offenbarung" wurde die erste Morgendämmerung des kommenden Wandels beschrieben. In deren Botschaft ist die Sonne höher aufgegangen, und man ...

Die vierte Dimension
Und ihre Anwendungen – Eine Theorie des Überlebensmechanismus. Autor: Carington, Walter Whately. Whately Carrington, ein prominenter Erforscher des Paranormalen aus dem frühen 20. Jahrhundert nimmt sich seltsamer und wunderbarer Themen an und ...

Gedanken sind Dinge
Ausgewählte Beiträge aus der Bibliothek des Weißen Kreuzes. Autor: Mulford, Prentice. Der menschliche Gedanke ist ein echtes Element, eine echte Kraft, die wie Elektrizität aus dem Geist eines jeden Mannes oder einer ...

Geister, die ich gesehen habe
und andere übersinnliche Erfahrungen. Autor: Tweedale, Violet. Das Buch ist zweifacher Natur. Einerseits gibt die Autorin Berichte wieder, die unter anderem von ihren zahlreichen Freunden und Bekannten aus der Oberschicht stammen und ...

Geschichte der Magie

Buch 1 bis 7 komplett – Mit den Verfahren, Riten und Myterien. Autor: Lévi, Eliphas. Die „Geschichte der Magie" von Eliphas Lèvi ist eine wunderbare Vorlage für spirituelle Sucher. Es beeinflusste bereits ...

Ketzer

Warum ich nichts für Ketzerei übrig habe. Autor: Chesterton, Gilbert K. „Ketzer" ist eine Sammlung von 20 Beiträgen von G. K. Chesterton. Während die Kapitel von „Ketzer" sich auf bekannte Persönlichkeiten beziehen, ...

Moderne Magie

Überlieferungen und Berichte unerklärlicher Phänomene weltweit. Autor: Schele De Vere, Maximilian. Das Buch „Moderne Magie" enthält eine Fülle von Berichten sowie eine umfangreichen Bibliographie der Überlieferungen und Berichte unerklärlicher Phänomene weltweit. Es ...

Paranormales und gesunder Menschenverstand

mit einer Einführung von PROF. W. F. BARRETT, F.R.S. Ehemaliger Präsident der Gesellschaft für Psychische Forschung. Autor: Willson, Beckles. Als der Autor sich zum ersten Mal in das weite und neblige Gebiet ...

Persönliche Anziehungskraft und psychische Beeinflussung

15 Lektionen zum Thema Gedankenkraft, Konzentration und Willenskraft. Autor: Atkinson, William Walker. Das, was wir als persönlicher Anziehungskraft bezeichnen, ist der subtile Strom von Gedankenwellen oder Gedankenschwingungen, die vom menschlichen Geist ausgestrahlt ...

Praktische Agitation

Prinzipien politischen Handelns. Autor: Chapman, John Jay. Die Fäden der Vorurteile und der Leidenschaft, die die Menschen miteinander verbinden, pulsieren mit Leben. All diese Mitbürger sind menschliche Wesen, und es gibt keinen ...

Praktisches Gedankenlesen

Ein Kurs mit praktischer Unterweisung zur Gedankenübertragung. Autor: William Walker, Atkinson. Fast jeder hat in seinem Leben schon einmal Erfahrungen mit Gedankenlesen oder Gedankenübertragung gemacht. Fast jeder hat die Erfahrung gemacht, dass ...

Sree Krishna, der Herr der Liebe

Der Hinduismus von einem Guru erklärt. Autor: Premanand Bharati, Baba. Wie kommt es, dass jeder Mann, jede Frau und jedes Kind jede Minute auf der Suche nach dem einen oder anderen Glück ...

Vom Jenseits der Seele

Die Geheimwissenschaften in kritischer Betrachtung. Autor: Dessoir, Max. „Es mag der ... Psychologie unendlich schwer fallen, in Gebiete sich zu dehnen, die verständlich werden nur vom Standpunkt eines wirklichen Transzendent-Seelischen, eines von ...

Wie Ehrgeiz zum Erfolg führt

und zu einem höheren Ziel im Leben. Autor: Marden, Orison Swett. Was immer uns im Leben begegnet, erschaffen wir zuerst in unserer Mentalität. So wie das Gebäude in all seinen Details im ...

Wie man Gedanken liest: eine Gebrauchsanweisung

Seltsames und Mystisches im täglichen Leben, übersinnliche Phänomene. Autor: James Coates. In neuerer Zeit haben psychologische Themen in bemerkenswerter Weise die öffentliche Aufmerksamkeit auf sich gezogen. Der „neue Mesmerismus" und der „neue ...

Wissenschaftliche Parapsychologie

Autor: Driesch, Hans. Mit den »mystischen«, »irrationalen« Neigungen hat die Parapsychologie gar nichts zu tun. Sie ist Wissenschaft, ganz ebenso, wie Chemie und Geologie Wissenschaften sind. Unmittelbar »schauen« tut sie gar ...

https://Leseproben.net oder https://ToppBook.de